Biochemie für Dummies

Schummelseite

WICHTIGE FORMELN

pH-Wert und Co.:

- ✔ $pH = -\log_{10}[H^+]$
- ✔ $pOH = -\log_{10}[OH^-]$
- ✔ $pKs = -\log_{10}K_S$
- ✔ $K_S = \frac{[H^+][B]}{[S]}$
- ✔ $K_B = \frac{[OH^-][S]}{[B]}$

Henderson-Hasselbalch-Gleichung:

- ✔ $pH = pK_S + log_{10}\frac{[B]}{[S]}$
- ✔ $pOH = pK_B + log_{10}\frac{[S]}{[B]}$

Michaelis-Menten-Gleichung:

- ✔ $V = \frac{V_{max}[S]}{S} + K_m$

FUNKTIONELLE GRUPPEN

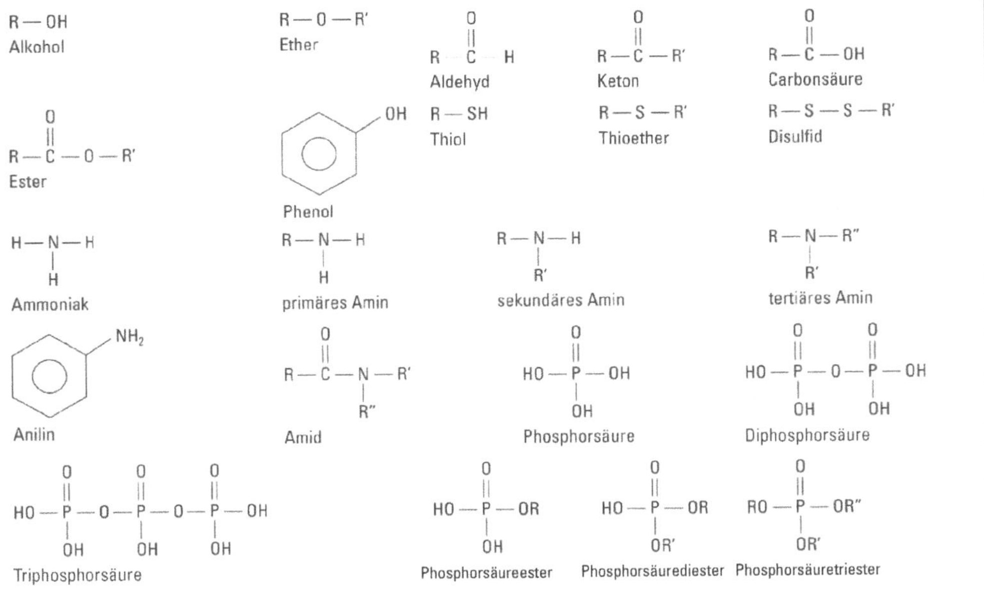

Biochemie für Dummies

Schummelseite

DIE SECHS ENZYMKLASSEN

Enzymklasse	Aufgabe
Oxidoreduktasen	Redoxreaktion
Transferasen	Übertragung von Atomgruppen
Hydrolasen	Hydrolyse
Lyasen	Addition an eine Doppelbindung oder die Bildung einer Doppelbindung
Isomerasen	Isomerisierung von Molekülen
Ligasen	Zwei Moleküle miteinander verbinden

DER UNIVERSELLE GENETISCHE CODE

1. Base	2. Base				3. Base
	U	C	A	G	
U	UUU *Phe*	UCU *Ser*	UAU *Tyr*	UGU *Cys*	**U**
	UUC *Phe*	UCC *Ser*	UAC *Tyr*	UGC *Cys*	**C**
	UUA *Leu*	UCA *Ser*	UAA *Stop*	UGA *Stop*	**A**
	UUG *Leu*	UCG *Ser*	UAG *Stop*	UGG *Trp*	**G**
C	CUU *Leu*	CCU *Pro*	CAU *His*	CGU *Arg*	**U**
	CUC *Leu*	CCC *Pro*	CAC *His*	CGC *Arg*	**C**
	CUA *Leu*	CCA *Pro*	CAA *Gln*	CGA *Arg*	**A**
	CUG *Leu*	CCG *Pro*	CAG *Gln*	CGG *Arg*	**G**
A	AUU *Ile*	ACU *Thr*	AAU *Asn*	AGU *Ser*	**U**
	AUC *Ile*	ACC *Thr*	AAC *Asn*	AGC *Ser*	**C**
	AUA *Ile*	ACA *Thr*	AAA *Lys*	AGA *Arg*	**A**
	AUG *Start/Met*	ACG *Thr*	AAG *Lys*	AGG *Arg*	**G**
G	GUU *Val*	GCU *Ala*	GAU *Asp*	GGU *Gly*	**U**
	GUC *Val*	GCC *Ala*	GAC *Asp*	GGC *Gly*	**C**
	GUA *Val*	GCA *Ala*	GAA *Glu*	GGA *Gly*	**A**
	GUG *Val*	GCG *Ala*	GAG *Glu*	GGG *Gly*	**G**

Biochemie für Dummies

John T. Moore und Richard Langley

Biochemie für dummies®

4. Auflage

Übersetzung der ersten Auflage von Dr. Tina Blasche
Übersetzung und Überarbeitung der zweiten Auflage
von Dr. Susanne Katharina Hemschemeier

Fachkorrektur von Antje Thielen

WILEY
WILEY-VCH GmbH

Biochemie für Dummies

Bibliografische Information der Deutschen Nationalbibliothek

Die Deutsche Nationalbibliothek verzeichnet diese Publikation in der Deutschen Nationalbibliografie; detaillierte bibliografische Daten sind im Internet über http://dnb.d-nb.de abrufbar.

4. Auflage 2026

Coverfoto: jittawit.21 - stock.adobe.com
Korrektur: Petra Heubach-Erdmann
Satz: Straive, Chennai, India
Druck und Bindung: CPI Group (UK) Ltd, Croydon, CR0 4YY

Print ISBN: 978-3-527-72377-5
ePub ISBN: 978-3-527-85453-0

C9783527723775_260825

Über die Autoren

John Moore besuchte die University of North Carolina in Asheville, wo er seinen Bachelor-Abschluss in Chemie erhielt. An der Furman University in Greenville, South Carolina, erreichte er seinen Master-Abschluss in Chemie. 1971 wurde er Mitarbeiter an der Chemie-Fakultät der Stephen F. Austin State University in Nacogdoches im Staate Texas, wo er bis heute Chemie unterrichtet. 1985 begann er zeitweise wieder zu studieren und promovierte schließlich in Erziehungswissenschaft an der Texas A&M University. 2003 wurde sein erstes Buch, *Chemie für Dummies*, veröffentlicht, kurz darauf gefolgt von *Chemistry made simple.*

Richard Langley besuchte die Miami University in Oxford, Ohio, wo er seine Bachelor-Abschlüsse in Chemie und Mineralogie sowie etwas später auch seinen Master-Abschluss in Chemie erhielt. Die nächste Stufe auf der Karriereleiter führte ihn an die University of Nebraska, wo er in Chemie promovierte. Danach nahm er eine Postdoc-Stelle an der Arizona State University in Tempe, Arizona, an, gefolgt von einer Gast-Juniorprofessur an der University of Wisconsin in River Falls. 1982 erhielt er eine Stelle an der Stephen F. Austin State University in Texas. John Moore und er haben zusammen verschiedene Buchprojekte realisiert wie *Chemistry for the utterly confused.*

Über die Überarbeiterin

Dr. Susanne Katharina Hemschemeier forschte viele Jahre als Mikrobiologin und Proteinbiochemikerin an der Universität Bielefeld, in Gießen und an der UCLA in Los Angeles, bevor sie die praktische Arbeit im Labor an den Nagel hängte und sich in Mainz mit der Erstellung von E-Learning-Materialien für das Chemie- und Biochemiestudium befasste. Sie arbeitet derzeit als selbstständige Autorin und Übersetzerin für wissenschaftliche Texte und lebt mit ihrer Familie in Berlin und Stuttgart.

Auf einen Blick

Inhaltsverzeichnis

Einleitung

Willkommen bei Biochemie für Dummies!

Wir freuen uns sehr, dass Sie sich dazu entschlossen haben, in die faszinierende Welt der Biochemie einzutauchen. Die Biochemie ist zwar ein sehr komplexes Teilgebiet der Chemie, doch die Prinzipien sind eigentlich einfach und vor allem ungeheuer spannend. Schließlich geht es in diesem Buch um Sie und die Frage, warum Sie eigentlich leben und wie Sie funktionieren (oder auch nicht). Ja, schon ein ehrgeiziges Projekt – doch wir wollen uns hier auf die wichtigsten Dinge beschränken. Uns kommt es vor allem darauf an, dass Sie verstehen, was in Ihrem Körper passiert und was uns als Lebewesen ausmacht – chemisch betrachtet jedenfalls.

Mit etwas Einsatz von Ihrer Seite werden Sie mithilfe diese Buches den Biochemiekurs an der Universität leicht meistern oder sich als interessierter Leser freuen, wenn Sie auf eine Reaktionsgleichung blicken und sofort verstehen, was dort passiert – warum Energie nötig ist, Energie gebildet wird oder was am Ende bei der ganzen Sache herauskommt. Vielleicht erkennen Sie nach der Lektüre des Buches die Zusammenhänge von Stoffwechselwegen und wissen, warum auf- und abbauende Reaktionen gleichzeitig in einer Zelle ablaufen können, wieso bestimmte pH-Werte im Blut schlecht für Ihren Metabolismus sind oder warum die Biochemie für bestimmte Berufsfelder wie die Forensik oder die Pränataldiagnostik so unverzichtbar ist. Viele Fragen, viele Antworten … dieses Buch kann hoffentlich dazu beitragen, Ihr Wissen zu vermehren und Sie für diese unglaublich spannende Wissenschaft zu begeistern.

Die Biochemie hat viele Facetten, jedoch lassen sich nicht alle in einem Buch mit diesem beschränkten Umfang darstellen. Der eine Leser wird der Meinung sein, dass wichtige Prozesse fehlen, dem anderen werden die komplizierten Reaktionsgleichungen Kopfzerbrechen bereiten. Wir können an dieser Stelle viele Prozesse nur anreißen, aber auch langweilige Reaktionsabläufe (die Sie ja einfach überblättern können) gehören nun einmal dazu. Und wenn Sie dann doch später noch mehr wissen wollen, sind wir froh, dass wir mit diesem extrem kurz gefassten Buch vielleicht Ihr Interesse geweckt haben.

Sie werden nach der Lektüre mehr über Ihren Körper wissen, warum Sie bestimmte Nahrungsmittel benötigen, was passiert, wenn diese in der Nahrung fehlen, und warum es den Gesundheitszustand des Organismus beeinträchtigen kann, wenn Reaktionen nicht optimal ablaufen. Genetische Defekte, ein verschobenes Elektrolytgleichgewicht, ein zu geringer pH-Wert im Blut und andere Probleme können dem Körper zu schaffen machen. Und was dann? In diesem Fall kann die Biochemie ein Weg sein, dem Organismus zu helfen, seine Gesundheitsbalance wiederzufinden. Nein, keine Sorge, wir werden an dieser Stelle bestimmt nicht mit den Ärzten konkurrieren wollen, doch Sie werden vielleicht etwas besser verstehen, warum bestimmte Therapien bei Stoffwechselstörungen sinnvoll oder sogar lebensnotwendig sein können.

Über dieses Buch

Biochemie für Dummies bietet einen Überblick über den Stoff, der in einem typischen Biochemiegrundkurs an der Uni oder Fachhochschule gelehrt wird. Wir haben uns bemüht, den Stoff so aktuell wie möglich zu halten, aber seien Sie sich bewusst, dass sich der Wissensstand täglich ändert. Die Grundlagen bleiben jedoch gleich, daher haben wir uns im Großen und Ganzen darauf konzentriert. Wir haben auch Informationen über einige Themen der Biochemie eingefügt, die Sie vielleicht aus dem Alltagsleben kennen, wie Forensik, Klonen, Gentherapie, Gentests, gentechnisch veränderte Nahrung und so weiter.

Wenn Sie durch dieses Buch blättern, werden Sie sehr viele chemische Strukturen und Reaktionen sehen, ohne die es leider in der Biochemie nicht geht.

Falls Sie bereits ein Semester organische Chemie absolviert haben, wissen Sie, was Sie erwartet! Viele der chemischen Strukturen sind dann alte Bekannte! Doch selbst wenn Sie mit organischer Chemie nicht vertraut sein sollten, werden Sie viele Aspekte in diesem Buch interessant finden und für Ihr Leben behalten.

Konventionen in diesem Buch

Wir haben die Themen in diesem Buch logisch aufeinander aufgebaut, und zwar in ähnlicher Reihenfolge, wie sie auch in einem Biochemiekurs vermittelt werden. Wir haben uns sehr auf chemische Strukturen und Reaktionen konzentriert. Versuchen Sie, die in den Text eingefügten Abbildungen möglichst in der vorgegebenen Reihenfolge zu betrachten. Die Symbole weisen auf Dinge hin, die für Sie vielleicht in mehrfacher Hinsicht von besonderer Bedeutung sein könnten. Wenn Sie gerade einen Biochemiekurs absolvieren, können Sie dieses recht günstige Buch auch nutzen, um den Inhalt der oft deutlich teureren Fachliteratur besser zu verstehen.

Was Sie nicht lesen müssen

Lesen Sie nur das, was von echtem Nutzen für Sie ist. Konzentrieren Sie sich auf die Bereiche, bei denen Sie noch Hilfe brauchen. Wenn Sie eher an den Alltagsanwendungen der Biochemie interessiert sind, lesen Sie doch nur jene Abschnitte, die mit dem Wahre-Welt-Symbol markiert sind. Wenn Sie aber stattdessen Hilfe beim Verstehen der allgemeinen biochemischen Thematiken brauchen, überspringen Sie ruhig die praktischen Anwendungen. Mal ehrlich – Sie haben nicht wirklich viel für dieses Buch bezahlt, also fühlen Sie sich bitte nicht verpflichtet, jede einzelne Seite ausführlich durchzulesen. Wenn Sie dann fertig sind, können Sie das Buch in Ihr Bücherregal stellen, vielleicht gleich neben *Chemie für Dummies, Das Große Gesundheitsbuch* und *Eine kurze Geschichte der Zeit* als Unterhaltungsmedium.

Törichte Annahmen über den Leser

Wir vermuten – und wir alle wissen, wie falsch solche Vermutungen sein können –, dass Sie zu einer der folgenden Gruppen gehören:

- ✔ Studenten, die einen Biochemiekurs absolvieren müssen
- ✔ Leute, die einfach nur etwas über Biochemie lernen möchten
- ✔ Menschen, die endlich wissen wollen, was im Stoffwechsel passiert

Wenn Sie sich nicht in einer der genannten Kategorien wiederfinden, hoffen wir trotzdem, dass Ihnen die Lektüre des Buches Freude bereiten wird.

Wie dieses Buch aufgebaut ist

Wir geben Ihnen hier einen sehr kurzen Abriss über die Themen, die wir in den verschiedenen Teilen dieses Buches abhandeln. Nutzen Sie bitte die folgenden Kurzbeschreibungen und das Inhaltsverzeichnis, um Ihre persönliche Studierstrategie festzulegen.

Teil I: Vorhang auf: Grundlagen der Biochemie

Dieser Teil behandelt die grundlegenden Aspekte der Chemie und Biochemie. Im ersten Kapitel erfahren Sie, wie die Biochemie mit den anderen Fachgebieten der Chemie und Biologie in Beziehung steht. Gleichzeitig erhalten Sie eine Menge Informationen über die verschiedenen Zelltypen und ihre Bestandteile. In Kapitel 2 rekapitulieren wir einige Aspekte der Chemie des Wassers, wie pH-Wert und Puffer, die einen direkten Bezug zur Biochemie haben. Und schließlich finden Sie in einem weiteren Kapitel das Wichtigste über die organische Chemie zusammengefasst, angefangen von funktionellen Gruppen bis hin zu Isomeren.

Teil II: Das Fleisch der Biochemie: Proteine

In diesem Teil konzentrieren wir uns ganz auf die Proteine. Wir stellen Aminosäuren vor, die Bausteine der Proteine. Mit diesen Bausteinen im Handgepäck können Sie im nächsten Kapitel die Grundlagen von Aminosäuresequenzen verstehen lernen sowie die unterschiedlichen Ebenen der Proteinstruktur. Schließlich beenden wir diesen Teil mit einer Betrachtung der Enzymkinetik, wobei Katalysatoren (Stoffe, die Reaktionsabläufe beschleunigen) und Inhibitoren (Stoffe, die chemische Reaktionen hemmen) näher beleuchtet werden.

Teil III: Kohlenhydrate, Lipide, Nukleinsäuren und mehr

In diesem Teil zeigen wir Ihnen eine Reihe biochemischer Stoffe. Sie werden erkennen, dass Kohlenhydrate viel komplexer sind, als das Stück Kuchen, das Sie gerade verspeist haben, Ihnen vielleicht weismachen will. Wir beweisen Ihnen, dass Biochemie auch manchmal zuckersüß sein kann! Dann schwenken wir zu den Lipiden, wie zum Beispiel den Steroiden. Als Nächstes folgen die Nukleinsäuren und der genetische Code (da Vinci lässt grüßen) des Lebens, zusammen mit DNA und RNA. Danach sind die Vitamine an der Reihe und schließlich die Hormone.

Teil IV: Bioenergetik und Reaktionswege

Am Ende geht alles in Energie über, auf die eine oder andere Weise. In den Kapiteln dieses Teils werfen wir einen Blick auf die Zusammenhänge zwischen Energiebereithaltung und Energieverbrauch. Hier treffen Sie auch unseren treuen Freund ATP und nehmen den Kampf mit dem legendären Citratzyklus auf. Zum Schluss werfen wir Sie, nachdem Sie zu diesem Zeitpunkt wahrscheinlich sowieso schon ganz heiß drauf sind, in den wahrlich übel riechenden Sumpf der Stickstoffchemie.

Teil V: Genetik: Warum wir sind, was wir sind

In diesem Teil bringen wir Ihnen näher, wie sich DNA im Prozess der Replikation kopiert, und wir zeigen Ihnen einige der praktischen Anwendungen der DNA-Sequenzierung. Danach heißt es Bühne frei für RNA und Proteinsynthese. Außerdem werden wir Ihnen etwas über das Humangenomprojekt erzählen.

Teil VI: Der Top-Ten-Teil

Der Schlussteil dieses Buches dreht sich um zehn großartige Anwendungen der Biochemie im täglichen Leben und stellt zehn etwas weniger typische Berufe im Bereich der Biochemie vor.

Symbole, die in diesem Buch verwendet werden

Falls Sie schon einmal ein *... für Dummies*-Buch gelesen haben, werden Ihnen einige Symbole bekannt vorkommen, aber trotzdem hier noch einmal eine Zusammenfassung der Bedeutungen:

Dieses Symbol soll eine Art Wink mit dem Zaunpfahl für solche Themen sein, die Sie zum besseren Verständnis lieber nicht mehr vergessen sollten, je weiter Sie sich in die Welt der Biochemie hineinwagen wollen.

Wir nutzen dieses Symbol, um Ihnen einen Hinweis zu geben, wie man ein bestimmtes Thema am besten und schnellsten verinnerlichen kann. Wir zwei Autoren haben zusammengerechnet fast 70 Jahre Lehrerfahrung, daher kennen wir etliche Kniffe und Tricks und wollen Ihnen diese auch gerne verraten.

Dieses Symbol steht für Informationen, die einen direkten Bezug zwischen Biochemie und alltäglichen Dingen aufdecken.

Das Warnung-Symbol weist auf eine Prozedur oder eine mögliche Reaktion hin, die gefährlich sein kann. Wir nennen es auch unser »Was Sie lieber nicht selbst zu Hause ausprobieren sollten«-Symbol.

Hier werden Sie auf Erklärvideos hingewiesen, die Sie unter `http://wiley-vch.de/ISBN9783527723775` finden.

Wie es weitergeht

Die Antwort auf diese Frage hängt davon ab, wie viel Wissen Sie sich aneignen möchten und wo Ihre persönlichen Ziele liegen. Wie in den ... *für Dummies*-Büchern üblich, haben wir auch in diesem versucht, alle Kapitel unabhängig voneinander zu verfassen, damit Sie sich ein Kapitel herauspicken und es verstehen können, ohne die vorhergehenden gelesen haben zu müssen. Wenn Sie sich mit den Themen aus anorganischer und organischer Chemie bereits vertraut fühlen, können Sie Teil I auch einfach überspringen. Wenn Sie hingegen auf der Suche nach einem allgemeinen Überblick über die Biochemie sind, können Sie gern das ganze Buch durchstöbern. Und falls Sie auf ein Thema stoßen, das Sie besonders interessiert, lesen Sie einfach weiter.

Wir hoffen, egal wer Sie sind oder aus welchem Grund auch immer Sie dieses Buch zur Hand genommen haben, dass Sie Spaß beim Lesen haben und dass es Ihnen hilft, Biochemie besser zu verstehen.

Teil I
Vorhang auf: Grundlagen der Biochemie

IN DIESEM TEIL ...

Wir werden uns einige grundlegende Aspekte der allgemeinen Chemie, der organischen Chemie und der Biochemie anschauen. Dann werden wir einen Schritt zurücktreten und die Biochemie im Kontext mit anderen chemischen und biologischen Disziplinen betrachten. Sie lernen verschiedene Zelltypen und deren Bestandteile kennen, wir wenden uns dann der Chemie des Wassers zu und werfen einen Blick auf pH-Wert und Puffereigenschaften. Am Ende werden Sie Ihr Wissen über die organische Chemie solide aufgefrischt haben und bereit sein für den Auftritt der Biochemie in Teil II.

IN DIESEM KAPITEL

Warum die Biochemie so wichtig ist

Bestandteile einer tierischen Zelle und deren Funktion

Die Unterschiede zwischen Tier- und Pflanzenzellen

Kapitel 1

Biochemie: Was Sie darüber wissen sollten – und wozu

Wenn Sie sich bereits für einen Biochemiekurs an der Universität eingeschrieben haben, können Sie dieses Kapitel vermutlich gleich überspringen und zu den Abschnitten weiterblättern, in denen es um diejenigen Themen geht, die Ihnen noch Probleme bereiten. Wenn Sie allerdings noch darüber nachdenken sollten, einen Kurs zu belegen, oder einfach mehr über die Biochemie wissen wollen, lesen Sie ruhig weiter. In diesem Kapitel erläutern wir unterschiedliche Zelltypen und den Zellaufbau – zwei extrem wichtige Themen für alle biochemischen Vorgänge, mit denen wir uns noch befassen werden.

Viele Menschen neigen gelegentlich dazu, sich zu sehr mit technischen Details zu beschäftigen und den Gesamtzusammenhang aus den Augen zu verlieren, doch in diesem Kapitel müssen wir uns mit eben diesen Details befassen, um eine Basis für alle weiteren Diskussionen zu schaffen.

Warum interessieren Sie sich für Biochemie?

Die Antwort auf diese Frage könnte lauten: »Wieso denn nicht?« oder »Na ja, weil es im Studium verlangt wird!«

Die erste Antwort ist eigentlich gar nicht so schlecht und zeigt zumindest ein gewisses Interesse an diesem spannenden Thema. Egal ob wir Vorgänge in der Natur oder uns selbst betrachten – alle Lebewesen wachsen, vermehren sich, altern, sterben, und jeder dieser Prozesse ist biochemischer Natur. Vielleicht sitzen Sie gelegentlich abends auf dem Sofa und denken über die Komplexität des Lebens nach. Allein die Tatsache, dass Sie auf dem Sofa sitzen und über Ihre Existenz nachdenken können, erfordert eine Unmenge chemischer Reaktionen, die permanent im Körper ablaufen und perfekt zusammenwirken müssen. Als ich mich zum ersten Mal mit den minimalen strukturellen Unterschieden zwischen Stärke und Zellulose befasst habe, war ich völlig verblüfft: Nur ein winziger Unterschied in der chemischen Bindung zwischen den ansonsten identischen Untereinheiten zweier Substanzen ist dafür verantwortlich, dass eine Kartoffel essbar und nicht hart und trocken wie Holz ist. Ich wollte mehr über die Chemie der lebenden Dinge wissen, und so entstand im Endeffekt auch dieses Buch. Wenn Sie sich für die Biochemie interessieren, müssen Sie zwar auch die Details lernen, doch manchmal sollten Sie trotzdem einfach den Blick über den Bücherrand schweifen lassen und sich an der Vielfalt und Schönheit des Lebens erfreuen. Die Biochemie ist ohne Zweifel eine sehr lebendige Wissenschaft.

Was genau ist eigentlich Biochemie?

Die *Biochemie* ist die Chemie der lebendigen Dinge. Biochemiker befassen sich mit den chemischen Reaktionen, die auf molekularer Ebene in allen Organismen ablaufen. Normalerweise wird die Biochemie als Teil der Chemie betrachtet, mitunter wird sie jedoch auch als Teilgebiet der Biologie eingestuft oder in anderen Hochschulen von der Biologie und Chemie völlig getrennt gelehrt.

Die Biochemie ist etwas Besonderes, da sie die verschiedenen Aspekte vieler anderer Teilgebiete der Chemie in sich vereint. Da alles Leben (zumindest auf der Erde) auf Kohlenstoff basiert, spielt die *organische Chemie* natürlich eine besondere Rolle in der Biochemie. Sehr oft wollen Biochemiker wissen, wie schnell chemische Reaktionen ablaufen – mit diesem Thema beschäftigt sich die *physikalische Chemie*. Häufig spielen Metalle eine wichtige Rolle in biochemischen Strukturen (so wie das Eisen im Hämoglobin) – ganz klar ein Fall für die *anorganische Chemie*, oder Biochemiker verwenden komplizierte Apparaturen und Verfahren, um die Zusammensetzung und Struktur von Stoffen zu entschlüsseln – eine Aufgabe, die in den Bereich der *analytischen Chemie* fällt. Die Biochemie ist eng mit der *Molekularbiologie* verwandt, die sich ebenfalls mit lebenden Systemen auf molekularer Ebene befasst, doch die Biochemie konzentriert sich dabei eher auf die einzelnen chemischen Reaktionen.

Biochemiker können den Elektronentransport innerhalb einer Zelle verfolgen oder sich mit den Verdauungsabläufen im Darm befassen. Egal, um welche Prozesse des Lebens es sich auch immer handelt – Biochemiker interessiert vor allem, *wie* Leben funktioniert.

Pro- und eukaryotische Zelltypen

Alle lebenden Organismen bestehen aus Zellen – sofern man jedenfalls Viren außer Acht lässt, die sich nicht eindeutig lebenden oder nicht lebenden Organismen zuordnen lassen und auch keine Zellen sind. Eine Zelle ist so etwas Ähnliches wie eine mittelalterliche Stadt. Die Arbeitsmaschinerie der Zelle steckt quasi »hinter Mauern« – auch als *Zellmembran* bezeichnet. Und ebenso wie die Stadtbürger mit der Außenwelt kommunizieren müssen, ist auch der Inhalt einer Zelle nicht vollständig von der Umwelt abgeschottet. Alle Bürger sind hungrig, daher müssen Nahrungsmittel in die Stadt hineintransportiert und die Abfallstoffe entsprechend beseitigt werden. Ebenso wie die Bürger einer Stadt arbeiten, um Produkte für die Gesellschaft der Außenwelt als Tauschobjekte herzustellen, produzieren auch die »Bewohner« einer Zelle Stoffe, die für das Leben außerhalb der Zelle bestimmt sind.

Es gibt zwei grundsätzliche Arten von Zellen: prokaryotische und eukaryotische Zellen. (Noch mal zur Erinnerung: Viren teilen zwar einige Eigenschaften mit Zellen, werden aber von vielen Wissenschaftlern nicht zu den Lebewesen gezählt.) Die Prokaryoten sind die einfachsten und evolutionsbiologisch ältesten Zellen, während die Eukaryoten eher so etwas wie das komplexer aufgebaute »Nachfolgemodell« darstellen. Alle Bakterien und die Archaeen (urtümliche Einzeller, die oft extreme Temperaturen oder Salzkonzentrationen vertragen können und die in Bezug auf ihre Eigenschaften irgendwo zwischen prokaryotischen und eukaryotischen Zellen liegen) sind Prokaryoten, da sie keinen echten Zellkern haben.

Wie sich pro- und eukaryotische Zellen unterscheiden, steckt bereits im Namen. Prokaryoten haben keinen Zellkern (»pro-«, also vor, oder »eu-«, mit echtem *karyon* oder Zellkern). Die Eukaryoten besitzen einen membranumhüllten Zellkern, während das genetische Material bei Prokaryoten einfach so in der Zelle herumliegt. Doch das ist nur einer von vielen Unterschieden …

Prokaryoten

Zu den *Prokaryoten* zählen die Bakterien, die Blaualgen, die gar keine Algen, sondern Photosynthese betreibende Bakterien sind, und die bereits oben erwähnten Archaeen oder Archebakterien. Obwohl den Prokaryoten ein echter Zellkern fehlt, gibt es einige typische Strukturen im Inneren dieser Zellen. Die Abgrenzung der Zelle nach außen besteht meistens aus drei Komponenten: einer relativ stabilen Zellwand, einer äußeren Membran (nur bei gramnegativen Prokaryoten) und einer innen liegenden Plasmamembran. Während die Zellwand vor allem für Festigkeit und Struktur der Zelle sorgt (so wie die Mauer einer Festung) und die äußere Membran viele Stoffe, aber eben nicht alles passieren lässt (und vielleicht am ehesten mit einem Wassergraben zu vergleichen ist), kontrolliert die innere Membran sehr genau (wie die Zugbrücken an den Stadttoren), welche Stoffe in die Zelle hinein- oder aus der Zelle heraustransportiert werden dürfen. Alles, was in die Zelle gelangt, landet in einer Art Suppe, dem *Zytoplasma*, das die ganze Zelle ausfüllt. Abbildung 1.1 zeigt die stark vereinfachte Darstellung einer prokaryotischen Zelle.

Eukaryoten

Eukaryoten sind Tiere, Pflanzen, Pilze und viele Einzeller (also auch Sie, lieber Leser!). Eukaryotische Zellen sind in der Evolution erst später entstanden und sehr viel komplizierter aufgebaut als die Prokaryoten. Sie besitzen neben einem echten Zellkern verschiedene, von Membranen umschlossene Kompartimente (die Organellen). Eukaryoten können ein- oder mehrzellig sein und enthalten deutlich mehr und sehr viel komplizierter verpacktes genetisches Material als Prokaryoten.

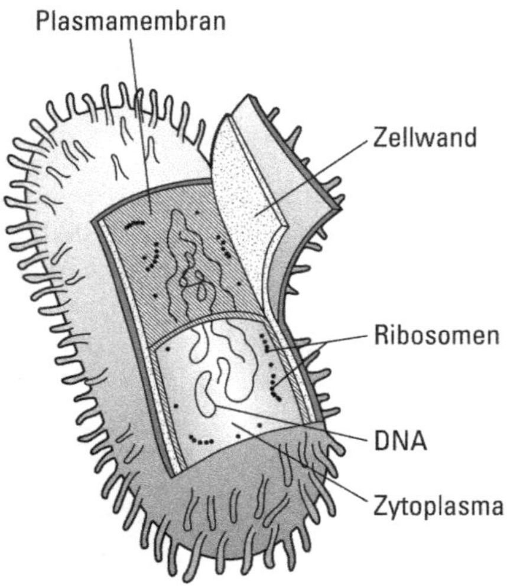

Abbildung 1.1: Vereinfachte Darstellung einer prokaryotischen Zelle

Typische Bestandteile einer Tierzelle

Alle tierischen Zellen (die, wie Sie jetzt wissen, immer Eukaryoten sind) besitzen eine Reihe klar definierter innerer Strukturen, die unterschiedliche Aufgaben erfüllen und in den meisten Fällen zu den Organellen zählen. Die wichtigsten Organellen sind im Folgenden aufgelistet. Abbildung 1.2 zeigt ein vereinfachtes Schema einer tierischen Zelle. Pflanzenzellen haben noch weitere Bestandteile wie beispielsweise Chloroplasten, die Orte der Photosynthese.

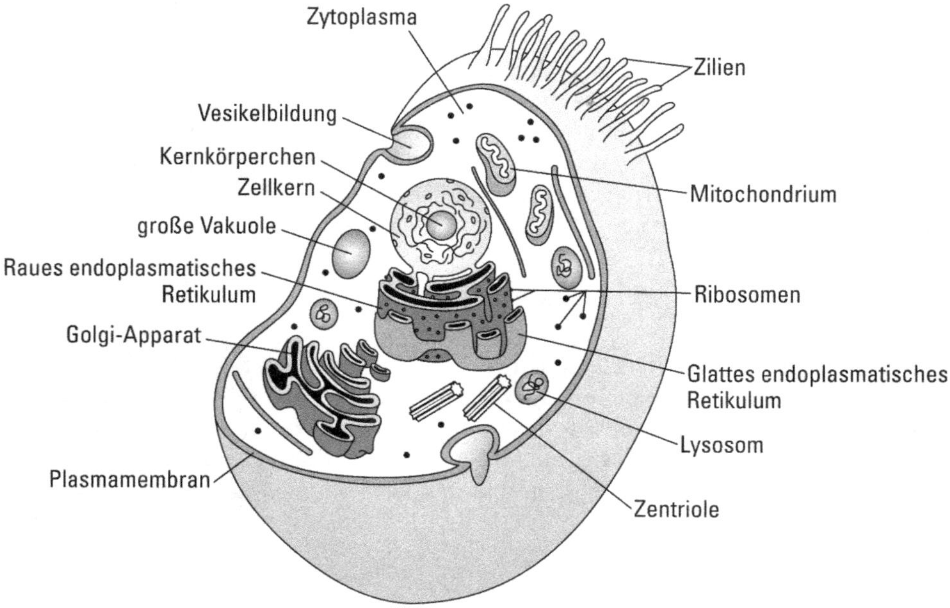

Abbildung 1.2: Vereinfachte Darstellung einer Tierzelle

- Plasmamembran
- Endoplasmatisches Retikulum
- Lysosomen
- Nukleus (Zellkern) und Nukleolus (Kernkörperchen)
- Zentriolen
- Golgi-Apparat
- Mitochondrien
- Ribosomen

Die wichtigsten Bestandteile einer tierischen Zelle sind:

- **Die Plasmamembran** (auch Zytoplasmamembran genannt) trennt alle Komponenten innerhalb einer Zelle von der Außenwelt. Die Flüssigkeit in der Zelle wird als *Plasma* oder *Zytoplasma* bezeichnet. Für eine uneingeschränkte Zellfunktion ist es sehr wichtig, dass diese Flüssigkeit nicht verloren geht. Gleichzeitig müssen allerdings lebensnotwendige Stoffe in der Lage sein, die Plasmamembran zu passieren. Andere Substanzen, die während des Stoffwechsels anfallen und nicht mehr benötigt werden, müssen aus der Zelle in die Außenwelt abgegeben werden können (sonst wäre die Zelle irgendwann eine ziemliche Müllhalde).

Der Transport von Nähr- oder Abfallstoffen durch eine Membran kann entweder aktiv oder passiv erfolgen. Beim *aktiven Transport*, der immer gegen ein Konzentrationsgefälle stattfindet, ist eine Art Fahrschein erforderlich, damit ein Stoff in die Zelle hinein- (oder aus der Zelle heraus-) geschleust wird. Die Währung, mit der die Zelle diesen Fahrschein bezahlt, ist Energie. Der *passive Transport* erfordert hingegen keinen Energieaufwand der Zelle, da die Stoffe hier in Richtung eines Konzentrationsgefälles befördert werden, wie beispielsweise bei der Diffusion, der Osmose oder der Filtration.

- **Die Zentriolen** sind so etwas Ähnliches wie die »Zugführer« einer Zelle. Sie organisieren die Ausrichtung von bestimmten zellulären Strukturkomponenten wie den Mikrotubuli, die während der Zellteilung dafür sorgen, dass sich jeweils ein halber Satz der Chromosomen nach der Zellteilung in jeder der beiden Tochterzellen befindet.
- **Das endoplasmatische Retikulum** oder ER ist eine Art Röhrensystem. Sie können sich eine Zelle wie eine kleine Fabrik vorstellen, die von einem weit verzweigten System aus Gängen durchzogen ist. Das *raue* endoplasmatische Retikulum (RER, englisch rough = rauh) ist mit Ribosomen besetzt, den Orten der Proteinsynthese (mehr über Ribosomen und ihre Funktion erfahren Sie weiter hinten in diesem Kapitel), und dient quasi als Montagehalle dieser Minifirma. Das *glatte* endoplasmatische Retikulum (SER, englisch smooth = glatt) ist eher eine Art Lagerhalle für beispielsweise Calcium, hier werden jedoch auch Hormone produziert und Abfallstoffe für die Entsorgung durch die Müllabfuhr vorbereitet.

- **Der Golgi-Apparat** ist so etwas wie das Postsystem der Zelle. Er sieht ein bisschen wie ein winziger Irrgarten aus, in dessen Inneren von der Zelle produzierte Substanzen in kleine, membranumschlossene Säckchen, die Vesikel, verpackt werden. Diese Vesikel werden dann wie Pakete an andere Organellen geschickt oder zur Plasmamembran transportiert, wenn sie Exportartikel beinhalten, die außerhalb der Zelle benötigt werden. Die Zellmembran ist gespickt mit »Zollstationen« (kleine Kanäle), durch die die Vesikel ihren Inhalt kontrolliert in die Außenwelt abgeben und so für andere Zellen oder Organe verfügbar machen können.

- **Die Lysosomen** sind die Müllabfuhr der Zelle. Sie enthalten Verdauungsenzyme, die potenziell zellschädigende Substanzen in harmlosere Stoffe zerlegen (in Kapitel 6 finden Sie weitere Infos über Enzyme). Die Produkte dieses Verdaus können dann gefahrlos wieder in die Zelle entlassen werden. Lysosomen verdauen auch »tote« Organellen. Dieser Gedanke mag Sie vielleicht etwas beunruhigen, doch auch die *Autodigestion* (so heißt dieser Vorgang) ist ein normaler Prozess im Leben jeder Zelle, der wohl eher in die Kategorie »Recycling« als unter »Kannibalismus« fallen dürfte.

- **Die Mitochondrien** (Einzahl: das Mitochondrium) sind die Energie produzierenden Kraftwerke der Zelle. Mitochondrien nutzen Nährstoffe, speziell das Kohlenhydrat *Glukose*, um Energie in Form von Adenosintriphosphat (ATP – siehe auch Kapitel 13) zu produzieren.

- **Nukleus und Nukleoli:** Jede Zelle besitzt einen Zellkern (*Nukleus*), in dessen Inneren das oder die Kernkörperchen (*Nukleolus* beziehungsweise die *Nukleoli*) liegen. Zellkern und Kernkörperchen fungieren zusammen als Kontrollzentrum der Zelle und sind der Ursprung aller zukünftigen Zellgenerationen. Der Nukleus ist von einer doppelwandigen *Zellmembran* umhüllt. Im Allgemeinen enthält der Nukleus eine Substanz, die *Chromatin* genannt wird und die aus Erbgut mit einer Verpackung in Form von Proteinen besteht. Wenn die Zelle ein Stadium erreicht, an dem sie sich teilen möchte, verdichtet sich das Chromatin zu den *Chromosomen*, der Transportform des Erbgutes.

  Neben der Aufgabe, genetisches Material für zukünftige Generationen zur Verfügung zu stellen, werden im Zellkern zwei weitere wichtige Substanzen produziert, um die genetische Information in eine für den Stoffwechsel lesbare Form zu übersetzen – so ähnlich wie ein 3-D-Drucker digitale Informationen nutzt, um daraus irgendeinen Gegenstand herzustellen. Die *Messenger-Ribonukleinsäure* (mRNA, englisch *messenger* = der Bote) und die *Transfer-Ribonukleinsäure* (tRNA) sorgen gemeinsam dafür, dass die im Erbgut hinterlegte Information in ein Protein übersetzt wird. Im Zellkern wird noch ein weiterer Ribonukleinsäuretyp produziert, die *ribosomale Ribonukleinsäure* (rRNA), die für den Aufbau der Ribosomen benötigt wird. (In Kapitel 9 finden Sie alles zu Nukleinsäuren.)

- **Ribosomen** sind kleine, kugelige Strukturen aus Proteinen und Ribonukleinsäuren (rRNA) – Miniproduktionsanlagen, an denen die einzelnen Aminosäuren zu Proteinen zusammengesetzt werden. Viele dieser am Ribosom synthetisierten Proteine sind Enzyme, die für fast alle Stoffwechselprozesse in einem Organismus benötigt werden, andere Proteine bauen beispielsweise als Strukturproteine Muskeln, Bindegewebe oder Haare auf oder dienen als Transportmoleküle für Sauerstoff, Eisen oder Fette im Blut. (Teil II dieses Buches ist den Aminosäuren, Proteinen und Enzymen gewidmet.)

Ein kurzer Blick in eine Pflanzenzelle

Pflanzenzellen sind ähnlich aufgebaut wie Tierzellen, zusätzlich besitzen sie jedoch eine feste *Zellwand*, eine deutlich größere Vakuole als Tierzellen sowie in den meisten Fällen *Chloroplasten* für die Energiegewinnung. Abbildung 1.3 veranschaulicht den Aufbau einer typischen Pflanzenzelle.

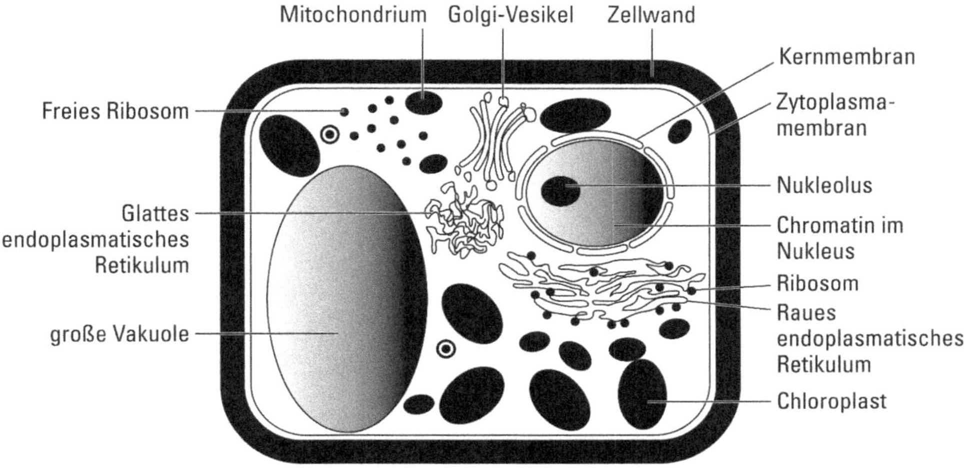

Abbildung 1.3: Vereinfachte Darstellung einer Pflanzenzelle

Die *Zellwand* besteht aus Zellulose, die genau wie Stärke ein Polymer aus Hunderten bis Tausenden von Glukoseeinheiten ist. Die Zellwand sorgt für Struktur und Stabilität.

Die *große Vakuole* einer Pflanzenzelle dient als eine Art Lager für die »sperrigen« Stärkemoleküle. Glukose, ein Zucker, der während der Photosynthese entsteht, wird in das lagerfähige Polymer Stärke umgewandelt, indem zahlreiche Moleküle Glukose aneinandergeheftet werden. Zu einem späteren Zeitpunkt kann die Stärke dann erneut als Energiequelle dienen und wieder in ihre Bestandteile zerlegt werden. (In Kapitel 7 dreht es sich hauptsächlich um Glukose und andere Kohlenhydrate.)

Chloroplasten sind hoch spezialisierte chemische Fabriken. Hier findet die Photosynthese statt, bei der der Blattfarbstoff *Chlorophyll* die Energie des Sonnenlichts einfängt und nutzt, um aus Kohlenstoffdioxid und Wasser Glukose herzustellen und Sauerstoff freizusetzen.

Die grüne Farbe vieler Pflanzen wird durch die magnesiumhaltige Verbindung Chlorophyll verursacht, die an der Photosynthese beteiligt ist.

Nun wissen Sie, wie typische pro- und eukaryotische Zellen aussehen – und damit können wir endlich zur Biochemie übergehen!

IN DIESEM KAPITEL

Das Wasser und seine Aufgaben im Stoffwechsel

Der Unterschied zwischen Säuren und Basen

Säure-Base-Gleichgewichte

Der pH-Wert von Puffern

Kapitel 2
Eintauchen: Die Chemie des Wassers

Wasser zählt nicht nur für Menschen zu den wichtigsten Stoffen auf der Erde. Wir trinken Wasser pur, als Limonade oder in Tee und Kaffee, regulieren unsere Körpertemperatur durch Schwitzen, wir gehen schwimmen, transportieren Abfälle mit Wasser in die Kanalisation oder gewinnen elektrische Energie aus Wasserkraftwerken. In welcher Form auch immer – ohne Wasser könnten wir nicht leben.

Biochemisch betrachtet ist Wasser definitiv einer der Hauptdarsteller auf der Bühne des Lebens. Kein Transportprozess im Körper würde ohne Wasser funktionieren, was übrigens auch für die meisten biochemischen Reaktionen gilt, die nur in wasserhaltiger Umgebung oder unter direkter Beteiligung von Wassermolekülen ablaufen können.

In diesem Kapitel sehen wir uns die Struktur und Eigenschaften des Wassermoleküls genauer an. Wir erklären, wie sich Wasser als Lösungsmittel verhält, und beschäftigen uns mit der Chemie von Säuren und Basen und dem Gleichgewicht, dem beide unterliegen. Zum Schluss erläutern wir die Begriffe pH-Wert und Puffer näher und gehen dabei auf die Henderson-Hasselbalch-Gleichung ein. Ein ehrgeiziges Programm – holen Sie sich eine Tasse Tee, setzen Sie sich gemütlich hin und tauchen Sie mit uns in die faszinierende Welt der Wasserchemie ein!

Was Sie über H_2O (Wasser) wissen sollten

Das Leben auf der Erde ist untrennbar mit der Existenz von Wasser verbunden, das gilt auch für uns Menschen. Unser Körper besteht zu etwa 70 Prozent aus Wasser (was noch nicht einmal besonders aufregend ist – Quallen bringen es auf einen Wasseranteil von 98 bis 99 Prozent!). Der größte Teil dieses Wassers (55 Prozent) befindet sich intrazellulär, also innerhalb der Zellen. Die verbleibenden 45 Prozent des Körperwassers sind extrazellulär, also außerhalb der Zellen, und verteilen sich wie folgt:

- ✔ Blutplasma (8 Prozent)
- ✔ interstitielle Flüssigkeit und Lymphe (22 Prozent)
- ✔ Bindegewebe, Knorpel und Knochen (15 Prozent)

Wasser wird auch als Lösungsmittel für eine Vielzahl biochemischer Reaktionen gebraucht, die im Körper ablaufen:

- ✔ Wasser sorgt für den Stofftransport durch die Membranen und befördert Stoffe in die Zelle oder aus der Zelle heraus.
- ✔ Wasser ist für die Erhaltung der Körpertemperatur verantwortlich.
- ✔ Wasser ist ein Lösungsmittel im Verdauungs- und Exkretionssystem und transportiert gelöste Stoffe.

Menschen nehmen normalerweise (es geht hier um mitteleuropäische Temperaturbereiche!) pro Tag etwa zwei Liter Wasser zu sich und geben die gleiche Menge wieder an die Umwelt ab. Der Wasserbedarf wird zu etwa 45 Prozent mit Wasser aus Getränken und zu etwa 40 Prozent aus der Nahrung gedeckt. Die restlichen 15 Prozent Wasser werden bei der Oxidation der Nährstoffe gewonnen. Etwa 50 Prozent des Wassers werden über den Urin und fünf Prozent mit dem Kot wieder ausgeschieden. Die verbleibenden 45 Prozent Wasser verlieren wir täglich über die Hautoberfläche und bei der Atmung. Innerhalb des Körpers muss ein Wassergleichgewicht aufrechterhalten werden. Wenn die täglich aufgenommene Menge Wasser deutlich geringer ist als die Menge Wasser, die der Körper verliert, tritt schnell der Zustand der Dehydrierung ein. Wenn die Wasseraufnahme die Wasserabgabe hingegen übersteigt, beispielsweise bei Nieren- oder Leberversagen, können Ödeme (krankhafte Wassereinlagerung in den Geweben) die Folge sein. Auch bestimmte Medikamente wie das Kortison fördern Wassereinlagerungen im Gewebe.

Wer ist hier wasserscheu? Physikalische Eigenschaften des Wassers

Die Biologie auf der Erde hängt von den physikalischen Eigenschaften des Wassers ab – daher müssen wir uns dieses Thema, das Ihnen vermutlich bereits in der allgemeinen Chemie begegnet ist, etwas genauer ansehen.

Wasser ist ein polares Molekül

Die Atome im Wassermolekül sind nicht gerade, sondern in einem Winkel von etwa 105 Grad angeordnet, und Wasser ist eine polare Verbindung (siehe Abbildung 2.1). Wassermoleküle besitzen einen eher negativ geladenen Mittelteil (das partiell negativ geladene Sauerstoffatom mit einer Teilladung von $\delta-$) und zwei nach außen ragende, eher positiv geladene Wasserstoffatome (Teilladung $\delta+$). Diese Ladungsverteilung ergibt sich aus der unterschiedlichen *Elektronegativität* von Sauerstoff- und Wasserstoffatomen. Die Elektronegativität ist ein Maß für die Fähigkeit, von beiden Bindungspartnern geteilte Elektronen wie beim Tauziehen auf seine Seite holen zu können. Auch hier konkurrieren Wasserstoff- und Sauerstoffatome um die Elektronen, die sich die Bindungspartner notgedrungen teilen müssen, doch der Sauerstoff wird als stärker elektronegatives Element die negativ geladenen Elektronen stärker auf seine Seite ziehen. Daraus resultiert die negative Teilladung des Sauerstoffs.

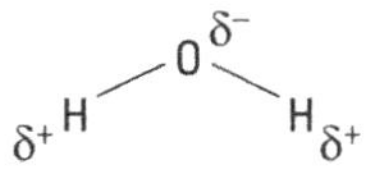

Abbildung 2.1: Struktur eines Wassermoleküls

Zwischen den Wassermolekülen mit ihren teilweise positiven und teilweise negativen Enden treten Wechselwirkungen auf, die als *Wasserstoffbrückenbindungen* bezeichnet werden. Der Begriff klingt geheimnisvoll, doch dahinter verbirgt sich nichts anderes als die Tatsache, dass ein gewinkeltes Wassermolekül mit seinen unterschiedlich geladenen Enden oder Polen (Dipol) ein anderes Wassermolekül anzieht. Der teilweise positiv geladene Wasserstoff eines Moleküls zieht das teilweise negativ geladene Sauerstoffatom eines anderen Moleküls an.

Diese Art der Interaktion zwischen einem kovalent gebundenen, teilweise positiv geladenen Wasserstoffatom und negativ geladenen Atomen beschränkt sich nicht auf Wassermoleküle – Wasserstoffbrückenbindungen über Stickstoffatome sind beispielsweise für die Struktur der DNA extrem wichtig. Mehr zu diesem Thema finden Sie in Kapitel 3.

Der Begriff *Wasserstoffbrückenbindung* bezieht sich nicht, wie Sie vielleicht denken könnten, auf eine echte kovalente Bindung zwischen zwei Wasserstoffatomen, sondern auf die allgemeine Wechselwirkung zwischen der Ladung eines (teilweise positiv geladenen) Wasserstoffatoms und einem (teilweise negativ geladenen) Sauerstoff-, Stickstoff- oder Fluoratom. Diese Wechselwirkung kann im gleichen (intramolekular) oder mit einem anderen (intermolekular) Molekül stattfinden. Wasserstoffbrückenbindungen zwischen Wasserstoff- und Fluoratomen sind zwar möglich, kommen in biologischen Systemen aber normalerweise nicht vor.

Wasser entwickelt starke intermolekulare Kräfte

Wasserstoffbrückenbindungen in oder zwischen sauerstoff- und stickstoffhaltigen Molekülen spielen in der Biochemie eine wichtige Rolle, da sie die Reaktionsfähigkeit und die Struktur biologischer Moleküle stark beeinflussen. Auf dieser besonderen Art der Interaktion zwischen Wasser und anderen Molekülen beruhen Eigenschaften wie die Wasserlöslichkeit und zahlreiche Reaktionen, die Wasser als Lösungsmittel erfordern.

Ein für die Umwelt wichtiger Effekt der Wasserstoffbrückenbindungen ist das Verhalten von Wasser oberhalb des Gefrierpunkts (null bis vier Grad Celsius) – die *Anomalie des Wassers*, wie dieses Phänomen auch genannt wird. Im gefrorenen Zustand werden die Wassermoleküle in einer starren Anordnung gehalten, die eine geringere Dichte als flüssiges Wasser besitzt. Die

Wasserstoffbrückenbindungen zwingen die Moleküle dazu, sich in Form eines Kristallgitters mit großen Löchern anzuordnen, wodurch die Dichte von Eis gegenüber der Dichte flüssigen Wassers kleiner wird. Die Bildung des Kristallgitters mit abnehmender Temperatur (vier bis null Grad Celsius) ist ein fortschreitender Prozess, weshalb die höchste Dichte des Wassers bei vier Grad Celsius erreicht wird. Das weniger dichte Eis, egal ob Eiswürfel oder Eisberg, schwimmt oben. Eine ungewöhnliche Eigenschaft, denn die meisten anderen Stoffe haben als Feststoff eine höhere Dichte als in flüssiger Form. Doch warum ist diese Eigenschaft des Wassers so wichtig? Fragen Sie einmal einen Eisangler! Die Eisschicht, die sich an der Oberfläche kalter Gewässer bildet, isoliert die flüssige Phase von der noch kälteren Luft und bewahrt damit das Leben unter dem Eis vor dem Erfrieren. Sonst würde der arme Angler wohl nur Gefrierkost fangen …

Wasser besitzt eine hohe spezifische Wärmekapazität

Unter spezifischer *Wärmekapazität* versteht man die Energie, die nötig ist, um die Temperatur von einem Kilogramm Wasser um ein Grad Celsius (genauer: ein Grad Kelvin) zu erhöhen. Eine hohe Wärmekapazität bedeutet, dass es nicht so leicht ist, Wasser zu erhitzen. Ebenso besitzt Wasser eine hohe *Verdampfungsenthalpie.* Menschen sind in der Lage, überschüssige Körperwärme über die Verdunstung von Schweiß auf der Haut abzugeben. Daher ist Schwitzen eine sehr effektive Kühlstrategie. Keine Ahnung, ob Biochemieprüfungen Sie zum Schwitzen bringen werden, aber falls das so ist, werden Sie sich an diesen Punkt ziemlich sicher erinnern …

Aufgrund der hohen Wärmekapazität und Verdampfungsenthalpie von Wasser können Seen und Meere eine beträchtliche Menge Energie aufnehmen und abgeben, ohne dass sich die Temperatur drastisch ändern würde. Dieses Phänomen hilft nicht nur der Erde, ihre Temperatur zu regulieren, auch Organismen kontrollieren so ihre Körpertemperatur. Warmblütige Tiere halten so die Kerntemperatur ihrer Körper aufrecht, während kaltblütige Tiere die Wärme, die sie während des Tages absorbiert haben, auch in der Kühle der Nacht noch nutzen können.

Die wichtigste biochemische Rolle des Wassers: Lösungsmittel

Die polare Natur des Wassers bewirkt, dass es andere polare Substanzen anzieht (oder aufnimmt, also in Lösung bringen kann). Wasser wird oft als *das universale Lösungsmittel* bezeichnet, da es eine ungeheure Vielzahl von Substanzen auflösen kann. Viele ionische Stoffe (Salze, die aus der Reaktion eines Nichtmetalls mit einem Metall hervorgehen) lösen sich leicht in Wasser, da die negativen Enden der Wassermoleküle die *Kationen* (positiv geladene Ionen) des ionisierten Stoffes anziehen, während die positiven Enden des

Wassermoleküls die *Anionen* (negativ geladene Ionen) anziehen. Kovalent gebundene, polare Substanzen wie Alkohole und Zucker sind aufgrund der Dipol-Dipol-Wechselwirkungen oder der Wasserstoffbrückenbindungen ebenfalls in Wasser löslich. Kovalent gebundene, unpolare Stoffe hingegen, wie Fette und Öle, sind *nicht* wasserlöslich.

Polare Moleküle werden aufgrund ihrer Fähigkeit, mit Wassermolekülen zu interagieren, als *hydrophil* (Wasser liebend) bezeichnet. Unpolare Moleküle, die sich nicht in Wasser lösen können, werden entsprechend als *hydrophob* (Wasser abweisend) bezeichnet. Einige Moleküle sind *amphipathisch*, da sie sowohl hydrophile als auch hydrophobe Enden besitzen.

Abbildung 2.2 zeigt die Struktur eines typischen amphipathischen Moleküls mit seinen hydrophilen und hydrophoben Bestandteilen. Rechts daneben sehen Sie eine Möglichkeit, das Molekül symbolisch darzustellen. Das runde »Köpfchen« ist dabei der hydrophile Teil, während der lange »Schwanz« hydrophober Natur ist.

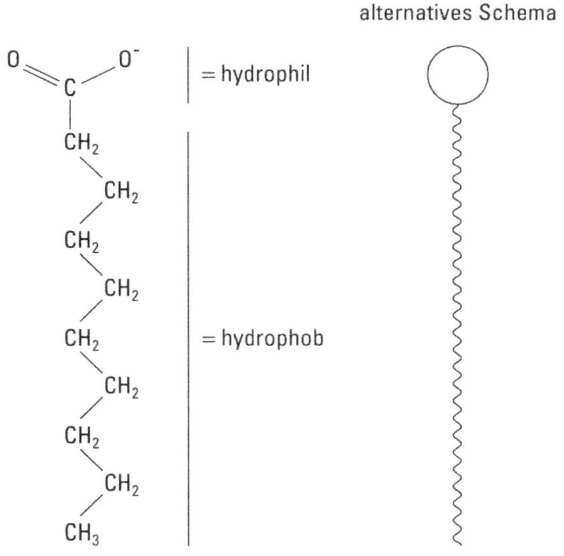

Abbildung 2.2: Struktur eines typischen amphipathischen Moleküls mit hydrophilen und hydrophoben Bereichen

Bestimmte amphipathische Moleküle wie Seifenmoleküle können *Mizellen* bilden, feinste Tröpfchen, die unlösliche Stoffe umhüllen. Auf genau dieser Eigenschaft beruht die reinigende Wirkung von Seifen und Detergenzien. Der hydrophobe Teil des Seifenmoleküls (eine lange Kohlenwasserstoffkette) löst sich dabei in einer unpolaren Substanz wie Fett oder Öl und dreht gleichzeitig das hydrophile Köpfchen (meist ein ionisiertes Ende) zum umgebenden Wasser. Seife oder andere Waschmittel bringen auf diese Weise unpolare Substanzen in Lösung, sodass sie weggespült werden können. Eine Mizelle verhält sich im Ganzen wie ein riesiges, polares Molekül, wie in Abbildung 2.3 gezeigt. Die Struktur einer Mizelle ähnelt dabei einer Zellmembran, die ebenfalls polare und unpolare Bereiche besitzt.

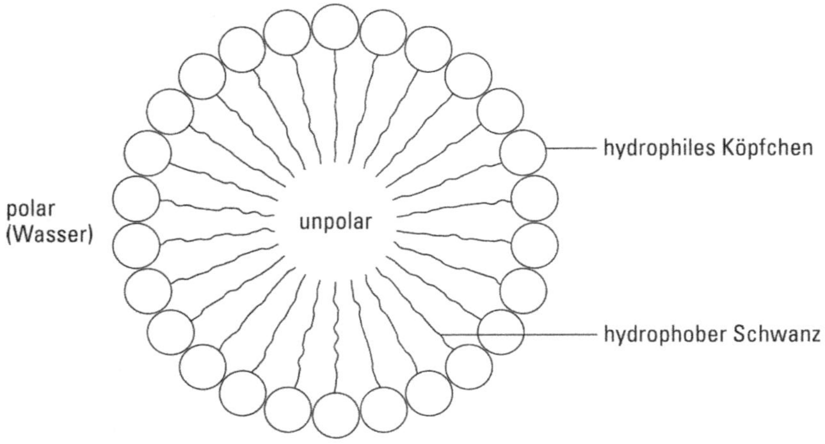

Abbildung 2.3: Struktur einer Mizelle aus amphipatischen Molekülen, deren hydrophile »Köpfchen« nach »außen« in Richtung Wasser weisen

Die Wasserstoffionenkonzentration: Säuren und Basen

In wässrigen Lösungen – besonders in biologischen Systemen – ist die Konzentration der Wasserstoffionen oder Protonen (H^+) von großer Bedeutung. Biologische Systeme sind quasi ununterbrochen damit beschäftigt, ihre Wasserstoffionenkonzentration – kurz dargestellt als $[H^+]$ – auf einem konstanten Niveau zu halten. Die Protonenkonzentration – ein Maß für den Säuregehalt einer Lösung – dient zur Bestimmung des pH-Wertes einer Lösung. Bereits kleinste Änderungen der Wasserstoffionenkonzentration können schwerwiegende Folgen für einen lebenden Organismus haben. In unserem Blut finden beispielsweise alle lebenserhaltenden Stoffwechselvorgänge nur in dem sehr begrenzten pH-Bereich zwischen 7,35 und 7,45 statt. Wasserstoffionenkonzentrationen, die diesen Bereich über- oder unterschreiten, können schnell zum Tode führen.

Da lebende Organismen derart abhängig vom pH-Wert sind, lassen wir die den Säuren, Basen und dem pH-Wert zugrunde liegende Konzepte doch noch einmal Revue passieren.

Die Balance halten

Wenn die Konzentrationen der Protonen (H^+) und der Hydroxidionen (OH^-) gleich sind, ist eine Lösung *neutral*. Wenn mehr Protonen als Hydroxidionen in einer Lösung vorhanden sind, ist diese *sauer* oder azidisch. Wenn hingegen die Konzentration der Hydroxidionen größer ist, wird die Lösung als *basisch* oder auch alkalisch bezeichnet. Die Beziehung der beiden chemischen Komponenten lässt sich in einer Gleichung zusammenfassen.

Saure Lösungen wie Zitronensaft schmecken sauer. Basische Lösungen wie das chininhaltige Tonicwater schmecken hingegen bitter (daran wird auch der Zusatz von Gin nichts ändern).

Das Gleichgewicht zwischen Protonen und Hydroxidionen ist in allen wässrigen Lösungen vorhanden. Wasser kann eine wichtige Quelle für Wasserstoffionen darstellen, ist es aber für gewöhnlich eher nicht. Wasser trägt zur Protonenkonzentration bei, da es dem ständigen Prozess der *Autoprotolyse* unterliegt, die durch die folgende Gleichung ausgedrückt wird:

$$H_2O + H_2O \leftrightarrows H_3O^+ + OH^-$$

(H_3O^+ ist dabei ein Hydroniumion, also ein protoniertes Wassermolekül.)

Oder vereinfacht:

$$H_2O \leftrightarrows H^+ + OH^-$$

Der Doppelpfeil ($\leftrightarrows$) drückt aus, dass es sich um eine Gleichgewichtsreaktion handelt, bei der beide Reaktionen gleichzeitig ablaufen.

Zwischen Hin- und Rückreaktion stellt sich ein Gleichgewicht ein, das durch eine *Gleichgewichtskonstante* (K) beschrieben wird. Diese Gleichgewichtskonstante wird im Falle der obigen Gleichung K_W genannt. K_W ist das *Ionenprodukt des Wassers* und somit das Produkt aus Wasserstoff- und Hydroxidionenkonzentration:

$$K_W = [H^+][OH^-] = 1{,}0 \times 10^{-14} \text{ (bei 25 Grad Celsius)}$$

Wie alle Konstanten ist K_W nur dann konstant, wenn auch die Rahmenbedingungen, in unserem Falle die Temperatur, gleich bleiben. Steigt die Temperatur auf 37 Grad Celsius, erhöht sich der K_W-Wert auf $2{,}4 \times 10^{-14}$.

Die Protonenkonzentration $[H^+]$ bei 25 Grad Celsius beträgt in reinem Wasser $1{,}0 \times 10^{-7}$ M. Die Hydroxidionenkonzentration entspricht unter diesen Bedingungen folglich der Protonenkonzentration; beide Ionen werden zu gleichen Teilen bei der Autoprotolyse gebildet.

M ist eine Konzentrationsgröße, die *Molarität*. Die Molarität entspricht der Stoffmengenkonzentration und ist die Anzahl Mol eines gelösten Stoffes in einem Liter Lösung. M als Einheit ist also gleichbedeutend mit mol pro Liter.

Was sagen die Werte der pH-Skala?

Es ist nicht besonders praktisch, Protonenkonzentrationen in exponentieller Form auszudrücken, wie beispielsweise als $1{,}0 \times 10^{-7}$ M. Zum Glück gibt es eine einfachere Methode, die Protonenkonzentrationen anzugeben: mittels des pH-Wertes. Dieser bietet direkt zwei Vorteile: einfacher zu handhabende, dimensionslose Zahlen. Sie können den pH-Wert jeder Lösung mit folgender Gleichung berechnen:

$pH = -\log\ [H^+]$, wobei hier und im Folgenden mit log immer der dekadische Logarithmus $\log_{10}$, also zur Basis 10 gemeint ist.

Eine Lösung mit einer Protonenkonzentration von beispielsweise $1{,}0 \times 10^{-7}$ M hat einen pH-Wert von 7.

$$pH = -\log\ [1{,}0 \times 10^{-7}\ M] = 7{,}0$$

Tabelle 2.1 gibt ähnliche Berechnungen für einige mögliche Protonenkonzentrationen an.

$[H^+]$	pH-Wert	Eigenschaft der Lösung
$1{,}0 \times 10^{0}$ M	00	sauer
$1{,}0 \times 10^{-1}$ M	01	sauer
$1{,}0 \times 10^{-2}$ M	02	sauer
$1{,}0 \times 10^{-3}$ M	03	sauer
$1{,}0 \times 10^{-4}$ M	04	sauer
$1{,}0 \times 10^{-5}$ M	05	sauer
$1{,}0 \times 10^{-6}$ M	06	sauer
$1{,}0 \times 10^{-7}$ M	07	**neutral**
$1{,}0 \times 10^{-8}$ M	08	basisch
$1{,}0 \times 10^{-9}$ M	09	basisch
$1{,}0 \times 10^{-10}$ M	10	basisch
$1{,}0 \times 10^{-11}$ M	11	basisch
$1{,}0 \times 10^{-12}$ M	12	basisch
$1{,}0 \times 10^{-13}$ M	13	basisch
$1{,}0 \times 10^{-14}$ M	14	basisch

Tabelle 2.1: Die pH-Skala mit den entsprechenden Wasserstoffionenkonzentrationen

Besitzt eine Lösung einen pH-Wert von weniger als 7, ist sie sauer. Lösungen, deren pH-Wert über 7 liegt, sind basisch, während ein pH-Wert von genau 7 eine neutrale Lösung kennzeichnet. Der pH-Wert reinen Wassers liegt bei 7. Seien Sie jedoch vorsichtig: Nicht jede Lösung mit einem pH-Wert von 7 ist reines Wasser! Wenn Sie zum Beispiel Kochsalz in reines Wasser geben, wird sich der pH-Wert von 7 nicht ändern, obwohl die resultierende Lösung zwar nach wie vor neutral, aber kein reines Wasser mehr ist.

Die pH-Skala ist nach beiden Seiten hin offen; auch pH-Werte über 14 oder unter 0 sind möglich. So ist zum Beispiel der pH-Wert einer Salzsäurelösung mit der Konzentration $1{,}0 \times 10^{1}$ M gleich -1. Das ist eine extrem beliebte Prüfungsfrage für fortgeschrittene Chemiestudenten! Die Skala von 0 bis 14 entspricht jenen pH-Werten, die am häufigsten in Lösungen zu messen sind, speziell in biochemisch relevanten Lösungen. Der pH-Wert der meisten biologischen Systeme liegt in einem physiologischen Bereich von etwa 7, obwohl es auch etliche Ausnahmen gibt (der pH-Wert in Ihrem Magen beträgt im leeren Zustand beispielsweise zwischen 1 und 1,5).

Den pOH-Wert berechnen

Sie können den pOH-Wert auf ganz ähnliche Weise wie den pH-Wert berechnen. Dazu nutzen Sie einfach die analoge Gleichung $pOH = -\log [OH^-]$. Die Hydroxidionenkonzentration $[OH^-]$ lässt sich dabei leicht aus der Beziehung zwischen Gleichgewichtskonstante und Wasserstoffionenkonzentration ableiten:

$$[OH^-] = K_W/[H^+]$$

Eine nützliche Abkürzung, um vom pH-Wert auf den pOH zu kommen, ist folgende Gleichung: $pH + pOH = 14$. Dies ist auf jede wässrige Lösung anwendbar (des Weiteren gilt noch: $14 = pK_W = -\log K_W = -\log (1{,}0 \times 10^{-14})$).

Hat eine Lösung beispielsweise eine Wasserstoffionenkonzentration $[H^+]$ von $6{,}2 \times 10^{-6}$ M, wäre der pH-Wert

$$pH = -\log\ [H^+]$$

$$pH = -\log\ [6{,}2 \times 10^{-6}]$$

$$pH = 5{,}21$$

Somit wird die Berechnung des pOH-Wertes der Lösung sehr einfach:

$$pOH = 14 - pH = 14 - 5{,}21 = 8{,}79$$

Und jetzt, da Sie sowohl pH-Wert als auch pOH kennen, ist es auch nicht mehr schwer, die entsprechenden Werte für $[H^+]$ und $[OH^-]$ zu ermitteln, denn es gilt:

$$[H^+] = 10^{-pH} \text{mol/L}$$

und

$$[OH^-] = 10^{-pOH} \text{mol/L}$$

Für eine Lösung mit einem pH-Wert von 7,35 bedeutet dies also:

$$[H^+] = 10^{-7{,}35} = 2{,}2 \times 10^{-7} \text{mol/L}$$

Stark und schwach: Die Brönsted-Lowry-Theorie

Da die Azidität (der pH-Wert) eines biologischen Mediums so überaus wichtig ist, lassen Sie uns einen Blick auf eine der am stichhaltigsten geprüften Theorien über Säuren und Basen werfen – die Brönsted-Lowry-Theorie. Nach dieser Theorie sind Säuren Protonendonatoren und Basen Protonenakzeptoren.

Starke und schwache Säuren

Säuren erhöhen die Protonenkonzentration einer Lösung (oder mit anderen Worten sie senken den pH-Wert einer Lösung), indem sie Protonen freisetzen (daher heißen sie auch *Protonendonatoren* oder Protonenspender). Einige Säuren werden als *starke Säuren* bezeichnet, da sie die Protonenkonzentration sehr effektiv verändern können; sie dissoziieren (zerfallen) vollständig in wässriger Umgebung und setzen viele Protonen frei. Die meisten Säuren – und besonders die biologisch relevanten Säuren – sind jedoch nicht sehr effizient in der Produktion von Wasserstoffionen; sie dissoziieren nur partiell im Kontakt mit Wasser. Solche Säuren werden als *schwache Säuren* bezeichnet.

Basen nehmen Protonen aus einer Lösung auf (sie reagieren mit ihnen und heißen daher auch *Protonenakzeptoren*), anstatt sie zu spenden und somit freizusetzen. Basen verringern die Protonenkonzentration einer Lösung, da sie die Protonen an sich binden. *Starke Basen* sind zwar ausgezeichnete Protonenakzeptoren, spielen jedoch in biologischen Systemen so gut wie keine Rolle. Den Hauptanteil biologisch relevanter Basen bilden die *schwachen Basen*.

Die Brönsted-Lowry-Theorie hilft, das Verhalten von Säuren und Basen in Hinblick auf das zu erhaltende Gleichgewicht zu erklären. Eine Brönsted-Lowry-Säure ist ein Wasserstoffionen- oder Protonendonator, während eine Brönsted-Lowry-Base ein Protonenakzeptor ist.

Essigsäure, eine schwache Säure, die Essig den sauren Geschmack verleiht, dissoziiert teilweise in Lösung, was durch folgende Gleichung dargestellt wird:

$$CH_3COOH \leftrightarrows H^+ + CH_3COO^-$$

Der Doppelpfeil bedeutet hier wieder, dass Essigsäure nicht vollständig zerfällt (bei einer starken Säure wäre dies der Fall und würde dann mit einem Einfachpfeil gekennzeichnet sein), sondern dass alle drei Reaktionskomponenten in wässriger Lösung vorliegen und ständig ineinander übergehen: Essigsäure, Proton und Acetat-Anion.

Laut der Brönsted-Lowry-Theorie müssen Sie das Acetat-Anion als Base betrachten, da es ein Proton aufnimmt, um zu Essigsäure zu werden. Dieser Theorie zufolge bedeutet es auch, dass zwei Substanzen, die sich in nur einem Wasserstoffion unterscheiden – so wie Essigsäure und das Acetat-Anion – ein korrespondierendes (konjugiertes) *Säure-Base-Paar* bilden. Die Substanz mit dem zusätzlichen Proton heißt dann *Brönsted-Säure* (auch mit HA oder im Folgenden mit S abgekürzt), und die Substanz, die ein Wasserstoffion weniger hat, wird als *Brönsted-Base* (A^- oder im Folgenden auch mit B abgekürzt) bezeichnet.

Sie können das Gleichgewichtsbeispiel von Essigsäure wie auch alle anderen Gleichgewichtsreaktionen mittels einer Gleichung ausdrücken – sofern eine stete Balance zwischen den Reaktionskomponenten herrscht. Der entsprechende Quotient ist die *Gleichgewichtskonstante* K_S (*S* steht für Säure) und ist ein Maß für die Stärke einer Säure. Für Essigsäure lautet dieser Quotient wie folgt:

$$K_S = \frac{[H^+][CH_3COO^-]}{[CH_3COOH]}$$

Die eckigen Klammern stehen für die molaren Konzentrationen der Komponenten im Gleichgewicht. Sie können K_s auch als pK_S ausdrücken. Die Berechnung von pK_S erfolgt dann ähnlich der Gleichung für den pH-Wert:

$$pK_S = -\log K_S$$

Im Fall eines Säure-Base-Paares wird K_s wie folgt ausgedrückt:

$$K_S = \frac{[H^+][B]}{[S]}$$

[B] ist dabei die Konzentration der Base und [S] die Konzentration der Säure.

Diese Gleichung darf keine weiteren Angaben als die Formeln für das korrespondierende Säure-Base-Paar erhalten!

Analog zu einer Säure besitzt eine Base einen K_B-Wert (B für Base). Eine schwache Base wie Ammoniak (NH_3) ist Teil der folgenden Gleichgewichtsreaktion:

$$NH_3 + H_2O \leftrightarrows OH^- + NH_4^+$$

Die Gleichgewichtskonstante für diese Reaktion lautet:

$$K_B = \frac{[OH^-] \quad [NH_4^+]}{[NH_3]}$$

Der allgemeine Ausdruck für diese Gleichung lautet:

$$K_B = \frac{[OH^-][S]}{[B]}$$

Wobei [B] dabei wieder der Konzentration der Base und [S] der Konzentration der Säure entspricht. Und auch hier wird wieder ausschließlich das korrespondierende Säure-Base-Paar berücksichtigt.

Jede korrespondierende Säure hat einen K_S-Wert und jede korrespondierende Base einen K_B-Wert. Die K_S- und K_B-Werte eines korrespondierenden Säure-Base-Paares hängen über das Ionenprodukt des Wassers, K_W, zusammen. Für ein korrespondierendes Säure-Base-Paar bedeutet das $K_S \times K_B = K_W = 1{,}0 \times 10^{-14}$. Übersichtlicher ist es allerdings, wenn Sie die folgende Abkürzung nutzen: $pK_S + pK_B = pK_W = 14$.

Die K_B-Gleichung für das Acetat-Ion (die korrespondierende Base von Essigsäure) lautet:

$$K_B = \{[OH^-][CH_3COOH]\}/[CH_3COO^-]$$

Die K_S-Gleichung für das Ammoniumion (NH_4^+) (die korrespondierende Säure zu Ammoniak) lautet:

$$K_S = \{[H^+][NH_3]\}/[NH_4^+]$$

Eine Säure kann auch in der Lage sein, mehr als ein Proton abzugeben. Ein biologisch wichtiges Beispiel für einen solchen Säuretyp ist die Phosphorsäure (H_3PO_4), die eine *dreiwertige* Säure ist und somit nacheinander drei Wasserstoffionen abgeben kann. Die drei Gleichgewichtsreaktionen für diese Säure lauten:

$$K_{S1}: H_3PO_4 \leftrightarrows H^+ + H_2PO_4^-$$

$$K_{S2}: H_2PO_4^- \leftrightarrows H^+ + HPO_4^{2-}$$

$$K_{S3}: HPO_4^{2-} \leftrightarrows H^+ + PO_4^{3-}$$

S1, S2 und S3 markieren dabei jeweils die Abgabe des ersten, zweiten und dritten Protons. Die entsprechenden K_S-Werte werden nach folgender allgemeiner Gleichung berechnet:

$$K_S = \frac{[H^+][B]}{[S]}$$

Hier noch einmal die einzelnen Berechnungsformeln für jeden K_S-Wert:

$$K_{S_1} = \frac{[H^+][H_2PO_4^-]}{[H_3PO_4]}$$

$$K_{S_2} = \frac{[H^+][HPO_4^{2-}]}{[H_2PO_4^-]}$$

$$K_{S_3} = \frac{[H^+][PO_4^{3-}]}{[HPO_4^{2-}]}$$

Der wahre Wert jeder Gleichgewichtskonstanten ist oft signifikant niedriger als der theoretisch berechnete Wert. Tabelle 2.2 zeigt einige biologisch relevante Säuren. Sie können auf diese Tabelle zurückgreifen, wenn Sie mit Puffern arbeiten oder bestimmen wollen, welche von zwei Säuren die stärkere ist.

Säure	K_{S1}	K_{S2}	K_{S3}
Essigsäure [CH_3COOH]	$1{,}7 \times 10^{-5}$	–	–
Brenztraubensäure [$CH_3COCOOH$]	$3{,}2 \times 10^{-3}$	–	–
Milchsäure [$CH_3CHOHCOOH$]	$1{,}4 \times 10^{-4}$	–	–
Bernsteinsäure [$HOOCCH_2CH_2COOH$]	$6{,}2 \times 10^{-5}$	$2{,}3 \times 10^{-6}$	–
Kohlensäure [H_2CO_3]	$4{,}5 \times 10^{-7}$	$5{,}0 \times 10^{-11}$	–
Zitronensäure [$HOOCCH_2C(OH)$ $(COOH)CH_2COOH$]	$8{,}1 \times 10^{-4}$	$1{,}8 \times 10^{-5}$	$3{,}9 \times 10^{-6}$
Phosphorsäure [H_3PO_4]	$7{,}6 \times 10^{-3}$	$6{,}2 \times 10^{-8}$	$2{,}2 \times 10^{-13}$

Tabelle 2.2: K_S-Werte biologisch relevanter Säuren

Säure oder Base? Wenn die Entscheidung schwerfällt

Einige Stoffe sind unschlüssig darüber, zu welcher Seite sie denn nun gehören; sie können sowohl als Base als auch als Säure fungieren. Chemiker klassifizieren diese Stoffe als amphotere Substanzen oder *Ampholyte*. So kann zum Beispiel das Hydrogencarbonat-Anion (HCO_3^-) einerseits als Säure und andererseits als Base wirken:

$$HCO_3^- \leftrightarrows H^+ + CO_3^{2-}$$

$$HCO_3^- + H_2O \leftrightarrows OH^- + H_2CO_3$$

Biochemisch wichtige Moleküle können ebenfalls einen amphoteren Charakter besitzen. Aminosäuren tragen zum Beispiel eine basische Aminogruppe ($-NH_2$) und eine saure Carboxygruppe ($-COOH$). Daher können Aminosäuren sowohl als Base als auch als Säure fungieren. Ein spezielleres Beispiel, Glyzin (H_2N-CH_2-COOH), kann folgende Reaktionen durchlaufen:

$$H_2N - CH_2 - COOH \leftrightarrows H^+ + H_2N - CH_2 - COO^-$$

$$H_2N - CH_2 - COOH + H_2O \leftrightarrows OH^- + {}^+H_3N - CH_2 - COOH$$

Tatsächlich können Aminosäuren einen Protonentransfer vom Carboxyende zum Aminoende vollziehen und dadurch ein ausgewogen neutrales Molekül mit einem positiv und einem negativ geladenen Ende entstehen lassen, das auch *Zwitterion* genannt wird:

$$H_2N - CH_2 - COOH \leftrightarrows {}^+H_3N - CH_2 - COO^-$$

Puffer und pH-Kontrolle

Eine Lösung, die ein beliebiges, schwaches Säure-Base-Paar beinhaltet, wird *Puffer* genannt. Eine Pufferlösung widersteht leichten pH-Änderungen, die normalerweise auftreten, wenn entweder eine Säure oder eine Base einem Lösungsmittel zugegeben wird. Puffer sind also in der Lage, ihren pH-Wert bis zu einem gewissen Grad stabil zu halten. Pufferlösungen sind für die meisten biologischen Systeme unersetzlich. Viele biologische Prozesse finden nur bei einem bestimmten pH-Wert statt. Puffersysteme halten den pH-Wert im grünen Bereich.

Verbreitete physiologische Puffer

Im menschlichen Organismus spielen die pH-Werte vieler Körperflüssigkeiten eine wichtige Rolle. Der pH-Wert von Blut beträgt 7,4, der pH-Wert der Magensäure schwankt zwischen 1 und 1,5, und der pH-Wert im Verdauungstrakt liegt bei 8 bis 9. Sinkt der Blut-pH-Wert um mehr als 0,2 Einheiten, resultiert ein Zustand, der *Azidose* genannt wird; ein entsprechender Anstieg des Blut-pH-Wertes hat eine *Alkalose* zur Folge. Azidose und Alkalose können zu ernsthaften Gesundheitsproblemen führen. Es gibt zwei Hauptursachen für das Auftreten einer Alkalose oder Azidose:

- ✔ Die *respiratorische Azidose* ist das Ergebnis vieler Erkrankungen des Atmungssystems. Dazu gehören Lungenentzündungen (Pneumonie), Emphyseme und Asthma. Diese Krankheiten begünstigen eine ineffiziente Kohlenstoffdioxidabgabe, wodurch es zu einem überdurchschnittlich starken Anstieg der Kohlensäurekonzentration (H_2CO_3) im Blut kommt.

✔ Die *metabolische Azidose* entwickelt sich aufgrund eines stoffwechselbedingten Anstiegs der Wasserstoffionenkonzentration und/oder Absinkens der Hydrogencarbonat-Konzentration (HCO_3^-) im Blut. Ursache für diesen Anstieg ist beispielsweise eine beeinträchtigte Nierenfunktion, eine Ketoazidose bei schlecht eingestelltem Diabetes oder eine Vergiftung mit sauren Medikamenten wie Aspirin (Acetylsalicylsäure).

✔ Die *respiratorische Alkalose* kann das Resultat einer Hyperventilation sein, wenn durch die beschleunigte Atmung zu viel Kohlenstoffdioxid sehr rasch aus dem Blut entfernt wird und zu einem Abfall der H_2CO_3-Konzentration führt. Hier heißt die Devise, ruhig und langsam in eine Papiertüte zu atmen, um die kontinuierlich ansteigende Kohlenstoffdioxidkonzentration der ausgeatmeten Luft in der Tüte zu nutzen, bis der pH-Wert im Blut wieder sinkt.

✔ Die *metabolische Alkalose* kann nach chronischem oder exzessivem Erbrechen von Magensäure (zum Beispiel bei Bulimie) entstehen.

Etliche Puffersysteme sorgen im Blut dafür, dass der pH-Wert konstant bleibt, und jeder dieser Puffer kann Protonen bei einer Abweichung des Blut-pHs aufnehmen oder auch wieder an das Blut abgeben. Puffer sind meistens entweder amphiprotische Substanzen (Ampholyte) oder Mischungen aus schwachen Basen (beziehungsweise Säuren) mit den entsprechenden korrespondierenden Säuren (beziehungsweise Basen). Im Blut halten vor allem verschiedene Proteine des Blutplasmas und das *Hydrogencarbonat-Puffersystem* den pH-Wert konstant.

Das *Hydrogencarbonat-Puffersystem* ist das wichtigste Puffersystem im Extrazellulärraum. Dieses System bietet zudem die Möglichkeit, überschüssiges Kohlenstoffdioxid zu entfernen. Die Löslichkeit von Kohlenstoffdioxid in wässrigen Medien führt zu folgender Gleichgewichtsreaktion:

$$CO_2 + H_2O \leftrightarrows H_2CO_3 \leftrightarrows H^+ + HCO_3^-$$

Die Anwesenheit des schwachen, korrespondierenden Säure-Base-Paares (H_2CO_3 und HCO_3^-) zeigt, dass es sich um einen Puffer handelt. Das Säure-Base-Verhältnis in der Blutbahn liegt bei 20:1, bei einem physiologischen pH-Wert von 7,4. Dieses Puffersystem ist die Grundlage für jenes Gleichgewicht, das beim Austausch von Kohlenstoffdioxid zwischen Atemluft und Blut stattfindet.

$$CO_2(\text{Blut}) \leftrightarrows CO_2\ (\text{Lunge})$$

Das wichtigste intrazelluläre Puffersystem ist der Dihydrogenphosphat/Hydrogenphosphat-Puffer (die zweite Dissoziationsstufe der Phosphorsäure, K_{S2}). Der pH-Wert dieses korrespondierenden Säure-Base-Paares ($H_2PO_4^-$ und HPO_4^{2-}) liegt für eine Lösung mit gleicher Konzentration beider Reaktionspartner bei einem pH-Wert von 7,21.

Den pH-Wert eines Puffers berechnen

Um einen Puffer-pH-Wert zu bestimmen, können Sie entweder die Gleichungen zur Berechnung der K_S- und K_B-Werte nutzen, die wir weiter vorn in diesem Kapitel vorgestellt haben, oder aber die Henderson-Hasselbalch-Gleichung zurate ziehen, mit der man die ganze Sache abkürzen kann.

Es gibt zwei Formen der Henderson-Hasselbalch-Gleichung:

$$pH = pK_s + \log \frac{[B]}{[S]}$$

und:

$$pOH = pK_B + \log \frac{[S]}{[B]}$$

Die Abkürzungen in jeder Formel entsprechen denen, die wir bereits weiter vorn in diesem Kapitel definiert haben. Nehmen Sie zum Beispiel einmal an, dass wir den pH-Wert eines Puffers berechnen wollen, der aus 0,15 M Brenztraubensäure und 0,25 M Natriumpyruvat (Pyruvat = korrespondierende Base der Brenztraubensäure) besteht. Wenn Sie zu Tabelle 2.2 zurückblättern, sehen Sie, dass der K_S-Wert von Brenztraubensäure $3{,}2 \times 10^{-3}$ beträgt.

Der pK_S-Wert wäre gleich 2,5. Daher folgt:

$$pH = pK_s + \log \frac{[B]}{[S]}$$

$$pH = -\log 3{,}2 \times 10^{-3} + \log \frac{[CH_3COCOO^-]}{[CH_3COCOOH]}$$

$$pH = 2{,}5 + \log \frac{0{,}25}{0{,}15}$$

$$pH = 2{,}5 + \log(1{,}67)$$

$$pH = 2{,}5 + 0{,}22 = 2{,}72$$

Je höher die Werte der Säure- und Basenkonzentration [S] und [B] sind, umso größer ist die Pufferkapazität. Die Pufferkapazität bietet einen Anhaltspunkt, um abschätzen zu können, wie viel Säure oder Base ein Puffer verträgt, bevor er seine Funktion einbüßt.

Ein Erklärvideo zum pH-Wert finden Sie unter `http://wiley-vch.de/ISBN9783527723775`.

IN DIESEM KAPITEL

Warum Kohlenstoffverbindungen so wichtig sind

Schwache Molekülwechselwirkungen verstehen

Wie funktionelle Gruppen Reaktionen beeinflussen

Was Isomerie bedeutet

Kapitel 3
Spaß mit Kohlenstoff: Organische Chemie

Die biologisch wichtigsten Moleküle sind *organische Verbindungen*, oder, genauer ausgedrückt, Kohlenstoffverbindungen. Als Student der Biochemie kommen Sie nicht umhin, sich ein fundiertes Allgemeinwissen der organischen Chemie (der Lehre der Kohlenstoffverbindungen) anzueignen, um die Funktionen und Reaktionen biologischer Moleküle besser verstehen zu können. In diesem Kapitel befassen wir uns daher mit den Grundlagen der organischen Chemie und den verschiedenen funktionellen Gruppen und Isomeren, die für die Biochemie essenziell sind. Sie mögen sich nun vielleicht fragen, wo denn da der Spaß steckt. – Nun, der ein oder andere von Ihnen wird sich bestimmt noch sehr lebhaft daran erinnern, wie gern er früher die Grundlagen der organischen Chemie gebüffelt hat … oder etwa nicht? Andernfalls denken Sie einfach an erfreuliche Kohlenstoffverbindungen wie Tiramisu, Bier und Nudelauflauf, Sushi, Bratwurst, Softdrinks – die Liste wäre lang. Kohlenstoff ist nun einmal ein essenzieller Bestandteil unserer Ernährung und unserer gesamten Körperchemie.

Die Rolle des Kohlenstoffs im Laufe der Zeit

Noch vor etwa 200 Jahren glaubten Wissenschaftler, dass Kohlenstoffverbindungen ausschließlich durch biologische Prozesse erzeugt werden können, und fassten dieses Postulat als »Lebenskrafttheorie« zusammen. Organische Chemie und Biochemie waren lange mehr oder weniger deckungsgleiche Disziplinen, doch Anfang des 19. Jahrhunderts kamen die ersten Zweifel an dieser Theorie auf. Die erfolgreiche Synthese von Harnstoff (durch Friedrich Wöhler 1828) aus anorganischen Materialien bewies, dass Kohlenstoffverbindungen auch anders synthetisiert werden können. Heute produzieren Chemiker viele organische Stoffe im Labor, doch die Biosynthese ist und bleibt Quelle einer extremen Vielfalt von organischen Verbindungen gerade aus Mikroorganismen, die Chemiker oft nur mit Mühe im Labor »nachbauen« können.

Warum gibt es eigentlich so viele Kohlenstoffverbindungen? Die Antwort auf diese Frage ist einfach und basiert auf den besonderen Eigenschaften dieses Elements. Kohlenstoff kann wie kein anderes Element vielfältige und sehr stabile Molekülbindungen eingehen.

- ✔ **Kohlenstoffe gehen untereinander Bindungen ein.** Kohlenstoffatome können feste Bindungen zu anderen Kohlenstoffatomen aufbauen. Zwar besitzen auch viele andere Elemente wie zum Beispiel Silizium eine gewisse Fähigkeit zur Kettenbildung, jedoch längst nicht in dem Ausmaß wie Kohlenstoff. Es scheint keine Grenze zu geben, wie viele Kohlenstoffatome miteinander verknüpft werden können. Diese Verknüpfungen können linear sein, verzweigte Moleküle bilden oder auch ringartig ausfallen, wie in Abbildung 3.1 gezeigt.

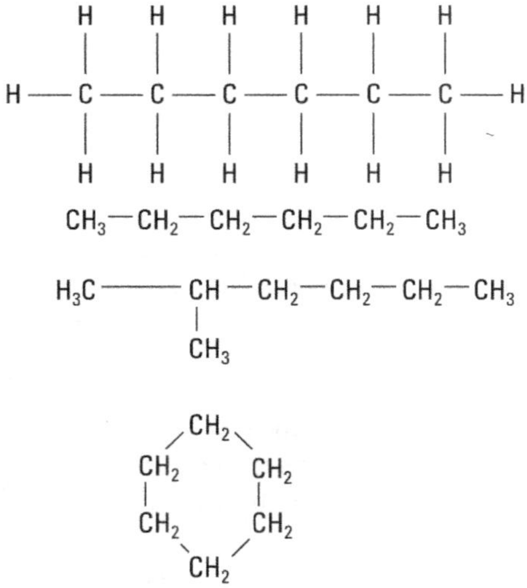

Hexan

Hexan

2-Methylhexan

Cyclohexan

Abbildung 3.1: Oben: unverzweigte Kohlenwasserstoffkette (Hexan), einmal mit eingezeichneten Bindungen und einmal in vereinfachter Darstellung; Mitte: verzweigte Kohlenwasserstoffkette (2-Methylhexan); unten: Kohlenwasserstoffring (Cyclohexan)

- ✔ **Kohlenstoff bindet viele andere Elemente.** Kohlenstoff (C) geht auch stabile Bindungen mit einer Reihe anderer Elemente ein, beispielsweise mit den biochemisch bedeutenden Elementen Wasserstoff (H), Stickstoff (N), Sauerstoff (O) und Schwefel (S). Die letzten drei Elemente sind Hauptbestandteil fast aller *funktionellen Gruppen* (den reaktiven Gruppen eines Moleküls), die für das Leben von zentraler Bedeutung sind. Bindungen zwischen Kohlenstoff und Wasserstoff sind unter Normalbedingungen eher wenig reaktive Verbindungen; Wasserstoff dient daher oft als reaktionsträger Substituent.

Komplizierte Zahlenspiele: Kohlenstoffbindungen

Kohlenstoff kann vier Bindungen eingehen und nutzt dazu verschiedene Formen der *Hybridisierung*. Hinter diesem geheimnisvollen und sicherlich auch etwas komplizierten Begriff verbirgt sich nichts anderes als die Tatsache, dass diese vier Bindungselektronen zunächst einmal grundsätzlich in verschiedenen Orbitalen stecken, es für den Kohlenstoff aber viel günstiger wäre, wenn die Orbitale der Bindungen alle gleich wären. Ein Orbital ist so etwas Ähnliches wie ein Raum, in dem sich ein Elektron aufhalten kann. Kohlenstoff besitzt in der äußeren Schale neben einem kugelförmigen s-Orbital drei eher hantelförmige p-Orbitale. Diese unterschiedlichen Orbitale lassen sich allerdings zu gleich geformten Hybridorbitalen (also einer Art Mischform) kombinieren, was für den Kohlenstoff energetisch von Vorteil ist. Je nachdem, welche Orbitale kombiniert werden, entstehen zwei sp-Orbitale (aus einem s- und einem p-Orbital), drei sp^2-Orbitale (aus einem s- und zwei p-Orbitalen) oder vier sp^3-Orbitale (aus einem s- und drei p-Orbitalen).

Wenn zum Beispiel andere Kohlenstoffe gebunden werden sollen, kann dies entweder über vier Einzelbindungen zu vier Kohlenstoffatomen geschehen (dazu sind entsprechend vier sp^3-Hybridorbitale notwendig), über eine Doppelbindung und zwei Einzelbindungen zu insgesamt drei Kohlenstoffatomen (mit drei sp^2-Hybridorbitalen), über zwei Doppelbindungen zu zwei Kohlenstoffatomen oder über eine Dreifachbindung und eine Einzelbindung zu jeweils einem Kohlenstoffatom (in beiden Fällen sind dazu zwei sp-Hybridorbitale erforderlich). Für biologische Strukturen sind Doppelbindungen mit Sauerstoffatomen von besonderer Bedeutung. Tabelle 3.1 zeigt eine Reihe von Bindungen, die Kohlenstoff mit einigen ausgewählten Nichtmetallen eingehen kann, sowie den Hybridisierungstyp dieser Bindungen.

Element	Anzahl möglicher Bindungen mit Kohlenstoff	Einige Arten möglicher Hybridisierungen mit Nichtmetallen
Kohlenstoff (C)	4	4 Einfachbindungen (sp^3) 2 Einfach- und 1 Doppelbindung (sp^2) 1 Einfach- und 1 Dreifachbindung (sp) 2 Doppelbindungen (sp)
Stickstoff (N)	3	3 Einfachbindungen (sp^3) 1 Einfach- und 1 Doppelbindung (sp^2) 1 Dreifachbindung (sp)
Sauerstoff (O)	2	2 Einfachbindungen (sp^3) 1 Doppelbindung (sp^2)

Element	Anzahl möglicher Bindungen mit Kohlenstoff	Einige Arten möglicher Hybridisierungen mit Nichtmetallen
Schwefel (S)	2	2 Einfachbindungen (sp^3) 1 Doppelbindung (sp^2)
Wasserstoff (H)	1	1 Einfachbindung
Fluor (F)	1	1 Einfachbindung
Chlor (Cl)	1	1 Einfachbindung
Brom (Br)	1	1 Einfachbindung
Jod (I)	1	1 Einfachbindung

Tabelle 3.1: Mögliche Bindungen von Kohlenstoff mit einigen ausgewählten Nichtmetallen

Magische Anziehungskräfte – Bindungsstärken

Kovalente Bindungen sind zwar die vermutlich wichtigsten *intramolekularen Kräfte* (Kräfte innerhalb eines Moleküls) für alle biochemischen Vorgänge, doch sind *intermolekulare Kräfte* (Kräfte zwischen zwei Molekülen) für viele Prozesse im Organismus kaum weniger relevant.

Die intermolekularen Kräfte beruhen nicht auf einer kovalenten Bindung zwischen Atomen, die sich die Bindungselektronen teilen, sondern auf der Anziehung mehr oder weniger stark, permanent oder auch nur temporär geladener Teilchen. Intermolekulare Kräfte sind beispielsweise für die starke ionische Bindung zwischen positiv und negativ geladenen Ionen oder die weniger starken Van-der-Waals-Kräfte verantwortlich. Zu den Van-der-Waals-Kräften zählen die Wasserstoffbrückenbindungen, die Dipol-Dipol-Wechselwirkungen und die London-Dispersionskräfte.

Ionische Wechselwirkungen

Entgegengesetzt geladene Ionen ziehen einander stark an. In biologischen Systemen können ionische Wechselwirkungen als inter- oder intramolekulare Kräfte wirken. Oft sind dabei Metallkationen wie Na^+ oder Anionen wie Cl^- beteiligt. In vielen Fällen ist das Kation auch das Ammoniumion einer Aminogruppe ($R - NH_3^+$), während das Anion zum Beispiel von einer Carboxysäure wie $R{-}COO^-$ stammen kann.

Wasserstoffbrückenbindungen

Wasserstoffbrückenbindungen gehen, wie der Name schon impliziert, von Wasserstoff aus. Ein kovalent gebundenes Wasserstoffatom mit positiver Teilladung interagiert dabei mit einem freien Elektronenpaar des Sauerstoffs oder Stickstoffs einer anderen Gruppe. Theoretisch ist auch eine Wasserstoffbrückenbindung mit Fluor möglich, die aber in biologischen

Systemen nicht vorkommt. Eine Wasserstoffbrückenbindung ist stärker als eine gewöhnliche Dipol-Dipol-Wechselwirkung und deutlich stärker als die London-Dispersionskraft. Wasserstoffbrückenbindungen können entweder intra- oder intermolekular sein.

Dipol-Dipol-Wechselwirkungen

Dipol-Dipol-Wechselwirkungen treten zwischen den polaren Bereichen verschiedener Moleküle auf. Als Dipol besitzt ein Molekül ein partiell negativ geladenes Ende ($\delta-$) und ein partiell positiv geladenes Ende ($\delta+$) – das Prinzip ist also ähnlich wie bei den Wasserstoffbrückenbindungen. Die gegensätzlichen Teilladungen ziehen einander an, während sich gleichartige Teilladungen abstoßen.

London-Dispersionskräfte

Die London-Dispersionskraft ist eine sehr schwache, kurzlebige Anziehung zwischen Molekülen, die sich aus einer temporären Ladungsverschiebung in den Elektronenwolken ergibt. Der Atomkern des einen Interaktionspartners zieht kurzzeitig die Elektronenwolke des anderen Partners an. Diese schwachen Kräfte treten nur dann in Erscheinung, wenn andere intermolekulare Kräfte fehlen – beispielsweise bei unpolaren Molekülen.

Von Fans und Phobikern – die Interaktion mit Wasser

Nicht jeder mag Wasser – einige Moleküle reagieren außerordentlich abweisend, wenn sie mit Wasser in Kontakt gebracht werden. Die Ursache der hydrophoben Reaktion liegt in den Bereichen eines Moleküls, die nur aus Wasserstoff und Kohlenstoff bestehen. Beide Elemente gehen recht friedlich miteinander um und keiner versucht, die gemeinsamen Elektronen auf seine Seite zu ziehen (chemisch ausgedrückt, die Elektronegativität beider Elemente unterscheidet sich nur wenig). Kohlenwasserstoffreiche Regionen sind daher unpolar, sie werden zwar von anderen unpolaren Regionen durch London-Dispersionskräfte angezogen, meiden aber das polare Wasser.

Polare Bereiche entstehen dann, wenn außer Kohlenstoff und Wasserstoff noch weitere Teamplayer im Molekül mitmachen wollen – Elemente mit sehr hoher Elektronegativität wie zum Beispiel Sauerstoff oder Stickstoff, die eine Molekülregion oft sehr erfolgreich polarisieren können. Schwefel hingegen besitzt die gleiche Elektronegativität wie Kohlenstoff und ist daher in dieser Hinsicht eher wirkungslos.

Dipol-Dipol-Wechselwirkungen, Wasserstoffbrückenbindungen und ionische Wechselwirkungen sind allesamt hydrophile Wechselwirkungen, die sich im Wasser oder anderen polaren Lösungsmitteln abspielen. London-Dispersionskräfte zählen hingegen zu den hydrophoben Wechselwirkungen.

Je mehr Kohlenstoff- und Wasserstoffatome ein Molekül enthält, desto stärker ausgeprägt ist der hydrophobe Charakter einer Molekülregion. Vergessen Sie aber nicht, dass ein Molekül sowohl hydrophobe als auch hydrophile Bereiche haben kann und dass beide Regionen das Verhalten des Moleküls bedingen.

Wenn Sie Ihre Teller mit Geschirrspüler reinigen, nutzen Sie genau diese Tatsache aus. Der Geschirrspüler oder die Seife bringt Fette oder Öle in das Innere einer Mizelle, die dann dank ihrer hydrophilen Außenseite bereitwillig zusammen mit dem Spülwasser durch den Ausguss verschwinden wird. Sehr praktisch, diese Biochemie!

Wie die Bindungsstärke die Eigenschaften einer Substanz beeinflusst

Die physikalischen Eigenschaften biologischer Substanzen hängen eng von den intermolekularen Kräften ab. Die Reihenfolge der Bindungskräfte lautet, in abnehmender Stärke geordnet:

Ion > Wasserstoffbrückenbindung > Dipol – Dipol > London – Dispersionskraft

Die stärkste intermolekulare Kraft besteht zwischen zwei geladenen Teilchen, also zwei Ionen, gefolgt von den Wasserstoffbrücken. Polare Substanzen interagieren über die bereits deutlich schwächeren Dipol-Dipol-Wechselwirkungen (alle biologischen Stoffe, die Sauerstoff, Stickstoff, Schwefel und/oder Phosphor beinhalten, sind polar). Die sehr schwachen London-Dispersionskräfte spielen nur bei unpolaren Wechselwirkungen eine Rolle, zum Beispiel in den unpolaren Kohlenwasserstoffanteilen eines Moleküls.

Schmelzpunkt, Siedepunkt und Löslichkeit

Mit abnehmender Stärke der intermolekularen Wechselwirkungskräfte nehmen auch Schmelzpunkt, Siedepunkt, Dampfdruck und Wasserlöslichkeit von Stoffen ab, während die Löslichkeit in unpolaren Lösungsmitteln zunimmt.

Substanzen mit einer guten Wasserlöslichkeit sind hydrophil, während Stoffe, die sich nur schlecht in Wasser lösen lassen, hydrophob sind.

Ein Molekül kann hydrophobe und hydrophile Bereiche besitzen, und logischerweise wird der jeweils größere Bereich die Stoffeigenschaften stärker bestimmen. Daher ist zum Beispiel Essigsäure:

CH_3COOH

viel, viel hydrophiler als:

$CH_3(CH_2)(CH_2)(CH_2)(CH_2)(CH_2)(CH_2)(CH_2)(CH_2)(CH_2)(CH_2)COOH$

(Das kleine, hydrophile COOH-Ende geht angesichts des riesigen unpolaren Kohlenwasserstoffschwanzes völlig unter!)

Und:

$HO(CH_2)(CH_2)(CH_2)(CH_2)(CH_2)OH$

ist hydrophiler als

$$CH_3(CH_2)(CH_2)(CH_2)(CH_2)OH$$

(da das erste Molekül zwei hydrophobe –OH-Gruppen trägt und nicht nur eine!).

Die Biochemie der Geruchsstoffe

Viele funktionelle Gruppen sind für mehr oder weniger angenehme Gerüche verantwortlich. Kurzkettige Carbonsäuren riechen zum Beispiel ähnlich wie Essig, während längere Ketten (Buttersäure) weniger appetitlich sind und eher an Schweiß erinnern. Viele Ester ($H(CH_2)_xCOO(CH_2)_yH$) haben im flüchtigen Zustand einen angenehmen Duft – daher werden Ester häufig in der Geschmacksstoff- und Parfümindustrie eingesetzt. Die meisten schwefelhaltigen Verbindungen verbreiten einen ziemlich unangenehmen Gestank. Kurze Amine entwickeln einen ammoniakähnlichen Geruch, während längere Amine nach altem oder vergammeltem Fisch riechen.

Hier ist was los! Die funktionellen Gruppen eines Moleküls

Die meisten Kohlenstoffverbindungen sind grundsätzlich relativ reaktionsträge, besitzen jedoch oft eine oder mehrere reaktionsfreudigere Bereiche des Moleküls. An diesen reaktiven oder *funktionellen Gruppen* finden die eigentlichen chemischen Reaktionen statt. Funktionelle Gruppen enthalten noch weitere Atome außer Kohlenstoff und Wasserstoff sowie Doppel- und/oder Dreifachbindungen und bestimmen maßgeblich die Reaktivität eines organischen Moleküls.

Party? Nein danke! – Kohlenwasserstoffe pur

Alkane sind Kohlenwasserstoffe, also Verbindungen, die nur aus Kohlenstoff und Wasserstoff gebildet werden und keine funktionellen Gruppen tragen. Aus diesem Grund sind diese Moleküle auch nicht besonders reaktiv. Alkene und Alkine sind ebenfalls Kohlenwasserstoffe, die jedoch eine Doppel- beziehungsweise Dreifachbindung zwischen zwei Kohlenstoffatomen besitzen und die daher etwas reaktiver als Alkane sind. Alkine sind in biologischen Systemen allerdings eher selten. Aromatische Kohlenwasserstoffe wie das Benzol, die normalerweise Ringstrukturen mit alternierenden Einfach- und Doppelbindungen zwischen den C-Atomen bilden, sind weniger reaktiv als andere Verbindungen mit Doppelbindungen. Abbildung 3.2 zeigt einige Strukturen als Beispiele für die genannten Verbindungen.

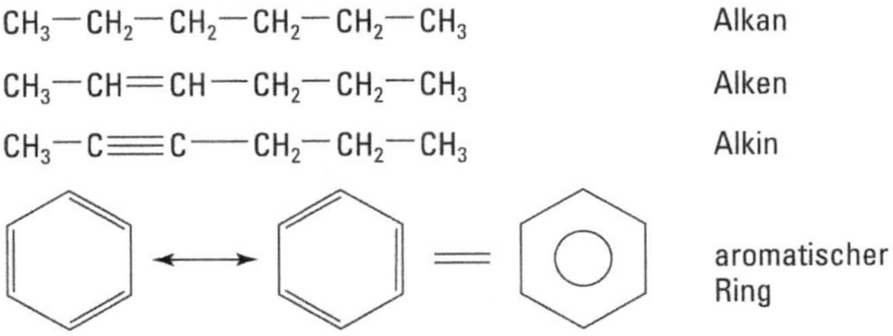

Abbildung 3.2: Beispiele für Alkan, Alken, Alkin und einen aromatischen Kohlenwasserstoffring

Funktionelle Gruppen mit Sauerstoff und Schwefel

Viele funktionelle Gruppen wie die Alkohole, Ether, Aldehyde und Ketone enthalten Sauerstoffatome. Wenn Sie sich gelegentlich gern intensiver mit Kohlenhydraten beschäftigen (… Kekse, Kuchen, Rosinenbrötchen!), werden Sie immer wieder auf die *glykosidische Bindung* stoßen, bei der Kohlenhydrateinheiten über Sauerstoff brückenartig miteinander verbunden sind. Dieses Thema erklären wir in Kapitel 7 ausführlich. Zudem sind Carbonsäuren und Ester wichtige funktionelle Gruppen der Fettsäuren in Fetten und Ölen.

Alkohole und Ether tragen nur einfach gebundene Sauerstoffatome. Ein aromatischer Ring aus sechs C-Atomen (Phenylgruppe) mit einem Alkoholrest ist ein Phenol. Aldehyde und Ketone besitzen nur doppelt gebundene Sauerstoffatome. Carbonsäuren und Ester tragen sowohl ein einfach als auch ein doppelt gebundenes Sauerstoffatom. Ein Kohlenstoffatom, das mit einem Sauerstoffatom über eine Doppelbindung verknüpft ist, wird als Carbonylgruppe bezeichnet.

Schwefel, das Element, das im Periodensystem genau unterhalb von Sauerstoff liegt, kann Sauerstoff sowohl in Alkoholen als auch in Ethern ersetzen und bildet dann *Thiole* (oder Mercaptane) und *Thioether*. Viele dieser schwefelhaltigen Verbindungen stinken wirklich sehr! Schwefel kann auch Disulfide bilden, wenn es eine Bindung zu einem weiteren Schwefelatom eingeht. Abbildung 3.3 veranschaulicht diese Verbindungen.

Stickstoffhaltige funktionelle Gruppen

Amine und Amide sind zwei wichtige stickstoffhaltige funktionelle Gruppen. Amine sind Teil von Aminosäuren und Alkaloiden; Amide sind in Form der Peptidbindungen verantwortlich für den Aufbau der Proteine.

Der Unterschied zwischen Aminen und Amiden besteht in einer Carbonylgruppe, die bei den Amiden direkt am Stickstoffatom sitzt. Amine sind Derivate von Ammoniak (NH_3), wobei ein, zwei oder alle drei Wasserstoffatome durch organische Gruppen ersetzt sind. Bei den primären Aminen ist nur ein Wasserstoffatom ersetzt; in sekundären Aminen sind zwei und in tertiären Aminen alle drei Wasserstoffatome des Ammoniaks durch organische Molekülgruppen ersetzt. Abbildung 3.4 zeigt die genannten Verbindungen und die aromatische Verbindung Anilin.

R = eine beliebige Kohlenwasserstoffgruppe

R′ = eine beliebige Gruppe, die auch R sein kann

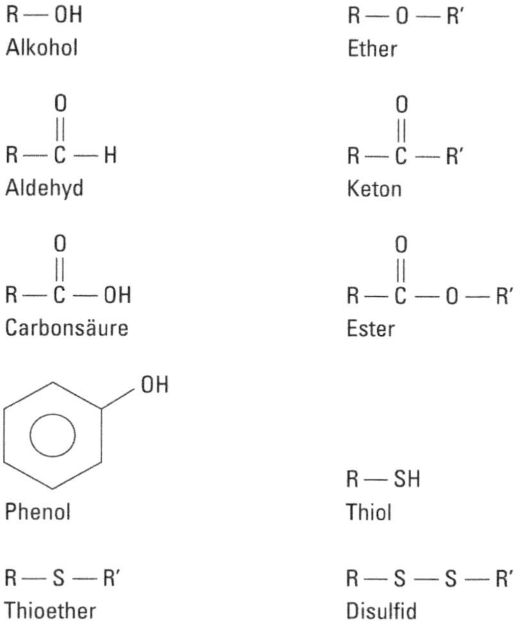

Abbildung 3.3: Sauerstoff- und schwefelhaltige funktionelle Gruppen

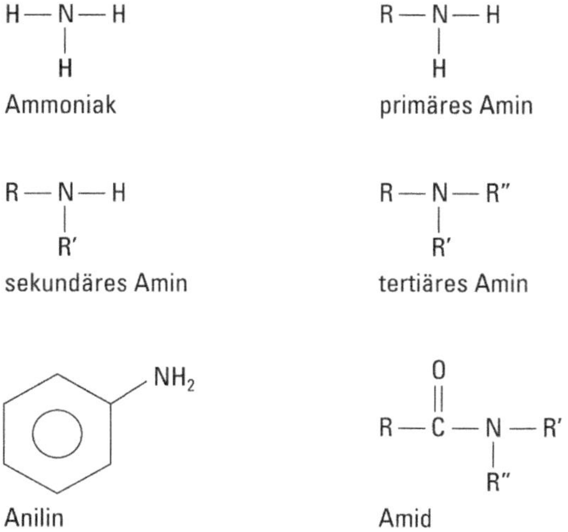

Abbildung 3.4: Einige stickstoffhaltige funktionelle Gruppen

Alkaloide sind basische Verbindungen, die von Pflanzen vor allem als Abwehrstoffe gegen Fraßfeinde produziert werden und auch genau so anzusehen sind – Alkaloide sind leider oft (zumindest ab einer gewissen Konzentration) auch für den Menschen giftig! Zu den gern genutzten Alkaloiden des Alltags zählt Nikotin, Koffein oder das Theobromin der Schokolade, während Morphin, das Kolchizin aus den Herbstzeitlosen oder das Strychnin der Brechnuss definitiv mit deutlich mehr Vorsicht genossen werden sollte.

Übrigens sind etwa 18 g Theobromin für einen Menschen von 65 kg tödlich. Diese Überdosierung ist jedoch außerhalb des Labors kaum zu schaffen; dazu müssten Sie schon mehr als ein Kilogramm Schokolade essen. Bei Hunden und Katzen, die mit Schokolade gefüttert werden, sind jedoch durchaus Theobrominvergiftungen bekannt.

Phosphorhaltige funktionelle Gruppen

Phosphor ist ebenfalls ein extrem wichtiges Element für biologische Systeme und normalerweise in Verbindung mit Sauerstoff Teil einer Phosphatgruppe. Phosphatgruppen leiten sich von der Phosphorsäure, H_3PO_4, ab. Phosphatgruppen können für sich stehen, Teil eines Diphosphats, eines Triphosphats oder eines Phosphatesters sein.

Phosphate sind nicht nur für den Aufbau von Zähnen und Knochen wichtig, sondern vor allem für die gesamte Energieversorgung des Körpers. Fast alles, was wir an Nährstoffen in der Atmungskette verstoffwechseln, wird in Form von ATP oder ADP in den Rest des Körpers transportiert (weitere Informationen zu diesem Thema finden Sie in Kapitel 12). Abbildung 3.5 zeigt einige der wichtigsten funktionellen Phosphorgruppen.

Wer macht was? Ein Exkurs zu funktionellen Gruppen

Funktionelle Gruppen sind für die Biochemie sehr wichtig. Zwar wird die Struktur eines Moleküls vor allem vom generellen Aufbau bestimmt, jedoch hängt die Art und Weise der Reaktionen maßgeblich von den funktionellen Gruppen ab. Gönnen wir uns einen kleinen Exkurs, in dem Sie Ihr Wissen der organischen Chemie über die typischen Reaktionen der wichtigsten funktionellen Gruppen ein wenig auffrischen können …

Alkohole

Alkohole werden oxidiert – und das bedeutet immer einen Verlust von Elektronen, ein Plus an Sauerstoff- und/oder den Verlust von Wasserstoffatomen. Durch die Oxidation eines primären Alkohols (bei dem die OH-Gruppe an ein endständiges Kohlenstoffatom gebunden ist) entstehen Aldehyde, die wiederum weiter zu Carbonsäuren oxidiert werden können. Unter ähnlichen Bedingungen wird ein sekundärer Alkohol (dessen OH-Gruppe an ein Kohlenstoffatom bindet, das mit zwei weiteren Kohlenstoffen verbunden ist) zu einem Keton oxidiert, während ein tertiärer Alkohol (dessen OH-Gruppe sich ein C-Atom mit drei weiteren Kohlenstoffen teilt) keine Reaktion eingehen wird. Dieses Verhalten ist wichtig für die Chemie vieler Kohlenhydrate.

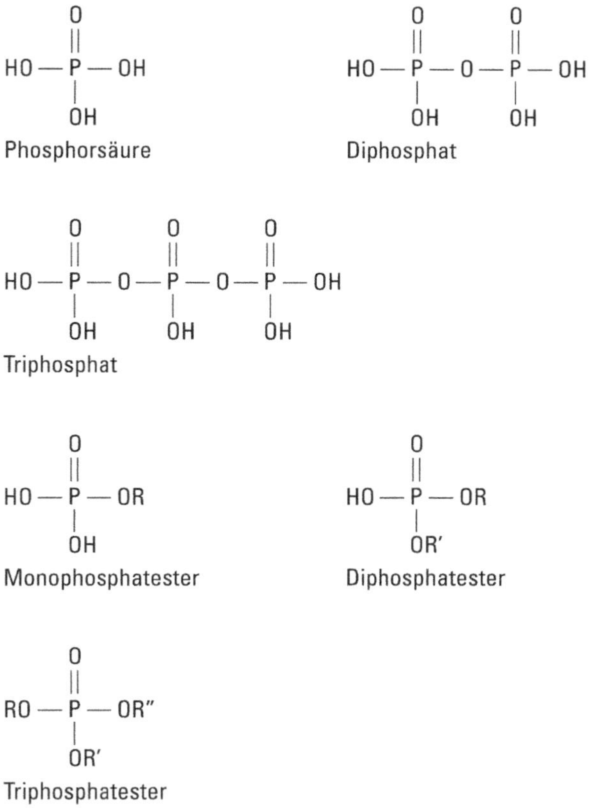

Abbildung 3.5: Phosphorhaltige funktionelle Gruppen

Die Anwesenheit einer OH-Gruppe lässt viele Leute irrtümlich denken, dass Alkohole zu den Basen gehören. Nichts ist weiter von der Wahrheit entfernt als diese Annahme! Alkohole sind unter biologischen Bedingungen mehr oder weniger neutrale Verbindungen. Phenole geben jedoch etwas bereitwilliger ein Proton ab und sind daher schwache Säuren.

Aldehyde und Ketone

Aldehyde werden leicht zu Carbonsäure oxidiert, während Ketone nicht so leicht oxidierbar sind. Mit einigem Aufwand ist es möglich, Aldehyde und Ketone zum jeweils entsprechenden Alkohol zurückzureduzieren.

Reduzierende Zucker verhalten sich aufgrund einer milden Oxidation der vorhandenen Carbonylgruppe ähnlich. Die Tollens-Probe nutzt Silbernitrat, um mit einem reduzierenden Zucker einen silbernen Niederschlag an der Reaktionsgefäßwand zu produzieren. Mit den in Benedict- und Fehling-Reagenzien vorhandenen Kupferverbindungen kann man ebenfalls einen reduzierenden Zucker nachweisen, der dann bei beiden Tests einen rötlichen Niederschlag hervorruft. Diese einfachen qualitativen Nachweise finden ihre Anwendung in biochemischen Tests, auf die wir später in diesem Buch noch eingehen.

Die Carbonylgruppe eines Aldehyds oder Ketons kann mit einem Alkohol reagieren, um Acetale und Hemiacetale (Halbacetale) zu bilden. (Die moderne Terminologie nutzt heute nur noch die Begriffe Acetal und Hemiacetal – aber Ihnen könnten eventuell einmal die Begriffe *Hemiketal*, eine Art des Hemiacetals, und *Ketal*, eine Form des Acetals, begegnen.) Abbildung 3.6 enthält eine Darstellung dieser Verbindungen.

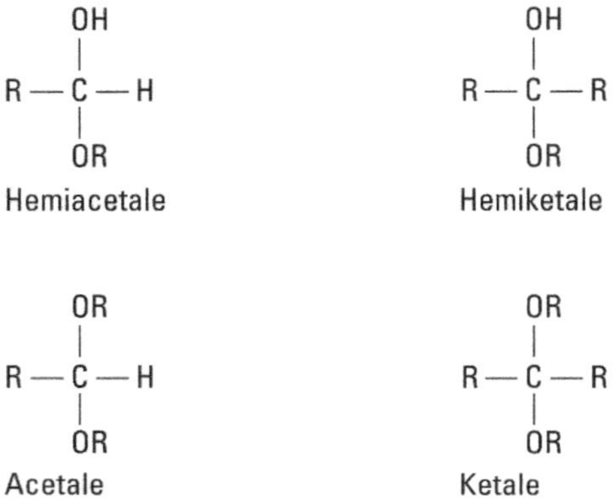

Abbildung 3.6: Acetale, Hemiacetale, Hemiketale und Ketale

Carbonsäuren

Carbonsäuren sind neben Phosphorsäure die wichtigsten biologischen Säuren. Carbonsäuren reagieren mit Basen wie Aminen zu den entsprechenden Salzen. Diese Salze besitzen ein Ammoniumion vom Amin und ein Carboxylation von der Carbonsäure.

Carbonsäuren bilden in Verbindung mit Alkoholen Ester und können sich auch indirekt mit Aminen zu Amiden verbinden. Bei der Hydrolyse eines Esters oder Amids wird diese Bindung aufgebrochen und ein Wassermolekül an dieser Stelle eingefügt. Diese Reaktion wird mithilfe einer Säure, Base oder eines Enzyms katalysiert. Unter azidischen Bedingungen ist es möglich, die Säure und entweder den Alkohol oder das Ammoniumion des Amins zu isolieren. Unter basischen Bedingungen erhalten Sie das Carboxylation und entweder den Alkohol oder das Amin.

Thiole und Amine

Bei einer milden Oxidation verbinden sich zwei Thiole zu einem Disulfid oder einer Disulfidbrücke, wie diese Struktur in Proteinen auch genannt wird. Unter leicht reduzierenden Bedingungen lässt sich dieser Prozess mit entsprechenden Enzymen auch wieder umkehren. Die Bildung von Disulfidbrücken oder Disulfidbindungen, die bei Eukaryoten im endoplasmatischen Retikulum abläuft, ist für die Struktur und die Aktivität vieler Proteine wie beispielsweise des Insulins sehr wichtig. Oft sind die Untereinheiten eines Proteins über Disulfidbrücken verknüpft.

Amine sind die wichtigsten biologischen Basen. Als Basen können sie mit Säuren reagieren. Ihr Verhalten ähnelt dem von Ammoniak.

$$NH_3 + H^+(\text{von einer Säure}) \rightarrow NH_4^+(\text{Ammoniumion})$$

$$R - N - H_2 + H^+(\text{von einer Säure}) \rightarrow R - N - H_3^+(\text{Ammoniumion})$$

$$R_2 - N - H + H^+(\text{von einer Säure}) \rightarrow R_2 - N - H_2^+(\text{Ammoniumion})$$

$$R_3 - N + H^+(\text{von einer Säure}) \rightarrow R_3 - N - H^+(\text{Ammoniumion})$$

Viele Medikamente sind Amine, bei denen die enthaltenen Amine zu Ammoniumionen konvertiert werden müssen, um das Medikament wasserlöslich und damit für den Menschen leichter verfügbar zu machen. Das wird oft durch den Zusatz von Salzsäure erreicht, die zur Bildung des entsprechenden Chlorids führt. In der Beschreibung des Medikaments finden Sie dann die Bezeichnung »Hydrochlorid«.

Es ist auch möglich, alle Wasserstoffatome eines Ammoniumions ((NH_4^+)) zu ersetzen, um so eine quartäre Ammoniumverbindung (NR_4^+) zu erhalten.

Phosphorsäure

Die Phosphorsäure (H_3PO_4) kann sich wie eine Carbonsäure verhalten und Ester bilden. Bei Phosphorsäureestern können ein, zwei oder drei Wasserstoffatome durch organische Gruppen (–R) ersetzt sein; die daraus entstehenden Verbindungen heißen jeweils Monoester, Diester und Triester der Phosphorsäure. Aufgrund der noch vorhandenen Wasserstoffatome in den Mono- und Diestern reagieren diese Verbindungen als Säuren.

Die pH-Abhängigkeit der funktionellen Gruppen

Viele Funktionen biologischer Substanzen sind pH-abhängig. Aus diesem Grund ist es wichtig zu wissen, welche funktionellen Gruppen sauer, basisch oder neutral sind. Neutrale funktionelle Gruppen verhalten sich immer gleich, egal wie hoch oder niedrig der pH-Wert auch sein mag. Tabelle 3.2 zeigt eine Liste der wichtigsten funktionellen Gruppen mit ihren Säure-Base-Eigenschaften. Außerdem ist aufgeführt, ob diese funktionelle Gruppe mittelschwach, schwach oder sehr schwach sauer oder basisch reagiert. Je schwächer eine Substanz sauer oder basisch reagiert, umso weniger wird sie vom pH-Wert ihres Lösungsmittels beeinflusst.

Funktionelle Gruppe	Säure-Base-Eigenschaften	
Monophosphat- und Diphosphatester	sauer	mittel
Carbonsäure	sauer	schwach
Phenol	sauer	sehr schwach
Thiol	sauer	sehr schwach
Ammoniumion	sauer	sehr schwach
Amin	basisch	schwach
Carboxylation	basisch	sehr schwach
Alkohol	neutral	–
Ether	neutral	–
Thioether	neutral	–
Amid	neutral	–
Aldehyd	neutral	–
Carbonsäureester	neutral	–
Phosphorsäureester	neutral	–
Disulfid	neutral	–
Keton	neutral	–

Tabelle 3.2: Säure-Base-Eigenschaften biologisch relevanter funktioneller Gruppen

Gleiche Zusammensetzung, andere Struktur: Isomerie

Isomere sind Verbindungen mit gleicher chemischer Summenformel, aber unterschiedlicher räumlicher Anordnung der Atome. Einige organische und biochemische Verbindungen können in verschiedenen isomeren Formen vorkommen. Besonders in biologischen Systemen besitzen diese verschiedenen Isomere sehr oft sehr unterschiedliche Eigenschaften. Für die Biochemie sind vor allem zwei Arten der Isomerie wichtig, die *cis-trans-Isomerie* und die Isomerie aufgrund eines chiralen Kohlenstoffatoms (Enantiomerie).

Cis-trans-Isomere

Cis-trans-Isomere unterscheiden sich in Bezug auf die Anordnung von Substituenten relativ zu einer Ebene. Die beiden Substituenten können sich gemeinsam über oder unterhalb der Ebene befinden, oder der eine Substituent liegt über und der andere unterhalb der Ebene. Die Anwesenheit einer Kohlenstoff-Doppelbindung führt zu Isomerie. Doppelbindungen sind restriktiver als Einfachbindungen und schränken die molekulare Beweglichkeit stärker ein. Wenn sich die beiden gebundenen Reste (Substituenten) auf der gleichen Seite einer Doppelbindung befinden, wird das als *cis-Isomer* bezeichnet. Befinden sich die Gruppen jeweils auf den gegenüberliegenden Seiten der Doppelbindung, so liegt ein *trans-Isomer* vor. Diese Form der Isomerie ist in Abbildung 3.7 dargestellt.

Abbildung 3.7: Cis- und trans-Isomere

Eine *cis-trans*-Isomerie ist natürlich nur dann möglich, wenn die Substituenten dieser Doppelbindung nicht identisch sind. Fettsäuren haben normalerweise Doppelbindungen in *cis*-Konfiguration, wobei jedoch in der industriellen Lebensmittelproduktion (Pflanzenöl-, Margarineherstellung) gelegentlich *trans*-Isomere als Nebenprodukte entstehen können. Auch das Erhitzen auf hohe Temperaturen wie beim Braten oder bakterielle Prozesse (Joghurt, Käse) können zur Bildung von *trans*-Fettsäuren führen.

Cis-trans-Isomere kommen auch bei zyklischen Verbindungen vor. Die *cis*-Form hat dann ähnliche Gruppen an nur einer Seite des Rings, während bei der *trans*-Form die entsprechenden Gruppen wechselseitig angeordnet sind. *Cis-trans*-Isomere können chiral sein, müssen es aber nicht. Was das bedeutet, erfahren Sie im nächsten Abschnitt.

Chirale Kohlenstoffe

Diese Eigenschaft biologischer Systeme können Sie an sich selbst ausprobieren, indem Sie einmal versuchen, einen linken Handschuh über Ihre rechte Hand zu streifen: Moleküle sind mitunter rechts- oder linkshändig, ebenso wie Wohnungsschlüssel, Korkenzieher oder gewundene Schneckenhäuser – die Welt ist voller Beispiele für Objekte, die sich wie Bild und Spiegelbild verhalten.

Wann ist ein Molekül chiral?

Die Anwesenheit eines asymmetrischen oder *chiralen* Kohlenstoffatoms reicht aus, damit ein Molekül »händisch« wird und nicht mehr mit seinem Spiegelbild zur Deckung gebracht werden kann.

Ein chirales Kohlenstoffatom hat vier verschiedene Substituenten. Entsprechend sind auch die meisten biologischen Moleküle chiral, weil ein oder mehrere chirale Kohlenstoffatome im Molekül vorhanden sind. Abbildung 3.8 illustriert die chirale Natur von Glukose.

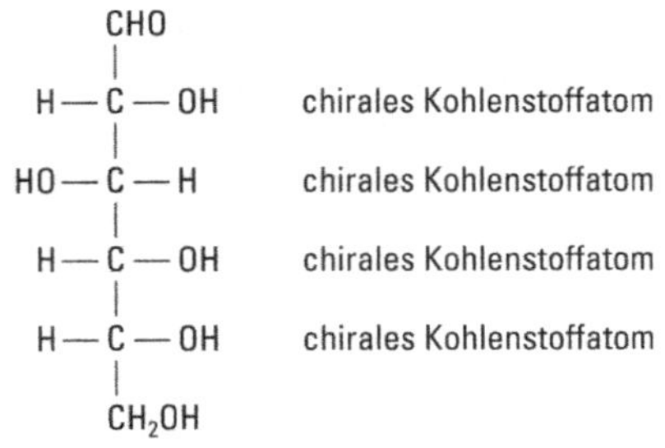

D-Glukose

Abbildung 3.8: Die Struktur von D-Glukose, einem Zucker mit vier chiralen Kohlenstoffatomen

Chirale Formen bestimmen: Ein Enantiomer oder ein Stereoisomer?

Alle Dinge haben ein Spiegelbild, doch Stoffe mit einem chiralen Kohlenstoffatom *lassen sich nicht deckungsgleich übereinanderlegen.* Strecken Sie einmal Ihre rechte und Ihre linke Hand aus, die Handflächen nach oben – Sie sehen jetzt zwei nicht deckungsgleiche Spiegelbilder, und so ähnlich ist das auch bei chiralen Molekülen. Die unterschiedlichen chiralen Formen werden Enantiomere genannt und unterscheiden sich in zwei Punkten:

- ✔ der Art, wie sie das polarisierte Licht reflektieren
- ✔ der Art, wie sie mit anderen chiralen Substanzen interagieren (für gewöhnlich ist nur eine chirale Form eines Moleküls enzymatisch aktiv, da Enzyme mitunter sehr pingelig sein können)

Um zu ermitteln, wie ein Enantiomer das Licht reflektiert, wird linear polarisiertes Licht verwendet. Dabei handelt es sich um eine besondere Art von Licht, bei dem alle Wellen nur in einer Ebene schwingen, während die Strahlen bei normalem Licht in alle Richtungen schwingen. Menschen können übrigens polarisiertes Licht im Gegensatz zu Bienen und vielen anderen Insekten nicht sehen. Eine chirale Substanz dreht die Schwingungsebene des polarisierten Lichts auf eine Weise, die auf die Händigkeit des Moleküls schließen lässt – das eine Enantiomer lenkt polarisiertes Licht nach rechts ab (rechtsdrehendes D- oder (+)-Isomer), während das andere Enantiomer den Strahl nach links reflektiert (linksdrehendes L- oder (–)-Isomer). Diese D- und L-Moleküle werden als *Stereoisomere* bezeichnet und sind optisch aktiv.

Chirale Verbindungen veranschaulichen: Fischer-Projektionen

Der Chemiker Emil Fischer machte sich viele Gedanken, wie sich die dreidimensionalen Unterschiede der Stereoisomere auf Papier darstellen lassen. Fischer-Projektionen sind sehr nützliche Werkzeuge in der Biochemie geworden. In einer solchen Formel bildet das chirale Kohlenstoffatom die Mitte eines Molekülkreuzes. Die senkrechten Linien (oder auch gestrichelte Keile) stehen für Bindungen, die vom Betrachter wegzeigen. Die waagerechten Linien (oft ausgefüllte Keile) sind Bindungen, die zum Betrachter hinzeigen. Fischer bezeichnete ein Molekül als D-Form, wenn die wichtigste Molekülgruppe (jene, deren zentrales Atom die höchste Atomzahl trug) nach rechts wies, und er bezeichnete ein Molekül als L-Form, wenn dessen wichtigste Molekülgruppe vom Kohlenstoffatom aus nach links zeigte. Abbildung 3.9 zeigt zwei Fischer-Projektionen.

D-Glyzeraldehyd L-Glyzeraldehyd

Abbildung 3.9: Fischer-Projektionen, die den Unterschied zwischen zwei Stereoisomeren verdeutlichen

Wenn Ihnen einmal D- und L-Symbole über den Weg laufen, nehmen Sie bitte nicht automatisch an, dass diese den D- und L-Formen entsprechen. Da dies schon häufiger für Verwirrung gesorgt hat, geht man inzwischen dazu über, die D- und L-Isomere nach und nach durch das R- und S-System zu ersetzen. Dieses System ist besonders nützlich, wenn mehr als nur ein chirales Kohlenstoffatom vorhanden ist. Für eine nähere Beschreibung dieses Systems verweisen wir auf das Buch *Organische Chemie für Dummies* (Wiley-VCH Verlag).

Teil II

Das Fleisch der Biochemie: Proteine

IN DIESEM TEIL …

Wir konzentrieren uns hier – was nicht sehr überraschend sein wird – nicht ausschließlich auf Proteine. Wir beginnen mit den Aminosäuren, den universellen Bausteinen aller Proteine. Danach bringen wir etwas Licht ins Dunkel der Proteinsynthese und beleuchten verschiedene Proteinstrukturen. Wir beenden den Teil dann mit einer Diskussion über Enzymkinetik, in der wir uns den Katalysatoren (Reaktionsbeschleunigern) und Inhibitoren (Reaktions… – na, was denken Sie? Richtig – Reaktionshemmern) näher widmen.

IN DIESEM KAPITEL

- Struktur und Eigenschaften der Aminosäuren
- Die häufigsten Aminosäuren
- Wie Aminosäuren interagieren
- Von der Aminosäure zum Protein

Kapitel 4
Aminosäuren: Die Bausteine der Proteine

Jede Zelle enthält Tausende von Proteinen, die jedoch alle aus den gleichen Aminosäuren aufgebaut sind und doch völlig unterschiedliche Eigenschaften besitzen – Verdauungsenzyme, Strukturproteine wie das Kollagen oder die Transportproteine des Blutes. Die Reihenfolge, Anzahl und Art der Aminosäuren eines Proteins bestimmen zusammen dessen Struktur, seine Funktion im Organismus und seine besonderen biochemischen Eigenschaften. Wie kann das sein, mögen Sie sich vielleicht gerade fragen … doch das werden Sie schnell verstehen, wenn Sie die chemischen Eigenschaften der Aminosäuren kennen. Mit diesem Thema beschäftigen wir uns nun für eine Weile.

Aminosäuren sind relativ einfach gebaute Moleküle, die eine Aminogruppe und eine Säuregruppe tragen (daher der Name). In biologischen Systemen kommen fast nur α-Aminosäuren vor, bei denen die Amino- und die Säuregruppe am selben Kohlenstoffatom sitzen. Von den mehr als 250 bisher identifizierten Aminosäuren zählen jedoch nur 20 zu den proteinogenen Aminosäuren – also den Aminosäuren, die für die Proteinsynthese aller Lebewesen verwendet werden. Francis Crick, der zusammen mit James Watson die Struktur der DNA entschlüsselte, nannte diese Gruppe der Aminosäuren »*die magischen 20*«. Proteine können sehr selten auch andere Aminosäuren enthalten, doch in fast allen Fällen handelt es sich dabei um eine der 20 proteinogenen Aminosäuren, die nach dem Einbau in das Protein noch chemisch verändert (modifiziert) wurde.

In diesem Kapitel beschäftigen wir uns mit der Struktur und den Eigenschaften der proteinogenen Aminosäuren und untersuchen, wie diese ein Protein bilden können.

Ein Erklärvideo zu Aminosäuren finden Sie unter `http://wiley-vch.de/ISBN9783527723775`.

Allgemeine Eigenschaften der Aminosäuren

Die biochemischen Besonderheiten der Aminosäuren sind zwar (wie bei allen organischen Verbindungen) maßgeblich von den jeweiligen funktionellen Gruppen der Aminosäure abhängig. Einige Eigenschaften jedoch, die für biologische Systeme besonders wichtig sind, teilen alle Aminosäuren:

- **Aminosäuren schließen sich kettenartig zu einem Protein zusammen.** Das durchschnittliche Molekulargewicht einer Aminosäure liegt bei etwa 135 Dalton, während das Molekulargewicht eines Proteins bis zu mehrere Millionen Dalton betragen kann. Ganz offensichtlich müssen sich in diesem Fall sehr viele Aminosäuren verbinden!
- **Aminosäuren können als Säure und als Base fungieren.** Das (endständige) α-Kohlenstoffatom besitzt nicht nur eine Aminogruppe ($-NH_2$) und eine Carboxygruppe ($-COOH$), sondern noch zwei weitere Gruppen: ein Wasserstoffatom und eine Seitenkette, die R-Gruppe. Diese R-Gruppe oder Seitenkette ist charakteristisch für jede Aminosäure und bestimmt die besonderen Eigenschaften jeder Aminosäure.
- **Aminosäuren unterscheiden sich im Hinblick auf die Ladung ihrer Gruppen,** die vom pH-Wert der umgebenden Lösung und der Struktur des restlichen Moleküls abhängt.
- **Alle Aminosäuren außer Glyzin sind chiral** (mit vier unterschiedlichen Substituenten am C-Atom). Diese Eigenschaft wirkt sich auch auf die möglichen chemischen Reaktionen einer Aminosäure aus.

Positiv und negativ: Aminosäuren sind Zwitterionen

Die Anwesenheit einer Säure- und einer Basenfunktion im gleichen Molekül führt unweigerlich zu Wechselwirkungen zwischen diesen Gruppen. Dabei wird formal ein Wasserstoffion vom Säureende zum basischen Ende des Moleküls übertragen. Eine Aminosäure mit einem positiv und einem negativ geladenen Ende wird auch *Zwitterion* genannt, wobei die Gesamtladung des Zwitterions nach wie vor null beträgt (da sich die Ladungen aufheben). Im Zwitterion besitzt das Säureende eine negative ($-COO^-$) und das basische Ende eine positive Ladung ($-NH_3^+$). Die Carboxygruppe hat ein Proton verloren, während die Aminogruppe ein Proton mehr bekommen hat. Erst durch diese Art der Ladungsverteilung wird eine Aminosäure wasserlöslich (siehe Abbildung 4.1).

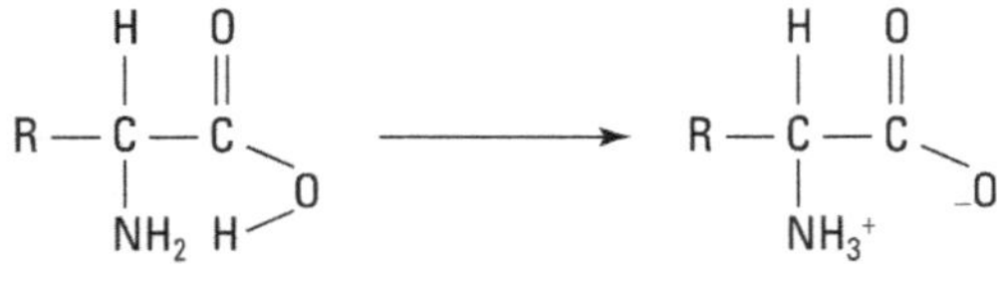

Abbildung 4.1: Bildung eines Zwitterions

Nicht ionisiert vorliegende Aminosäuren wie in Abbildung 4.1 gibt es in der Natur eigentlich gar nicht. In vielen Büchern wird diese nicht ionisierte Molekülform jedoch vereinfachend verwendet, um die wesentlichen Gruppen des Moleküls darzustellen. Das macht die Sache zwar leichter verständlich, ist aber dennoch nicht ganz korrekt – biochemisch betrachtet.

Protoniert oder nicht? pH-Wert und isoelektrischer Punkt

Jede Aminosäure reagiert aufgrund ihrer basischen oder sauren Gruppen anders in Lösungen mit einem bestimmten pH-Wert. Für jede Aminosäure gibt es einen pH-Wert, der als *isoelektrischer Punkt* (pI) bezeichnet wird, an dem sich die Nettoladungen ausgleichen und die Aminosäure vorwiegend als Zwitterion vorliegt. Dieser isoelektrische Punkt befindet sich genau zwischen den beiden pK_S-Werten einer Aminosäure. Unter physiologischen Bedingungen liegen freie Aminosäuren meistens als Zwitterionen vor (siehe Abbildung 4.2 (a)).

- **Bei einem pH-Wert unterhalb des isoelektrischen Punktes werden einige der Carboxygruppen protoniert** (siehe Abbildung 4.2 (b)). Der pH-Wert, bei dem diese Protonierung stattfindet, ist vom K_S-Wert der Säuregruppe abhängig. Daher ist der davon abgeleitete pK_S-Wert der Carboxygruppe wichtig. Typische Werte liegen zwischen 1 und 3. Wenn zum Beispiel der pK_S 2,5 beträgt, ist bei einem pH-Wert von 2,5 die Hälfte der Carboxygruppen protoniert. Die Gesamtladung der protonierten Molekülform beträgt +1.
- **Bei einem pH-Wert oberhalb des isoelektrischen Punktes werden einige der Ammoniumgruppen deprotoniert** (siehe Abbildung 4.2 (c)). Der pH-Wert, bei dem diese Deprotonierung stattfindet, ist vom K_S-Wert der Ammoniumgruppe abhängig. Daher ist der davon abgeleitete pK_S-Wert der Ammoniumgruppe wichtig. Typische Werte liegen zwischen 8 und 11. Wenn zum Beispiel der pK_S 10 beträgt, sind bei einem pH-Wert von 10 die Hälfte der Ammoniumgruppen protoniert. Die Gesamtladung der deprotonierten Molekülform beträgt −1.

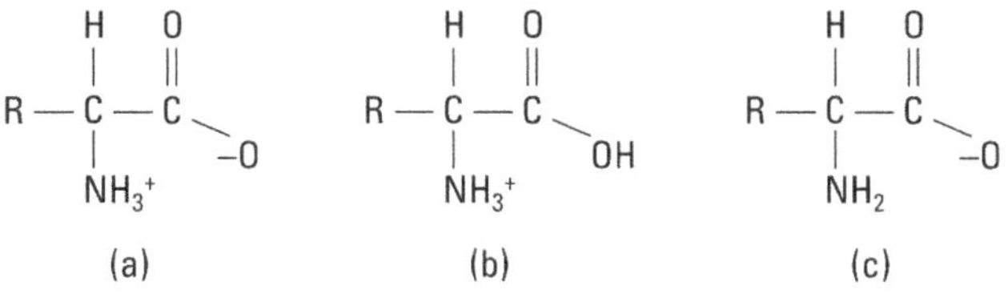

Abbildung 4.2: (a) Zwitterionenform, (b) protonierte Form, (c) deprotonierte Form

Aminosäuren können Seitenketten tragen, die ebenfalls sauer oder basisch sind. In diesen Fällen wird noch ein weiterer pK_S-Wert für das Verhalten dieser Aminosäure bei einem bestimmten pH-Wert relevant.

Asymmetrie: Chirale Aminosäuren

Eine typische α-Aminosäure trägt vier verschiedene Gruppen an ihrem α-Kohlenstoffatom ($-COOH$, $-NH_2$, $-R$ und $-H$). Dadurch wird das zentrale α-Kohlenstoffatom *asymmetrisch* oder *chiral*. Eine Ausnahme macht die Aminosäure Glyzin, deren R-Gruppe aus einem weiteren Wasserstoffatom besteht. Zwei Wasserstoffatome am α-Kohlenstoffatom einer Aminosäure bewirken, dass in diesem Falle das α-Kohlenstoffatom von Glyzin *achiral* ist. Chirale Stoffe sind optisch aktiv; die verschiedenen Formen drehen die Schwingungsebene von linear polarisiertem Licht auf unterschiedliche Art und Weise. In Kapitel 3 wird die Chiralität im Detail erklärt.

Die Anordnung von Gruppen um ein chirales Kohlenstoffatom ist sehr wichtig. So wie nur Ihre linke Hand in einen linken Handschuh passt, unterscheidet sich auch die Anordnung der Gruppen am chiralen Kohlenstoffatom und ist, wie Bild und Spiegelbild oder rechter und linker Handschuh, nicht miteinander in Deckung zu bringen (daher der Begriff *Händigkeit*).

Bei chiralen Aminosäuren gibt es zwei Formen: die D- und die L-Form. Interessanterweise werden nur Aminosäuren in der L-Form während der zellulären Proteinbiosynthese eingebaut – vermutlich ein sehr, sehr altes Erbe aus der Zeit, als die ersten Lebensformen entstanden und sich die Natur für eine der beiden Varianten »entschieden« hat. D-Formen der Aminosäuren tauchen in den Zellwänden bestimmter Bakterien und in einigen Peptid-Antibiotika auf. Der Trick ist klug, denn oft können Verbindungen mit D-Aminosäuren nicht enzymatisch angegriffen oder abgebaut werden.

Fischer-Projektionen, die in Kapitel 3 erklärt sind, werden im Allgemeinen genutzt, um die Gruppenanordnungen um den chiralen Kohlenstoff darzustellen. Abbildung 4.3 zeigt verschiedene Möglichkeiten, die Fischer-Projektion einer Aminosäurestruktur zu zeichnen.

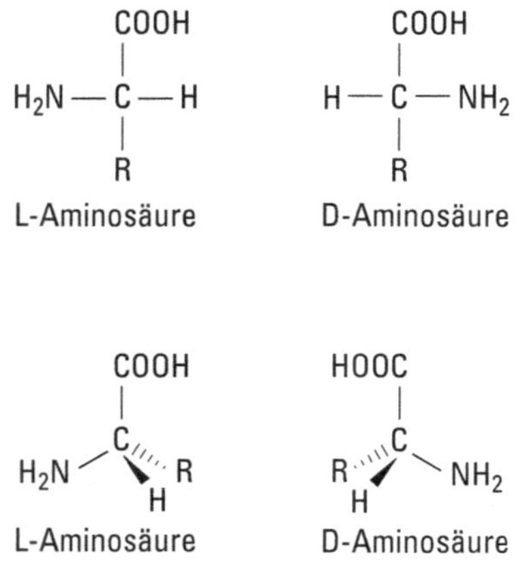

Abbildung 4.3: Zwei verschiedene Möglichkeiten, die Fischer-Projektion einer Aminosäurestruktur zu zeichnen

Einige Aminosäuren besitzen zwei asymmetrische Kohlenstoffatome. In diesen Fällen können vier mögliche Isomere entstehen, jedoch ist für gewöhnlich nur eins dieser Isomere biologisch aktiv.

Die »magischen« 20 Aminosäuren

Aminosäuren werden nach der Art ihrer Seitenkette und anhand ihres allgemeinen chemischen Verhaltens in vier Untergruppen eingeteilt:

- ✔ unpolar und ungeladen (neutral)
- ✔ polar und ungeladen (neutral)
- ✔ sauer (polar und geladen)
- ✔ basisch (polar und geladen)

Die Eigenschaften der jeweiligen Seitenketten sind nicht nur für das Verhalten einer einzelnen Aminosäure wichtig, sondern sie bestimmen auch maßgeblich die Eigenschaften eines Proteins, in dem diese Aminosäure vorkommt.

Im folgenden Abschnitt schauen wir uns die Strukturen einiger Aminosäuren genauer an. Aminosäuren werden aus praktischen Gründen mit Abkürzungen bezeichnet, die entweder mit einem Drei-Buchstaben- oder einem Ein-Buchstaben-Code ähnlich wie die chemischen Elemente im Periodensystem angegeben sind. Der Drei-Buchstaben-Code ist relativ leicht zu übersetzen; so steht zum Beispiel die Abkürzung Glu für Glutaminsäure und Gln für Glutamin. Der Ein-Buchstaben-Code ist zwar elegant, aber schwieriger zu merken, denn aus einleuchtenden Gründen lässt sich nicht immer der erste Buchstabe der Aminosäure verwenden. G ist beispielsweise die Abkürzung für Glyzin, während Glutaminsäure (= E) und Glutamin (= Q) im Ein-Buchstaben-Code anders bezeichnet werden mussten.

Unpolare (hydrophobe) und ungeladene Aminosäuren

Zu den unpolaren Aminosäuren zählen:

- ✔ Alanin (Ala, A)
- ✔ Isoleucin (Ile, I)
- ✔ Leucin (Leu, L)
- ✔ Methionin (Met, M)
- ✔ Phenylalanin (Phe, F)
- ✔ Prolin (Pro, P)
- ✔ Tryptophan (Trp, W)
- ✔ Valin (Val, V)

Diese Aminosäuren sind in Abbildung 4.4 dargestellt.

Prolin besitzt eine ungewöhnliche, zyklische Struktur, die sich auch auf die Struktur prolinhaltiger Proteine auswirkt. Tryptophan ist ein Grenzfall in der Gruppe der unpolaren Aminosäuren, da die –NH-Gruppe des Ringsystems zu einem gewissen Grad mit Wasser interagieren kann.

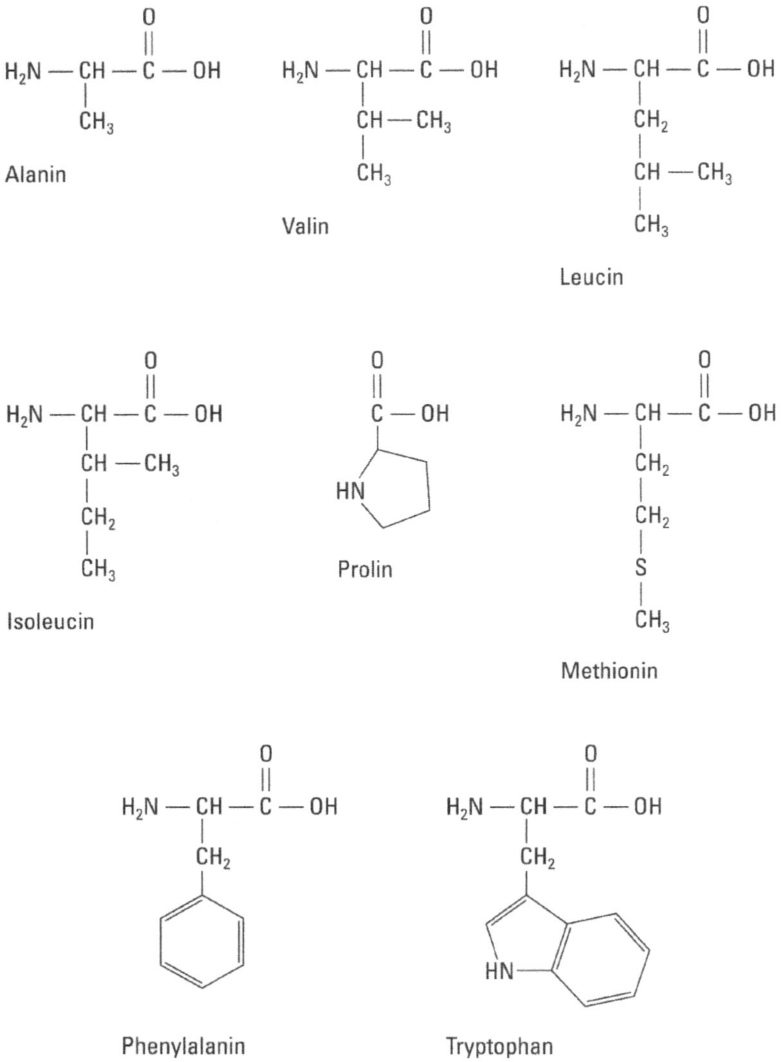

Abbildung 4.4: Unpolare Aminosäuren

Polare (hydrophile) und ungeladene Aminosäuren

Die polaren und ungeladenen Aminosäuren sind mit Ausnahme von Glyzin in der Lage, Wasserstoffbrückenbindungen mit Wassermolekülen einzugehen. Aus diesem Grund sind sie für gewöhnlich wasserlöslicher als die unpolaren Aminosäuren. Zu dieser Gruppe zählen:

- ✔ Asparagin (Asn, N)
- ✔ Cystein (Cys, C)
- ✔ Glutamin (Gln, Q)
- ✔ Glyzin (Gly, G)

- Serin (Ser, S)
- Threonin (Thr, T)
- Tyrosin (Tyr, Y)

Glyzin scheint auf den ersten Blick ein eher ungewöhnliches Mitglied dieser Gruppe zu sein. Der sehr kleine R-Rest (–H) bewirkt, dass hier stärker die Eigenschaften der Amino- und der Carboxygruppe in den Vordergrund treten und Glyzin eher als polare Aminosäure einzustufen ist. Die Amid- (–$CONH_2$), Alkohol- (–OH) und Thiol- (–SH) Gruppen der anderen Mitglieder dieser Gruppe sind sehr polar und neutral. Bei sehr hohen pH-Werten ionisiert der phenolische Rest von Tyrosin und wird zu einer polaren, geladenen Gruppe. In Abbildung 4.5 sind diese Aminosäuren dargestellt.

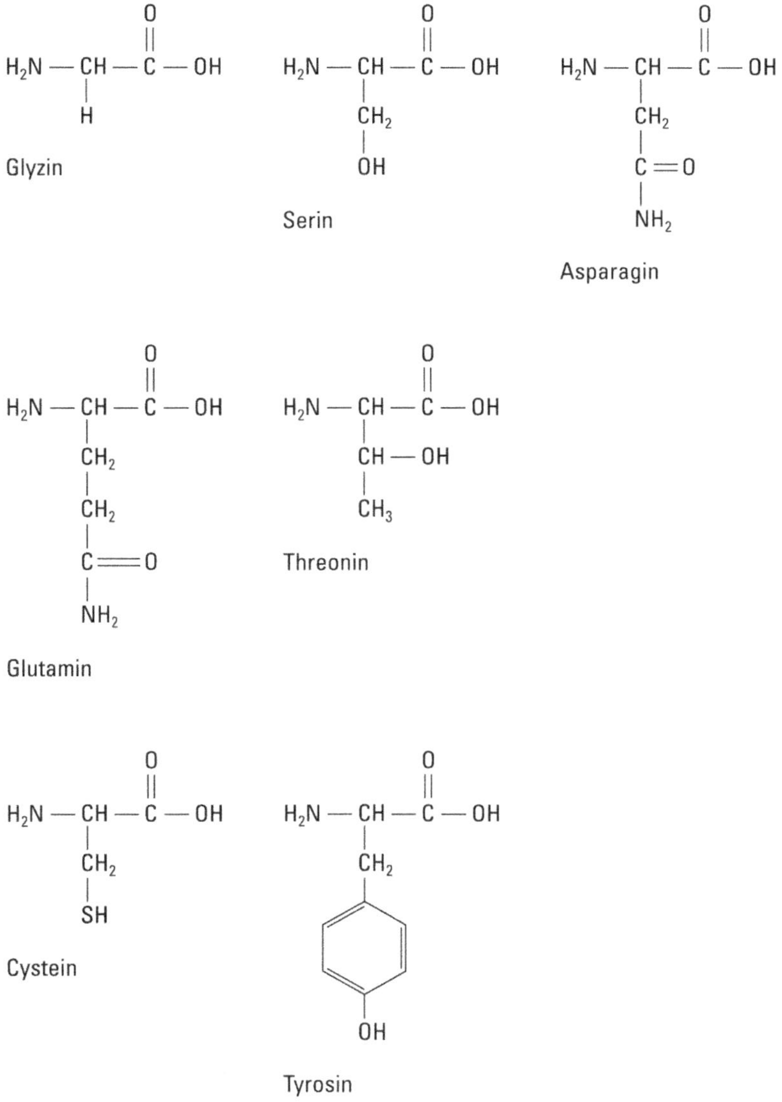

Abbildung 4.5: Polare und ungeladene (neutrale) Aminosäuren

Saure Aminosäuren

Zu den sauren (negativ geladenen) Aminosäuren zählen:

- ✔ Asparaginsäure (Asp, D)
- ✔ Glutaminsäure (Glu, E)

Beide Aminosäuren tragen eine zweite Carboxygruppe als Seitenkette. Diese sekundäre Carboxygruppe ist eine schwächere Säure (sie hat einen höheren pK_S) als die erste Carboxygruppe und bewirkt, dass bei einem pH-Wert, bei dem ein »normales« Zwitterion eine Gesamtladung von 0 hätte, eine Gesamtladung von −1 entsteht (beide Aminosäuren liegen also unter Normalbedingungen in Form des Salzes, Aspartat oder Glutamat, vor). Der Carboxyrest dieser beiden Aminosäuren ist in vielen Proteinen an Wechselwirkungen mit Metallionen, an enzymatischen Reaktionen und ionischen Wechselwirkungen beteiligt. Abbildung 4.6 zeigt diese Aminosäuren.

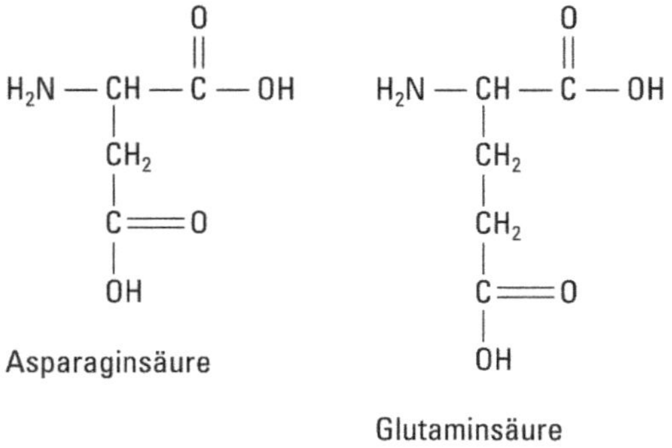

Abbildung 4.6: Saure Aminosäuren

Basische Aminosäuren

Zu den basischen (positiv geladenen) Aminosäuren zählen:

- ✔ Arginin (Arg, R)
- ✔ Histidin (His, H)
- ✔ Lysin (Lys, K)

Diese Aminosäuren zählen zwar alle zu den basischen Aminosäuren, sie können jedoch bei extremen pH-Werten auch anders reagieren. Dies trifft vor allem auf Histidin zu.

Alle drei Aminosäuren besitzen eine basische Seitenkette, die ein Wasserstoffion aufnehmen kann. Im Fall von Lysin ist dies ein einfaches Ammoniumion. Arginin hat eine Guanidinogruppe, Histidin eine Imidazolgruppe. Ebenso wie die sauren Seitenketten besitzen auch diese basischen Seitenketten einen pK_S-Wert. Arginin und Lysin liegen bei physiologischen pH-Werten normalerweise protoniert vor und haben eine Gesamtladung von +1, die in

Proteinen zu einer ionischen Wechselwirkung beitragen kann. Der pK_S-Wert der Seitenkette von Histidin ist niedriger als der Wert anderer basischer Gruppen. Das bedeutet, dass Histidin erst bei deutlich niedrigeren pH-Werten protoniert wird. In vielen Proteinen liegt Histidin in nicht protonierter Form vor, kann aber als Protonenakzeptor oder Protonendonator bei enzymkatalysierten Reaktionen eine wichtige Rolle spielen. In Abbildung 4.7 sind diese Aminosäuren dargestellt.

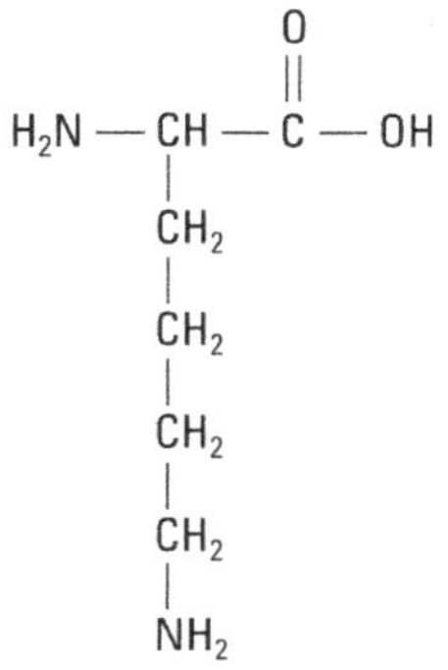

Lysin

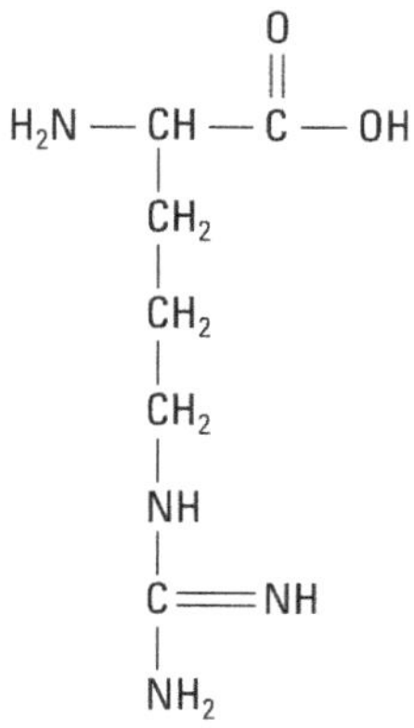

Arginin

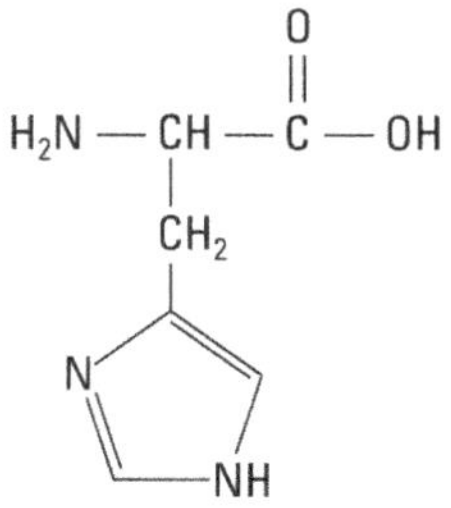

Histidin

Abbildung 4.7: Basische Aminosäuren

Die selteneren Ausnahmen

In einigen Fällen werden Aminosäuren nach dem Einbau in ein Protein noch nachträglich enzymatisch modifiziert. Das im Bindegewebe der Wirbeltiere vorkommende Strukturprotein Kollagen enthält beispielsweise Hydroxylysin und Hydroxyprolin. Diese beiden Aminosäuren tragen eine zusätzliche OH-Gruppe an ihren ursprünglichen Seitenketten, die die Stabilität des Kollagens erhöht. Wenn diese Modifikation nicht durchgeführt werden kann (weil etwa über Monate hinweg Vitamin C in der Nahrung fehlt), erkranken die Menschen an Skorbut.

Nicht zu vergessen: Nicht proteinogene Aminosäuren

Die nicht proteinogenen Aminosäuren sind zwar kein Bestandteil von Proteinen, übernehmen aber trotzdem wichtige Aufgaben im Stoffwechsel. Beispiele für nicht proteinogene Aminosäuren sind die beiden Neurotransmitter γ-Aminobuttersäure (GABA) und Dopamin oder das Schilddrüsenhormon Thyroxin. Homocystein und Homoserin sind wichtige Stoffwechselzwischenprodukte. Abbildung 4.8 zeigt eine kleine Auswahl dieser nicht proteinogenen Aminosäuren.

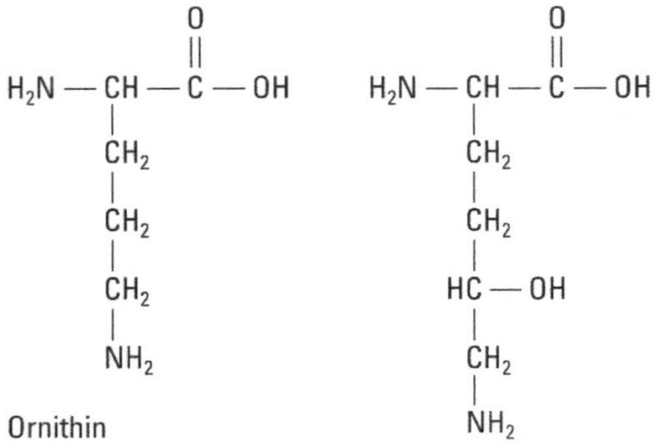

Ornithin

Hydroxylysin

Abbildung 4.8: Zwei weniger häufige Aminosäuren

Intermolekulare Kräfte: Wie Aminosäuren mit anderen Molekülen wechselwirken

Aminosäuren können mit anderen Molekülen auf vielfältige Weise interagieren, also nicht nur mit anderen Aminosäuren, sondern auch mit Flüssigkeiten, Ionen oder weiteren biologischen Molekülen. Wir behandeln die intermolekularen Kräfte ausführlicher in Kapitel 3, aber in diesem Abschnitt zeigen wir Ihnen, was passiert, wenn Aminosäuren im Spiel sind. Zwar beeinflussen vor allem die Carboxy- und Aminogruppen die Reaktivität einer Aminosäure, doch auch die Seitenketten spielen bei der Interaktion mit anderen Molekülen eine wichtige Rolle und gehen folgende Arten von Wechselwirkungen ein:

- **Hydrophobe Wechselwirkungen:** Die unpolaren Seitenketten sind hydrophob und ziehen sich gegenseitig durch die London-Dispersionskräfte an. Unpolare Gruppen neigen zur Aggregation und schließen so nicht nur Wasser, sondern auch alle anderen Arten von Seitenketten aus.

- **Hydrophile Wechselwirkungen:** Polare und ungeladene Seitenketten sind hydrophil. Die Anwesenheit einiger hydrophiler Gruppen erhöht die Löslichkeit eines Proteins in Wasser. Solche Gruppen bilden nicht nur mit Wasser, sondern auch untereinander Wasserstoffbrückenbindungen aus. Polare Gruppen zeigen starke Wechselwirkungen untereinander und »schubsen« unpolare Gruppen quasi an den Rand.

- **Ionische Wechselwirkungen:** Die Anwesenheit saurer und basischer Seitenketten führt zu ionischen Wechselwirkungen, denn entgegengesetzt gerichtete Ladungen ziehen einander an. Die Carboxygruppe einer Seitenkette wird vom Ammoniumion einer anderen Seitenkette durch die Kraft der Ionenwechselwirkung angezogen. Ionische Bindungen sind sehr stark.

Die Aminosäure Cystein kann mit einem weiteren Cysteinmolekül auf noch eine andere, für die Stabilität von Proteinen sehr wichtige Weise interagieren (siehe Abbildung 4.9). Die milde Oxidation der Thiolgruppen zweier Cysteinreste führt zur Bildung von Cystin, also einer S-S–Verbindung. Die kovalente Disulfidbrücke verknüpft nun die beiden Aminosäuren. Oft werden auf diese Weise entfernt liegende Bereiche eines Proteins oder auch verschiedene Proteinuntereinheiten wie zum Beispiel im Insulin stabil miteinander verbunden. Eine milde Behandlung mit Reduktionsmitteln kann diesen Vorgang wieder umkehren – die Bildung von Disulfidbrücken ist reversibel.

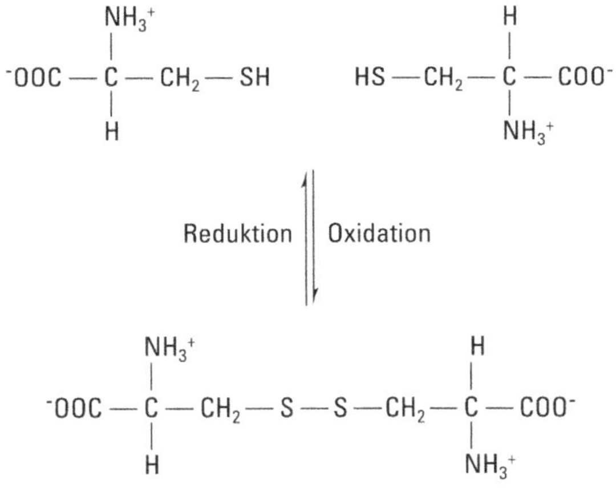

Abbildung 4.9: Wie sich zwei Cysteinmoleküle zu Cystin verbinden

Jeder Friseur kennt den chemischen Trick mit den Disulfidbrücken, denn genau auf diesem Prinzip beruhen Dauerwellen. Durch milde Redoxreaktion werden die Verbindungen zwischen den Keratinmolekülen der Haare zunächst aufgebrochen, das Haar auf Lockenwicklern in Wellenform gebracht und dann neue Disulfidbrücken gebildet. Je mehr Disulfidbrücken, desto lockiger wird das Haar hinterher aussehen (doch über den Geruch der Prozedur hüllen wir den Mantel des Schweigens ...).

Wie der pH-Wert die Wechselwirkungen beeinflusst

Wir haben in Kapitel 3 gezeigt, dass viele Moleküle und ganz besonders Biomoleküle in Abhängigkeit von dem pH-Wert der Umgebung unterschiedlich reagieren. In diesem Abschnitt erfahren Sie, wie solche Änderungen die Wechselwirkungen zwischen Aminosäuren beeinträchtigen können.

Wie zahlreiche andere Moleküle auch besitzt eine Aminosäure zwei oder drei funktionelle Gruppen, je nachdem, um welche Aminosäure es sich handelt. Diese funktionellen Gruppen enthalten Sauerstoff, Schwefel oder Stickstoff, und jede Änderung des pH-Wertes wird daher mindestens eine der funktionellen Gruppen einer Aminosäure im Hinblick auf ihre möglichen Interaktionen beeinflussen. So kann es zum Beispiel vorkommen, dass sich die Dipol-Dipol-Wechselwirkung einer Seitenkette in eine ionische Wechselwirkung umwandelt und sich damit auch die Eigenschaften dieser Aminosäure ändern.

Ein Beispiel für die Umwandlung einer Dipol-Dipol-Wechselwirkung in eine ionische Interaktion ist die Milchgerinnung. Wenn Sie Milch mit etwas Säure versetzen, fällt das Milcheiweiß Kasein flockig aus, es *koaguliert*. Kasein besitzt einen isoelektrischen Punkt von 4,6. Das bedeutet, dass sich die starken ionischen Bindungen zwischen den Milchproteinen erst bei einem niedrigen pH-Wert ausbilden können. Die schwächeren Dipol-Dipol-Wechselwirkungen mit den Wassermolekülen werden in diesem Fall aufgegeben, die Proteine verklumpen lieber miteinander und fallen als Niederschlag aus der Milchlösung aus.

Die pK_S-Werte der verschiedenen Gruppen in den Aminosäuren sind in Tabelle 4.1 aufgeführt. Wenn der pH-Wert einer Lösung dem pK_S-Wert entspricht, bedeutet dies, dass die Hälfte dieser Reste in protonierter Form und die andere Hälfte in deprotonierter Form vorliegt. Bei einem niedrigeren pH-Wert ist mehr als die Hälfte dieser Reste protoniert, während bei pH-Werten über dem pK_S-Wert mehr als die Hälfte deprotoniert vorliegt.

Aminosäure	pK_S für –COOH	pK_S für $-NH_3^+$	pK_S für –R
Alanin	2,35	9,69	–
Arginin	2,17	9,04	12,48
Asparagin	2,02	8,80	–
Asparaginsäure	2,09	9,82	3,86
Cystein	1,71	10,78	8,33
Glutamin	2,17	9,13	–
Glutaminsäure	2,19	9,67	4,25
Glyzin	2,34	9,60	–
Histidin	1,82	9,17	6,00
Isoleucin	2,36	6,68	–
Leucin	2,36	9,60	–
Lysin	2,18	8,95	10,53
Methionin	2,28	9,21	–
Phenylalanin	1,83	9,13	–
Prolin	1,99	10,60	–

Aminosäure	pK_S für $-COOH$	pK_S für $-NH_3^+$	pK_S für $-R$
Serin	2,21	9,15	–
Threonin	2,63	10,43	–
Tryptophan	2,38	9,39	–
Tyrosin	2,20	9,11	10,07
Valin	2,32	9,62	–

Tabelle 4.1: pK_S-Werte für Aminosäuren

Die pH-Abhängigkeit der Protonierung von Seitenketten ist bei der Isolierung und Identifikation von Aminosäuren extrem nützlich. Da Aminosäuren ihre Carboxy- und Aminoenden nutzen, wenn sie miteinander zu Proteinen verknüpft werden, sind nach dem Einbau einer Aminosäure in ein Protein lediglich die pK_S-Werte der Seitenketten für alle weiteren Wechselwirkungen und Reaktionen relevant.

Aminosäuren verknüpfen: Eine Bauanleitung

Ein *Protein* ist eine Kette aus meistens mehr als 100 Aminosäuren oder Aminosäureresten (Ausnahmen von dieser Regel sind möglich, es gibt auch kleinere Proteine – Insulin beispielsweise). Wir behandeln die Grundlagen der zellulären Proteinsynthese zwar im Detail in Kapitel 5, doch etwas Basiswissen kann an dieser Stelle nicht schaden. Beschäftigen wir uns kurz mit dem Thema, wie Aminosäuren eine Peptidbindung eingehen und wie weitere Aminosäuren dieser Kette angefügt werden können. Dieser Vorgang ist übrigens reversibel (umkehrbar), so werden Proteine bei der Verdauung auch wieder in ihre Einzelteile zerlegt.

Jedes Peptid hat eine Richtung. Wenn Sie die chemische Struktur von verknüpften Aminosäuren zeichnen, beginnen Sie der Konvention nach immer mit der Aminogruppe der ersten Aminosäure (dem N-terminalen Ende oder dem *N-Terminus*) links. Dann zeichnen Sie nach rechts weiter und enden schließlich mit der Carboxygruppe (dem C-terminalen Ende oder *C-Terminus*) der letzten Aminosäure. Die Richtung eines Proteins verläuft also immer von links (N) nach rechts (C).

Die Peptidbindung und das Dipeptid

Eine der wichtigsten Bindungsarten in der Biochemie ist die *Peptidbindung* – so baut die Zelle Schritt für Schritt Proteine auf, wie Sie später noch im Detail sehen werden. Zwei Aminosäuren können bei einem physiologischen pH-Wert interagieren und eine Peptidbindung eingehen, wie in Abbildung 4.10 dargestellt.

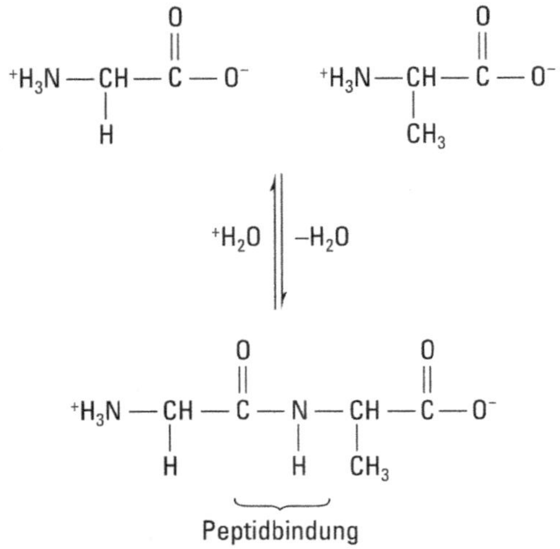

Abbildung 4.10: Die Bildung einer Peptidbindung

Das C-terminale Ende der ersten und das N-terminale Ende einer zweiten Aminosäure reagieren miteinander unter Abspaltung eines Wassermoleküls und Bildung einer Amidgruppe – das ist das Prinzip einer Peptidbindung. Diese Art der Dehydratationsreaktion (eine Reaktion unter Wasserabspaltung) kennen Sie vermutlich bereits aus der organischen Chemie. Da zwei Aminosäuren an dieser beliebig verlängerbaren Reaktion beteiligt sind, ist das Produkt dieser Reaktion ein *Dipeptid*. Die Umkehrung dieser *Kondensationsreaktion* wird übrigens als Hydrolyse bezeichnet.

Eine Peptidbindung ist immer flach (planar), was bedeutet, dass alle an dieser Bindung beteiligten Atome in der gleichen Ebene liegen. Sie wird durch unseren alten Freund aus der Organik, die Resonanz – besser bekannt als Mesomerie, stabilisiert – die Einfachbindungen haben teilweise Doppelbindungscharakter und können sich daher nicht frei im Raum drehen. Zudem behindert die Doppelbindung zwischen Stickstoff und Kohlenstoff eine Rotation des Moleküls um diese Bindungsachse, sodass Peptidbindungen insgesamt immer planar sind. Abbildung 4.11 veranschaulicht diesen Stabilisierungsprozess. Durch den Mesomerieeffekt wird die Polarität von Sauerstoff und Stickstoff erhöht. Dadurch bilden sich Wasserstoffbrückenbindungen, die deutlich stärker sind als die meisten anderen Bindungen dieser Art.

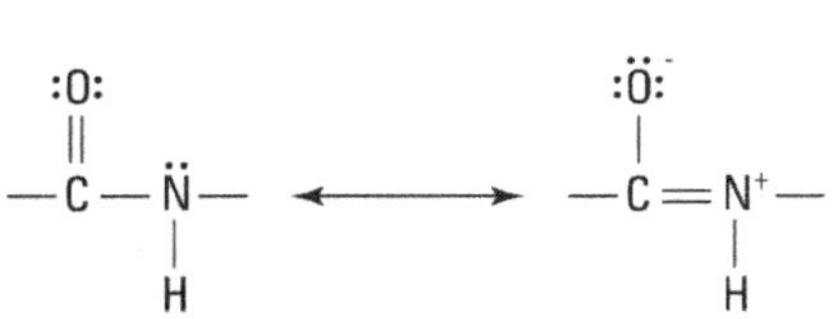

Abbildung 4.11: Mesomeriestabilisierung einer Peptidbindung

Das Tripeptid: Aus zwei mach drei

Mittels einer simplen Wiederholung der Reaktion aus Abbildung 4.10 kann eine dritte Aminosäure an das bestehende Pärchen angefügt werden, um ein *Tripeptid* zu erzeugen. Abbildung 4.12 zeigt eine Kombination von Glyzin, Alanin und Serin. Beachten Sie, dass jedes Protein per Konvention am N-Terminus beginnt und am C-Terminus endet. (Sie können dieses Tripeptid auch als *Gly-Ala-Ser* mit dem Drei-Buchstaben-Code abkürzen.)

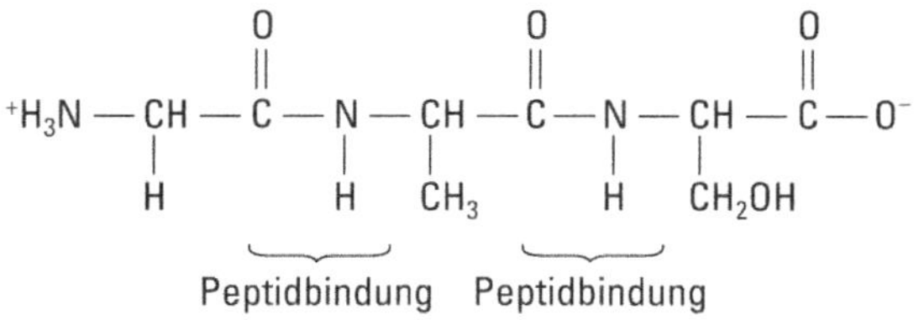

Abbildung 4.12: Ein Tripeptid

Ein Protein entsteht letztendlich durch die hundert- bis tausendfache Wiederholung dieser Verknüpfungsreaktion – das sehen wir uns im nächsten Kapitel noch einmal ganz genau an.

IN DIESEM KAPITEL

Proteine und ihre Aufgaben im Organismus

Die vier Ebenen der Proteinstruktur

Isolierung und Analyse von Proteinen

Ein Exkurs in die Forensik und die Blutgruppenchemie

Kapitel 5
Struktur und Funktion von Proteinen

In Kapitel 4 haben Sie gesehen, dass Aminosäuren über Peptidbindungen miteinander verknüpft sind und dass Proteine aus sehr vielen Aminosäuren bestehen können. Ein Protein jedoch lediglich als eine lange Kette von Aminosäure zu definieren, würde der Sache alles andere als gerecht – ebenso wenig wie etwa die Behauptung, dass dieses Biochemiebuch nur Buchstaben enthält. Proteine sind eine Art riesige Bibliothek für Biowerkzeuge mit einer extremen Vielfalt von Aufgaben im Organismus.

In diesem Kapitel geht es um die wichtigsten Arten von Proteinen und die Frage, mit welchen Methoden sich Proteine im Labor untersuchen lassen.

Ein Erklärvideo zur Struktur und Funktion von Proteinen finden Sie unter `http://wiley-vch.de/ISBN9783527723775`.

Proteine – mehr als nur das Steak auf Ihrem Teller

Es gibt zwei große Proteinklassen:

- **Faserproteine oder fibröse Proteine** kommen nur bei Tieren vor. Sie dienen oft als Strukturbildner, zum Beispiel in Form von Bindegewebe, Sehnen oder Muskelfasern. Auch das Netz der Spinnen oder die Seide der Seidenraupen, Fingernägel oder Haare bestehen aus Faserproteinen, die meistens wasserunlöslich sind.
- **Globuläre Proteine** dienen für gewöhnlich nicht der Formgebung – sie fungieren beispielsweise als Transportmoleküle wie Hämoglobin oder sind Enzyme. Globuläre Proteine sind in den meisten Fällen wasserlöslich.

Die Aufgaben der Proteine in lebenden Organismen sind zahlreich und vielfältig – Proteine werden zum Beispiel gebraucht für:

- ✔ **Struktur:** Haut und Knochen bestehen zu einem großen Teil aus dem Faserprotein *Kollagen.*
- ✔ **Katalyse:** *Enzyme* sind Proteine, die eine Vielzahl von äußerst spezifischen Reaktionen unter physiologischen Reaktionsbedingungen im Organismus ermöglichen (katalysieren), die ohne Enzyme nur sehr langsam ablaufen würden.
- ✔ **Bewegung:** Muskelfaserproteine helfen dabei, unsere verschiedenen Körperteile zu bewegen.
- ✔ **Transport:** Manche Proteine transportieren kleine Moleküle in einem Organismus. *Hämoglobin* zum Beispiel, der Sauerstofftransporter des Körpers, zählt zu dieser Gruppe.
- ✔ **Regulation:** Regulatorproteine sorgen als Botenstoffe oder zelluläre Schalter dafür, dass Prozesse wie das Wachstum von Zellen oder die Aktivität von Enzymen kontrolliert reguliert werden können.
- ✔ **Schutz:** Proteine wie die *Antikörper* schützen den Organismus vor dem Eindringen von Fremdstoffen.
- ✔ **Speicherung:** Viele Proteine sorgen dafür, dass Stoffe, die oft Mangelware sind, im Körper gespeichert werden können. Eisen wird zum Beispiel in der Leber an das Protein *Ferritin* gebunden und so »für schlechte Zeiten« aufbewahrt.
- ✔ **Wahrnehmung:** Diese Proteine helfen, Signale aus der Außenwelt zu vermitteln und zu verarbeiten, so beispielsweise das Protein *Rhodopsin* der Netzhaut, das für den Sehprozess verantwortlich ist.

Die Funktion eines bestimmten Proteins ist eng mit dessen Struktur verbunden. Je nachdem, ob das Augenmerk eher auf der Abfolge der Aminosäuren des Proteins oder seiner dreidimensionalen Struktur liegt, lässt sich die Struktur eines Proteins auf vier verschiedenen Ebenen betrachten. Diese vier Ebenen werden – leicht zu merken! – Primärstruktur, Sekundärstruktur, Tertiärstruktur und Quartärstruktur genannt. Alle Proteine haben eine Primärstruktur, während nur wenigste Proteine eine Quartärstruktur mit mehreren Untereinheiten besitzen. Warum das so ist, wird Ihnen sofort klar, wenn Sie sich die vier Ebenen etwas genauer ansehen:

- ✔ Die **Primärstruktur** ist durch die Abfolge der Aminosäuren in einem Protein definiert.
- ✔ **Sekundärstrukturen** sind zum Beispiel die *α-Helix* und das *β-Faltblatt.* Beide Strukturen ergeben sich aus Wasserstoffbrückenbindungen zwischen benachbarten Proteinbereichen.
- ✔ **Tertiärstrukturen** entstehen durch Bindungen oder Wechselwirkungen in weiter entfernt liegenden Bereichen eines Proteins – durch hydrophobe und hydrophile Wechselwirkungen oder durch *Disulfidbrücken.*

- Eine **Quartärstruktur** besitzen nur Proteine, die aus mehreren Untereinheiten bestehen wie das Hämoglobin.

Anders als die Primärstruktur lassen sich Sekundär-, Tertiär- und Quartärstrukturen eines Proteins relativ einfach zerstören. Wenn Sie ein Steak braten oder ein Ei kochen, nutzen Sie genau diesen Prozess aus, um Proteine in die von Ihnen bevorzugte Verzehrform zu bringen. Neben der Chemie der Küche kennen Chemiker noch einige andere Methoden, um ein Protein zu denaturieren:

- Erhitzen (Kochen) kann Wasserstoffbrückenbindungen aufbrechen.
- Die Hochdruckbehandlung – genutzt für die Haltbarmachung von Lebensmitteln – beeinflusst die Tertiär- und Quartärstruktur von Proteinen.
- Die Änderung des pH-Wertes kann Moleküle protonieren oder deprotonieren und so ionische Wechselwirkungen aufheben.
- Salze können durch den Einfluss auf hydrophobe Wechselwirkungen sowohl zur Denaturierung als auch zur Renaturierung von Proteinen führen.
- Reduzierende Substanzen können die kovalenten Disulfidbindungen auflösen.

In einigen Fällen ist dieser Prozess reversibel und das Protein lässt sich danach wieder in seine aktive Form zurückbringen (renaturieren). Bei gekochten Eiern oder gebratenen Steaks funktioniert das allerdings definitiv nicht mehr …

Die Primärstruktur: Was alle Proteine verbindet

Die Primärstruktur eines Proteins ist nichts anderes als die Reihenfolge der Aminosäuren, aus denen es zusammengesetzt ist, also die Aminosäuresequenz. Daher besitzen alle Proteine eine Primärstruktur – sonst wären es ja auch keine Proteine.

Wie werden Proteine synthetisiert und wie schafft die Zelle es, Aminosäuren in einer ganz speziellen Reihenfolge miteinander zu verbinden? Sehen wir uns das einmal genau an.

Ein Protein basteln – die Kurzanleitung

Bei der Biosynthese eines Proteins werden die Aminosäuren sukzessive an den Ribosomen im Zytoplasma miteinander verknüpft, was kurz zusammengefasst etwa so aussieht:

1. **Jede Transfer-RNA (tRNA) bringt ihre eigene, spezielle Aminosäure zu den *Ribosomen* der Zelle, den Orten der Proteinsynthese. Hier werden immer zwei Aminosäuren miteinander unter Wasserabspaltung verknüpft.**
2. **Die erste Peptidbindung zwischen zwei Aminosäuren erzeugt ein Dipeptid.**

3. **Die nächste Aminosäure wird ebenfalls über eine *Peptidbindung* an die wachsende Kette angefügt. Mit der dritten Aminosäure ist ein Trippeptid entstanden.**

4. **Dieser Ablauf wiederholt sich so oft, bis ein Polypeptid die gewünschte Länge erreicht hat.**

Oligopeptide sind Verbindungen, die aus weniger als 20 Aminosäuren bestehen – zum Beispiel manche Antibiotika, Giftstoffe oder bestimmte Neurotransmitter. Dieser Begriff ist reine Definitionssache, denn mitunter wird die Grenze für ein Oligopeptid bereits bei zehn Aminosäuren gezogen. Polypeptide sind folglich aus mehr als zehn oder 20 Aminosäuren aufgebaut. Ab etwa 100 Aminosäuren wird ein Polypeptid als Protein bezeichnet.

Wenn sich zwei Aminosäuren miteinander verbinden, wird ein Molekül Wasser freigesetzt. Die Aminosäure bleibt zwar im Molekülverband als funktionelle Gruppe erhalten, doch fehlt ihr nun ein Wasserstoffatom an der Aminogruppe und eine OH-Gruppe am Carboxyende. Diese leicht verkürzte Form der Aminosäure wird als *Aminosäurerest* bezeichnet.

In der DNA einer Zelle sind die Aminosäuresequenzen aller körpereigenen Proteine festgelegt (und noch viel mehr Informationen als nur das). Diese DNA-Information wird in eine Messenger-RNA (mRNA) umgeschrieben, die als mobile Bauanleitung für den Zusammenbau des Proteins am Ribosom dient. Wie Sie noch später sehen werden, ist Energie nötig, um ein Protein zu synthetisieren – doch was auf dieser Welt funktioniert schon ohne Anstrengung?

Aminosäuren in Reih und Glied

Eine Peptidkette beginnt konventionsgemäß mit einer Aminogruppe und endet mit einer Carboxygruppe. Für das Zeichnen, die Benennung oder die Nummerierung von Aminosäuren wird daher immer mit der *N-terminalen* Aminosäure begonnen, während das Ende immer das Carboxyende oder der *C-Terminus* ist. Dazu ein Beispiel: Im Hexapeptid Met-Thr-Ser-Val-Asp-Lys (die Abkürzungen für Aminosäuren finden Sie in Kapitel 4) ist Methionin die erste (N-terminale) Aminosäure und Lysin die letzte (C-terminale) Aminosäure. Beachten Sie, dass bei einer Umkehr der Reihenfolge der Aminosäuren zu Lys-Asp-Val-Ser-Thr-Met zwar auch ein Hexapeptid aus denselben Komponenten entsteht, jedoch mit anderen chemischen Eigenschaften, da es mit einer anderen Aminosäure beginnt. Eine Aminosäure, die in unserem ersten Hexapeptid ein Wasserstoffatom verloren hat, würde in der umgekehrten Reihenfolge der Aminosäuren im Protein eine OH-Gruppe einbüßen – und das ist eben nicht das Gleiche.

Eine Polypeptidkette besitzt eine Art Rückgrat, das aus sich wiederholenden Einheiten besteht (schematisch in Abbildung 5.1 dargestellt). Die Unterschiede zwischen Proteinen kommen nur durch die jeweiligen Seitenketten der Aminosäuren zustande. In Abbildung 5.1 ist diese sich wiederholende Einheit der Grundstruktur mit einer Klammer gekennzeichnet. An der vierten Position des C-Atoms können unterschiedliche Seitenketten angeheftet sein, die die speziellen Eigenschaften eines Proteins ausmachen.

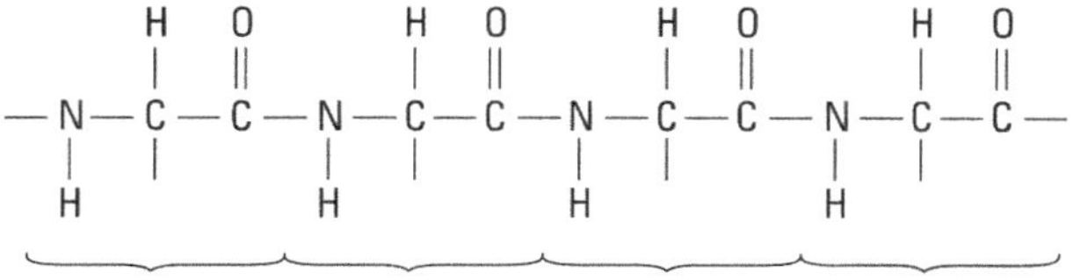

Abbildung 5.1: Ständig wiederholte Einheit des Proteinrückgrats

Im Proteinrückgrat gibt es zahlreiche Stellen, an denen sich Wasserstoffbrückenbindungen ausbilden können. Jeder Rest mit Ausnahme der Aminosäure Prolin besitzt eine NH-Gruppe, die als *Protonendonator* für eine Wasserstoffbrückenbindung dienen kann. Ebenso besitzt jeder Aminosäurerest eine Carbonylgruppe, die als *Protonenakzeptor* fungieren kann. Beide Gruppen bilden Wasserstoffbrückenbindungen zu anderen Gruppen im selben oder in anderen Molekülen.

Peptidbindungen können nicht frei um die Kohlenstoff-Stickstoff-Bindungsachse rotieren (selbst wenn das in der Zeichnung so aussehen mag), da diese Bindung aufgrund der Mesomerie partiellen Doppelbindungscharakter besitzt (siehe auch Abbildung 4.11). Die vier benachbarten Atome C, O, N und H liegen nahezu in derselbenEbene. In fast allen Fällen steht das Sauerstoffatom in *trans*-Stellung zum Wasserstoffatom, also auf der anderen Seite. Die übrigen Teile des Rückgrats können sich jedoch mehr oder weniger drehen, sofern sich die größeren Seitenketten gerade nicht ins Gehege kommen – dies wird als *sterische Behinderung* bezeichnet.

Proteine sind stabil, weil die Peptidbindung relativ starr ist und keine Rotation um diese Bindung erlaubt. Chemisch ausgedrückt: Die Rotationsbeschränkungen senken die Entropie der dreidimensionalen Struktur eines Proteins, verglichen mit einer zufällig zusammengesetzten Aminosäurekette. Alles klar?

Ein Beispiel: Die Primärstruktur von Insulin

Die erste Primärstruktur eines Proteins wurde 1955 von Frederick Sanger publiziert, der die Primärstruktur von Insulin aus Rindern aufklärte und für diesen Meilenstein der Biochemie drei Jahre später den Nobelpreis erhielt. Die Aminosäuresequenz von Insulin, das in seiner aktiven Form aus zwei über Disulfidbrücken verbundene Peptidketten besteht, ist in Abbildung 5.2 dargestellt. Sanger brauchte fast zwölf Jahre für diese Arbeit – heute ist die Sequenzanalyse von Proteinen zu einer Routinetätigkeit im Labor geworden.

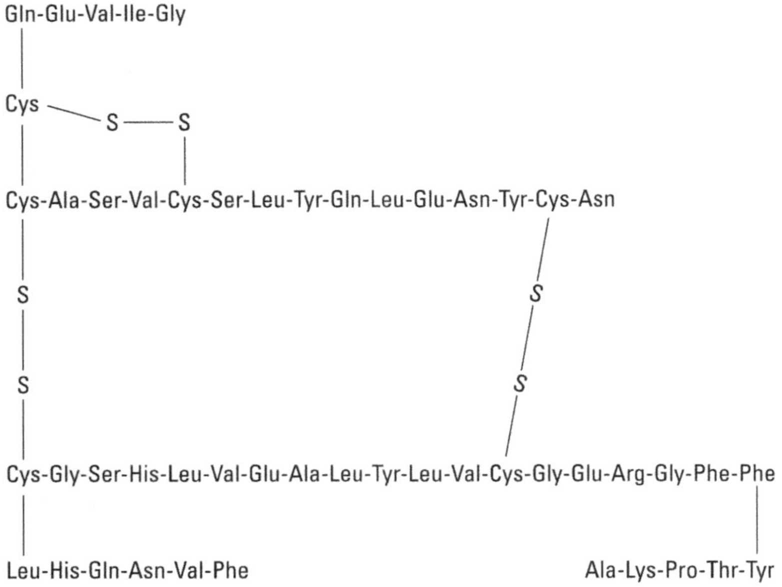

Abbildung 5.2: Struktur von Rinderinsulin

Sekundärstruktur: Fast jedes Protein hat sie

Wenn wir uns die Primärstruktur eines Proteins wie eine Kette von Aminosäuren vorstellen, ähnelt die Sekundärstruktur eher einer Kette, die ordentlich in eine Schachtel gelegt wurde – bestimmte Bereiche der Kette liegen auf einmal neben- oder übereinander, verknäueln oder wurden aufgewickelt und geben dem Ganzen ein etwas anderes Aussehen. Genau das passiert auch in Proteinen. Eine Peptidbindung kann über eine Wasserstoffbrücke mit einer anderen Peptidbindung interagieren (siehe Abbildung 5.3). Die *Sekundärstruktur* eines Proteins beruht auf sehr vielen dieser Wasserstoffbrückenbindungen, die *intramolekular*, also zwischen bestimmten Bereichen eines Moleküls, gebildet werden.

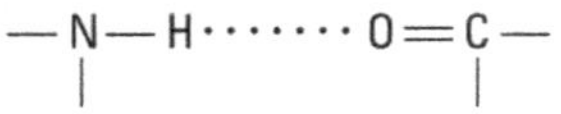

Abbildung 5.3: Wasserstoffbrückenbindung zwischen zwei Peptidbindungen

α-Helices und *β-Faltblätter* sind die beiden wichtigsten Sekundärstrukturen, die durch Wasserstoffbrückenbindungen zwischen den CO- und den NH-Gruppen des Proteinrückgrats entstehen. Manche Proteine besitzen fast gar keine Sekundärstrukturen, bei anderen Proteinen machen α-Helix und β-Faltblatt 75 Prozent und mehr der Proteinstruktur aus.

Die α-Helix

Bei der α-Helix wickelt sich die Primärstruktur, also die Aminosäurekette, zu einer eng gewundenen Spirale auf. Jede Windung besteht aus genau 3,6 Aminosäureresten. Durch diese Anordnung werden Wasserstoffbrückenbindungen zwischen Aminosäuren gebildet, die in der Primärstruktur eigentlich vier Positionen voneinander entfernt liegen. Jede Peptidbindung ist dabei an zwei Wasserstoffbrückenbindungen beteiligt: eine vom NH zu einer benachbarten Carbonylgruppe und die andere von einem benachbarten NH zur eigenen Carbonylgruppe (siehe Abbildung 5.4).

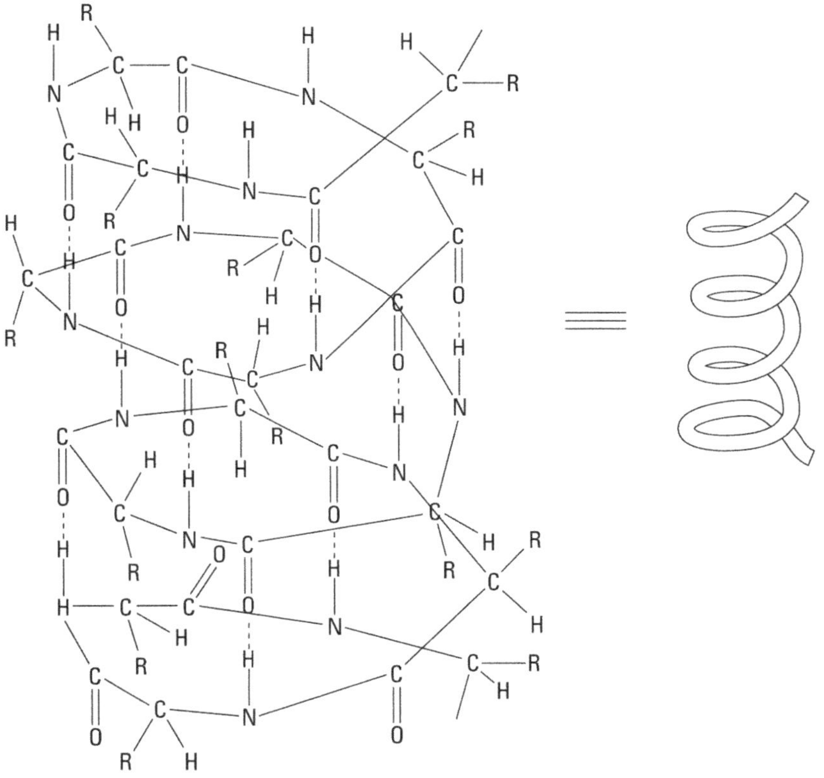

Abbildung 5.4: Die α-Helix

Helices können grundsätzlich entweder links- oder rechtsgängig gewunden sein. Die sterische Behinderung ist in linksgängigen Helices etwas größer, was die Strukturstabilität etwas beeinträchtigt. α-Helices sind immer rechtsgängig. Keratin – das Protein von Haaren und Nägeln – besteht zum Beispiel aus rechtsgängigen α-Helices, die in Form einer linksgängigen Spirale umeinander gewickelt sind. Im Bindegewebsprotein Kollagen sind drei linksgängige Helices zu einer rechtsgängigen Spirale verdrillt.

Bestimmte Aminosäuren destabilisieren die α-Helix. Der »Helixbrecher« Prolin zum Beispiel verursacht Krümmungen oder einen »Knick« in der Primärstruktur und unterbricht das regelmäßige Muster der Wasserstoffbrückenbindungen. Eine Gruppe von Isoleucinresten unterbricht die Sekundärstruktur aufgrund der sterischen Behinderung durch die sperrigen Seitenketten dieser Aminosäure. Glyzin mit seiner kleinen Seitengruppe, die nur aus einem Wasserstoffatom besteht, erlaubt hingegen eine zu große Bewegungsfreiheit und destabilisiert die Helix ebenfalls. Eine Ansammlung von Asparaginsäure- und/oder Glutaminsäureresten führt zur Destabilisierung, da sich die negativen Ladungen der Seitenketten abstoßen. Das Gleiche gilt für Lysin, Arginin, Serin und Threonin.

Das β-Faltblatt

Die zweite wichtige Sekundärstruktur von Proteinen ist das β-Faltblatt. In diesem Fall wird die Aminosäurekette jedoch nicht schraubenartig aufgewickelt, sondern in großen Schleifen gefaltet. Je nachdem, wie die Richtung der Kette verläuft, kann ein β-Faltblatt *parallel* oder *antiparallel* sein. Auch hier sind Wasserstoffbrückenbindungen des Proteinrückgrats für die Bildung dieser Sekundärstruktur verantwortlich, bei der allerdings anders als bei der α-Helix weiter entfernt liegende Bereiche des Proteins miteinander verbunden werden.

Im parallelen β-Faltblatt verlaufen die beteiligten Polypeptidketten in gleicher Richtung, also beispielsweise beide vom N-Terminus zum C-Terminus (siehe Abbildung 5.5a). Im antiparallelen β-Faltblatt verläuft ein Strang beispielsweise vom N- zum C-Terminus, während der andere Strang in der Gegenrichtung verläuft (siehe Abbildung 5.5b).

a) Parallel

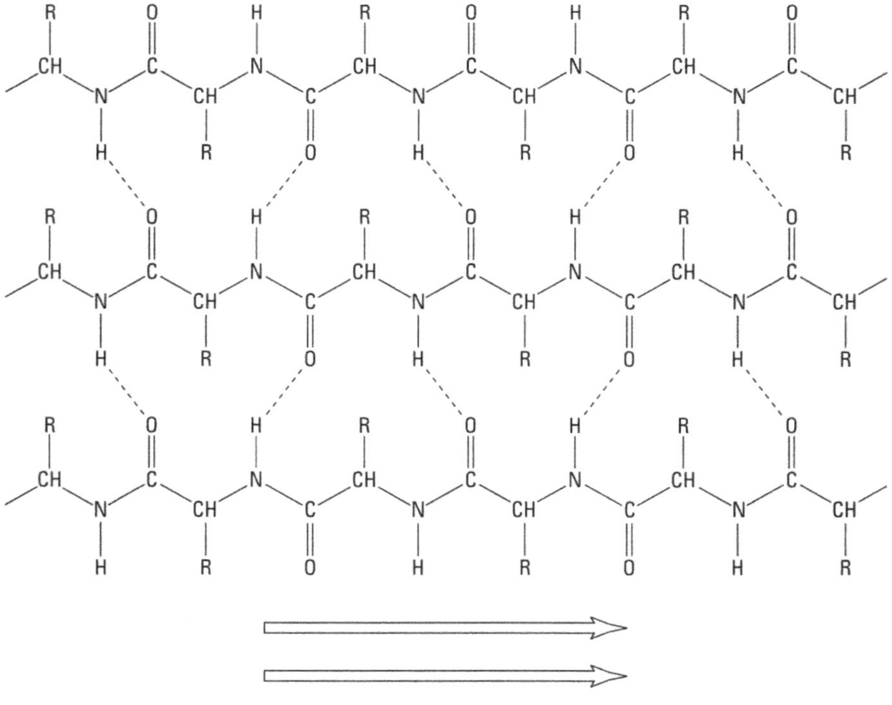

Abbildung 5.5a: Paralleles β-Faltblatt, chemische Struktur und schematische Darstellung mit Pfeilen

b) Antiparallel

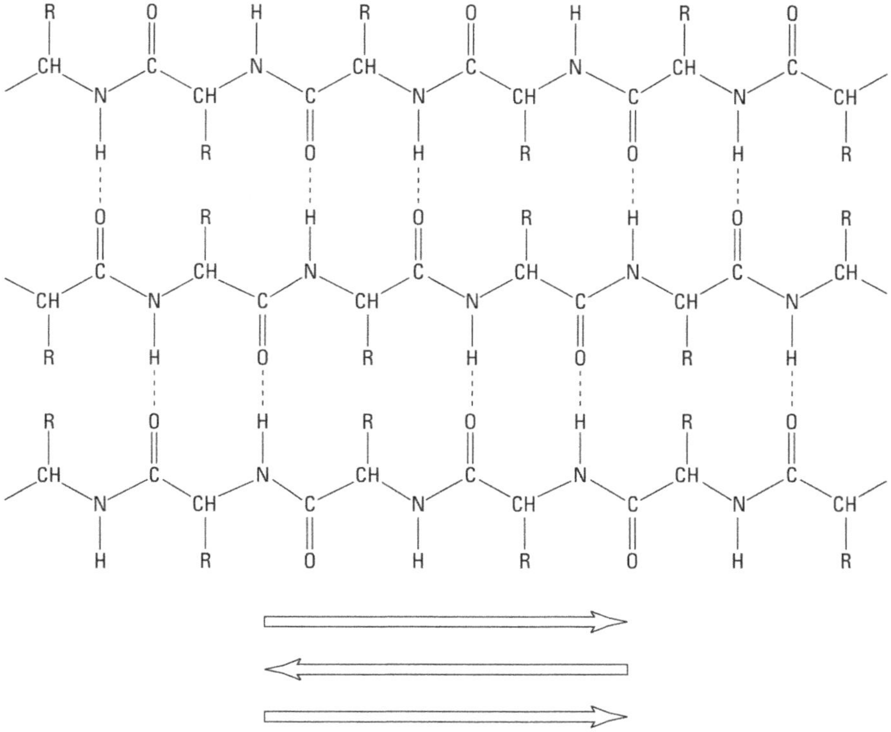

Abbildung 5.5b: Antiparalleles β-Faltblatt, chemische Struktur (oben) und schematische Darstellung als Pfeile

Die Seitenketten benachbarter Aminosäuren von β-Faltblättern weisen in entgegengesetzte Richtungen. Das Muster der Wasserstoffbrückenbindungen ist bei der parallelen Struktur ein bisschen komplizierter, denn hier ist die NH-Gruppe eines Restes an eine CO-Gruppe des Nachbarstrangs gebunden, während die CO-Gruppe dieses ersten Restes eine Verbindung mit der NH-Gruppe eines Restes eingeht, der zwei Aminosäurepositionen weiter vorn auf der benachbarten Aminosäurekette liegt. In der antiparallelen Struktur binden dagegen die CO- und NH-Gruppen eines Restes an die entsprechenden CO- und NH-Gruppen eines anderen Restes auf dem benachbarten Strang.

Die β-Faltblätter werden schematisch meistens als breite Pfeile dargestellt. Zeigen die Pfeile in dieselbe Richtung, handelt es sich um ein paralleles β-Faltblatt; zeigen sie in entgegengesetzte Richtungen, ist es die antiparallele Struktur. Die Faltblätter bestehen meist aus vier oder fünf Strängen, doch auch zehn und mehr Ketten sind nebeneinander möglich. Die Anordnung kann gänzlich parallel sein, vollkommen antiparallel oder gemischt (siehe Abbildung 5.5a und b).

Haarnadelstrukturen und Ω-Loops

Es gibt noch weitere Sekundärstrukturelemente, an denen Wasserstoffbrückenbindungen beteiligt sind; diese umfassen jedoch meist deutlich kleinere Bereiche eines Proteins. Zu den am besten untersuchten Strukturen zählt die β-Schleife – auch Haarnadelschleife genannt – und der Ω-Loop. Die Haarnadelstruktur ist lediglich eine enge Schleife in der Primärstruktur, die durch eine Wasserstoffbrückenbindung fixiert wird. Der Ω-Loop erhielt seinen Namen durch die entfernte Ähnlichkeit zur Form des griechischen Buchstabens Omega. Beide Strukturen finden sich häufig an der Außenseite von Proteinen. Proteine können übrigens verschiedene Sekundärstrukturelemente enthalten.

Tertiärstruktur: Eine Strukturebene vieler Proteine

Die Struktur eines Proteins wird nicht nur von der Abfolge der Aminosäuren (also der Primärstruktur) und den Sekundärstrukturbereichen, sondern auch von Wechselwirkungen zwischen den Seitenketten bestimmt. Diese drei Faktoren zusammengenommen machen die Tertiärstruktur eines Proteins aus. Um noch einmal das Bild der Aminosäuren wie Perlen auf einer Kette zu bemühen: Es haben sich ein paar Knoten eingeschlichen, das Ganze ist an bestimmten Stellen arg verknotet und lässt sich nicht mehr ohne Mühe zu einer Kette auseinanderziehen.

Unpolare Seitenketten sind hydrophob und interagieren miteinander, während polare Seitenketten andere polare Seitenketten entweder durch Dipol-Dipol-Wechselwirkungen oder durch Wasserstoffbrückenbindungen anziehen. Aspartat und Glutamat zum Beispiel tragen negativ geladene Seitenketten, die stark von den positiv geladenen Seitenketten von Lysin und Arginin angezogen werden. Zwei Cysteinreste können sich verbinden, indem sie eine Disulfidbrücke bilden – eine kovalente Bindung (siehe Abbildung 5.6), die intramolekular sein oder auch zwei Untereinheiten eines Proteins miteinander verbinden kann (intermolekular).

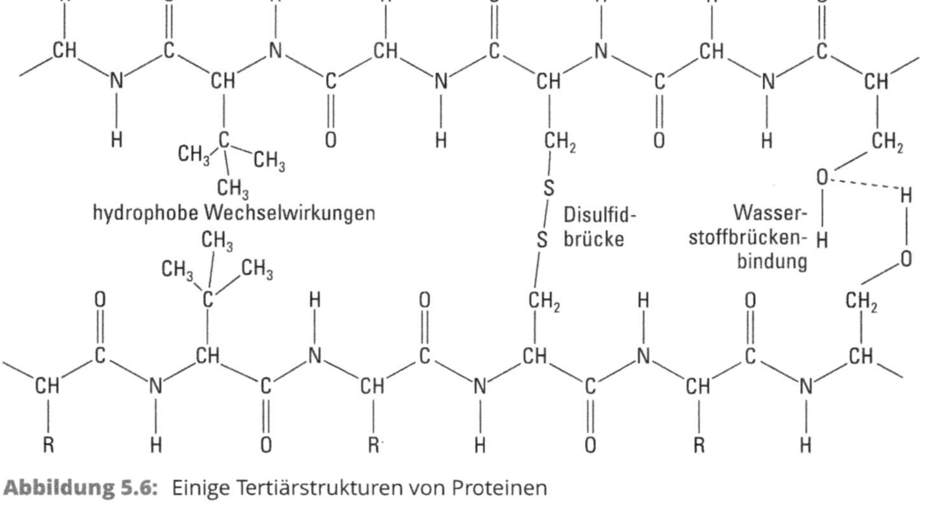

Abbildung 5.6: Einige Tertiärstrukturen von Proteinen

Wieso bildet ein Protein eine Tertiärstruktur überhaupt aus, welche treibende Kraft steckt dahinter? Untersuchungen der Strukturen vieler Proteine haben gezeigt, dass im Inneren löslicher Proteine die unpolaren Seitenketten überwiegen, während die Außenseite eher eine große Anzahl polarer Seitenketten aufweist. Eine wässrige Umgebung zwingt die unpolaren (hydrophoben) Seitenketten eines Proteins mehr oder weniger dazu, sich nach innen zu drehen, während die hydrophilen Gruppen nach außen zum Wasser weisen. Das Ergebnis ähnelt ein bisschen der Struktur einer Mizelle.

Quartärstruktur: Proteine aus mehreren Untereinheiten

Die Quartärstruktur einiger Proteine ergibt sich aus Wechselwirkungen zwischen zwei oder mehr Polypeptidketten (Proteinuntereinheiten). Die Art der Wechselwirkungen ist dabei identisch mit denen, die auch für die Tertiärstruktur verantwortlich sind – vor allem Wasserstoffbrückenbindungen und Disulfidbrücken. Das Protein benötigt alle Untereinheiten, damit es richtig arbeiten kann, und diese müssen geometrisch korrekt zueinander angeordnet sein. Ein Beispiel hierfür ist Hämoglobin mit vier Untereinheiten, zwei identischen α- und zwei β-Ketten (die Bezeichnungen α und β beziehen sich aber hierbei auf die verschiedenen Proteinuntereinheiten und nicht auf Sekundärstrukturen).

Proteine isolieren und analysieren

Nachdem Sie nun mit den verschiedenen Strukturtypen von Proteinen vertraut sind, wird es Zeit, den Biochemikern genauer über die Schulter zu blicken und zu erfahren, wie die Struktur eines Proteins bestimmt werden kann. Am Anfang jeder Untersuchung steht die Isolierung dieses Proteins.

Proteine aus einer Zelle isolieren

Jede Zelle enthält Tausende verschiedener Proteine – und leider auch noch etwas mehr als das, Membranen, Zellorganellen, Nukleinsäuren ... Wenn Sie die Eigenschaften eines ganz bestimmten Proteins untersuchen wollen, müssen Sie dieses zunächst von allen anderen Zellbestandteilen abtrennen. Die Methoden zur Proteintrennung unterscheiden sich im Grunde genommen nicht von anderen biochemischen Trennverfahren. Grobe Verunreinigungen (Gewebereste, Zellmembranen, Ribosomen) können zwar zunächst anhand ihrer Größe und/oder Unlöslichkeit durch eine Filtration oder eine Zentrifugation abgetrennt werden, doch um ein wirklich sauberes, konzentriertes Protein aus einem Zellüberstand zu erhalten, sind noch viele Schritte notwendig. Die wichtigsten Methoden der Proteinisolierung machen sich zwei wichtige physikalische Eigenschaften des jeweiligen Proteins zunutze: seine *Größe* und seine *Ladung*.

Die Trennung von Proteinen anhand ihrer Größe

Zu den wichtigsten Methoden der Aufreinigung von Proteinen anhand ihrer Größe zählt die Ultrafiltration durch eine Membran, die Ultrazentrifugation und die Gelfiltration. Die *Ultrafiltration* unterscheidet sich von der einfachen Filtration (denken Sie an Filterkaffee – das Prinzip ist identisch!) durch die Größe der Poren und die Tatsache, dass eine gewisse Kraft wie beispielsweise ein Vakuum erforderlich ist, um eine mehr oder weniger dickflüssige Lösung durch diese kleinen Löcher von 2 bis 100 nm Durchmesser zu zwingen. Bei einer Porengröße von weniger als 2 nm wird dieses Trennverfahren übrigens als Nanofiltration bezeichnet. Die Porengröße legt fest, welche Proteine oder anderen Zellbestandteile die Ultrafiltrationsmembran passieren können und welche auf dem Filter zurückgehalten werden.

Bei der *Ultrazentrifugation* nutzen Biochemiker den Umstand, dass Moleküle mit hoher Dichte schneller sedimentieren als Partikel mit einer geringeren Dichte, wenn sie der Schwerkraft oder eben einer Zentrifugalkraft wie hier ausgesetzt werden. Ultrazentrifugen rotieren lange mit extrem hoher Geschwindigkeit (bis zu 500.000 Umdrehungen pro Minute), sodass sich in der Flüssigkeit des Zentrifugenröhrchens ein Konzentrationsgradient einstellt, mit größter Dichte am Boden des Röhrchens. Alle Proteine in der Flüssigkeit ordnen sich entsprechend ihrer Dichte in einem bestimmten Bereich dieses Röhrchens an. Daher lässt sich mit einer Ultrazentrifugation auch die relative molekulare Masse eines Proteins bestimmen. Diese Methode ist allerdings extrem aufwendig und relativ ungenau. Heute wird die molekulare Masse eines Proteins üblicherweise im Polyacrylamidgel abgeschätzt oder massenspektrometrisch genau bestimmt.

Bei der *Gelfiltration* oder Größenausschlusschromatografie bewegen sich die Moleküle einer Probe von oben nach unten durch eine kleine Säule, die mit porösen Kugeln gefüllt ist. Moleküle, die für die Poren zu groß sind, wandern direkt an den Kugeln vorbei und landen sofort unten im sogenannten Ausschlussvolumen, während kleine Moleküle in die Poren der Kugeln eindringen können und dabei auf ihrem Weg abgebremst werden.

Forensik: Die Analyse von Blut und DNA

Die Proteinanalytik hat der Forensik und der Rechtsmedizin lange Zeit viele interessante Anwendungsmöglichkeiten beschert, die heute allerdings weitgehend durch die moderne DNA-Analytik ersetzt sind. Früher war Blut neben Fingerabdrücken oft die einzige biologische Spur, die zur Identifizierung eines Täters herangezogen werden konnte.

Blut besteht zwar zum größten Teil aus Wasser, jedoch auch aus zahlreichen Zellen, Proteinen und Enzymen. Der zellfreie Anteil des Blutes wird *Blutplasma* genannt und beinhaltet noch die Gerinnungsfaktoren, die beim Blutserum fehlen. Blut enthält pro Mikroliter etwa fünf Millionen Erythrozyten (rote Blutkörperchen für den Sauerstofftransport), fünf- bis zehntausend Leukozyten (weiße Blutkörperchen der Immunabwehr) und etwa 300.000 Thrombozyten (Wundheilung). Das AB0-System der Blutgruppen beruht auf Oberflächenmerkmalen der Erythrozyten – doch dazu später noch mehr. Erythrozyten enthalten keine DNA mehr und sind daher für DNA-Analysen nicht geeignet.

Andere, für die Forensik interessante Proteine des Blutserums sind die Antikörper, die Wirbeltiere als Reaktion auf das Eindringen einer fremden Substanz in den Körper (das *Antigen*) bilden. *Antikörper* sind Proteine des Blutserums. Antigene Substanzen sind beispielsweise Krankheitserreger, bestimmte Chemikalien oder auch Allergene wie Pollen. Jeder Antikörper ist hoch spezifisch für das Antigen, gegen das dieser Antikörper gebildet wurde. Das wird in Testverfahren ausgenutzt, mit denen sogar eineiige Zwillinge unterschieden werden können (weil diese im Laufe ihres Lebens Antikörper gegen unterschiedliche Antigene gebildet haben).

Anhand des Blutes lässt sich zwar die Blutgruppe des Täters bestimmen oder bestimmte Antikörperprofile ermitteln, doch das erfordert relativ viel Blutprobenmaterial und Zeit. Moderne Nachweismethoden sind um ein Vielfaches sensitiver und sicherer. Trotzdem sollten Sie einige Verfahren zumindest kennen, die lange als »goldener Standard« für die forensische Analyse einer Blutprobe galten:

- ✔ **Handelt es sich überhaupt um eine Blutprobe?** Der *Kastle-Meyer-Test* nutzt Phenolphthalein, das bei Kontakt mit Hämoglobin und einigen anderen Substanzen einen rosa Farbumschlag durch die Freisetzung von Peroxidasen erfährt. Der *Luminoltest* ist hilfreich zur Detektion unsichtbarer Blutspuren, da Luminol bei Kontakt mit Hämoglobin und einigen anderen Chemikalien Licht emittiert, das in einem abgedunkelten Raum sichtbar gemacht werden kann.

- ✔ **Stammt das Blut von einem Tier oder einem Menschen?** Diese Frage wurde früher mittels eines *Antiserumtests* beantwortet, dem *Präzipitintest*. Wird menschliches Blut in ein Tier injiziert, bilden sich Antikörper gegen die Proteine des Menschen im Blut des Tieres. Aus dem Tierblut konnte dann ein Serum mit Antikörpern gegen Menschenblut (Antiserum) gewonnen werden. Wenn dieses Antiserum die Gerinnung einer zu untersuchenden Probe auslöste, stammte das Blut von einem Menschen. Mit genau der gleichen Methode wurde untersucht, von welchem Tier eine nicht menschliche Blutprobe stammte. Heute lassen sich diese Fragen sehr viel schneller und präziser mit einer DNA-Analyse beantworten.

Die Trennung von Proteinen anhand ihrer Ladung

Zu den Methoden der Proteintrennung, die sich die Ladung der Moleküle zunutze machen, zählen unter anderem die isoelektrische Fällung, die Verteilungschromatografie, die Ionenaustausch-Chromatografie sowie die Elektrophorese. Alle diese Methoden sind pH-abhängig – was Sie an dieser Stelle nicht überraschen dürfte, denn schließlich wird ja die Ladung eines Proteins maßgeblich vom pH-Wert der Umgebung bedingt.

Die Löslichkeit eines Proteins ist am isoelektrischen Punkt am geringsten. Noch einmal zur Erinnerung: Der *isoelektrische Punkt* ist der pH-Wert, bei dem die Gesamtladung des Proteins gleich null ist. Da Ladungen (und die damit verbundenen Wechselwirkungen mit Wassermolekülen beziehungsweise die Abstoßung gleichgeladener Proteine) ein Molekül in Lösung halten, fallen Proteine am isoelektrischen Punkt meistens aus der Lösung aus (isoelektrische Fällung).

Ionenaustausch-Chromatografie und Elektrophorese nutzen die Gesamtladung der Proteine. Bei der *Ionenaustausch-Chromatografie* wandern die Proteine durch eine Säule mit positiv oder negativ geladenem Säulenmaterial. Dabei gilt: Je stärker ein geladenes Protein unter diesen Bedingungen an das Säulenmaterial bindet, desto langsamer wird es wandern – die Ladungen ziehen sich an, das Protein nimmt sich eben etwas mehr Zeit für die Interaktion mit einem netten Bindungspartner und kommt entsprechend später unten in der Trennsäule an als Proteine, denen die Trennsäule wenig zu bieten hatte.

Bei der *Elektrophorese* wird eine Proteinlösung in ein Trägermedium wie Polyacrylamid gebracht und eine elektrische Spannung angelegt. Proteine ohne Ladung bewegen sich nicht, während positiv geladene Proteine zum Minuspol und negativ geladene Proteine zum Pluspol wandern. Die Ladungsstärke bestimmt dabei, wie schnell sich ein Protein bewegt. Die Elektrophorese kann mit natürlichen Proteinen (native Gelelektrophorese), mit denaturierten, entfalteten Proteinen (SDS-Gelelektrophorese) und auch mit DNA durchgeführt werden – neben vielen weiteren Varianten dieses extrem nützlichen und schnellen Trennverfahrens. Nach der Elektrophorese wird das Proteinmuster gefärbt und mit einem Größenstandard verglichen.

Moderne Verfahren der Proteinisolierung

Die oben genannten Verfahren sind nur Beispiele für die zahlreichen Trennverfahren, die heute im Labor eingesetzt werden. Egal ob die hydrophobe Wechselwirkung, die Ladung, der isoelektrische Punkt oder die Wechselwirkung eines Proteins mit bestimmten Antikörpern als Trennprinzip verwendet werden soll – für jede Anwendung sind Säulen im Miniformat mit entsprechend optimierten Puffern erhältlich, die eine Proteinreinigung in wenigen Minuten erlauben. Dennoch sollten Sie sich immer des Prinzips bewusst sein, mit dem Sie Ihr gesuchtes Protein reinigen wollen.

Unter der Lupe: Die Aminosäuresequenz eines Proteins näher betrachten

Sobald ein Protein in aufgereinigter Form vorliegt, ist es möglich, seine Aminosäuresequenz zu bestimmen. Was früher noch ein relativ aufwendiges Verfahren war, wird heute meistens von spezialisierten Laboren übernommen, die innerhalb kürzester Zeit die Zusammensetzung und die Sequenz auch kleinster Proteinmengen analysieren können. Aber auch im kleinen Labor lässt sich die Sequenz bestimmen – wenn auch mit deutlich mehr Zeitaufwand und Mühe.

Schritt 1: Polypeptidketten trennen und aufreinigen

Falls Ihr Protein aus mehreren Untereinheiten (Polypeptidketten) besteht, müssen Sie diese Ketten voneinander trennen und getrennt sequenzieren oder sequenzieren lassen. (Da die meisten Proteine nur aus einer Polypeptidkette bestehen, ist dieser Schritt oft nicht notwendig.) Dazu reicht es meistens, das Protein bei extremen pH-Werten zu denaturieren und seine dreidimensionale Struktur zu zerstören, ohne dabei die Peptidbindungen aufzubrechen. Müssen hingegen auch Disulfidbrücken zwischen den Ketten gelöst werden, so wird die Prozedur von Schritt 2 angewendet.

Schritt 2: Die Disulfidbrücken zwischen den Ketten lösen

Um die Disulfidbrücken zwischen zwei Cysteinresten zu spalten, genügt im Prinzip eine einfache Reduktionsreaktion, doch diese Reaktion ist reversibel, also umkehrbar. Die freien SH-Brücken werden daher in einem Folgeschritt mit Iodessigsäure alkyliert, da sich andernfalls die Disulfidbrücken sofort wieder neu bilden können. Alternativ möglich ist auch eine oxidative Spaltung, bei der die Cysteinreste irreversibel zur Cysteinsäure oxidiert werden.

Schritt 3: Den Aminosäuregehalt einer Kette bestimmen

Die Anzahl der Aminosäuren im Peptid wird über eine automatisierte Analyse im *amino acid analyzer* oder per Massenspektrometrie (MS) durchgeführt, für die 20 bis 100 pmol Protein ausreichen. Als Ergebnis erhält man die Prozentzahlen der einzelnen Aminosäuren im untersuchten Protein und auch Informationen über mögliche Aminosäuremodifikationen, jedoch keine Information über die Reihenfolge der Aminosäuren im Peptid.

Schritt 4: Die endständigen Aminosäuren bestimmen

In Schritt 4 werden nicht nur die endständigen (terminalen) Aminosäuren bestimmt, es wird auch noch einmal kontrolliert, ob tatsächlich nur eine Polypeptidkette in der Probe vorhanden ist. Eine Polypeptidkette besitzt nur eine N-terminale und eine C-terminale Aminosäure. Ganz offensichtlich kann eine Probe nicht rein sein, wenn hier mehr als eine N- und eine C-terminale Aminosäure auftauchen.

Die N-terminale Aminosäure (und auch die folgenden Aminosäuren, indem diese Prozedur schrittweise wiederholt wird) lässt sich prinzipiell im heute nur noch selten genutzten *Edman-Abbau* bestimmen. Bei dieser Technik wird Phenylisothiocyanat (Edman-Reagenz) verwendet, um das N-terminale Ende des Proteins zu markieren. Diese markierte Aminosäure wird dann abgespalten und identifiziert.

Die C-terminalen Aminosäure lässt sich mit der *Akabori-Reaktion* (Hydrazinolyse) und einer Reduktion mit Lithium-Aluminiumhydrid markieren und mit dem Enzym Carboxypeptidase abspalten. Unglücklicherweise hat dieses Enzym viel Ähnlichkeit mit einem heute ebenfalls historischen Computerspiel, bei dem ein kleiner, gefräßiger Pacman durch die Gänge raste und in seiner Aktivität praktisch nicht zu bremsen war …

Schritt 5 und Schritt 6: Die Ketten in kleinere Teile brechen

In Schritt 5 werden die Polypeptide in kleinere Fragmente zerlegt und es wird die Aminosäurezusammensetzung jedes Fragments bestimmt. Schritt 6 ist eine Wiederholung von Schritt 5, wobei allerdings eine etwas andere Spaltungsreaktion durchgeführt wird, um andere Fragmente zu erhalten. Die Schritte 5 und 6 erleichtern die Identifizierung des Proteins, indem die Ketten in kleinere Teile gespalten werden.

Die meisten Methoden arbeiten mit Enzymen; weniger spezifische Techniken sind jedoch auch in einigen Fällen hilfreich. Die *partielle Säurehydrolyse* spaltet ein Protein per Zufall in eine Anzahl kleinerer Fragmente und liefert daher unspezifische Spaltprodukte – anders als die Verdauungsenzyme. Das Verdauungsenzym Trypsin spaltet zum Beispiel spezifisch nach Arginin oder Lysin. Mit Trypsin ist es möglich, die Anzahl der Arginin- und Lysinreste zu bestimmen, denn diese ist um eine Zahl geringer als die Zahl der erhaltenen Proteinfragmente nach dem Verdau. Ein anderes Enzym, Chymotrypsin, spaltet die Polypeptidkette bevorzugt nach Aminosäuren mit aromatischen Ringen (Tyrosin, Phenylalanin oder Tryptophan). Clostripain spaltet nach positiv geladenen Aminosäuren, vor allem Arginin. Fragmente mit einer endständigen (C-terminalen) Asparaginsäure oder Glutaminsäure bilden sich bei der Wechselwirkung eines Proteins mit *Staphylococcus*-Protease in Phosphatpuffer. In Hydrogencarbonat- oder Acetatpuffern entstehen hingegen nur Fragmente mit Glutaminsäure am C-Terminus. Weitere weniger spezifische Enzyme wie Elastase, Subtilisin, Thermolysin, Pepsin und Papain können dann diese entstandenen Fragmente weiter zerlegen.

Zu den chemischen Methoden des Fragmentverdaus zählen die Behandlung mit Cyanogenbromid oder Hydroxylamin sowie das Erhitzen in einer azidischen Lösung. Der Angriffspunkt in einem Proteinfragment für Cyanogenbromid ist Methionin. Hydroxylamin spaltet spezifisch Asparagin-Glyzin-Bindungen. Wenn eine Lösung mit pH = 2,5 auf 40 Grad Celsius erhitzt wird, lassen sich selektiv Asparaginsäure-Prolin-Bindungen aufbrechen.

Schritt 7: Informationen kombinieren, um die gesamte Sequenz zu erhalten

In Schritt 7 werden alle bisher gewonnenen Ergebnisse zusammengefasst. Schauen wir uns zum Beispiel einmal ein einfaches Octapeptid-Fragment eines Proteins an. Angenommen, dieses Fragment hinterließe nach einer kompletten Hydrolyse jeweils ein Molekül Alanin (Ala), Asparaginsäure (Asp), Glyzin (Gly), Lysin (Lys), Phenylalanin (Phe), Valin (Val) sowie zwei Moleküle Cystein (Cys). Die Fragmente nach einer partiellen Hydrolyse wären: Gly-Cys, Phe-Val-Gly, Cys-Asp, Cys-Ala, Lys-Cys und Cys-Asp-Lys. Jetzt setzen wir die Fragmente zusammen, leiten Schritt für Schritt die komplette Aminosäuresequenz ab und können so eine Primärstruktur für das Octapeptid erstellen, zum Beispiel so:

Gly-Cys kann entweder mit Cys-Ala oder Cys-Asp-Lys oder Cys-Asp verbunden sein.

Da Cys-Asp einen Teil von Cys-Asp-Lys darstellt, fällt hier ein Fragment fort.

Nehmen wir an, Gly-Cys und Cys-Asp-Lys bilden Gly-Cys-Asp-Lys.

Daran kann nur das Fragment Lys-Cys binden: Gly-Cys-Asp-Lys-Cys.

Da es kein weiteres Fragment gibt, das auf -Ala endet, muss dieses die endständige Aminosäure sein: Gly-Cys-Asp-Lys-Cys-Ala.

Jetzt ist nur noch Phe-Val-Gly übrig, das sich nahtlos an den Anfang stellen lässt: Phe-Val-Gly-Cys-Asp-Lys-Cys-Ala. Fertig ist das Octapeptid.

Grundlagen der Blutgruppenbestimmung

Die Bestimmung der Blutgruppen nach dem AB0-System begann im Jahre 1901 und basiert auf einer einfachen Antigen-Antikörper-Reaktion. Im Laufe der Jahre wurden immer weitere Oberflächenstrukturen entdeckt, um Blutgruppen zu unterscheiden. Heute sind über 250 verschiedene Antigene bekannt, die in bis zu 23 Blutgruppen unterteilt werden können. Jede Blutgruppe wird zum einen durch Antikörper definiert, die sich frei im Blutserum befinden, und andererseits durch die Antigene, die die Oberfläche der roten Blutkörperchen präsentieren. Heute gibt es einfache Schnelltests, die jeder zu Hause durchführen kann. Das Prinzip beruht auch hier auf einer Antigen-Antikörper-Reaktion.

Bei einer ersten Blutgruppenbestimmung werden zwei Antiseren, *anti-A* und *anti-B*, eingesetzt. Gibt man einen Tropfen eines Antiserums in eine Blutprobe und findet dann eine Gerinnung statt, sind die gesuchten Antigene in dieser Probe enthalten. Anti-A-Serum reagiert dabei mit den Blutgruppen A und AB. Anti-B-Serum verursacht eine Agglutination bei den Blutgruppen B und AB. Keins der beiden Seren reagiert mit Blut der Blutgruppe 0. Die Verbreitung der drei Blutgruppen in der menschlichen Bevölkerung sieht in etwa wie folgt aus: 43 bis 45 Prozent Blutgruppe 0, 40 bis 42 Prozent Blutgruppe A, 10 bis 12 Prozent Blutgruppe B und 3 bis 5 Prozent Blutgruppe AB. Diese Blutgruppen können noch weiter unterteilt werden, zudem gibt es einige sehr seltene Blutgruppenfaktoren.

Eine weitere Unterscheidung erfolgt anhand des Rhesusfaktors (Rh). Der Rhesusfaktor (der seinen Namen vom Rhesusaffen erhielt) ist ein Antigen auf der Oberfläche roter Blutkörperchen. Ein rhesuspositiver Mensch trägt ein Protein (Antigen) in seinem Blut, das auch Rhesusaffen besitzen. Über 85 Prozent aller Menschen sind Rh-positiv (Rh+). Eine Person, der dieses Antigen fehlt, ist dementsprechend Rh-negativ (rh-). Auch dieses Bild ist arg vereinfacht – es gibt etwa 30 verschiedene Faktorenkombinationen.

IN DIESEM KAPITEL

Enzymklassen und ihre Eigenschaften

Die Kinetik untersuchen

Die Michaelis-Menten-Gleichung

Enzymhemmung und -regulierung verstehen

Kapitel 6
Enzymkinetik: Mit Hilfe schneller ans Ziel

Enzyme sind komplexe Biomoleküle, die als Katalysatoren biochemische Reaktionen beschleunigen und dazu gelegentlich bestimmte Kofaktoren zur Unterstützung benötigen. Ein *Katalysator* beeinflusst die Geschwindigkeit chemischer Reaktionen, ohne dass der Katalysator selbst bei dieser Reaktion verbraucht wird. Jedes Enzym katalysiert eine ganz bestimmte Art von Reaktion(en) und reagiert in der Regel nur mit einem ganz bestimmten *Substrat*.

Diese Substratspezifizität umfasst unter anderem auch die *Stereospezifizität*, die die 3D-Anordnung der Atome berücksichtigt. Was das für Ihr Leben bedeutet? Falls Sie irgendwann beschließen sollten, die D-Glukose auf Ihrem Speiseplan durch das Enantiomer L-Glukose zu ersetzen, werden Sie verhungern, denn diesen ansonsten ja strukturell identischen Zucker könnten Sie nicht verwerten – oder besser ausgedrückt, Ihre Enzyme können das nicht und werden schlichtweg streiken. Überlegen Sie sich das also genau …

Enzyme treten in vielen Formen auf; manche sind reine Proteine, während andere auch Nicht-Protein-Anteile besitzen – eben die bereits erwähnten *Kofaktoren*. Ein Kofaktor kann ein Metallion wie Magnesium oder eine organische Verbindung sein. Ein organischer Kofaktor wird als *Koenzym* bezeichnet (hingegen gibt es keinen speziellen Begriff für einen metallischen Kofaktor). Ein Enzym ohne seinen Kofaktor wird *Apoenzym* genannt, während die Kombination von Apoenzym und Kofaktor das *Holoenzym* bildet – von dem griechischen Wort »holos« (ganz) abgeleitet.

Ein Metalloenzym besteht also folglich aus einem Apoenzym und dem Metallkofaktor. Ein fest gebundenes Koenzym heißt auch *prosthetische Gruppe*. (Sorry, das waren ziemlich viele neue Begriffe auf einmal, aber lassen Sie sich nicht entmutigen. Der Kern des Ganzen ist und bleibt das Enzym – mal mit, mal ohne weitere Spielgefährten.)

Ein Bereich eines Enzyms ist wirklich wichtig: das *aktive Zentrum*. Dieser Teil des Enzyms, der oft nur wenige Aminosäuren umfasst, ist die eigentliche katalytische Schaltzentrale und direkt für die Wechselwirkung mit einem Substratmolekül verantwortlich. Wenn das passende Molekül (das Substrat) an das aktive Zentrum andockt, kann die gewünschte Reaktion stattfinden, die allerdings unter Umständen noch weitere Faktoren benötigt, beispielsweise eine Energiequelle in Form von ATP oder weitere Kofaktoren. Selbst kleinste Veränderungen im aktiven Zentrum eines Enzyms führen oft zu einem vollständigen Ausfall der katalytischen Fähigkeiten, während Veränderungen in anderen Bereichen des Proteins (beispielsweise durch Mutationen der DNA) oft ohne Auswirkungen auf die Funktion bleiben.

In vielen Fällen synthetisieren Zellen Enzyme zunächst in einer inaktiven Form, dem *Proenzym* oder *Zymogen*, das noch modifiziert werden muss, um enzymatisch aktiv zu werden. Aus guten Gründen schützt sich jede Zelle vor ungezügelter Enzymaktivität am falschen Ort zur falschen Zeit!

Am Beispiel Trypsin lässt sich gut zeigen, warum das eine gute Strategie ist. Trypsin ist ein Enzym, das im Dünndarm für die Verdauung von Proteinen zuständig ist. Enzyme sind allerdings nun einmal schlecht erzogen und wissen nicht, welche Substrate okay sind und was sie besser in Ruhe lassen sollten. Die Zellen der Bauchspeicheldrüse synthetisieren daher zunächst ein inaktives Vorläufermolekül (Trypsinogen), das erst später nach der Sekretion im Dünndarm aktiviert wird (Zymogenaktivierung). Würde Trypsin bereits als aktives Enzym synthetisiert, wäre seine »Erzeugerzelle« in null Komma nichts enzymatisch zerlegt. Die Bauchspeicheldrüse würde sich in diesem Fall buchstäblich selbst verdauen – da hat die Evolution dann doch den Riegel vorgeschoben.

Die Aktivierung einer zunächst inaktiven Enzymform dient der Enzymkontrolle, ebenso wie die gezielte Hemmung der Enzymaktivität, einer anderen Möglichkeit der Enzymkontrolle. Eine Enzymhemmung kann kompetitiv oder nichtkompetitiv sein. Bei der *kompetitiven Hemmung* konkurriert ein weiteres Molekül mit dem Substrat um das aktive Zentrum des Enzyms und kann dieses blockieren, indem es schneller oder fester als das eigentliche Substrat an das Enzym bindet.

Bei einer *nichtkompetitiven* Hemmung bindet das hemmende Molekül an eine andere Stelle des Enzyms, jedoch nicht an das aktive Zentrum. Diese Bindung verändert die Konformation des Enzyms (also die 3D-Struktur) derart, dass es völlig »aus der Rolle« fällt und im Endeffekt mit seinem Substrat nicht mehr reagieren kann.

Enzymklassifizierung: Wer macht den Job?

Haben Sie sich je gefragt, wer Verbindungen oder Enzymen ihren Namen gab? Auf diese Frage gibt es zwar viele Antworten, doch speziell für Enzyme ist die *Enzyme Commission of the International Union of Biochemistry* verantwortlich. Die verbreiteten Namen für Enzyme umschreiben meistens ihre Funktion und enden auf *-ase*. (Enzyme, die schon vor der Einführung dieser Namensgebung allgemein bekannt waren, entsprechen allerdings wie Trypsin nicht den Regeln der Nomenklatur.) Diese Enzymkommission entwickelte ein numerisches System zur Enzymklassifizierung. Alle Namen beginnen mit EC, für *Enzyme Commission*, gefolgt von vier durch Punkte getrennte Zahlen, die sich in alle Sprachen auf der Welt eindeutig übersetzen lassen. Sehen wir uns dazu beispielsweise das Enzym EC 2.7.4.4. an.

Die erste Ziffer im EC-Namen bezieht sich auf eine der sechs Hauptenzymklassen, die in Tabelle 6.1 aufgeführt sind. Die »2« in unserem Beispiel EC 2.7.4.4 zeichnet folglich das Enzym als Transferase aus, und die »7« zeigt an, welche chemische Gruppe das Enzym überträgt – in diesem Fall einen Phosphatrest (es ist also eine Phosphoryltransferase oder Kinase). Die dritte Ziffer (»4«) steht für den Zielort der übertragenen Gruppe (in diesem Fall auf eine Phosphatgruppe). Und die letzte Ziffer, hier eine weitere »4«, bezeichnet den Zielort genauer. EC 2.7.4.4 ist ein Enzym, das einen Phosphatrest von ATP auf ein Nukleosidphosphat überträgt. Dabei entsteht ADP und Nukleosid-Diphosphat.

Erste EC-Ziffer	Enzymklasse	Aufgabe
1	Oxidoreduktasen	Redoxreaktion
2	Transferasen	Übertragung von funktionellen Gruppen
3	Hydrolasen	Hydrolyse
4	Lyasen	Addition an eine Doppelbindung oder die Bildung einer Doppelbindung
5	Isomerasen	Isomerisierung von Molekülen
6	Ligasen	Zwei Moleküle miteinander verbinden

Tabelle 6.1: Die sechs grundsätzlichen Enzymklassen

Einer mehr, einer weniger: Oxidoreduktasen

Oxidoreduktasen katalysieren gleichzeitig eine Oxidation und eine Reduktion. *Oxidation* bedeutet die Erhöhung der Oxidationsstufe eines Elements, wobei Elektronen abgegeben werden, die bei einer parallel verlaufenden *Reduktion* von einem anderen Element wieder aufgenommen werden, wodurch sich dessen Oxidationsstufe erniedrigt. Beide Reaktionen gehen Hand in Hand – die eine geht nicht ohne die andere. Im Allgemeinen wird ein Substrat oxidiert oder reduziert, während das Enzym vorübergehend die jeweils entgegengesetzte Reaktion durchführt und dann wieder in seinen ursprünglichen Zustand zurückkehrt.

Ein Beispiel: Die Succinat-Dehydrogenase katalysiert die Oxidation des Succinations. In diesem Fall bedeutet die Oxidation den Verlust zweier Wasserstoffatome bei gleichzeitiger Bildung einer *trans*-Doppelbindung. Weiteres Beispiel: Das Enzym Alkoholdehydrogenase entfernt zwei Wasserstoffatome von einem Alkohol und produziert so ein Aldehyd. Die allgemeine (stöchiometrisch nicht korrekte) Darstellung dieser beiden Reaktionen sieht wie folgt aus:

$$^{-}OOC{-}CH_2{-}CH_2{-}COO^{-} \xrightarrow{\text{Succinat-Dehydrogenase}} {}^{-}OOC{-}CH = CH{-}COO^{-}$$

$$CH_3CH_2OH \xrightarrow{\text{Alkohol-Dehydrogenase}} CH_3CHO$$

Von hier nach da schieben: Transferasen

Die generelle Aufgabe einer Transferase ist die Übertragung von Molekülgruppen. Aminotransferasen katalysieren zum Beispiel die Übertragung einer Aminogruppe, während Phosphoryltransferasen eine Phosphatgruppe von einem Molekül auf ein anderes übertragen. Die allgemeine (stöchiometrisch nicht korrekte) Darstellung dieser Reaktionen ist in Abbildung 6.1 zu sehen.

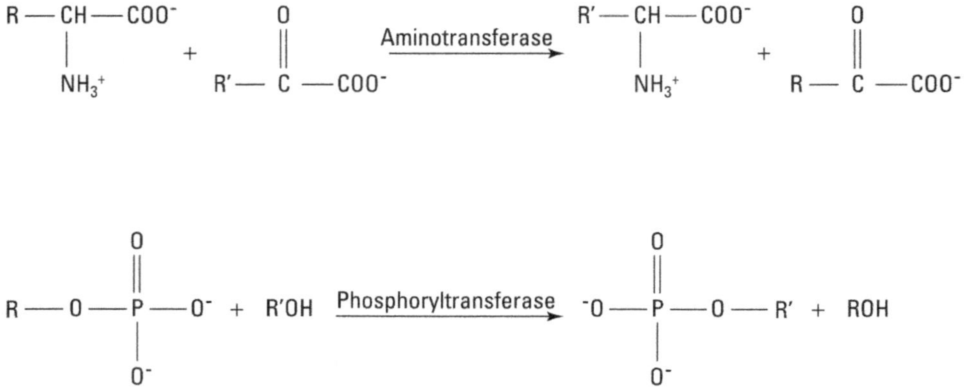

Abbildung 6.1: Allgemeine (stöchiometrisch nicht korrekte) Darstellung zweier Transferase-katalysierter Reaktionen

Wieder Wasser im Spiel: Hydrolasen

Hydrolasen katalysieren die Spaltung einer chemischen Bindung, indem sie an dieser Stelle ein Wassermolekül einfügen (entweder H oder OH). Eine *Peptidase* katalysiert die Hydrolyse einer Peptidbindung und eine *Phosphatase* katalysiert zum Beispiel die Hydrolyse eines Monophosphatesters. Die allgemeine Darstellung beider Reaktionen sehen Sie in Abbildung 6.2.

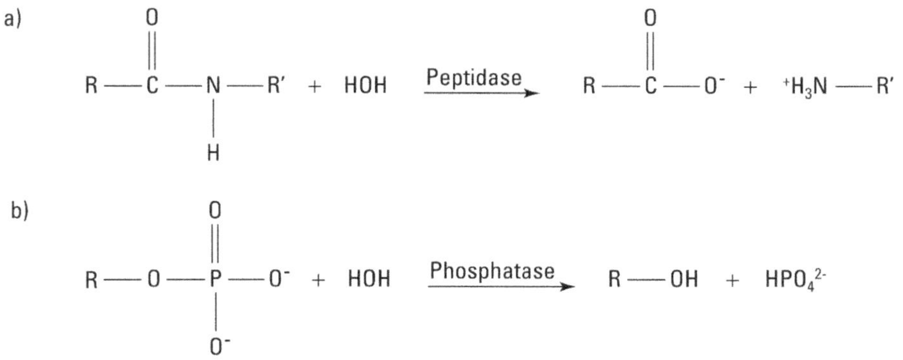

Abbildung 6.2: Allgemeine Darstellung zweier Hydrolase-katalysierter Reaktionen

Vor uns ist nichts sicher: Lyasen

Lyasen katalysieren die Entfernung einer Gruppe von einem Molekül. Dieser Vorgang geht mit der Bildung einer Doppelbindung oder der Addition einer Gruppe an eine schon bestehende Doppelbindung einher. Eine *Desaminase* entfernt zum Beispiel eine Aminogruppe, während eine *Decarboxylase* die Abspaltung von CO_2 katalysiert. Die allgemeine Darstellung beider Reaktionen ist in Abbildung 6.3 gezeigt.

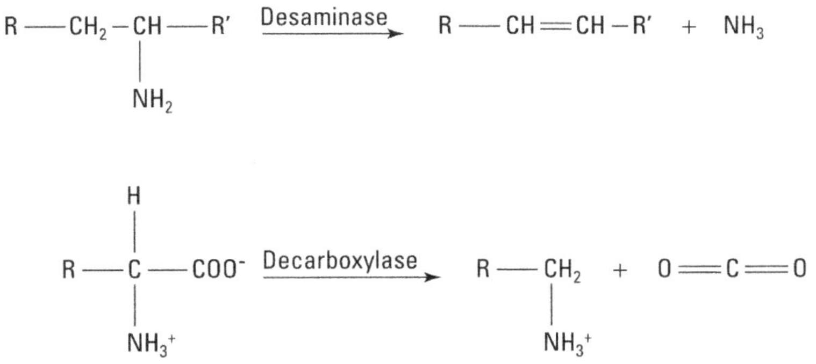

Abbildung 6.3: Allgemeine Darstellung zweier Lyase-katalysierter Reaktionen

Wir sorgen für Aufmischung: Isomerasen

Racemase und Epimerase sind Beispiele für Isomerasen. Diese Enzymklasse katalysiert die Umwandlung eines Isomers in ein anderes durch intramolekulare Umlagerung. Die *Racemase* katalysiert die *Racemisierung* von Enantiomeren, wie in Abbildung 6.4 oberer Teil gezeigt. Eine *Epimerase* (Abbildung 6.4 unterer Teil) katalysiert die Umwandlung eines Epimers in sein Partnermolekül. Wie bei allen katalysierten Reaktionen stehen die beiden Formen jeweils im Gleichgewicht miteinander.

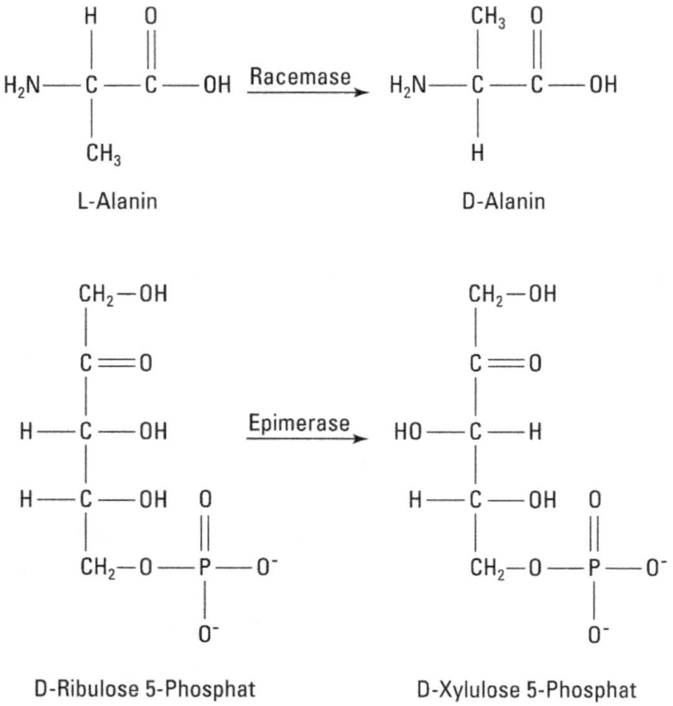

Abbildung 6.4: Beispiele für Isomerasereaktionen durch eine Racemase und eine Epimerase

Aus zwei mach eins: Ligasen

Ligasen katalysieren die Verbindung von zwei Molekülen durch eine kovalente Bindung. Der Prozess erfordert oft die Anwesenheit einer energiereichen Bindung wie zum Beispiel in ATP. Abbildung 6.5 veranschaulicht die Wirkung von zwei Ligasen, der Pyruvat-Carboxylase und der Acetyl-CoA-Synthetase. Die *Pyruvat-Carboxylase* katalysiert die Bildung einer C–C-Bindung, während *Acetyl-CoA-Synthetase* für die Bildung einer C–S-Bindung verantwortlich ist.

$$\text{Pyruvat} + CO_2 + H_2O + \text{ATP} \xrightleftharpoons{\text{Pyruvat-Carboxylase}} \text{Oxalacetat} + \text{ADP} + P_i$$

$$\text{Acetat} + \text{CoA-SH} + \text{ATP} \xrightleftharpoons{\text{Acetyl-CoA-Synthetase}} \text{Acetyl-S-CoA} + \text{AMP} + PP_i$$

Abbildung 6.5: Reaktionen der Ligasen Pyruvat-Carboxylase und Acetyl-CoA-Synthetase

Enzyme als Katalysatoren: Wir machen Tempo

Die Wirkung eines Enzyms beginnt mit der Bildung eines Enzym-Substrat-Komplexes. In dieser Konstellation bindet das Substrat an das aktive Zentrum des Enzyms. Die Struktur eines Proteins, also die Primär-, Sekundär-, Tertiär- oder Quartärstruktur, die wir in Kapitel 5 im Detail erläutert haben, ist für diese Enzym-Substrat-Interaktion sehr wichtig. Indem das Substrat auf eine ganz bestimmte Weise an das Enzym bindet, wird der Ablauf der enzymatischen Reaktion erleichtert.

Das aktive Zentrum macht meistens nur einen sehr kleinen Teil der Gesamtstruktur eines Enzyms aus. Die Aminosäurereste, aus denen das aktive Zentrum aufgebaut ist, können dabei aus weit entfernten Regionen des Proteins (in seiner Primärstruktur) stammen und werden durch bestimmte Wechselwirkungen in räumliche Nähe zueinander gebracht. Zudem können weitere Aminosäurereste des Enzyms, die selbst nicht Teil des aktiven Zentrums sind, für die enzymatische Reaktion wichtig sein.

Katalysemodelle: Schlüssel-Schloss versus induzierte Passform

Das erste Modell zur Enzym-Substrat-Interaktion geht zurück auf Emil Fischer (1894) und beruht auf dem Schlüssel-Schloss-Prinzip, bei dem das Substrat wie ein Schlüssel in sein Schloss, das Enzym, passt (siehe Abbildung 6.6). Das Schlüssel-Schloss-Prinzip liefert bis zu einem gewissen Grad durchaus eine gute Erklärung für die Spezifizität eines Enzyms. So wie nur der richtige Schlüssel in ein Schloss passen wird, passt nur das richtige Substrat zu seinem Enzym – aber eben nur zu einem gewissen Grad.

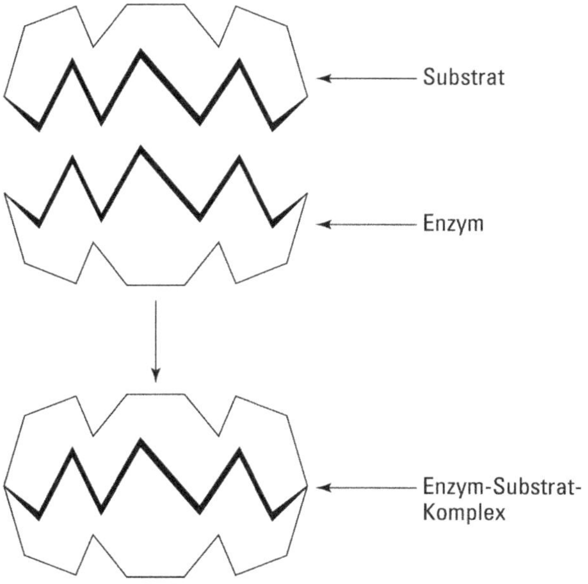

Abbildung 6.6: Das Schlüssel-Schloss-Prinzip der Enzymkatalyse

Die Schwachstelle des Schlüssel-Schloss-Prinzips besteht darin, dass es nicht erklärt, warum eine enzymatische Reaktion letztendlich überhaupt ablaufen kann. Es erklärt auch nicht, warum Enzyme flexibel sind und nicht starr reagieren, wie diese Theorie postuliert.

Die *Induced-Fit-Theorie* (»Theorie der induzierten Passform«) von Daniel Koshland (1958) behebt einige der Probleme des Schlüssel-Schloss-Prinzips. In diesem Modell muss das Substrat immer noch wie ein Schlüssel zu seinem Enzym passen, aber anstatt einfach nur starr in ein »Schlüsselloch« gesteckt zu werden, finden bestimmte Modifikationen an Enzym, Substrat oder an beiden statt. Diese individuelle Anpassung von Enzym und Substrat leitet den Reaktionsvorgang ein. Abbildung 6.7 veranschaulicht, wie das *Induced-Fit-Modell* für den gleichen Enzym-Substrat-Komplex wie in Abbildung 6.6 aussieht.

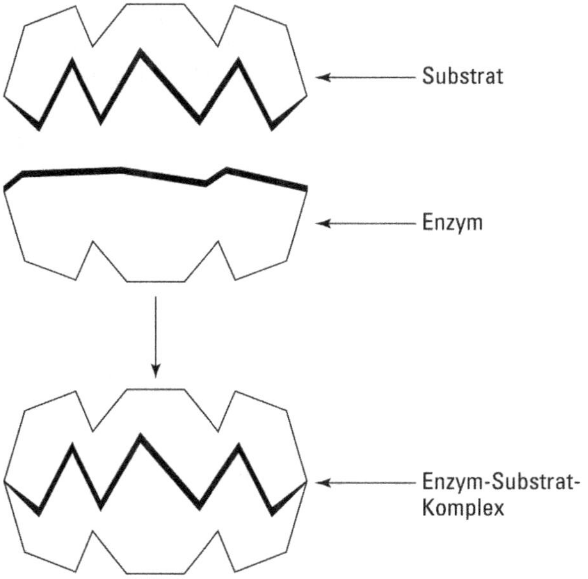

Abbildung 6.7: Das Induced-Fit-Modell der Enzymkatalyse

Einige Bemerkungen zur Kinetik

Dieses Thema ist zugegebenermaßen kompliziert, aber so ganz ohne Kinetik kommt leider kein Biochemiebuch aus. In allen Reaktionen des Körpers geht es immer darum, eine Energie verbrauchende Reaktion möglichst optimal mit einer Energie erzeugenden Reaktion zu verbinden, um die Ressourcen des Organismus zu schonen. Dann setzen wir uns also mal kraftvoll in Bewegung …

Wie Sie wissen, ist bei allen Reaktionen Energie im Spiel. Die Reaktionspartner im Ausgangszustand besitzen eine bestimmte Energie, dann wird weitere Energie aufgenommen, um in den Übergangszustand zu gelangen (ΔG^*, das Sternchen markiert dabei den Übergangszustand). Anschließend wird die Energie wieder freigesetzt, wenn die Reaktionsprodukte gebildet werden. Die Energiedifferenz zwischen den Reaktanten und den Produkten wird mit ΔG bezeichnet.

Wenn der Energiegehalt der Produkte höher ist als der ihrer Reaktanten im Ausgangszustand, wird die Reaktion *endergon* genannt und läuft nicht spontan ab. Wenn die Produkte weniger Energie besitzen als die ursprünglichen Reaktionspartner (also Energie freigesetzt wurde), ist die Reaktion *exergon* und findet spontan statt.

Aber das bedeutet nicht, dass eine spontane Reaktion immer rasch abläuft. Die Reaktionsgeschwindigkeit ist von ΔG^* abhängig. Je größer ΔG^* ist, desto langsamer verläuft eine Reaktion. Ein Enzym verringert wie jeder Katalysator den Wert von ΔG^* und steigert somit die Reaktionsgeschwindigkeit. Die Energiedifferenz zwischen Reaktanten und Produkten bleibt genau wie die Gleichgewichtsverteilung unverändert. Ein Enzym erleichtert oder beschleunigt also die Bildung des Übergangszustands (siehe Abbildung 6.8).

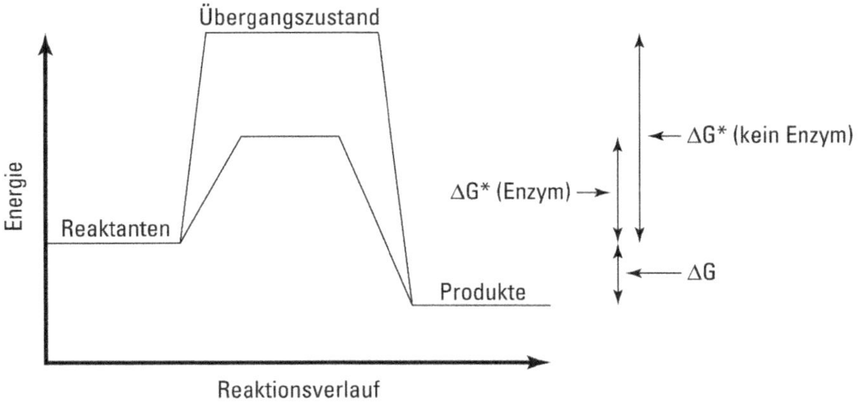

Abbildung 6.8: Der Einfluss eines Enzyms auf eine Reaktion

Ein Molekül im Übergangszustand hat zwei Möglichkeiten: Es kann Energie verlieren und in seine ursprüngliche Form zurückkehren, oder es kann Energie verlieren und den Zustand der Produkte übergehen. Das Molekül muss sich entscheiden – und nicht immer ist diese Entscheidung eindeutig. Je nach Reaktion finden mal mehr, mal weniger Moleküle im Übergangszustand, dass sich der Weg zum Produkt für sie lohnt. Aus dieser Indifferenz entstehen zwei Gleichgewichte, einmal zwischen dem Reaktanten (Substrat) und dem Übergangszustand und ein anderes zwischen dem Übergangszustand und dem Produkt. Wenn jedoch das Produkt oder die Produkte rasch entfernt werden, kann die Rückreaktion nicht mehr ablaufen und das Gleichgewicht wird in Richtung der Produkte verlagert. Durch die Entfernung der Produkte vereinfacht sich die Analyse der kinetischen Daten.

Enzyme katalysieren eine Vorwärts- und eine Rückwärtsreaktion. Die Erniedrigung von ΔG^* beschleunigt beide Reaktionen. Die absoluten Gleichgewichtskonzentrationen von Substraten und Produkten bleiben gleich, egal ob ein Enzym anwesend ist oder nicht – das Enzym ist einfach nur dazu da, die Zeit zu verkürzen, die für eine Reaktion benötigt wird.

Enzymassays: Ohne Rahmenbedingungen geht es nicht

Die katalytische Aktivität eines Enzyms wird in *Enzymassays* bestimmt. In diesem Assay lässt sich entweder die Geschwindigkeit bestimmen, mit der ein Substrat aus einer Lösung verschwindet, oder die Geschwindigkeit, mit der das Produkt gebildet wird (je nachdem, was sich einfacher messen lässt, wird sich auch der gesamte experimentelle Ansatz entsprechend ändern). In beiden Fällen werden Konzentrationsänderungen pro Zeiteinheit bestimmt. Manchmal wird dazu die Reaktion gemessen, die in einem vorher definierten Zeitfenster stattfindet, während in einem kinetischen Assay der Verlauf einer Reaktion kontinuierlich verfolgt wird. Am Ende wird aber immer die Konzentrationsänderung des Substrats oder Produkts der Reaktion im Laufe der Zeit bestimmt.

Die Reaktionsbedingungen für die Enzymassays sind eine sehr wichtige Größe, denn bereits minimale Änderungen der Temperatur oder des pH-Wertes können die katalytische Aktivität eines Enzyms drastisch verändern. Jedes Enzym hat seinen optimalen Arbeitsbereich. Die Aktivität von Enzymen des menschlichen Körpers zum Beispiel sollte bei Körpertemperatur, also 37 Grad Celsius, gemessen werden – eben unter der Annahme, dass menschliche Enzyme bei dieser Temperatur vermutlich am besten arbeiten. Bei Enzymen aus thermophilen Bakterien, die in heißen Quellen von 90 Grad Celsius und mehr leben, sieht das allerdings anders aus …

Die Messung der Geschwindigkeit

Wenn Sie die optimalen Bedingungen für Ihr Enzym kennen, können Sie eine Reihe von Experimenten mit einer definierten Enzymkonzentration und variierenden Substratmengen starten. Bis zu einem gewissen Punkt wird sich dabei die Reaktionsgeschwindigkeit mit steigender Substratmenge erhöhen. Dies geschieht so lange, bis das Enzym gesättigt ist. Der *Sättigungspunkt* ist erreicht, wenn alle Enzymmoleküle der Lösung in Form von Enzym-Substrat-Komplexen vorliegen. Danach führt eine weitere Erhöhung der Substratkonzentration zu keiner weiteren Zunahme der Reaktionsgeschwindigkeit – nichts geht mehr. Alle vorhandenen Enzyme verwerten Substratmoleküle, und mehr geht eben nicht. Bei den meisten Reaktionen wird die Reaktionsgeschwindigkeit eine hyperbolische Kurve beschreiben, bevor sie sich asymptotisch dieser Sättigungskonzentration nähert. Asymptotisch bedeutet, dass die vollständige Sättigung theoretisch nur bei unendlich großen Substratkonzentrationen eintritt – ein zugegebenermaßen eher mathematisches als praktisches Konstrukt!

Der grafische Auftrag der Reaktionsgeschwindigkeit V gegen die Substratkonzentration [S] erlaubt die Bestimmung vieler wichtiger Parameter (siehe Abbildung 6.9). Das Experiment wird mit einer konstanten Enzymkonzentration durchgeführt. Eine sehr nützliche Größe ist die maximale Reaktionsgeschwindigkeit V_{max}, der sich die Geschwindigkeit asymptotisch nähert. Bei niedrigen Substratkonzentrationen verläuft die Reaktion nach einer Kinetik erster Ordnung. Das bedeutet, dass die Reaktionsgeschwindigkeit von der Konzentration des Substrats abhängt. Bei hohen Konzentrationen verläuft die Reaktion nach einer Kinetik nullter Ordnung, bei der die Reaktionsgeschwindigkeit nicht mehr von der Substratkonzentration beeinflusst wird. Dieser Graph kann bei komplizierteren Enzym-Substrat-Wechselwirkungen aber auch anders aussehen. In dem Bereich zwischen einer Reaktion erster und nullter Ordnung ist die Kinetik der Reaktion nur schwieriger zu interpretieren.

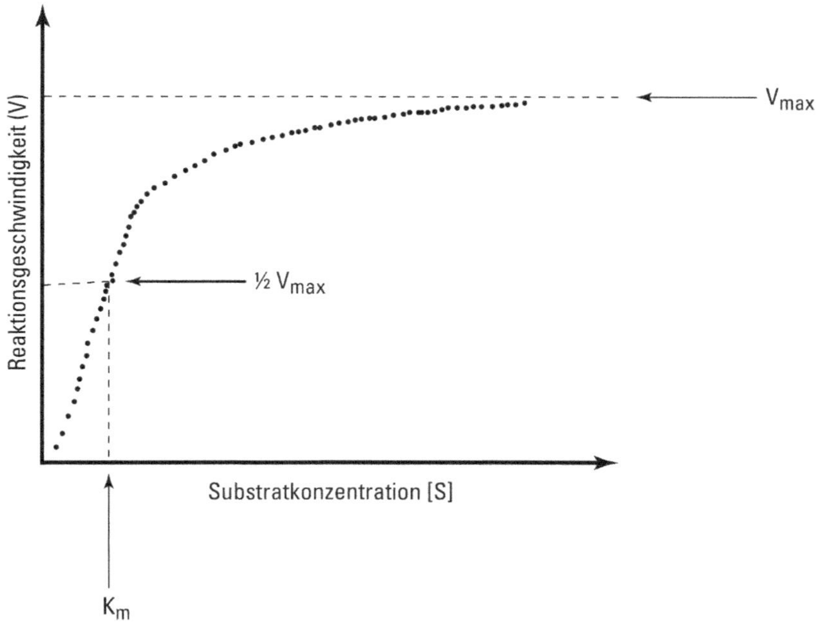

Abbildung 6.9: Graph der Reaktionsgeschwindigkeit V im Verhältnis zur Substratkonzentration [S]

Wichtige Werte im Bereich niedriger Konzentrationen (Kinetik erster Ordnung) sind $1/2\,V_{max}$ und K_m. $1/2\,V_{max}$ ist dabei die Hälfte der maximalen Reaktionsgeschwindigkeit V_{max}. Der K_m-Wert ist die Michaelis-Konstante, die einer Substratkonzentration entspricht, bei der die Reaktionsgeschwindigkeit $1/2\,V_{max}$ beträgt. Die Michaelis-Konstante ist ein grobes Maß der Enzym-Substrat-Affinität und wird in Mol angegeben. Diese K_m-Werte können sehr stark variieren.

Bei niedrigen Substratkonzentrationen ist die Beziehung zwischen [S] und V in etwa linear. Bei hohen Substratkonzentrationen ist die Geschwindigkeit V hingegen mehr oder weniger unabhängig von [S] (das Enzym kann einfach nicht schneller arbeiten und mehr Substrat umsetzen, egal wie viel Substrat hinzugegeben wurde). Für niedrige Substratkonzentrationen ist die Michaelis-Menten-Gleichung anwendbar, die im nächsten Abschnitt erklärt wird.

Wenn eine Reaktion nicht enzymatisch katalysiert ist, steigt der V_{max}-Wert bei erhöhten Substratkonzentrationen immer weiter an. Die Geschwindigkeit nimmt kontinuierlich mit steigender Substratkonzentration zu. Bei einer Enzymreaktion ist das anders – und damit ein indirekter Beweis für die Existenz eines Enzym-Substrat-Komplexes, der auf einer engen Interaktion von Enzym und Substrat beruht. Die Grenze an Substratumsatz ist erreicht, wenn alle Enzymmoleküle Teil eines solchen Komplexes sind und keine freien Enzyme mehr vorhanden sind, um weitere Substratmoleküle zu verwerten. Enzym-Substrat-Komplexe lassen sich übrigens auch direkt anhand verschiedener Röntgen- und spektroskopischer Verfahren belegen.

Enzyme in medizinischer Diagnostik und Therapie

Veränderte Enzymkonzentrationen im Körper können ein Gesundheitsproblem anzeigen, daher sind Enzymtests so wertvoll für die Diagnose und Behandlung von Krankheiten. Die Kreatinkinase (CK), die an der Synthese und dem Abbau von Kreatinphosphat beteiligt ist, zählt ebenfalls zu diesen diagnostisch genutzten Enzymen.

Es gibt drei Isoformen der CK; jede besteht aus zwei Polypeptidketten. Bei der Skelettmuskel-CK sind die beiden Ketten identisch und werden als CK-MM bezeichnet. Die CK des Gehirns (als CK-BB bezeichnet) besteht zwar auch aus zwei identischen Ketten, die sich jedoch von denen des Muskelenzyms unterscheiden. Das dritte Isoenzym, das aus dem Herzmuskel isoliert werden kann, ist ein Hybrid aus einer M-Kette und einer B-Kette und heißt entsprechend CK-MB.

In normalem Blutserum findet man eine geringe Menge CK-MM und fast kein CK-BB oder CK-MB. Wenn ein Gewebe jedoch verletzt wird, gelangen vermehrt auch intrazelluläre Enzyme in die Blutbahn. Ein erhöhter Gesamt-CK-Gehalt im Blut (also alle drei Isoenzyme zusammen) kann auf ein Skelettmuskeltrauma oder einen Herzinfarkt hinweisen. Die Analyse der einzelnen Isoenzyme kann im Anschluss noch detailliertere Informationen liefern.

Nehmen wir zum Beispiel einmal an, jemand fällt von einer Leiter und erleidet mehrfache Knochenbrüche. Er wird ins Krankenhaus gebracht, wo zunächst der Gesamt-CK-Wert des Blutserums gemessen wird. Wie erwartet, ist der Wert erhöht, aber der Arzt veranlasst noch eine Bestimmung der CK-MB-Konzentration. Auch dieser Wert ist deutlich erhöht und zeigt den Grund dafür an, weshalb die Person von der Leiter fiel: Sie erlitt kurz zuvor einen Herzinfarkt. Dieses Wissen ermöglicht es dem behandelnden Arzt, effektive Therapien einzuleiten, um langfristige Herzschäden zu vermeiden.

Enzymaktivitäten messen: Die Michaelis-Menten-Gleichung

Ein Durchbruch bei der Untersuchung der Enzymkinetik gelang mit der Entwicklung der Michaelis-Menten-Gleichung, die das Verhalten vieler Enzyme anhand ihrer kinetischen Daten erklärt (es gibt allerdings auch Ausnahmen, bei denen die Kinetik nicht so aussieht wie in Abbildung 6.9). Im Allgemeinen gelten die Ergebnisse kinetischer Experimente für allosterische Enzyme. Die *Michaelis-Menten-Gleichung* lautet wie folgt:

$$V = \frac{V_{max}\ [S]}{[S] + K_m}$$

In dieser Gleichung ist V die Reaktionsgeschwindigkeit, [S] die Substratkonzentration, V_{max} die maximale Reaktionsgeschwindigkeit und K_m die Michaelis-Konstante. Wie in Abbildung 6.9 zu sehen, nimmt V bei niedrigen Substratkonzentrationen linear zu, während die Kurve bei höheren Substratkonzentrationen flacher wird. Für eine Interpretation müssen wir uns einmal genauer anschauen, was eigentlich passiert:

$$E + S \underset{k_{-1}}{\overset{k_1}{\rightleftharpoons}} ES \underset{k_{-2}}{\overset{k_2}{\rightleftharpoons}} E + P$$

In diesem Reaktionsweg ist E das Enzym, S das Substrat, ES der Enzym-Substrat-Komplex und P das Produkt. Die verschiedenen k-Werte beziehen sich auf die Geschwindigkeitskonstanten der einzelnen Reaktionsschritte – eine negative Geschwindigkeitskonstante steht dabei für die Rückreaktion. Im ersten Schritt finden sich freies Enzym und Substrat zum Enzym-Substrat-Komplex zusammen (Übergangszustand), und zwar mit einer Geschwindigkeit von k_1. Nachdem sich ES gebildet hat, kann es in eine Rückreaktion wieder in E und S zerfallen (k_{-1}), oder es kann weiterreagieren und ein Produkt bilden (k_2). (Beachten Sie: In einigen Texten wird k_2 als k_{cat} bezeichnet.)

Das Enzym kann natürlich auch hier wieder die Rückreaktion katalysieren und E und P wieder in ES umwandeln. Insgesamt ist es daher sinnvoller, Daten bei diesen Experimenten am Anfang der Reaktion zu messen, wenn man aufgrund der geringen Produktkonzentration die Rückreaktion (k_{-2}) noch außer Acht lassen kann. Die Annahme, dass k_{-2} vernachlässigbar ist, führt zu einer Vereinfachung der Gleichung:

$$E + S \underset{k_{-1}}{\overset{k_1}{\rightleftharpoons}} ES \overset{k_2}{\rightleftharpoons} E + P$$

Durch diese Vereinfachung waren die Chemikerinnen Leonor Michaelis und Maud Menten in der Lage, ein Modell zu kreieren, das die Kinetik vieler Enzyme erklären kann. Durch ihre Arbeit wurde eine Gleichung entwickelt, die die katalytische Geschwindigkeit mit den Konzentrationen von Enzym und Substrat in Beziehung setzt. Der Ausgangspunkt für diese Gleichung ist das Verhältnis zwischen Reaktionsgeschwindigkeit und der Konzentration des Enzym-Substrat-Komplexes:

$$V = k_2\ [ES]$$

Analog ist die Geschwindigkeit der Komplexbildung gleich $k_1[E][S]$ und die Zerfallsgeschwindigkeit für den Komplex gleich $(k_{-1} + k_2)[ES]$. In den meisten Reaktionen bleibt die Konzentration von ES annähernd konstant. Es wird also angenommen, dass die Konzentration jedes Zwischenprodukts während einer Reaktion annähernd gleich bleibt. Dies wird auch Fließgleichgewicht genannt und bedeutet, dass die Geschwindigkeit der Komplexbildung der Zerfallsgeschwindigkeit entspricht, oder:

$$k_1[E][S] = (k_{-1} + k_2)[ES]$$

Diese Gleichung lässt sich umstellen und entspricht dann der Michaelis-Konstanten K_m:

$$\frac{[E][S]}{[ES]} = \frac{(k_{-1} + k_2)}{k_1} = K_m$$

Die Kombination der drei Geschwindigkeitskonstanten bringt also eine neue Konstante K_m hervor, die unabhängig von Enzym- und Substratkonzentrationen ist und ein wichtiges Charakteristikum der Enzym-Substrat-Wechselwirkungen beschreibt. Mit der Michaelis-Konstanten ist die Konzentration des Enzym-Substrat-Komplexes:

$$[ES] = \frac{[E][S]}{K_m}$$

Wenn die Enzymkonzentration viel niedriger als die Substratkonzentration ist, entspricht der [S]-Wert ziemlich genau der Substratgesamtkonzentration. Die Enzymkonzentration [E] entspricht dann der Enzymgesamtkonzentration $[E]_T$ abzüglich der Konzentration des Enzym-Substrat-Komplexes, oder $[E] = [E]_T - [ES]$. Wenn wir diese Beziehung in die vorhergehende Gleichung einfügen, erhalten wir:

$$[ES] = \frac{([E]_T - [ES])[S]}{K_m}$$

Stellt man die Gleichung wieder um, ergibt sich:

$$[ES] = \frac{[E]_T/K_m}{1 + [S]/K_m} = \frac{[E]_T[S]}{[S] + K_m}$$

Setzt man dieses Verhältnis in $V = k_2[ES]$ (oder $V = k_{cat}[ES]$) ein, erhält man:

$$V = k_2[E]_T \frac{[S]}{[S] + K_m}$$

Die maximale Geschwindigkeit V_{max} tritt ein, wenn alle Enzymmoleküle mit Substrat verbunden sind. Dann ist $[ES] = [E]_T$. Dadurch wird $V = k_2[ES]$ zu $V_{max} = k_2[ES]_T$. Diese Beziehung lässt die vorhergehende Gleichung zur Michaelis-Menten-Gleichung werden:

$$V = \frac{V_{max}\ [S]}{[S] + K_m}$$

Diese Gleichung führt zu der Kurve aus Abbildung 6.9. Bei sehr niedrigen Konzentrationen, also $[S] << K_m$, ist $V = (V_{max}/K_m)\ [S]$. Und wenn [S] größer als K_m ist, entspricht V der V_{max}. Gilt $[S] = K_m$, dann ist $V = 1/2\ V_{max}$.

Ideale Anwendungen

Die Michaelis-Menten-Gleichung erklärt das Verhalten vieler Enzyme. Es ist relativ einfach, K_m- und V_{max}-Werte zu bestimmen; dies wird normalerweise grafisch mit Computerprogrammen erledigt, um die am besten passende Kurve zu ermitteln.

Der K_m-Wert schwankt stark. Der Wert ist von der Art des Substrats und von einer Vielzahl von Umweltfaktoren, wie Temperatur, Ionenstärke oder pH-Wert, abhängig. Der K_m-Wert gibt nicht nur die erforderliche Substratkonzentration an, die nötig ist, um die Hälfte der Bindestellen (aktives Zentrum) des Enzyms zu belegen, sondern zeigt auch die minimale Substratkonzentration auf, die für eine signifikante katalytische Aktivität gebraucht wird. Es ist auch möglich, mit K_m den Anteil besetzter Bindestellen f_{ES} zu bestimmen:

$$f_{ES} = \frac{V}{V_{max}} = \frac{[S]}{[S] + K_m}$$

K_m gibt auch Auskunft über die Geschwindigkeitskonstanten der Reaktion:

$$\frac{(k_{-1} + k_2)}{k_1} = K_m$$

In dem speziellen Fall, bei dem k_1 signifikant größer als k_2 ist, gilt $K_m = k_{-1} / k_1$, was sich auf die Gleichgewichtskonstante für den Zerfall des Enzym-Substrat-Komplexes bezieht:

$$K_{ES} = \frac{[E][S]}{[ES]} = \frac{k_{-1}}{k_1}$$

Unter diesen besonderen Bedingungen ist K_m ein Maß für die Bindung des Enzym-Substrat-Komplexes. Ein hoher K_m-Wert zeigt an, dass die Bindung nur schwach ist, während ein niedriger K_m-Wert auf eine starke Bindung hinweist.

Nicht vergessen: Diese Schlüsse lassen sich nur unter den besonderen Bedingungen von $k_1 \gg k_2$ ziehen.

Der V_{max}-Wert liefert auch Informationen zur molaren Aktivität oder Wechselzahl k_{cat} eines Enzyms. Die *molare Aktivität* entspricht für ein voll gesättigtes Enzym der Anzahl der Substratmoleküle, die sich pro Zeiteinheit zu Produktmolekülen umwandeln. Ausgehend von V_{max} lässt sich k_2 bestimmen. (Übrigens wird k_2 auch als katalytische Konstante k_{cat} bezeichnet.) Wenn also $[E]_T$ bekannt ist, kann folgende Beziehung angewendet werden:

$$V_{max} = k_2[E]_T$$

Oder:

$$k_2 = V_{max}/[E]_T$$

Realistische Anwendungen

Die Modelle aus dem vorangehenden Abschnitt liefern nützliche Informationen zum Verhalten vieler Enzyme. In einer Zelle sind Enzyme aufgrund der meist geringen Substratkonzentrationen jedoch eher selten mit Substrat gesättigt. Unter typischen Bedingungen liegt $[S] / K_m$ meist zwischen 1,0 und 0,01. Wenn K_m viel größer als [S] ist, ist auch die katalytische Konstante k_{cat} (oder k_2) signifikant geringer als der Idealwert, da nur ein kleiner Anteil der aktiven Zentren mit Substrat besetzt ist. Das Verhältnis von k_{cat} / K_m ist allerdings auch eine wichtige Größe, denn mit diesem Wert lassen sich beispielsweise die Substratpräferenzen eines Enzyms abschätzen.

Die maximale katalytische Geschwindigkeit wird auch von der Diffusionsrate begrenzt, die bestimmt, wie schnell Substrat und Enzym in Kontakt treten. Einige Enzyme haben sich dazu einen guten Trick ausgedacht – sie haben sich zu großen Enzymkomplexen zusammengeschlossen, in denen das Produkt einer Enzymreaktion sofort wieder als Substrat für das nächste Enzym weitergereicht wird – wie am Fließband also, bei dem auch keine langen Wege zwischen den einzelnen Stationen liegen. Das beschleunigt den Ablauf der Reaktionen natürlich erheblich, wie Sie sich vorstellen können.

Ein anderes Problem entsteht dann, wenn Enzyme mehr als nur ein Substrat benötigen (Mehrsubstratreaktion). Die benötigten Substrate müssen entweder alle gleichzeitig binden (sequenzieller Mechanismus) oder, wie beim Pingpong-Mechanismus, nacheinander in getrennten Reaktionsschritten umgesetzt werden. Beim *sequenziellen Mechanismus* müssen alle Substrate noch vor der Reaktion und Produktfreisetzung am Enzym gebunden haben. Dabei ist es unwichtig, in welcher Reihenfolge die einzelnen Substrate andocken. Beim *Ping-Pong-Mechanismus* lösen sich ein oder mehrere Substrate zwischendurch wieder, bevor Reaktion und Produktbildung abgeschlossen sind.

Lineweaver-Burk-Diagramm

Noch vor der Entwicklung entsprechender Computerprogramme war die Berechnung von K_m- und V_{max}-Werten ein äußerst langwieriger Prozess. Beide Werte lassen sich aber auch relativ einfach (was auch immer das in der Biochemie bedeutet) ohne Computer bestimmen. Dazu wird ein Lineweaver-Burk-Diagramm erstellt, eine doppelt reziproke Auftragung der Messwerte. Die Grundlage des Lineweaver-Burk-Graphen leitet sich aus der Umformung der Michaelis-Menten-Gleichung ab:

$$\frac{1}{V} = \frac{K_m}{V_{max}} \frac{1}{[S]} + \frac{1}{V_{max}}$$

Diese Gleichung hat die Form $y = mx + b$ und beschreibt eine Gerade. Ein Graph, bei dem die reziproke Geschwindigkeit $1/V$ gegen die reziproke Substratkonzentration $1/[S]$ aufgetragen ist, ergibt eine Gerade, die bei $1/V_{max}$ die y-Achse ($1/V$) schneidet und bei $-1/K_m$ ihren Schnittpunkt mit der x-Achse ($1/[S]$) hat. Ein Beispiel hierfür finden Sie in Abbildung 6.10.

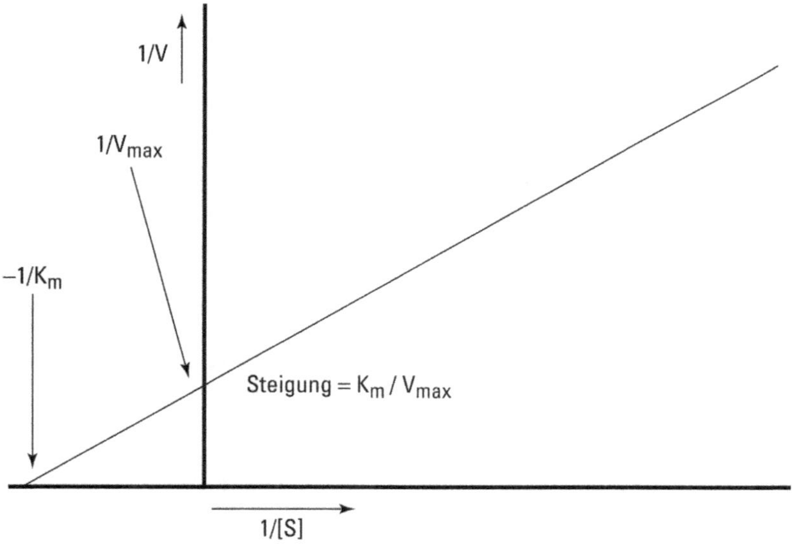

Abbildung 6.10: Lineweaver-Burk-Diagramm

Das Lineweaver-Burk-Diagramm ist die am häufigsten genutzte grafische Darstellungstechnik zur Bestimmung von K_m und V_{max}. Es gibt aber auch noch andere Methoden. Der Woolf-Graph zum Beispiel aus Abbildung 6.11 nutzt folgende Gleichung:

$$\frac{[S]}{V} = \frac{1}{V_{max}} [S] + \frac{K_m}{V_{max}}$$

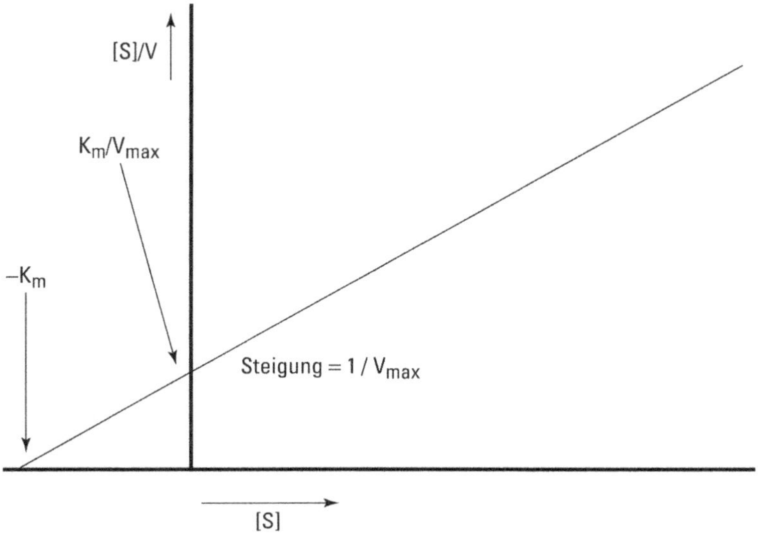

Abbildung 6.11: Woolf-Diagramm

Trägt man [S]/V gegen [S] grafisch auf, erhält man eine Gerade – etwas, das Mathematiker wie Biochemiker aus guten Gründen sehr schätzen! Bei einem Eadie-Hofstee-Diagramm wird gegen V/[S] aufgetragen (siehe Abbildung 6.12), und zwar mit folgender Gleichung:

$$V = -K_m \frac{V}{[S]} + V_{max}$$

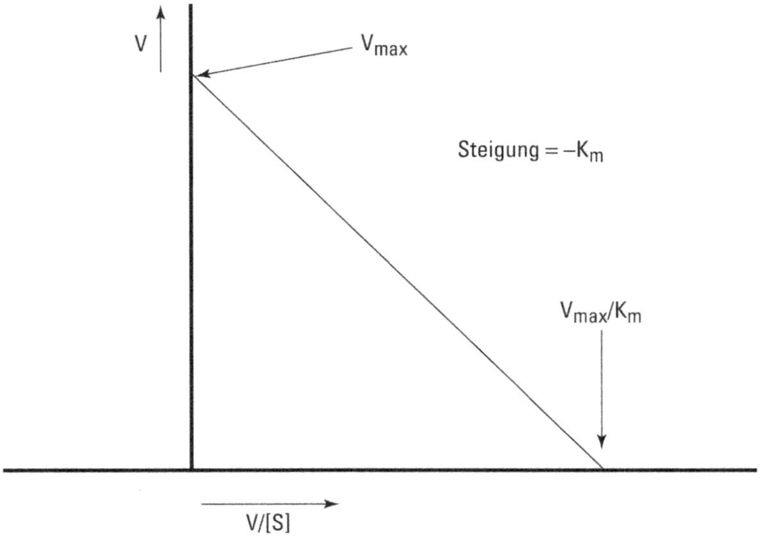

Abbildung 6.12: Eadie-Hofstee-Diagramm

Enzymhemmung: Der Bolzen im Getriebe

Inhibitoren (»Hemmstoffe«) sind Substanzen, die die Aktivität eines Enzyms vermindern. Sie werden in zwei wichtige Klassen unterteilt: die *kompetitiven Inhibitoren*, die mit dem Substrat im aktiven Zentrum des Enzyms konkurrieren, und die *nichtkompetitiven Inhibitoren*, die an anderer Stelle binden (sie jetzt mit »Winner« und »Loser« zu bezeichnen, würde der Sachlage nicht gerecht!). Bei der gemischten Hemmung spielen beide Arten der Inhibierung eine Rolle. Im Allgemeinen sind diese Vorgänge reversibel, also umkehrbar. Es gibt jedoch auch irreversible Inhibitoren, die ein Enzym permanent inaktivieren oder praktisch unlösbar an dieses binden können. Die Enzymhemmung ist ein im Stoffwechsel extrem wichtiger Vorgang, um die Enzymaktivität zu regulieren. Das lässt sich auch therapeutisch effektiv einsetzen – zum Beispiel in Form von antiepileptischen Medikamenten, die bestimmte Rezeptoren im Gehirn blockieren. Auch das allseits bekannte Viagra ist ein Inhibitor, der durch die Hemmung der Phosphodiesterase-5 zur Erweiterung der Blutgefäße beiträgt. Zahlreiche Gifte sind (leider oft irreversible) Hemmstoffe von Enzymen.

Kompetitive Hemmung

Ein kompetitiver Inhibitor bindet an das aktive Zentrum eines Enzyms und verhindert damit die Bindung des Substratmoleküls an dieser Stelle. Als Folge werden weniger Enzym-Substrat-Komplexe gebildet und auch die Katalysegeschwindigkeit wird herabgesetzt. Eine Erhöhung der Substratkonzentration kann diese Hemmung überwinden, da damit die Wahrscheinlichkeit erhöht wird, dass ein Substrat- und kein Inhibitormolekül bindet.

Nichtkompetitive Hemmung

Nichtkompetitive Inhibitoren docken nicht an das aktive Zentrum des Enzyms, sondern binden an einem anderen Bereich des Enzyms. Diese Art der Hemmung ahmt also nicht das Substrat nach, sondern senkt stattdessen die Aktivität (k_{cat}) des Enzyms. Anders als bei der kompetitiven Hemmung kann hier die Hemmung nicht durch einen Substratüberschuss kompensiert werden. Oft ändert sich bei dieser Art der Hemmung die gesamte Konformation des Enzyms, das dadurch inaktiviert wird.

Wie sich Inhibition grafisch zeigen lässt

Lineweaver-Burk-Diagramme lassen sich auch gut verwenden, um den Effekt eines Inhibitors darzustellen. Abbildung 6.13 und Abbildung 6.14 veranschaulichen, wie sich der Graph in Gegenwart eines kompetitiven oder eines nichtkompetitiven Inhibitors verändert und so Rückschlüsse auf die Art der Inhibition erlaubt. Bei der nichtkompetitiven Enzymhemmung bleibt K_m unverändert; bei einer kompetitiven Hemmung hingegen ändert sich der Wert von $1/V_{max}$ nicht.

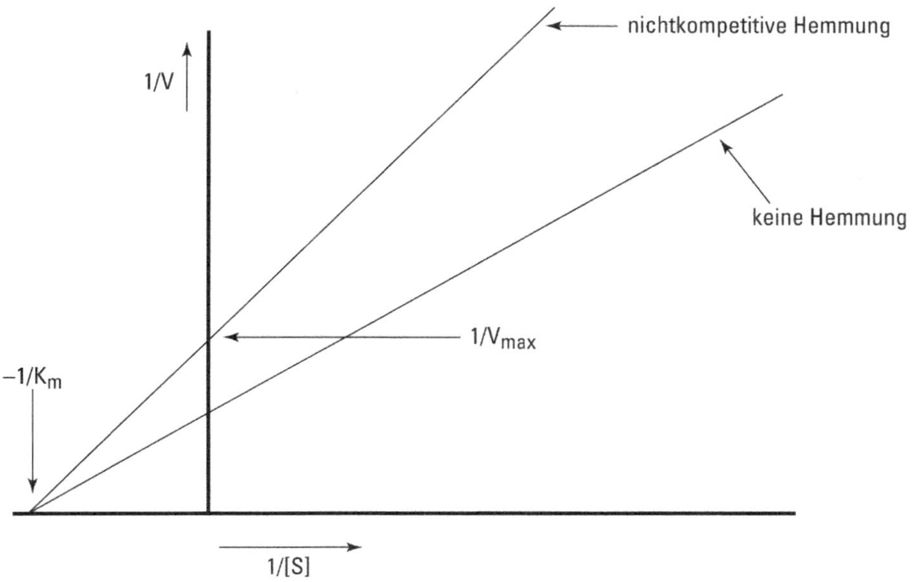

Abbildung 6.13: Ein Lineweaver-Burk-Diagramm für eine nichtkompetitive Hemmung

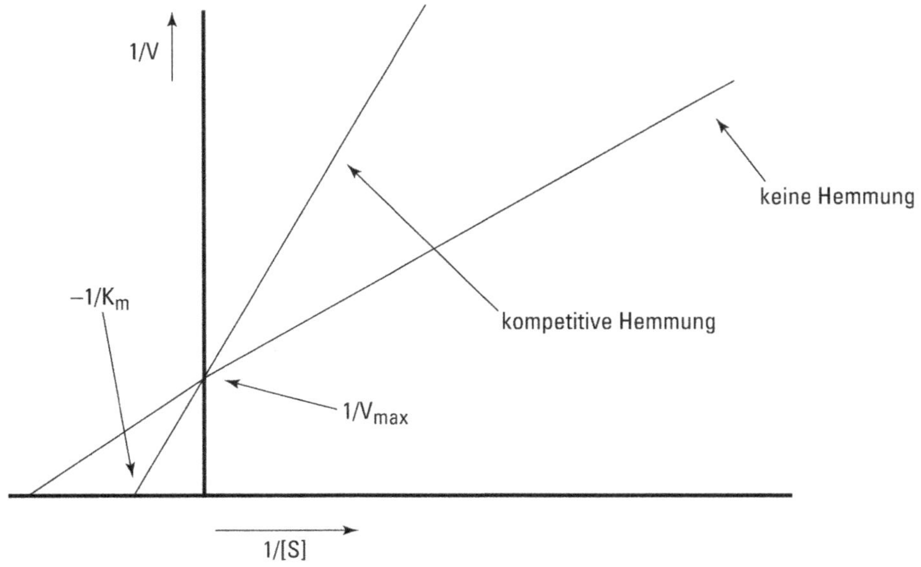

Abbildung 6.14: Ein Lineweaver-Burk-Diagramm für eine kompetitive Hemmung

Enzymregulierung

Ein Anstieg der Substratkonzentration führt normalerweise bei nicht regulierten Enzymen zu einer Zunahme der Reaktionsgeschwindigkeit. Die Zunahme der Produktkonzentration hat hingegen meistens den umgekehrten Effekt – die Produktregulation ist eine

Rückkopplungsregulation (Feedback), bei der das Produkt negativ auf seine eigene Synthese wirkt. Doch Enzyme können noch ganz anders in ihrer Aktivität beeinflusst werden, und zwar durch:

- ✔ allosterische Kontrolle
- ✔ verschiedene Enzymformen
- ✔ kovalente Modifikation
- ✔ proteolytische Aktivierung

Allosterische Kontrolle

Ein allosterisch reguliertes Enzym besitzt ein regulatorisches Zentrum. Wenn ein kleines Molekül, Regulator genannt, an dieser Stelle bindet, bewirkt es eine Änderung der Konformation des Enzyms und wandelt es dadurch in die aktive Form um.

Verschiedene Enzymformen

Einige Enzyme treten in mehreren Formen auf, die *Isoenzyme* oder auch *Isozyme* genannt werden. Diese verschiedenen Formen eines Enzyms unterscheiden sich oft nur geringfügig in ihrer Struktur, besitzen aber unterschiedliche K_m- und V_{max}-Werte. Isoenzyme katalysieren zwar die gleiche Reaktion, können aber aufgrund ihrer unterschiedlichen Aktivität oft einen größeren Bereich an Umgebungsbedingungen optimal abdecken.

Kovalente Modifikation

Bei dieser Art der Regulation verändert das Anfügen einer chemischen Gruppe, oft einer Phosphatgruppe, die Aktivität des Enzyms reversibel, das heißt, der aktivierende Phosphatrest kann auch wieder abgespalten und das Enzym damit inaktiviert werden. Proteinkinasen katalysieren die Phosphorylierung, während die Inaktivierung durch andere Enzyme katalysiert wird.

Proteolytische Aktivierung

Bei dieser Art der Enzymregulation wird die inaktive Form eines Enzyms – ein Proenzym oder ein Zymogen – irreversibel in die aktive Form umgewandelt. Dies geschieht meist durch die Hydrolyse einer oder mehrerer Peptidbindungen.

Wo das große Geld steckt: Enzyme in der Industrie

Die industrielle Verwendung von Enzymen begann mit Untersuchungen in der Lebensmittel-, Wein- und Bierindustrie, wozu insbesondere Louis Pasteur Mitte des 19. Jahrhunderts mit seinen Veröffentlichungen zu verschiedenen Formen der Gärung einen maßgeblichen Beitrag leistete.

Viele industriell genutzte Enzyme werden auf einer Trägersubstanz immobilisiert, indem die Enzyme zum Beispiel kovalent an eine unlösliche Matrix wie Zellulose oder Glasperlen fixiert werden. Die Immobilisierung stabilisiert das Enzym und erlaubt zudem eine längere Nutzungsdauer, da die Enzyme nicht mehr zwangsläufig mit entfernt werden, wenn die produkthaltige Lösung gewonnen wird. Einige kommerziell eingesetzte Enzyme sind:

Oxidoreduktasen

✔ Glukose-Oxidase: entfernt Glukose aus Vollei

✔ Katalasen: Entfernung von Wasserstoffperoxid (H_2O_2), das bei der »kalten Pasteurisierung« von Milch verwendet wird

✔ Lipoxygenase: Brotaufheller

Hydrolasen

✔ Amylase: verdauungsfördernder Zusatz für vorgegarte Nahrungsmittel; wandelt Stärke in Dextrose um

✔ Invertase: Herstellung von Invertzucker; stabilisiert Zucker in weichkernigen Bonbons

✔ Laktase: verleiht Eiscreme feinere Beschaffenheit und erhöht süßen Geschmack; Einsatz in Milchprodukten für Menschen mit Laktoseintoleranz

✔ Pektinase: Klärung von Wein und Fruchtsaft

✔ Zellulase und Hemizellulase: Umwandlung von Sägemehl in Zucker; Herstellung flüssiger Kaffeekonzentrate

✔ Lipasen: Herstellung von Seifen; Waschmittelzusatz zum Entfernen von Fettflecken; produziert Aroma in Rohmilchkäse

✔ Alkalase: Waschmittelzusatz zum Entfernen von Proteinflecken

✔ Bromelain: Zartmacher für Fleisch, Klärung von Fruchtsaft; Lederaufbereitung

✔ Chymosin: Nutzung bei der Käseherstellung

✔ Ficin, Streptodornase und Trypsin: Helfer bei der enzymatischen Wundausschneidung (Auflösung nekrotischen Gewebes)

✔ Papain: Zartmacher für Fleisch und Bierstabilisator

✔ Pepsin: verdauungsfördernder Zusatz für vorgegarte Nahrungsmittel

Teil III
Kohlenhydrate, Lipide, Nukleinsäuren und mehr

IN DIESEM TEIL …

Wir streifen viele biochemische Stoffe. Wir beginnen mit Kohlenhydraten und wenden uns dann den etwas weniger appetitlich klingenden Substanzen zu: den Lipiden und Steroiden. Danach folgen Nukleinsäuren und die fantastische Enzyklopädie über Sie selbst, die in jeder Zelle Ihres Körpers im Regal steht: der genetische Code des Lebens, mit RNA und DNA in einer Gastrolle. Abschließend werden wir uns ein wenig über Vitamine und Hormone auslassen.

IN DIESEM KAPITEL

Wissenswertes zu Kohlenhydraten

Das Leben versüßen: Monosaccharide

Die sehr komplexe Zuckerchemie

Ein kurzer Blick auf Aldosezucker

Kapitel 7
Wecken Gelüste: Kohlenhydrate

Geben Sie es ruhig zu: Sie lieben Kohlenhydrate. Egal ob Einfachzucker oder komplexe Kohlenhydrate, ein Tag ohne Müsli, Mehlprodukte wie Brot oder Kuchen, Nudeln, Reis, reifes Obst, gesüßte Getränke – die Liste wäre schier endlos! – ist bestenfalls im Rahmen einer Diät etwas, dem wir Menschen uns freiwillig unterziehen möchten. Mengenmäßig gehören Kohlenhydrate, die einen großen Teil unserer Nahrung ausmachen, zu den häufigsten biochemischen Substanzen überhaupt.

Kohlenhydrate sind ein Produkt der bakteriellen oder pflanzlichen Photosynthese, bei der Kohlenstoffdioxid aus der Luft mithilfe von Sonnenenergie in organische Kohlenstoffverbindungen umgewandelt und Sauerstoff als Nebenprodukt freigesetzt wird. Aus dieser Umwandlung von Sonnenenergie in chemische Energie entstehen Kohlenhydrate, die zentrale Energiequelle, auf der fast alle Stoffwechselprozesse beruhen (nebenbei bemerkt ist auch der Sauerstoff für das Leben auf der Erde nicht ganz unwichtig …). Kohlenhydrate sind jedoch nicht nur für die Energieversorgung unabdingbar, sondern stellen auch das Rohmaterial für die Synthese biochemischer Substanzen im Organismus dar.

Der Begriff *Kohlenhydrat* leitet sich von der ursprünglichen Bezeichnung »Hydrate des Kohlenstoffs« ab, da die Summenformel dieser Stoffe allgemein $C_nH_{2n}O_n$ oder $C_n(H_2O)_n$ lautet. Jedoch gehören längst nicht alle Stoffe mit dieser allgemeinen Formel zu den Kohlenhydraten, ebenso wenig wie alle Kohlenhydrate dieser Formel entsprechen. Es ist daher besser (wenn auch weder praktisch, geschweige denn geläufiger) Kohlenhydrate als *Polyhydroxyaldehyde und Polyhydroxyketone und ihre Derivate* (also Abkömmling eines Ursprungsstoffs) zu definieren.

Natürliche Kohlenhydrate werden grob in drei Gruppen unterteilt: *Monosaccharide* oder Einfachzucker mit drei bis neun C-Atomen, *Polysaccharide* oder Mehrfachzucker als Polymere von Einfachzuckern, und die dazwischen liegenden *Oligosaccharide*, die eine Art Unterkategorie der Polysaccharide darstellen und aus zwei bis zehn Monosacchariden bestehen. Die für uns Menschen biologisch wie ökonomisch wichtigsten Oligosaccharide sind die *Disaccharide*.

Eigenschaften von Kohlenhydraten

In diesem Abschnitt sehen wir uns die physikalischen und chemischen Eigenschaften von Kohlenhydraten etwas genauer an.

Kohlenhydrate sind oft bereits anhand der Namensendung *-ose* erkennbar, denken Sie nur einmal an die allseits bekannte Glukose oder Fruktose. Als *Aldose* wird ein Monosaccharid bezeichnet, bei dem die Carbonylgruppe ein Aldehyd ist, wohingegen die Carbonylgruppe von *Ketosen* ein Keton darstellt. Chemiker verwenden auch gern Namen, die sich auf die Anzahl der Kohlenstoffatome beziehen. *Pentosen* mit fünf C-Atomen und *Hexosen* mit sechs C-Atomen sind an zahlreichen wichtigen biochemischen Reaktionen beteiligt. Andere häufige Zucker in der Natur sind Triosen (drei C-Atome), Tetraosen (vier C-Atome) und so weiter. Diese allgemeinen Namen lassen sich zu komplexeren chemischen Bezeichnungen wie *Aldohexose* oder *Ketopentose* kombinieren.

Die chirale Natur der Kohlenstoffe

Chirale Kohlenstoffe sind mit vier verschiedenen Gruppen, Atomen oder Atomgruppen verbunden. Die meisten Kohlenhydrate bestehen aus vielen C-Atomen mit mindestens einem oder mehreren chiralen Kohlenstoffen und sind daher *optisch aktive Substanzen*, die die Ebene von polarisiertem Licht in verschiedene Richtungen drehen und in biologischen Systemen oft eine unterschiedliche Aktivität haben. Fischer-Projektionen sind eine hilfreiche Art der Darstellung, um die Asymmetrie dieser chiralen Kohlenstoffatome wie in Abbildung 7.1 zu veranschaulichen. Dabei zeigen die senkrechten Bindungslinien nach hinten und die waagerechten Bindungen nach vorn. Es gibt zwei verschiedene Möglichkeiten der Gruppenanordnung um ein Chiralitätszentrum, die als *Enantiomere* bezeichnet werden und nicht deckungsgleiche Spiegelbilder (wie ein rechter und ein linker Handschuh) repräsentieren. Die beiden Enantiomere bilden ein D,L-Paar, wobei die D-Form des Enantiomers polarisiertes Licht nach rechts und die L-Form polarisiertes Licht nach links dreht.

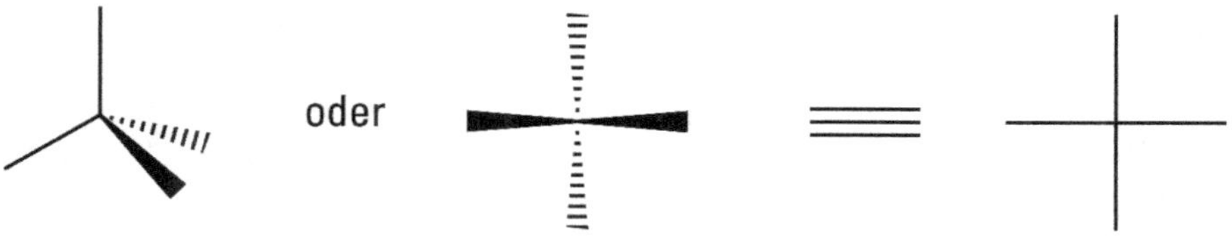

Abbildung 7.1: Das Verhältnis zwischen dreidimensionaler Struktur und Fischer-Projektion

Fischer-Projektionen sind nicht nur nützlich, um chirale Bindungen anschaulich darzustellen, sondern auch, um die Enantiomere eines Stoffes identifizieren zu können. Um zu entscheiden, ob zwei Projektionen Enantiomere oder lediglich zwei Darstellungen desselben Moleküls sind, vergleichen Sie einfach die beiden Zeichnungen. Dazu drehen Sie eine der Projektionen auf den Kopf (also einfach das Blatt um 180 Grad drehen). Wenn die beiden Moleküle nach dieser Drehung immer noch identisch sind, handelt es sich um ein und dasselbe Molekül. Sehen sie nun aber nicht mehr gleich aus, haben Sie ein Enantiomerenpaar gefunden.

Ein Erklärvideo zur Chiralität finden Sie unter `http://wiley-vch.de/ISBN9783527723775`.

Es gibt mehrere Chiralitätszentren

Da viele Kohlenhydrate mehr als ein Chiralitätszentrum besitzen (da sie mehr als ein chirales Kohlenstoffatom enthalten), gibt es auch mehr als zwei Stereoisomere. Die Anzahl der Stereoisomere beträgt 2^n, wobei n gleich der Menge der chiralen C-Atome ist. Wenn ein Molekül zum Beispiel zwei chirale C-Atome hat, resultieren daraus insgesamt vier Stereoisomere oder zwei Enantiomerenpaare. Stellt man jeweils ein Mitglied der beiden Enantiomerenpaare einander gegenüber, erhält man zwei *Diastereomere.*

Die Struktur von D-Glukose, einem typischen Monosaccharid, ist in einer Fischer-Projektion in Abbildung 7.2 zu sehen. In dieser Abbildung sind alle Kohlenstoffatome bis auf das obere und unterste chiral – eine verbreitete Art, Monosaccharide darzustellen. Die Kohlenstoffatome erscheinen als senkrechte Kette, wobei die Carbonylgruppe so weit oben wie möglich liegt (bei Aldosen, wie in unserem Falle der Glukose, liegt sie ganz oben). Die Kohlenstoffatome werden von oben nach unten durchnummeriert, daher wird der oberste Kohlenstoff C1 genannt. Das höchstnummerierte chirale Kohlenstoffatom ist in diesem Fall Nummer fünf. Zeigt in diesem Zusammenhang die OH-Gruppe dieses Kohlenstoffatoms nach rechts, handelt es sich um die D-Form des Monosaccharids; weist sie hingegen nach links, ist es die L-Form.

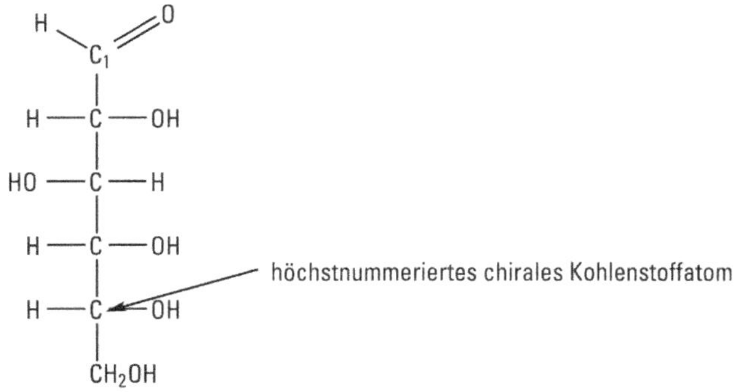

Abbildung 7.2: Struktur von D-Glukose

Jede Abweichung der relativen Position einer Gruppe, die an einem der chiralen Kohlenstoffatome gebunden ist, resultiert entweder in einem Enantiomer oder in einem Diastereomer (sofern wir annehmen, dass das Ergebnis nicht nur einfach auf einer anderen Art beruht, das Molekül zu zeichnen). Im Falle der

Aldohexosen wie zum Beispiel Glukose mit vier Chiralitätszentren existieren insgesamt 16 Strukturvarianten. Eine davon ist D-Glukose, eine weitere Variante das Enantiomer L-Glukose. Die verbleibenden 14 Strukturen sind Diastereomere aus sieben Enantiomerenpaaren. Jedes dieser Enantiomerenpaare ist ein anderes Monosaccharid – im Falle der Aldohexosen sind das neben Glukose die sieben Enantiomerenpaare Allose, Altrose, Mannose, Gulose, Idose, Galaktose und Talose (siehe Abbildung 7.3). Die verschiedenen D-Ketohexosen sind in Abbildung 7.4 dargestellt.

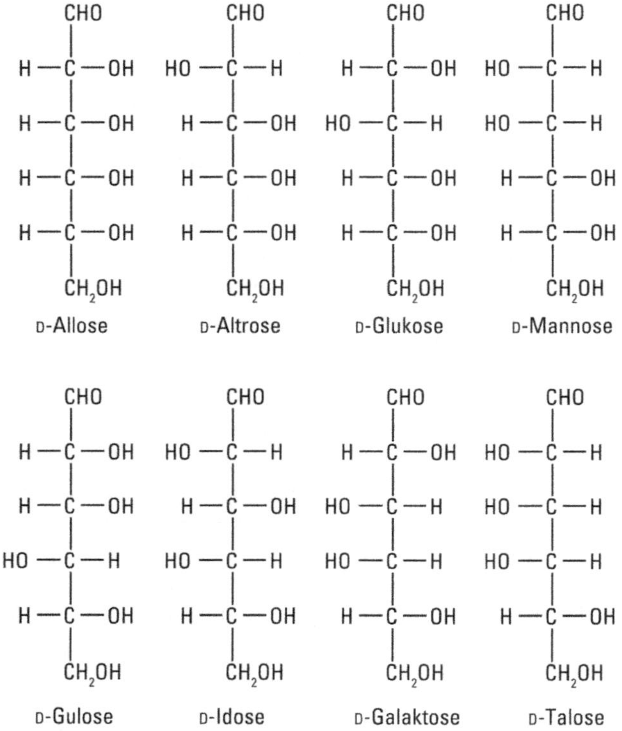

Abbildung 7.3: Strukturvarianten der D-Aldohexosen

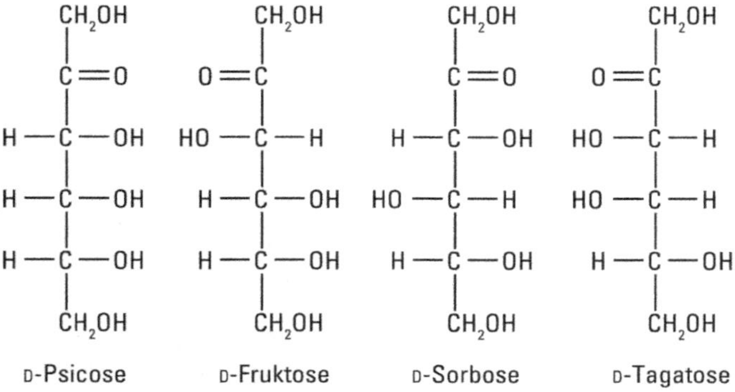

Abbildung 7.4: Strukturvarianten der D-Ketohexosen

Ein zuckersüßes Thema: Die Monosaccharide

Monosaccharide, auch Einfachzucker genannt, nehmen nicht nur aus geschmacklichen Gründen eine gewisse Sonderstellung unter den biochemisch relevanten Substanzen ein (die meisten Monosaccharide schmecken süß). Glukose zum Beispiel, eines der häufigsten Monosaccharide, ist der primäre Energiespeicher des Körpers, und jeder von Ihnen wird den positiven Effekt kennen, den eine Packung Traubenzucker nach einer längeren körperlichen Anstrengung bewirken kann. Aufgrund der relativ hohen Anzahl von Hydroxygruppen und der polaren Carbonylgruppe sind viele dieser Stoffe wasserlöslich. Die meisten Monosaccharide sind optisch aktive Substanzen.

Die stabilsten Formen der Monosaccharide: Pyranosen und Furanosen

Das wichtigste Monosaccharid ist die D-Glukose (eine Form der D-Glukose ist weiter vorn in Abbildung 7.2 dargestellt). Diese Form steht im Gleichgewicht mit zwei leicht anders strukturierten Ringformen. Die Ringform entsteht durch eine interne Zyklisierungsreaktion, wobei sich zwei Gruppen desselben Moleküls miteinander verbinden. (Der Ring wird als planare, sprich ebene Figur dargestellt, obgleich die Molekülstruktur nicht wirklich planar ist.) Bei dieser Zyklisierung wird eine Bindung zwischen der Carbonylgruppe und dem höchstnummerierten chiralen Kohlenstoffatom eingegangen, wobei eine der folgenden Strukturen entsteht: ein Hemiacetal, ein Acetal, ein Hemiketal oder ein Ketal. Im Falle von D-Glukose bildet sich ein Pyranosering. Die Haworth-Schreibweise ist deutlich praktischer als die Fischer-Projektion, wenn die Ringform eines Monosaccharids dargestellt werden soll (siehe Abbildung 7.5).

Abbildung 7.5: Ein Pyranosering

Es gibt zwei mögliche Strukturen der Pyranose von D-Glukose (siehe Abbildung 7.6) und anderer Monosaccharide. Wenn Sie sich die Haworth-Projektion von D-Glukose einmal näher anschauen, werden Sie verstehen, warum:

- ✔ **Struktur 1:** Die Hydroxygruppe an einem Kohlenstoffatom zeigt nach oben rechts.
- ✔ **Struktur 2:** Die Hydroxygruppe des entsprechenden Kohlenstoffatoms zeigt nach unten links.

Wenn Sie die Carbonylgruppe einmal quasi »herumbiegen« und sie dann eine Bindungsreaktion mit dem höchstnummerierten Kohlenstoffatom eingehen lassen, stehen Sie vor zwei Möglichkeiten: links oder rechts. Dadurch entstehen zwei verschiedene Formen, die als *Anomere* bekannt sind. Anomere werden mit alpha (α) oder beta (β) gekennzeichnet.

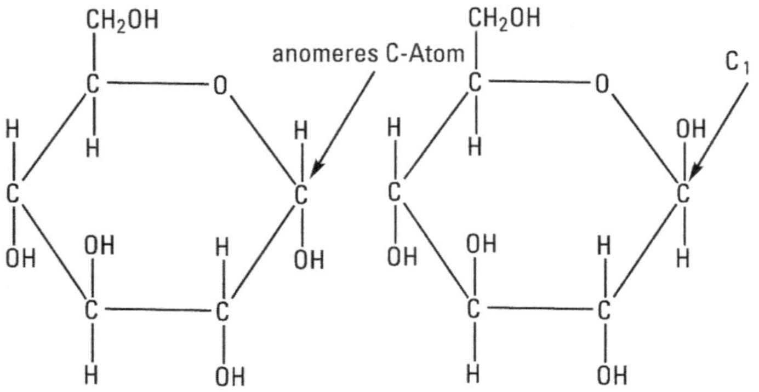

α-D-Glukose β-D-Glukose

Abbildung 7.6: Die Haworth-Projektionen für die Pyranose-Strukturen von D-Glukose

Das Kohlenstoffatom der Carbonylgruppe – in unserem Falle C1 – heißt anomeres C-Atom und sollte auf der rechten Seite bei einer Haworth-Projektion stehen. Die relativen Positionen des H-Atoms und der OH-Gruppe an diesem anomeren Kohlenstoffatom entscheiden darüber, ob es eine α- oder eine β-Konformation annimmt. Die Hydroxygruppe weist bei einer α-Form nach unten und bei einer β-Form nach oben.

In Lösung stehen beide Anomere im Gleichgewicht mit der offenkettigen Form, die durch die Fischer-Projektion beschrieben ist. Es findet also eine ständige Umwandlung zwischen α- und β-Formen statt, die als *Mutarotation* bezeichnet wird. Nicht alle Formen sind gleich vertreten, bei der D-Glukose liegt das Gleichgewicht bei etwa 36 Prozent zu 64 Prozent (α:β), und lediglich 0,02 Prozent der Moleküle sind offenkettig.

Hexosen können auch einen Ring mit fünf C-Atomen, also einen Furanosering, bilden, wie in Abbildung 7.7 dargestellt. Die Ribose (zwei Strukturformen der D-Ribose sind in Abbildung 7.9 dargestellt) ist ein Beispiel für ein Monosaccharid, das einen Furanosering bildet.

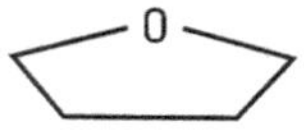

Abbildung 7.7: Ein Furanosering

Pyranosen und Furanosen sind die thermodynamisch stabileren Formen der Monosaccharide, im Gegensatz zur offenkettigen Form, die fast immer weniger als zehn Prozent ausmacht. Die Fruktose ist eine Ketose, die einen Furanosering bilden kann. Die Strukturen der D-Fruktose sind in Abbildung 7.8 zu sehen.

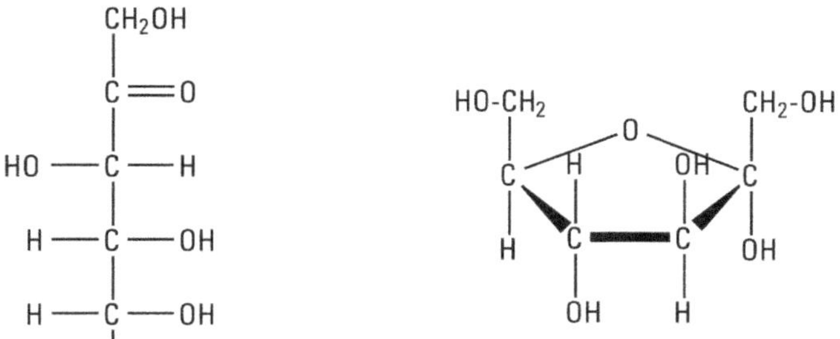

D-Fruktose α-D-Fruktose

Abbildung 7.8: Zwei Formen der D-Fruktose

Chemische Eigenschaften von Monosacchariden

Viele Aldosen sind aufgrund ihrer Aldehydgruppe reduzierende Zucker, was bedeutet, dass sie in bestimmten Redoxreaktionen als Reduktionsmittel fungieren können. Etliche Verfahren zum Nachweis reduzierender Zucker beruhen auf der *Fehling-Reagenz* oder dem *Benedict-Reagenz* (siehe Kapitel 3). Mit diesen Tests lässt sich beispielsweise Glukose im Urin von Diabetikern nachweisen.

Bei der Reaktion eines Monosaccharids mit Methanol (CH_3OH) in Gegenwart von Salzsäure (HCl) wird das Wasserstoffatom der Hydroxygruppe am C1-Atom durch eine Methylgruppe ersetzt, wobei eine sogenannte *glykosidische Bindung* entsteht. (Stickstoff kann ebenfalls Teil einer solchen glykosidischen Bindung sein.) Sobald ein Glykosid gebildet wird, ist der Ring versiegelt, was bedeutet, dass er sich dann nicht mehr so einfach öffnen lässt; daher kann anschließend keine Mutarotation mehr stattfinden. Einem zuvor reduzierenden Zucker fehlt nun diese Eigenschaft.

Derivate der Monosaccharide

Durch die Änderung einer oder mehrerer funktioneller Gruppen kann eine Vielzahl von Derivaten der Monosaccharide gebildet werden. In diesem Abschnitt schauen wir uns einige dieser Derivate näher an, deren Ausgangsmonosaccharid die D-Ribose ist. Zwei Strukturformen der D-Ribose sind in Abbildung 7.9 dargestellt.

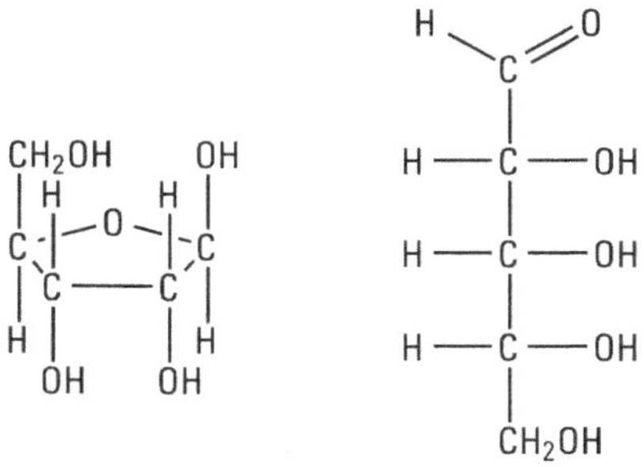

Abbildung 7.9: Zwei Strukturen der D-Ribose

Bei der Reduktion der Carbonylgruppe zu Alkohol entsteht ein reduzierter Zucker. Die Reduktion der D-Ribose führt zu D-Ribitol (siehe Abbildung 7.10).

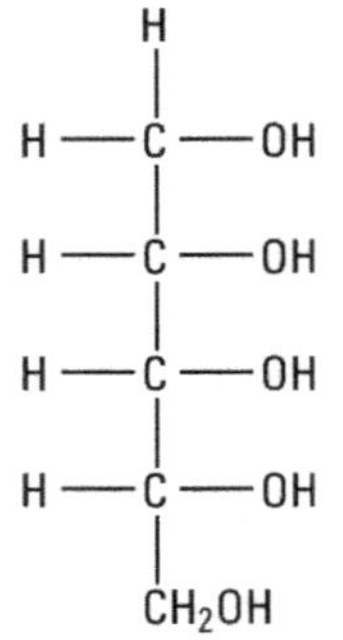

Abbildung 7.10: D-Ribitol

Monosaccharide können auch zu Carbonsäuren oxidiert werden. Es gibt zwei wichtige Oxidationsreaktionen: die Oxidation eines Aldehyds (Aldose) zu Aldonsäure und die Oxidation des Alkohols am höchstnummerierten Kohlenstoffatom zu einer Uronsäure. Im Falle der D-Ribose kann so D-Ribonsäure (siehe Abbildung 7.11) oder D-Riburonsäure (siehe Abbildung 7.12) entstehen. Monosaccharide können wie alle Alkohole mit Säuren zu Estern reagieren. Die Kombination mit Phosphorsäure (Phosphatzuckerverbindung) ist eine biologisch bedeutsame Reaktion. Jede Alkoholgruppe kann dabei reagieren. Abbildung 7.13 zeigt ein Beispiel: D-Ribose-1-phosphat. (Die »1« bezieht sich dabei auf den Angriffspunkt der Phosphatgruppe am C1-Atom.)

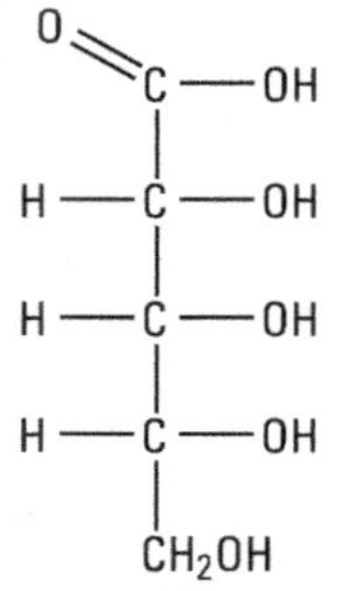

Abbildung 7.11: D-Ribonsäure, eine Aldonsäure

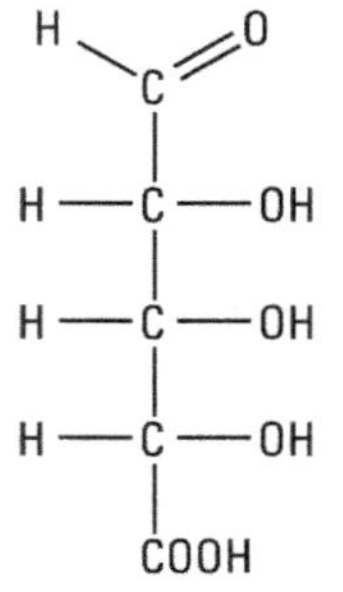

Abbildung 7.12: D-Riburonsäure, eine Uronsäure

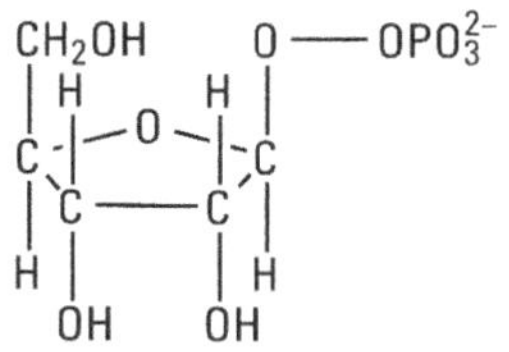

Abbildung 7.13: D-Ribose-1-phosphat

Die häufigsten Monosaccharide

Glukose oder Blutzucker ist auch bekannt als Dextrose. Das anomere Kohlenstoffatom ist Teil eines Hemiacetals und der Name der Pyranosestruktur lautet *Glukopyranose.*

Blut wird häufig auf den Blutzuckerspiegel hin getestet, der vom Bauchspeicheldrüsenhormon Insulin kontrolliert wird. Bei einem gesunden Menschen steigt der Glukosespiegel des Blutes nach einer Mahlzeit leicht an. Die Bauchspeicheldrüse (Pankreas) sondert daraufhin Insulin ab, um zu verhindern, dass der Zuckerspiegel zu stark ansteigt. Eine gesunde Person hat bei nüchternem Magen einen Glukosespiegel von 70 bis 99 mg pro Deziliter Blut und etwa zwei Stunden nach dem Essen 70 bis 145 mg/dl. Die Deutsche Diabetes Gesellschaft betrachtet einen Glukosespiegel ab 126 mg/dl (nüchtern) oder 200 mg/dl (zwei Stunden, nachdem man gegessen hat) als Hinweis auf Diabetes – also der Unfähigkeit der Bauchspeicheldrüse, genügend Insulin zu produzieren (Diabetes Typ 1), oder der zu geringen Aufnahme von Glukose in die Zellen trotz Insulin im Blut (Diabetes Typ 2).

Die einfachste Aldose ist das Glyzerinaldehyd, die einfachste Ketose das Dihydroxyaceton. Abbildung 7.14 zeigt die Strukturen der beiden Stoffe.

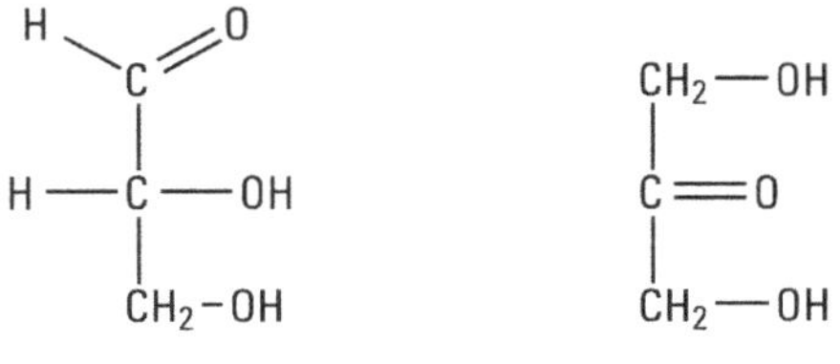

Glyzerinaldehyd Dihydroxyaceton

Abbildung 7.14: Glyzerinaldehyd und Dihydroxyaceton

Am Anfang allen Lebens: Ribose und Desoxyribose

Die Monosaccharide D-Ribose und D-Desoxyribose sind Bestandteile der Nukleinsäuren und stehen damit ganz am Anfang der Entstehung des Lebens (das erste selbstreplizierende Molekül war vermutlich eine RNA). Beide Zucker sind in Nukleinsäuren als Furanoseringe in Form von β-Anomeren vorhanden. Der Unterschied zwischen diesen beiden Monosacchariden besteht in einem Sauerstoffatom, das der Desoxyribose im Vergleich zur Ribose fehlt. Dieser »fehlende« Sauerstoff befindet sich am C2-Atom. Die Strukturen beider Zucker sind in Abbildung 7.15 dargestellt.

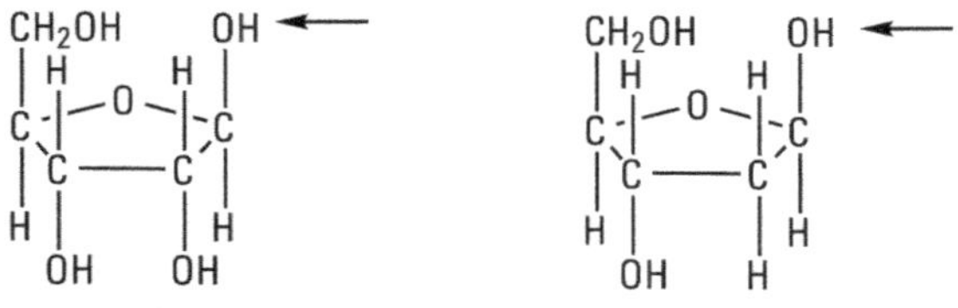

Abbildung 7.15: Die Pfeile weisen auf jene Alkoholgruppen hin, deren Lage bestimmt, dass die Moleküle in diesem Fall β-Anomere sind.

Wenn sich Zucker die Hände reichen: Oligosaccharide

Die Verbindung von zwei oder mehr Einfachzuckermolekülen lässt entweder ein *Oligosaccharid* mit zwei bis zehn Zuckereinheiten oder ein *Polysaccharid* mit mehr als zehn Einheiten entstehen, in denen die Monosaccharide über glykosidische Bindungen verknüpft sind. Die einfachsten und zudem häufigsten Oligosaccharide sind die Disaccharide, eine Verbindung aus zwei Zuckermolekülen.

Eins und eins macht zwei: Disaccharide

Ein *Disaccharid* (oder Zweifachzucker) ist ein Oligosaccharid, das aus zwei (griechisch *di*) Einfachzuckereinheiten besteht. Das bekannteste Disaccharid (und sicherlich das beliebteste) ist wahrscheinlich die Saccharose, die Ihnen auch als gewöhnlicher Haushaltszucker oder Rohrzucker ganz sicher ein Begriff sein dürfte. Jedes Molekül dieses Zweifachzuckers ist ein Zusammenschluss eines Glukose- mit einem Fruktosemolekül. Es gibt eine Reihe weiterer wichtiger Disaccharide – darunter Maltose (Malzzucker) und Laktose (Milchzucker). Während Malzzucker aus zwei Molekülen Glukose besteht, ist Milchzucker aus einem Molekül Glukose und einem Molekül Galaktose zusammengesetzt. Der Einfachheit halber werden wir in Zukunft Maltose nutzen, um am Beispiel eines Moleküls, das aus zwei Einheiten besteht, die Merkmale und Eigenschaften von Disacchariden zu erläutern, und nur je nach Bedarf andere Oligo- und Polysaccharide hinzuziehen. Die Maltosestruktur sehen Sie in Abbildung 7.16.

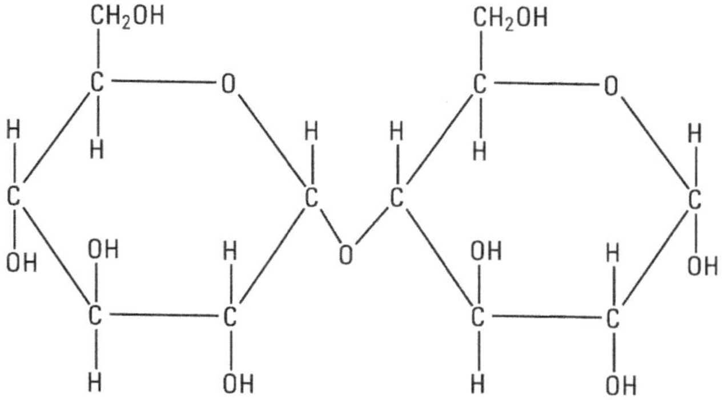

Abbildung 7.16: Die Struktur von Maltose mit einer α-(1,4)-glykosidischen Bindung

Das Sauerstoffatom, das die beiden Glukoseringe der Maltose in Abbildung 7.16 miteinander verknüpft, stellt eine glykosidische Bindung dar – genauer eine α-(1,4)-glykosidische Bindung. Das α bezieht sich hier auf die anomere Konformation des linken Rings. Wäre stattdessen eine β-(1,4)-Bindung vorhanden, würde die Zellobiose der Pflanzen entstehen (Abbildung 7.17). Die Bezeichnung (1,4) verdeutlicht, dass das C1-Atom des linken Rings eine Bindung mit dem C4-Atom des rechten Rings eingeht. Diese Bindung wird durch die Abspaltung eines Wassermoleküls begleitet, wodurch die linke Ringbindung versiegelt wird und keine Mutarotation mehr erlaubt. Der linke Ring ist dann auch kein reduzierender Zucker mehr. Mutarotation kann aber noch am rechten Ring stattfinden.

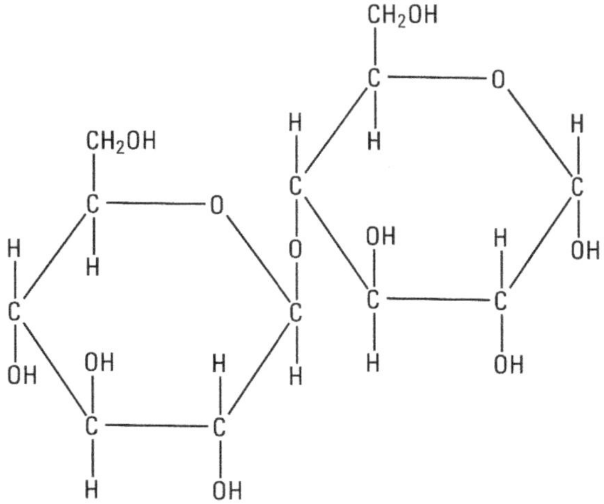

Abbildung 7.17: Zellobiose mit einer β-(1,4)-glykosidischen Bindung

Saccharose oder Rohrzucker ist ebenso wie Maltose ein Disaccharid. Saccharose entsteht, wenn sich eine D-Glukose und eine D-Fruktose über eine α-(1,2)-glykosidische Bindung miteinander verknüpfen. Dabei werden beide Ringe gleichzeitig stereotechnisch versiegelt, wodurch gar keine Mutarotation mehr möglich ist. Die Bildung von Saccharose sehen Sie in Abbildung 7.18.

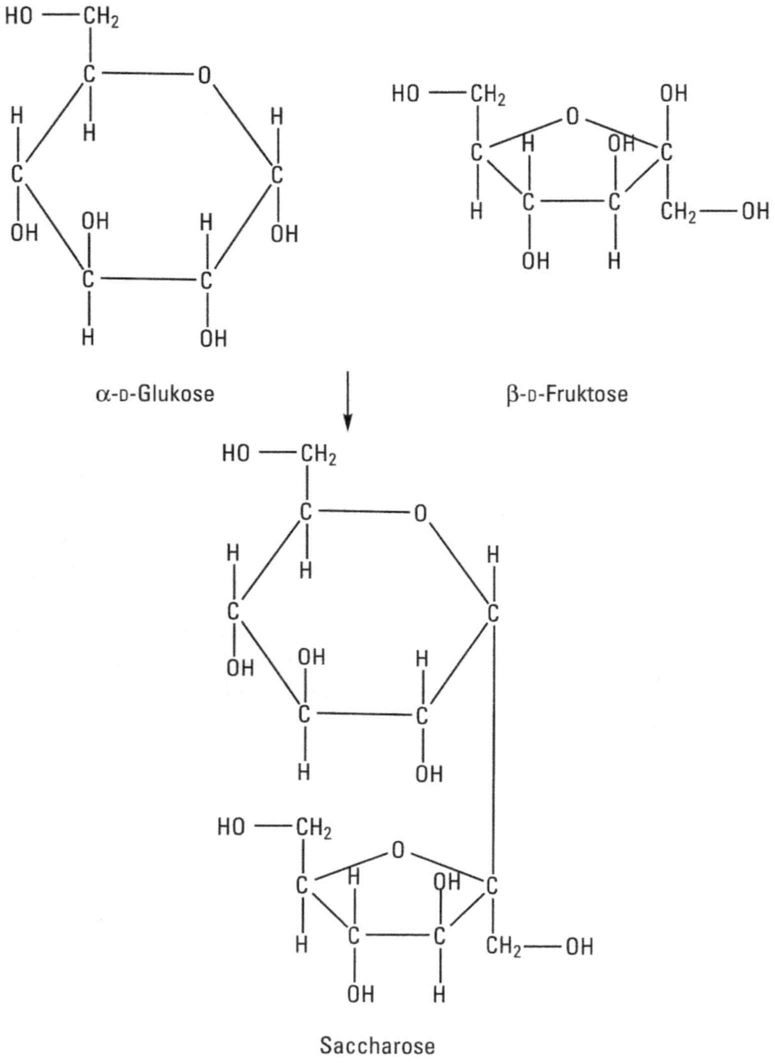

Abbildung 7.18: Struktur von Saccharose, die durch die Verbindung einer α-D-Glukose mit einer β-D-Fruktose gebildet wird

Wenn wir den Süßegrad von Saccharose gleich 100 setzen, entspricht der Süßegrad von Glukose einem Wert von 74 und der von Fruktose etwa 120. Fruktose, der Bestandteil einer jeden Obstfrucht, ist der süßeste Zucker überhaupt – das heißt, Sie brauchen deutlich weniger Fruktose zum Süßen einer Mahlzeit als bei Verwendung anderer Zucker. Weniger Zucker bedeutet auch weniger Kalorien. Es gibt aber auch natürlich vorkommende und süß schmeckende Proteine, von denen einige über 100-mal süßer sind als jeder Zucker.

In der EU sind etliche künstliche Süßstoffe als Nahrungsmittelzusatz zugelassen – zu den bekanntesten zählen *Saccharin* (etwa 500-mal süßer als Saccharose), *Aspartam* (etwa 200-mal süßer als Saccharose) und *Sukralose* (auch unter dem Handelsnamen Splenda bekannt und mehr als erstaunliche 600 Mal süßer als Saccharose). Sukralose (E 955) entsteht, wenn man drei der Hydroxygruppen von Saccharose durch Chloratome ersetzt.

Speicherformen in Pflanzen und Tieren: Polysaccharide

Zu den biologisch wichtigsten Polysacchariden (Mehrfachzuckern) zählen ohne Zweifel *Stärke* und *Zellulose*, beides Polymere der D-Glukose. Der Unterschied zwischen diesen beiden Polysacchariden liegt in der Art der Bindungen zwischen den einzelnen Glukoseeinheiten. Stärke ähnelt vom Aufbau her dem Disaccharid Maltose, während Zellulose strukturell mit der Zellobiose verwandt ist.

Jeder hat seine Stärken: Brot, Nudeln und Kartoffeln

Von allen Kohlenhydraten gehört die Stärke vermutlich auch zu Ihren Lieblingspolymeren. Kein Abendessen ohne Brot, Kartoffeln oder Nudeln! Die Sortenvielfalt dieser herrlich köstlichen Polysaccharide ist eng mit der Art der Bindung zwischen ihren Einheiten verknüpft. Stärke ist ein Polymer aus α-D-Glukosen. Es gibt drei allgemeine Speicherarten der D-Glukose: die Stärke bestehend aus Amylose und Amylopektin sowie Glykogen, der wichtigsten Speicherform tierischer Zellen. Bei der Amylose sind die Glukoseeinheiten über α-(1,4)-glukosidische Bindungen verknüpft. Amylopektin bildet ebenso wie die Amylose (beide sind Speicherformen der Pflanzen) auch α-(1,4)-Bindungen aus, hat aber zudem noch α-(1,6)-Verzweigungen. Glykogen wiederum unterscheidet sich von Amylopektin lediglich dadurch, dass es deutlich mehr Verzweigungen besitzt. Alle drei Formen sind als Glukosespeicher geeignet, und alle drei rufen eine intensiv dunkelviolette Färbung bei Zugabe von Jod in dem Stoff hervor, in dem sie enthalten sind – ein einfacher und zudem sehr nützlicher Test für den Nachweis von Stärke.

Da feiern die Termiten: Zellulose im Angebot

Haben Sie sich je gefragt, warum Sie eine Kartoffel essen können, sich aber an einem Baum die Zähne ausbeißen? Zellulose ist im Grunde genommen der Stärke sehr ähnlich und unterscheidet sich von dieser lediglich durch die Ausbildung von β-(1,4)-Bindungen zwischen den Glukoseeinheiten. Zellulose dient in der Natur zur Festigung von Strukturen, die Spaltung dieser Bindungen ist jedoch nur durch die Enzyme bestimmter Bakterien oder Pilze möglich. Aus diesem Grund sind auch nur diejenigen Tierarten in der Lage, Zellulose als Energiequelle zu verwerten, die entsprechende Bakterien in ihrem Verdauungstrakt beherbergen, zum Beispiel *Termiten* oder einige Schneckenarten wie die Weinbergschnecke. Aber was ist mit Pflanzenfressern wie den Kühen oder mit den Möhren oder Bohnen auf Ihrem Teller? Wiederkäuer wie Kühe besitzen Bakterien im Pansen, die Zellulose in handliche, verdaubare Einzelteile zerlegt. Bei Nichtwiederkäuern wie dem Menschen übernehmen Bakterien im

Darm diese Arbeit. Anders ausgedrückt: Bakterien zerlegen einen Teil der Ballaststoffe unserer Nahrung, was mitunter mit einer gewissen Gasproduktion eingeht (»Jedes Böhnchen ein Tönchen«). Zellulose ist einer der häufigsten Biostoffe der Erde.

Bindegewebe des Körpers: Glukosaminoglykane

Eine wichtige Verwendung der Polysaccharide im Körper ist das Bindegewebe, also jene Gewebe, die Ihre einzelnen Körperteile und Organe zusammenhalten. Diese Gewebsgruppe umfasst unter anderem auch Sehnen, Bänder und Kollagen. Glucosaminoglycane sind saure Polysaccharide und für die Struktur und Funktion von Bindegeweben wichtig. Diese Polysaccharidderivate setzen sich aus Disacchariden zusammen; ein Bestandteil der Disaccharide ist ein Aminozucker (bei dem eine Alkohol- durch eine Aminogruppe ersetzt ist). Einer oder beide Ringe der Disaccharideinheit tragen eine negativ geladene Gruppe (entweder Sulfat oder Acetat). Beispiele hierfür sind Hyaluronan, auch Hyaluronsäure genannt, und Heparin. Die sich wiederholt aneinanderlagernden Untereinheiten dieser beiden Stoffe sind in Abbildung 7.19 ausschnittweise dargestellt.

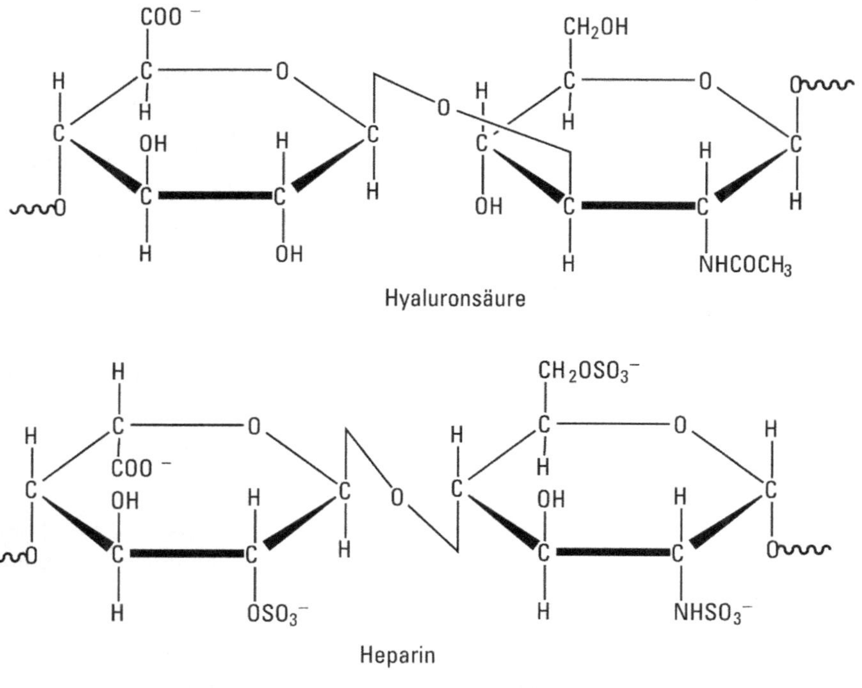

Abbildung 7.19: Sich wiederholt aneinanderlagernde Disaccharideinheiten von Hyaluronsäure und Heparin

Heparin wird eingesetzt, um Blutgerinnsel (sogenannte Thrombosen), die sich besonders in Lunge und Beinen bilden können, zu behandeln oder zu verhindern. Heparin findet daher häufig Anwendung nach einer Dialyse, bei Operationen oder bei Patienten, die für lange Zeit unfähig sind, sich zu bewegen. Es wirkt als ein Antikoagulans (Gerinnungshemmer), indem es an einen der bereits im Blut vorhandenen, gerinnungshemmenden Stoffe bindet und dessen Wirkkraft bis zu tausendfach verstärkt.

Glykoproteine

Die meisten Proteine im Blutserum sind Glykoproteine, also Proteine, die im Verbund mit Kohlenhydraten stehen. Die Kohlenhydratkomponente kann die hydrophile Natur und damit die Wasserlöslichkeit dieser Proteine verstärken. Im Allgemeinen findet die Verknüpfung über einen Asparagin-, Serin- oder Threoninrest statt. Einige lösliche Proteine und einige Membranproteine sind Glykoproteine. Sie werden den Glykoproteinen noch an verschiedenen Stellen in diesem Buch begegnen.

IN DIESEM KAPITEL

Kein Leben ohne Fette

Wie Triglyzeride aufgebaut sind

Wissenswertes über Membranen

Verstehen, wie Steroide und andere Lipide arbeiten

Kapitel 8
Lipide und Membranen

Lipide sind Fette – oh je, denn Fette haben wie Cholesterin einen gesellschaftlich wie ernährungstechnisch relativ schlechten Ruf, selbst wenn wir auf diese Verbindungen nie verzichten könnten. *Lipide* bilden eine äußerst vielfältige Gruppe biologisch wichtiger Substanzen, die sich vor allem im Hinblick auf ihre Löslichkeit unterscheiden. Lipide oder Fette sind praktisch wasserunlöslich, lassen sich dafür aber gut in unpolaren Lösungsmitteln oder Lösungsmitteln niederer Polarität lösen. Die Ursache für das unpolare Verhalten von Lipiden steckt in der Struktur dieser Moleküle, die über weitere Bereiche hinweg nur aus Kohlenstoff- und Wasserstoffatomen aufgebaut sind. Ein paar mehr Sauerstoff- oder Stickstoffatome im Molekül würden Lipide deutlich polarer und somit wasserlöslicher machen – doch so sind sie eben, die Fette. Übrigens sind Öle ebenfalls Fette, die aber aufgrund eines höheren Anteils an ungesättigten Fettsäuren bei Raumtemperatur noch flüssig sind. Der Unterschied ist zwar marginal, Sie sollten ihn aber dennoch kennen. Sofern Sie gern kochen, sind Fette und Öle schon etwas anderes!

Ohne Fett geht nichts: Ein Überblick

Lipide können sehr unterschiedlich aufgebaut sein und übernehmen viele wichtige biologische Funktionen, zum Beispiel als hochkonzentrierte Energiequelle, als Hauptbestandteil von Membranen oder als molekulare Signalüberträger im Körper. Abbildung 8.1 zeigt ein Diagramm, das die Beziehungen zwischen den unterschiedlichen Lipidkategorien verdeutlicht. Die Arachidonsäure taucht in dieser Abbildung beispielsweise zweimal auf, als Vorläufer für Leukotriene und Prostaglandine und als Mitglied der Gruppe der Fettsäuren. Arachidonsäure ist nur ein Beispiel für ein Lipid, das sehr unterschiedliche Aufgaben im Organismus übernimmt – mehr dazu im Abschnitt »Prostaglandine, Thromboxane und Leukotriene – die wilden Drei« weiter hinten in diesem Kapitel.

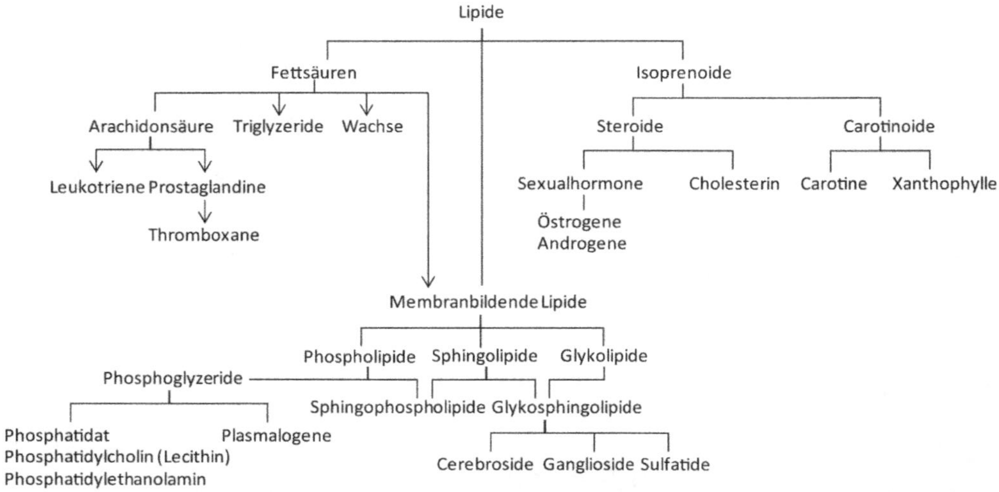

Abbildung 8.1: Die Beziehungen zwischen den einzelnen Lipidgruppen

Lipide sind Energiespeicher und Strukturbausteine (vor allem der Zellmembranen) und regulieren viele Körperfunktionen. Etliche Lipide arbeiten wie Seife und Waschmittel. Wie Seifen besitzen Lipide eine unpolare Region, gewöhnlich lange Kohlenwasserstoffreste, und einen polaren Bereich. Abbildung 8.2 zeigt die Struktur eines Seifenmoleküls mit dem polaren Carboxylat-Ende und der langen, unpolaren Alkylkette:

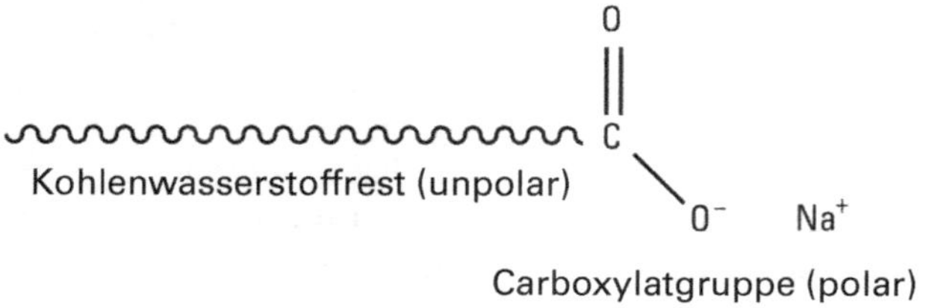

Abbildung 8.2: Die Struktur eines Seifenmoleküls

Wenn Seifen in Wasser gelöst werden, bilden sie Mizellen (siehe Abbildung 2.3 in Kapitel 2). Mizellen sind kleine kugelförmige Aggregate, bei denen sich die polaren Anteile zahlreicher (Seifen-)Moleküle so zusammenlagern, dass die polaren Molekülbereiche nach außen zum Wasser gedreht werden. Wenn gleichzeitig eine weitere unpolare Substanz in der Lösung vorhanden ist, zum Beispiel Fett, Öl oder auch fettige Essensreste von schmutzigen Tellern, werden diese bevorzugt in das unpolare Innere der Mizellen wandern und dort regelrecht eingeschlossen. Die Sache ist relativ klar – die Mizelle hat das Fett oder Öl in sich aufgenommen, und von außen ist so eine Mizelle polar und damit wasserlöslich. Den Rest erledigt der Ausguss, der Wasser samt dreckhaltiger Mizelle in die Kanalisation befördert. Die Biochemie, dein Freund und Helfer …!

Diese *doppelten Löslichkeitseigenschaften* von Seife sind das Geheimnis, warum Seifen Fett oder Öl von Ihrer Haut oder Kleidung entfernen kann. Fette und Öle sind unpolar und daher nicht wasserlöslich. Die Seife bildet eine Mizelle, die Fett/Öl in ihrem ebenfalls unpolaren Inneren einschließen kann. Der polare Außenteil der Mizelle bleibt weiterhin wasserlöslich und bewirkt, dass die im Inneren eingeschlossenen fettigen Substanzen durch diese Mizelle in wasserlösliche Form überführt und bei einem Waschvorgang weggespült werden können.

Lipidarten gibt es beinah wie Sand am Meer, allein darüber ließen sich ganze Buchbände schreiben! Doch in diesem Kapitel beschränken wir uns nur auf die folgenden vier Arten, die für den menschlichen Organismus relevant sind:

- ✔ **Fettsäuren und deren Derivate (Ester):** Fette, Öle und Wachse
- ✔ **Komplexe Lipide:** Phosphoglyzeride und Sphingolipide
- ✔ **Steroide**
- ✔ **Arachidonsäurederivate:** Prostaglandine, Thromboxane und Leukotriene

Die Fettsäuren

Lipide sind nicht nur als Einzelmoleküle von Bedeutung, sondern auch im Hinblick auf ihre Wechselwirkung mit anderen Lipiden und Nichtlipiden bei der Bildung von Lipiddoppelschichten oder Zellmembranen. Diese Wechselwirkungen finden sowohl an der Zellgrenze als auch in der Nähe von intrazellulären Membranen statt. Dabei sind vor allem die Fettsäureanteile der Lipide für die chemischen und physikalischen Eigenschaften verantwortlich. Alle natürlich vorkommenden Fettsäuren teilen bestimmte Eigenschaften:

- ✔ Fettsäuren sind alle geradkettig mit meistens 10 bis 20 (mitunter auch mehr) Kohlenstoffatomen.
- ✔ Die Anzahl ihrer Kohlenstoffatome ist meist gerade.
- ✔ Wenn Kohlenstoff-Doppelbindungen vorhanden sind, wird nur das *cis*-Isomer gebildet.

Tabelle 8.1 listet einige der am häufigsten vorkommenden Fettsäuren auf.

Wachse sind einfache Ester aus einer Fettsäure und einem langkettigen Alkohol. Die Fettsäure besitzt typischerweise zehn Kohlenstoffatome, während der Alkoholanteil normalerweise 16 bis 30 Kohlenstoffatome umfasst. In der Natur haben Wachse im Allgemeinen – ebenso wie das Wachs des Ohrenschmalzes – die Funktion eines schützenden Überzugs. Bei Pflanzen sorgen Wachse dafür, dass der Wasserverlust über die Blattfläche vermindert wird und keine Krankheitserreger eindringen können. Auch Ihre Ohren sind durch das Ohrenschmalz gut gegen bakterielle Eindringlinge geschützt, die diese Barriere nur schwer überwinden können.

Name	Strukturformel
Laurinsäure	$CH_3(CH_2)_{10}COOH$
Myristinsäure	$CH_3(CH_2)_{12}COOH$
Palmitinsäure	$CH_3(CH_2)_{14}COOH$
Palmitoleinsäure	$CH_3(CH_2)_5CH{=}CH(CH_2)_7COOH$
Stearinsäure	$CH_3(CH_2)_{16}COOH$
Oleinsäure	$CH_3(CH_2)_7CH{=}CH(CH_2)_7COOH$
Linolsäure	$CH_3(CH_2)_3(CH_2CH{=}CH)_2(CH_2)_7COOH$
α-Linolensäure	$CH_3(CH_2CH{=}CH)_3(CH_2)_7COOH$
Arachidonsäure	$CH_3(CH_2)_4(CH{=}CHCH_2)_4(CH_2)_2COOH$

Tabelle 8.1: Häufig vorkommende Fettsäuren

Ein fettes Thema: Triglyzeride

Fette und Öle sind *Triglyzeride* oder, genauer, *Triacylglyzerole*. Das bedeutet, man nimmt den dreiwertigen Alkohol Glyzerin mit seinen drei OH-Gruppen und verestert jede dieser OH-Gruppen mit einer Fettsäure, und schon hat man einen »Triester von Fettsäuren mit Glyzerin«. *Glyzerin* ist ein Trihydroxyalkohol (siehe Abbildung 8.3). In einem Fett ist also jede der drei Alkoholgruppen mit einer Fettsäure verestert. Die Fettsäuren können identisch sein, müssen aber nicht.

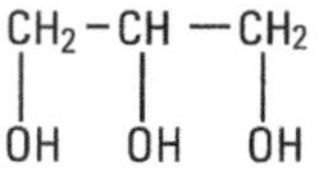

Glyzerol

Abbildung 8.3: Struktur von Glyzerin (auch Glyzerol genannt)

Eigenschaften und Struktur von Fetten

Der grundlegende Unterschied zwischen einem Fett und einem Öl ist der Schmelzpunkt – ein Fett ist bei Raumtemperatur fest, ein Öl hingegen flüssig. Das liegt vor allem an den unterschiedlichen Fettsäuren und deren Gehalt an Doppelbindungen. Je länger die Fettsäurekette, desto höher ist auch der Schmelzpunkt (lange Ketten sind auch bei Raumtemperatur fest). Je größer die Anzahl der Kohlenstoff-Doppelbindungen in den Fettsäuren, umso niedriger ist der Schmelzpunkt und desto eher wird dieses Lipid bei Raumtemperatur flüssig sein.

Gesättigte Fette bestehen aus Fettsäuren ohne Kohlenstoff-Doppelbindungen. Einfach ungesättigte Fette besitzen eine Doppelbindung, mehrfach ungesättigte Fette besitzen mehrere Doppelbindungen in ihren Fettsäuren.

Natürlich vorkommende Fettsäuren sind zahlreich, vielleicht 70, 80 … sehr viele jedenfalls. In den meisten natürlichen Fettsäuren liegen die Doppelbindungen in der *cis*-Konfiguration vor. Die Anwesenheit von Doppelbindungen verursacht eine Art von »Knick« in der Kohlenstoffkette, sodass sich die einzelnen Fettsäuren nicht mehr parallel Seite an Seite nebeneinander anordnen können und die stabilisierenden Wechselwirkungen der Ketten untereinander an dieser Stelle geschwächt werden. Doppelbindungen sorgen also dafür, dass sich dieses Fett schneller verflüssigt – wie das Olivenöl zum Beispiel.

Die Behandlung ungesättigter Fette oder Öle mit Wasserstoff in der Gegenwart eines Katalysators wie Nickel führt dazu, dass die Doppelbindungen aufgebrochen werden, sich Wasserstoffatome anlagern und Einfachbindungen ausbilden (katalytische Hydrierung der Doppelbindungen). Diese *Fetthärtung*, bei der ein ungesättigtes Fett in ein gesättigtes Fett umgewandelt wird, findet vor allem bei der Margarineherstellung Einsatz. In den meisten Fällen werden nicht alle Doppelbindungen hydriert, wodurch der Schmelzpunkt des Lipids lediglich etwas erhöht wird. Unvollständige Hydrierungen können einige der *cis*-Konfigurationen in *trans*-Konfigurationen umwandeln und somit *trans-Fettsäuren* erzeugen, die als Mitverursacher für bestimmte Herzkrankheiten gelten.

Abbildung 8.4 zeigt die Struktur eines typischen Fettes. Beachten Sie, dass die beiden oberen Fettsäureketten gestapelt sind und parallel nebeneinanderliegen, die untere Kette jedoch nicht.

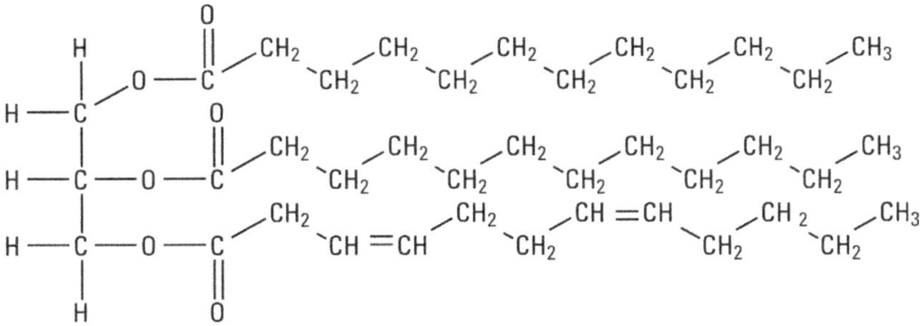

Abbildung 8.4: Struktur eines typischen Fettes: Die beiden oberen Ketten sind gesättigt, die unterste Kette ist ungesättigt.

Ein Erklärvideo zu Fetten finden Sie unter `http://wiley-vch.de/ISBN9783527723775`.

Seifen im Einsatz: Wir spalten die Triglyzeride

Die ersten Rezepte für die Produktion von Seifen stammen von den Sumerern und sind über 4500 Jahre alt. Jahrhundertelang wurden Seifen hergestellt, indem ein Fett (zumeist tierischer Herkunft) mit einem stark basischen Katalysator (zumeist eine Lauge wie Natriumhydroxid) vermischt wurde. Früher wurde dazu gern Schweineschmalz mit Holzasche verkocht, die Kalium- und Natriumhydroxide enthielt, die Seife dann abgeseiht und zu Blöcken gepresst. Bei dieser Reaktion, die Verseifung oder *Saponifikation* genannt wird, führt die Hydrolyse von Estergruppen in Gegenwart einer Base zur Bildung von Glyzerin und Carboxylationen der drei Fettsäuren. Eine Seife ist also das Natrium- oder Kaliumsalz einer Fettsäure. Die entsprechenden Calcium- oder Magnesiumsalze der Fettsäuren sind übrigens wasserunlöslich. Wenn Seife mit *hartem* Wasser in Berührung kommt (das viele Calcium- und Magnesiumionen enthält), bildet sie als *Kalkseife* einen schmierigen Schaum, der sich beispielsweise nach dem Baden als schmutziger Rand in der Badewanne zeigt.

Neben Basen können auch Säuren die Hydrolyse eines Fettes katalysieren und entsprechend Glyzerin und drei Fettsäuren produzieren. Im Gegensatz zur basischen Hydrolyse ist eine Säurehydrolyse jedoch umkehrbar, also reversibel. Die saure Hydrolyse ist für die Fettverdauung im Körper wichtig, hier spalten Lipasen die Triglyzeride in ihre Bestandteile auf, während die Gallensalze danach die Fettsäureanteile wasserlöslich machen (anders könnten Fettsäuren ja auch gar nicht im Blut transportiert werden). Eine *Lipase* ist ein Enzym, das die Zerlegung eines Fettes katalysiert. *Gallensalze* sind Oxidationsprodukte von Cholesterin, die ähnlich wie eine Seife oder ein Detergenz wirken, um die Spaltprodukte löslich zu machen. Bei Menschen werden Fettsäuren im Dünndarm aufgenommen.

Alles andere als einfach: Komplexe Lipide

Bisher haben wir uns mit den einfachen Lipiden beschäftigt, doch manche Lipide sind deutlich komplizierter aufgebaut (ja, es wird leider noch etwas schwieriger – ganz so einfach ist die Lipidchemie dann doch nicht …). Komplexe Lipide sind meistens Ester von Glyzerin oder anderen Alkoholen. Die beiden Hauptkategorien der komplexen Lipide umfassen die Phosphoglyzeride und die Sphingolipide. Zu den *Phosphoglyzeriden* zählen die Plasmalogene und die Phosphatidate. *Sphingolipide* sind die Glykosphingolipide und die Sphingophospholipide. (Eine weitere Unterteilung dieser Gruppen ersehen Sie aus Abbildung 8.1.)

Ein Phospholipid ist entweder ein Phosphoglyzerid oder ein Sphingophospholipid. Phospholipide sind Hauptbestandteile von Membranen. Jedes kohlenhydrathaltige Lipid wird Glykolipid genannt, wobei sich die Klassifizierungen von Lipiden an diesem Punkt überschneiden. (Wie Sie vielleicht bereits bemerkt haben, ist in der Biochemie nichts so einfach, wie es auf den ersten Blick erscheinen mag.) Lipide lassen sich oft mehreren Unterkategorien zuordnen, was die Klassifizierung nicht gerade einfacher macht.

Phosphoglyzeride

Bei diesem Lipid besteht der Alkoholanteil aus Glyzerin, mit dem zwei Fettsäuren und eine Phosphorsäure über eine Esterbindung gekoppelt sind. Die Grundstruktur ist ein *Phosphatidat* – ein wichtiges Zwischenprodukt bei der Synthese vieler Phosphoglyzeride. Durch die Bindung weiterer Gruppen an den Phosphatrest entstehen zahlreiche unterschiedliche Phosphoglyzeride.

Phosphoglyzeride werden üblicherweise so dargestellt, dass die drei Glyzerin-Kohlenstoffatome senkrecht angeordnet sind und das Phosphat über das dritte (also untere) Sauerstoffatom gebunden ist. Phosphoglyzeride (auch Glyzerophospholipide genannt) kommen in den Zellmembranen von Bakterien und höheren Organismen vor, so wie zum Beispiel die Plasmalogene vieler menschlicher Gewebe.

Plasmalogene

Plasmalogene zählen zu den Phosphoglyzeriden. An das erste Kohlenstoffatom von Glyzerin ist hier über eine Etherbindung eine Kohlenwasserstoffkette angefügt. Etherbindungen sind widerstandsfähiger gegenüber chemischen Angriffen als Esterbindungen. An das zweite (zentrale) Kohlenstoffatom des Glyzerins ist über eine Esterbindung eine meistens mehrfach ungesättigte Fettsäure gekoppelt, und an das dritte Kohlenstoffatom ist über einen Phosphatester ein Ethanolamin oder Cholin gebunden. Diese Lipide sind wichtige Bestandteile des Gehirns, der Nerven und des Herzgewebes.

Phosphatidate

Phosphatidate sind Lipide, in denen die ersten beiden Kohlenstoffatome des Glyzerins Fettsäureester darstellen, während das dritte C-Atom ein Phosphatester ist. Dieser Phosphatrest schlägt oft eine Brücke zu einem anderen Alkohol – meistens zu Ethanolamin, Cholin, Serin oder einem Kohlenhydrat. Die Art des Alkohols bestimmt die Unterkategorie, in die das Phosphatidat jeweils einsortiert werden kann. Der Phosphatrest ist negativ geladen – und im Falle von Cholin oder Serin existiert noch ein positives quartäres Ammoniumion (Serin besitzt zudem eine negativ geladene Carboxygruppe). Die Anwesenheit von Ladungen führt zur Ausbildung einer »Kopf-Schwanz-Struktur« mit einer Gesamtladung. Der Phosphatesteranteil (der »Kopf«) ist hydrophil und löst sich in Wasser, während der Rest des Moleküls, der Fettsäure»schwanz«, hydrophob ist. Kopf- und Schwanzstrukturen sind wichtige Komponenten für den Aufbau von Lipiddoppelschichten.

Die Phosphatidylethanolamine, die Phosphatidylcholine und andere Phospholipide sind Beispiele für Phosphatidate. Abbildung 8.5 zeigt Beispiele für ein Phosphatidylethanolamin und ein Phosphatidylcholin.

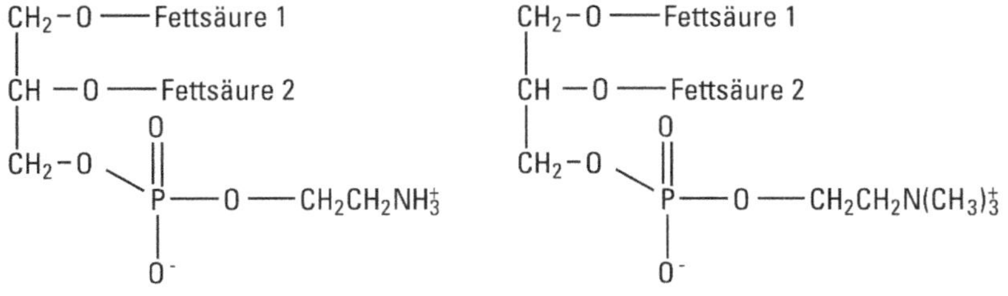

Phosphatidylethanolamin

Phosphatidylcholin

Abbildung 8.5: Beispiele für die allgemeinen Strukturen von Phosphatidylethanolamin und Phosphatidylcholin

Die Strukturen einiger Alkohole, die in Lipiden vorkommen, sind in Abbildung 8.6 dargestellt.

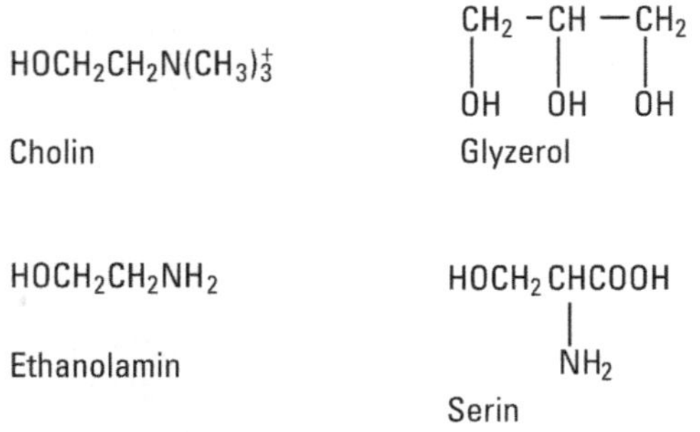

Abbildung 8.6: Alkoholkomponenten von Lipiden

Phosphatidylethanolamine

Phosphatidylethanolamine (auch Kephaline genannt) sind die am häufigsten vorkommenden Phosphoglyzeride im Tier- und Pflanzenreich und oft auch Bestandteil bakterieller Membranlipide. Bei Tieren sind Kephaline vor allem in Hirn- und Nervengewebe zu finden und sind auch an der Blutgerinnung beteiligt. Bei diesen Lipiden sollten Sie im Kopf behalten, dass das Phosphat eine negative Ladung besitzt und dass der Stickstoff des Ethanolamins ein Ammoniumion mit positiver Ladung ist.

Phosphatidylcholine

Phosphatidylcholine oder Lecithine sind Lipide aus Glyzerin, Fettsäuren, Phosphorsäure und Cholin, einem Alkohol mit einem positiv geladenen quartären Ammoniumion, das an den negativ geladenen Phosphatrest gekoppelt ist. Lecithine kommen in allen pflanzlichen oder tierischen Membranen vor. Besonders Eigelb weist eine besonders hohe Konzentration an Lecithin auf und wurde daher lange als Emulgator bei der Herstellung von Mayonnaise kommerziell eingesetzt. Heute werden Lecithine vorwiegend aus Sojabohnen gewonnen – das ist billiger und vor allem ist die Herstellung weniger aufwendig.

Sphingolipide

Sphingolipide kommen in Pflanzen und Tieren vor und sind vor allem in Hirn- und Nervengewebe anzutreffen. Bei diesen Lipiden ersetzt der Aminoalkohol Sphingosin (siehe Abbildung 8.7) das Glyzerin. Die beiden Hydroxygruppen des Sphingosins können Ester bilden, ganz ähnlich wie die Hydroxygruppen im Glyzerin. Die Aminogruppe kann ein Amid bilden. Die Kombination von Sphingosin mit einer Fettsäure über eine Amidbindung heißt *Ceramid*, das wiederum ein Zwischenprodukt bei der Bildung anderer Sphingolipide darstellt.

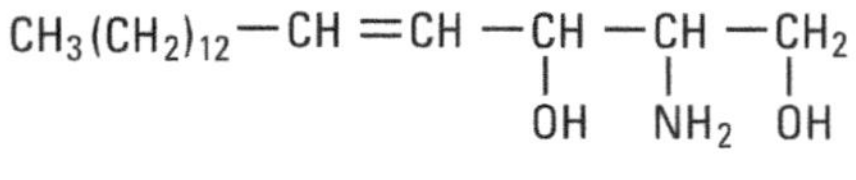

Abbildung 8.7: Struktur von Sphingosin

Glykosphingolipide

Ein Glykosphingolipid ist ein wichtiges Membranlipid mit einem an ein Ceramid geknüpften Kohlenhydrat. Das Kohlenhydrat dient als polarer (hydrophiler) Kopf und kann entweder ein Monosaccharid oder ein Oligosaccharid sein. Der Kohlenhydratanteil eines Glykosphingolipids zeigt zur Außenseite der Zelle und spielt hier die Rolle eines Oberflächenmarkers, der für die Zell-Zell-Erkennung oder die Bindung von Zellen aneinander (Zelladhäsion) wichtig ist.

Cerebroside

Ein *Cerebrosid* besteht aus einem Monosaccharid, das an ein Ceramid gebunden ist. Das Kohlenhydrat ist entweder Glukose oder Galaktose. Cerebroside kommen zwar vor allem in Nerven- und Gehirnzellen vor, doch auch die meisten anderen tierischen Zellen enthalten einen gewissen Anteil an diesen Verbindungen.

Ganglioside

Ganglioside sind Sphingolipide mit komplexen Strukturen. Das Ceramid trägt ein Oligosaccharid aus drei bis acht Monosaccharideinheiten. Die Monosaccharide können substituiert sein oder auch nicht. Ganglioside sind in Nervenzellmembranen sehr verbreitet, wo die Zuckersequenz auf der Außenseite der Zellen der Erkennung und Kommunikation mit anderen Zellen dient. Wenn Ganglioside in einer Membran vorkommen, befindet sich der Kohlenhydratanteil immer auf der extrazellulären Seite.

Sphingophospholipide

Sphingophospholipide bestehen aus Sphingosin, einer Fettsäure, Phosphat und Cholin. Ein Beispiel hierfür ist Sphingomyelin, ein wichtiger Bestandteil der Myelinscheide um die Axone aller Nervenzellen. Multiple Sklerose und andere Krankheiten entstehen durch eine defekte Myelinscheide. Sphingomyelin ist das häufigste Sphingophospholipid und das einzige, das in Membranen nachweisbar ist.

Membranen: Bipolarität und Doppelschicht

Lipide haben eine sehr wichtige Aufgabe in allen Lebewesen – sie dienen zum Aufbau von Membranen. Membranen werden gebraucht, um bestimmte Bereiche innerhalb und außerhalb von Zellen voneinander abzugrenzen. Eine typische Membran wie in Abbildung 8.8 ist eine Lipiddoppelschicht. Die polaren Anteile der Lipide, die »Köpfe«, weisen zur Außenseite der Doppelschicht und sind als Kreise in unseren Abbildungen dargestellt, während die unpolaren »Schwänze« sich zur Mitte der Schicht hin ausrichten und in Form von

Wellenlinien gezeichnet sind. Die Schwänze sind normalerweise lange Fettsäureketten. Die oft geladenen, hydrophilen Köpfe stehen in Kontakt mit der wässrigen Umgebung. Wechselwirkungen zwischen den hydrophoben Schwänzen sind der Hauptgrund für die Ausbildung von Lipiddoppelschichten. *Lipiddoppelschichten* sind bestrebt, möglichst wenige hydrophobe Bereiche in Kontakt mit Wasser treten zu lassen, und sind daher meist in sich geschlossene Strukturen.

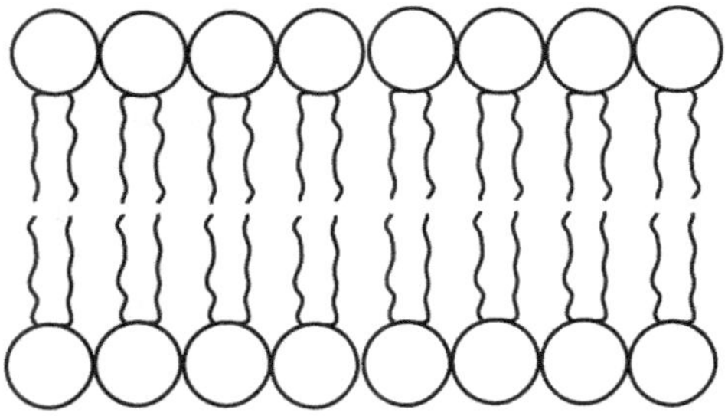

Abbildung 8.8: Vereinfachte Darstellung einer Lipiddoppelschicht

Eigentlich sind Zellmembranen gar nicht so symmetrisch wie in Abbildung 8.8 dargestellt. Die Asymmetrie entsteht teilweise durch andere, polare Membranbestandteile und teilweise durch Unterschiede zwischen den intra- und extrazellulären Oberflächen. Wenn die Fettsäuren ungesättigt sind, werden sich die Schwänze nicht parallel ausrichten, wodurch »Löcher« in der Doppelschicht entstehen. Diese Löcher sind jedoch notwendige Merkmale einer Membran und ermöglichen erst ihren halbflüssigen Charakter. Andere Bestandteile der Membran sind Proteine oder Cholesterin. Der Kohlenhydratanteil von Glykolipiden befindet sich auf der Außenseite und nicht auf der Innenseite einer Membran.

Polare Stoffe können nicht einfach durch die hydrophobe Zone einer Membran wandern, und entsprechend treffen auch unpolare Substanzen auf ein Hindernis, wenn sie durch den polaren Bereich einer Membran diffundieren wollen. Wasser kann durch seine geringe Größe und die sehr hohe Konzentration (wässrige Lösung) eine Doppelschicht schneller als Ionen und die meisten anderen polaren Moleküle durchqueren. In Zellen existieren einige Mechanismen, die es auch großen Molekülen ermöglichen, eine Membran zu überwinden – Poren beispielsweise oder Transportproteine. Diese Proteine sind für die selektive Permeabilität einer Membran verantwortlich und lassen bestimmte Stoffe passieren.

Membranen enthalten zwischen 20 und 80 Prozent Proteine, die entweder als *peripher* (an/auf der Membranoberfläche liegend) oder *integral* (die Membran ganz oder teilweise durchspannend) bezeichnet werden. Integrale Proteine interagieren stark mit dem hydrophoben Anteil der Doppelschicht, so wie in Abbildung 8.9 und Abbildung 8.10 dargestellt.

Periphere Proteine binden oft nur durch elektrostatische oder Wasserstoffbrückenbindungen an der Membranoberfläche, obwohl auch kovalente Wechselwirkungen möglich sind. Bei Glykoproteinen ragt der Kohlenhydratanteil immer zur Außenseite der Membran und wird dort in irgendeiner Form für die Zell-Zell-Erkennung genutzt (wie bei den Blutgruppenantigenen der roten Blutkörperchen).

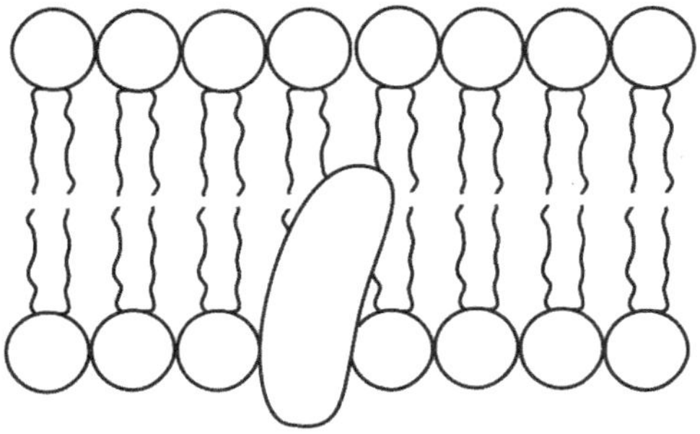

Abbildung 8.9: Ein integrales Protein, das die Membran nicht ganz durchdringt

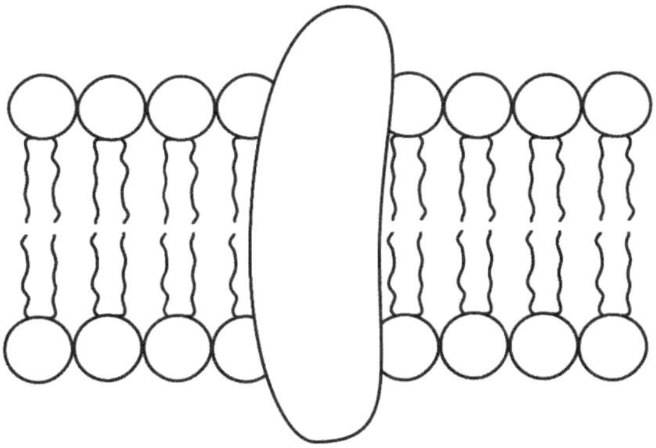

Abbildung 8.10: Ein integrales Protein, das die Membran vollständig durchspannt

Die Hürde überwinden: Transport durch Membranen

Eine Lipiddoppelschicht ist von Natur aus impermeabel (undurchlässig) für polare Substanzen und Ionen. Nichtsdestotrotz müssen Zellen aber in der Lage sein, diese Eigenschaft zu umgehen, und auch hydrophile Substanzen herein- und hinauszuschleusen. Es gibt zwei Wege, um die Impermeabilität zu überwinden. Eine *Pumpe* sorgt für den aktiven Stofftransport gegen ein Konzentrationsgefälle und verbraucht dabei Energie, während ein *Kanal* passiven Transport oder erleichterte Diffusion in Richtung eines Konzentrationsgefälles ermöglicht.

Unpolare Moleküle sind lipophil (die mögen Fette!) und lösen sich problemlos in der Lipiddoppelschicht. Im Allgemeinen passieren lipophile Substanzen eine Membran durch einfache Diffusion entlang des Konzentrationsgefälles. Kanäle und Pumpen sind hauptsächlich für den Transport polarer Substanzen durch die hydrophobe Zone der Membran verantwortlich.

Kannst du mir was pumpen?

Pumpen benötigen Energie, um ihre Arbeit zu leisten. In vielen Fällen liefert die Hydrolyse von ATP die hierfür nötige Energie. Der allgemeine Ausdruck für diesen Pumpentyp lautet P-Typ-ATPase. Die Bezeichnung leitet sich von der Übertragung eines Phosphatrestes von ATP zu einem Reaktionszwischenprodukt ab, ein Schritt, der für die Funktion einer Pumpe unbedingt notwendig ist. Pumpen können außer Ionen noch andere Stoffe transportieren.

Die meisten tierischen Zellen haben im Verhältnis zur extrazellulären Umgebung eine hohe Kaliumkonzentration und eine niedrige Natriumkonzentration. Es erfordert den ständigen Einsatz von Energie, um diesen Konzentrationsgradienten aufrechtzuerhalten und somit die Zelle am Leben zu erhalten. Das Transportsystem, das hierzu genutzt wird, ist die *Natrium-Kalium-Pumpe* (Na/K-Pumpe oder auch Na^+/K^+-ATPase). Die Hydrolyse von ATP liefert Energie, um Kaliumionen in die Zelle zu transportieren und Natriumionen herauszuschleusen. Dabei müssen Kalium- und Natriumionen gleichzeitig an die Na/K-Pumpe binden. Dann werden simultan drei Natriumionen aus der Zelle heraus- und zwei Kaliumionen in die Zelle hineinbefördert.

Nicht alle Pumpen gewinnen ihre Energie aus der Hydrolyse von ATP. Einige nutzen auch den Transport einer Substanz, um die Beförderung einer anderen Substanz zu erleichtern. Die Diffusion eines Stoffes entlang des Konzentrationsgefälles kann eine andere Substanz gleichzeitig gegen ihren Konzentrationsgradienten befördern. Die hierfür verantwortlichen Membranproteine heißen Kotransporter oder sekundäre Transporter. *Kotransporter* sind entweder Symporter oder Antiporter. Bei einem *Symporter* werden beide Substanzen in die gleiche Richtung befördert, während ein *Antiporter* die Substanzen in entgegengesetzte Richtungen transportiert. Der Natrium-Calciumaustauscher ist ein Beispiel für einen Antiporter, der drei Natriumionen im Tausch für zwei Calciumionen in eine Zelle pumpt. Einige Tierzellen nutzen einen Symporter, um Glukose zusammen mit Natriumionen in die Zelle zu befördern.

Wann ist fest gleich flüssig? Das Flüssig-Mosaik-Modell

Der Aufbau einer Lipiddoppelschicht erlaubt zwar Einblicke in die allgemeine Struktur von Membranen, liefert aber nur wenige Informationen über ihre Funktion. Viele Aufgaben einer Membran hängen vom Grad ihrer Liquidität oder Zähflüssigkeit ab, die man am besten mit dem *Flüssig-Mosaik-Modell* beschreiben kann. In diesem Modell dient die Membran als Permeabilitätsbarriere (permeabel = durchlässig) und als Lösungsmatrix für integrale (die Membran durchspannende) Proteine. Die Diffusion von Substanzen entlang der Membranoberfläche (*laterale Diffusion*) geschieht meist sehr schnell. Im Allgemeinen bewegen sich Lipide rascher als Proteine, und einige Proteine sind sogar vollständig unbeweglich. Die Diffusion von Stoffen durch die Membran hindurch (*transversale Diffusion*) läuft hingegen meist deutlich langsamer ab.

Die Fluidität einer Membran ist von einer Vielzahl von Faktoren abhängig. Bakterien beeinflussen die Fluidität ihrer Membranen mithilfe von Fettsäureketten – langkettige Fettsäuren sind dabei weniger flüssig als kurzkettige. Sind Doppelbindungen vorhanden, so ist eine Membran ebenfalls flüssiger. Bei Tieren übernimmt das Cholesterin diese Aufgabe: Je höher die Konzentration des Cholesterins, desto fester wird die Membran. Der Übergang vom festen zum flüssigen Zustand vollzieht sich bei einer Temperatur, die als *Schmelztemperatur* T_m bezeichnet wird.

Was läuft denn im Kanal?

Ein Kanal ist dazu da, um den passiven Transport von Substanzen durch eine Membran zu erleichtern. Durch einen Kanal kann eine Substanz die Membran bis zu 1000-mal schneller durchqueren als mit einer Pumpe. Ein Kanal ist eine Art Tunnel, der von der Membraninnen- zur Membranaußenseite verläuft, aber sein chemisches Verhalten ist im Ganzen gesehen doch etwas komplizierter.

Kanäle sind hoch selektiv. Manche Kanäle lassen nur Substanzen einer gewissen Größe passieren – Natrium ist zum Beispiel kleiner als Kalium –, während andere Vertreter zwischen Anionen und Kationen unterscheiden können. Ein Kanal liegt in offener Form vor, wenn Transport stattfinden soll, und kann sich schließen, um Transport zu unterbinden. Es bedarf eines gesteuerten Regulierungsmechanismus, um zwischen dem offenen und dem geschlossenen Zustand eines Kanals hin- und herschalten zu können. Wenn dieser Regulationsmechanismus das Membranpotential (eine elektrische Spannung über die Doppelschicht) ist, handelt es sich um einen spannungsgesteuerten Kanal. Die Regulierung kann aber auch über bestimmte Botenstoffe (beispielsweise Hormone) erfolgen, und der Kanal wird dann *ligandengesteuert* genannt. Wenn der entsprechende Regulator entfernt wird, schließt sich ein zuvor offener Kanal spontan.

Der bekannteste ligandengesteuerte Kanal ist der Acetylcholinrezeptor. Dieser Kanal ist wichtig für die Weiterleitung von Nervenimpulsen. Wenn ein Nervenimpuls die Verbindungsstelle zwischen zwei Nervenzellen – den synaptischen Spalt – erreicht, wird die Ausschüttung von Acetylcholin stimuliert, das durch den synaptischen Spalt wandert und an der gegenüberliegenden Synapse an einem Acetylcholinrezeptor andockt. Diese Bindung bewirkt, dass sich der entsprechende Kanal öffnet und Natriumionen in die Zelle strömen, während Kaliumionen aus ihr heraus diffundieren. Die Änderung der Ionenkonzentrationen ermöglicht die Weiterleitung des Nervenimpulses in der zweiten Nervenzelle. Der Anstieg der Natriumkonzentration in der zweiten Nervenzelle löst einen Mechanismus aus, durch den die Natriumionen wieder aus der Nervenzelle entfernt werden. Und etwas später gelangen auch die »entflohenen« Kaliumionen über einen anderen Kanal wieder zurück in die Zelle.

Steroide für Muskelspiele – und viel, viel mehr

Steroide bilden eine weitere Lipidklasse; alle Steroide besitzen das gleiche Grundgerüst wie in Abbildung 8.11 gezeigt. A, B, C und D sind allgemeine Bezeichnungen für die einzelnen Ringe. Die verschiedenen Steroide haben zusätzlich zu diesem Grundgerüst weitere Seitenketten, funktionelle Gruppen und ungesättigte oder aromatische Ringe.

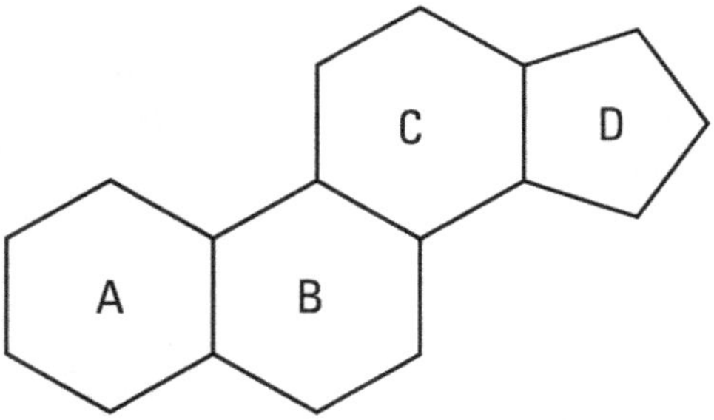

Abbildung 8.11: Das Grundgerüst eines Steroids

Cholesterin ist das häufigste Steroid. Dieses Steroid ist ein wichtiger Bestandteil von Membranen und dient als Ausgangssubstanz für andere Steroide und verwandte Verbindungen. Cholesterin stammt zwar normalerweise aus der Nahrung, doch wenn zu wenig Cholesterin im Körper vorhanden ist, kann es auch in der Leber synthetisiert werden. Aus Cholesterin entstehen die Steroidhormone wie das Geschlechtshormon Testosteron oder die Estrogene, die wichtigsten weiblichen Sexualhormone, aber auch das Kortisol, das zahlreiche Stoffwechselprozesse im Organismus reguliert.

Gallensalze sind Salze der Gallensäuren und entstehen aus der Oxidation von Cholesterin. Anders als Cholesterin und viele andere Lipide sind Gallensalze jedoch wasserlöslich. Sie sind als »Detergenzien« nützlich für die Verdauung, da sie Fette nicht nur für die Verdauungsenzyme angreifbar machen, sondern auch die Aufnahme der Abbauprodukte in das Blut ermöglichen.

Steroide, die von einigen Sportlern und Bodybuildern illegal benutzt und daher gelegentlich in den Nachrichten erwähnt werden (Stichwort »Doping«!), sind anabolische Steroide oder Anabolika). Das Testosteron und seine strukturell verwandten, künstlichen Derivate verbessern die Fähigkeit des Körpers, Muskelmasse aufzubauen und dem normalen täglichen Muskelabbau entgegenzuwirken. Neben der Förderung der Gesichtsbehaarung (Bartwuchs!) und dem Aufbau von Muskelmasse verursachen Testosterone in hohen Dosen jedoch viele Gesundheitsprobleme: Lebertumore, Herzvergrößerung, Impotenz und reduzierte Hodengröße, Brustwachstum bei Männern, aggressives Verhalten – eigentlich alles Nebenwirkungen, die jeden vernunftbegabten Menschen von der Einnahme abhalten sollten. In Deutschland fallen Anabolika unter das Arzneimittelgesetz (AMG) und dürfen nicht ohne ärztliche Indikation oder Rezept erworben werden.

Prostaglandine, Thromboxane und Leukotriene – die wilden Drei

Arachidonsäure, eine lange, ungesättigte Fettsäure mit 20 Kohlenstoffen, dient als direkter oder indirekter Vorläufer der Prostaglandine, Thromboxane und Leukotriene – alle drei sind

Gewebshormone. Diese Wirkstoffe im Körper sind auch als *Eikosanoide* oder Icosanoide bekannt – abgeleitet von dem griechischen Wort *eikosi* für *zwanzig*, das auf die zwanzig Kohlenstoffatome hinweist, aus denen die Stoffe aufgebaut sind (siehe Abbildung 8.12).

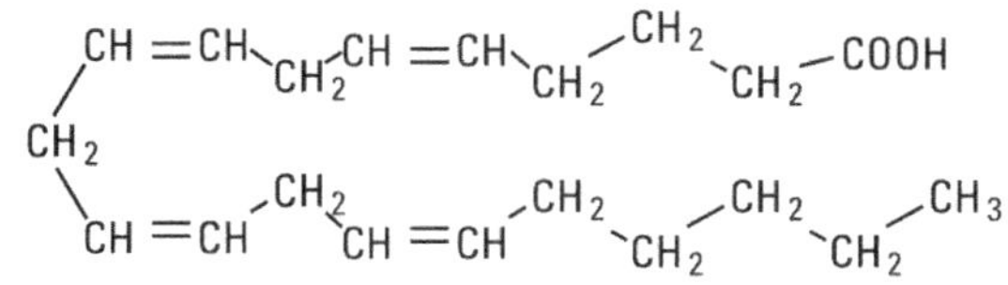

Arachidonsäure

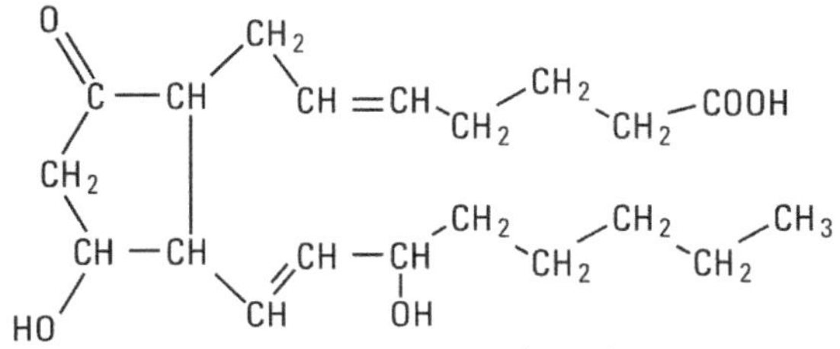

Ein Prostaglandin (PGE_2)

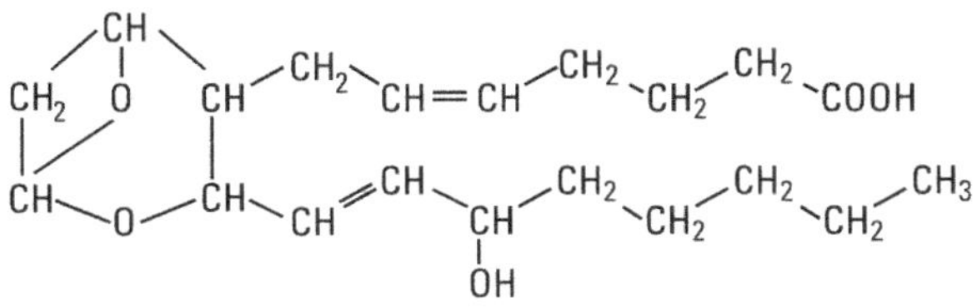

Ein Thromboxan (A_2)

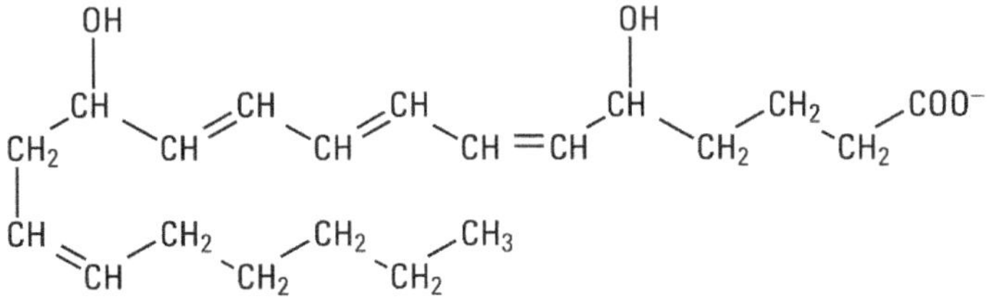

Ein Leukotrien (B_4)

Abbildung 8.12: Strukturen der Arachidonsäure, eines typischen Prostaglandins, von Thromboxan und Leukotrien

Anders als die meisten Hormone werden diese Gewebshormone nicht über die Blutbahn transportiert, sondern wirken direkt am Ort ihrer Herstellung. Es sind kurzlebige Moleküle, die die Aktivität benachbarter Zellen beeinflussen. All diese Substanzen sind äußerst wirksame Chemikalien und dienen als Hormonmediatoren. Sie haben auch noch viele weitere medizinische Anwendungen und können auch Gesundheitsprobleme (Entzündungsreaktionen, Arthritis, Arthrose) verursachen.

Die Bezeichnung *Prostaglandin* entstammte der früheren Annahme, dass diese Substanzen von der Prostatadrüse produziert würden, da man sie 1935 erstmalig aus Samenflüssigkeit isoliert hatte. Heute wissen wir, dass diese Stoffe in sehr vielen Zellen des Körpers produziert werden. Prostaglandine unterscheiden sich nur leicht voneinander, aber ihnen allen gemein ist ein Ring aus fünf Kohlenstoffatomen. Diese nur geringen Unterschiede führen dennoch zu einem klar unterscheidbaren chemischen Verhalten, obwohl alle Prostaglandine den Blutdruck senken, Kontraktionen in der glatten Muskulatur verursachen und Teil der Entzündungsantwort des Körpers sind.

Viele Medikamente enthalten synthetische Prostaglandine. So sind zum Beispiel Derivate des Prostaglandins PGE_2 hilfreich bei der Auslösung von Wehen. Prostaglandine, die bei Entzündungen eine Rolle spielen, sind Hauptursache für die damit verbundene Rötung, den Schmerz und die Schwellung des verletzten Gewebes. Die Halbwertszeit vieler Prostaglandine beträgt oft nur wenige Minuten oder gar weniger. Blutplättchen produzieren Thromboxane, die als Vasokonstriktoren (gefäßverengend) wirken und die Zusammenlagerung der Blutplättchen induzieren, zwei Schritte auf dem Weg zur Bildung eines Gerinnungspfropfes. Thromboxan A_2 ist ein Beispiel für eine solche gerinnungsfördernde Substanz. Weiße Blutkörperchen (Leukozyten) und andere Gewebe produzieren Leukotriene, deren Name darauf hinweist, wo sie zuerst entdeckt wurden (in Leukozyten, griechisch *leukos* = weiß), und die Präsenz dreier (tri-) Doppelbindungen (-en) verrät. Leukotriene werden mit Allergieanfällen in Verbindung gebracht.

Aspirin beeinflusst die Synthese von Prostaglandinen und Thromboxanen. Aspirin ist eine entzündungshemmende Substanz, die der Prostaglandin-induzierten Entzündungsreaktion entgegenwirkt. Die verringerte Thromboxanbildung könnte der Grund dafür sein, dass Aspirin in niedrigen Dosen auch Herz- und Schlaganfällen vorbeugt, denn ein niedriger Thromboxanspiegel hemmt die Blutgerinnung. Eine andere entzündungshemmende Substanz, das Kortison, unterbindet die Freisetzung von Arachidonsäure aus Zellmembranen, wodurch wiederum die Bildung von Eikosanoiden gehemmt wird.

Fettsäuren aus Fischöl hemmen die Bildung von Leukotrienen und Thromboxanen – vielleicht ein Grund, warum Eskimos relativ selten an Herz-Kreislauf-Erkrankungen leiden …

IN DIESEM KAPITEL

Die Bausteine der Nukleinsäuren

Wie Nukleinsäuren verknüpft werden

Die Funktion von DNA und RNA

Kapitel 9
Nukleinsäuren und der Code des Lebens

Nukleinsäuren erhielten ihren Namen aufgrund der Tatsache, dass diese Verbindung zuerst im Zellkern (dem Nukleus) entdeckt wurden. Die DNA (*Desoxyribonukleinsäure* oder *DNS*, englisch *deoxyribonucleic acid* oder *DNA*) ist Teil der Chromosomen und Träger der Erbinformation, der Gene. *Gene* sind so etwas wie eine Funktionseinheit, die ganz allgemein formuliert die Information für die Synthese eines Proteins enthält. Diese Vorstellung wurde lange Zeit unter der (viel zu engen) Ein-Gen-ein-Enzym-Hypothese zusammengefasst. Die meisten Proteine sind zwar Enzyme und katalysieren chemische Reaktionen im Organismus, andere Proteine sind jedoch Strukturbausteine oder wirken als Regulator, sodass die »Ein-Gen-ein-Enzym-Hypothese« später zur »Ein-Gen-ein-Protein-Hypothese« erweitert wurde. Sicherlich passt diese Hypothese besser, doch auch sie gilt heute als überholt. Mitunter entsteht durch alternative Prozessierungsvorgänge eine ganze Familie von Proteinen aus einem einzigen DNA-Abschnitt wie bei den Antikörpern, und manche Gene codieren nicht für Proteine, sondern für eine RNA wie beispielsweise die snRNAs, kleine RNA-Moleküle, die wie Enzyme bestimmte Reaktionen im Zellkern katalysieren.

Die DNA hat zwei wichtige Aufgaben: Sie muss sich vermehren (replizieren) können, damit die genetische Information auch in den Zellen der nächsten Generation zur Verfügung steht. Und die DNA ist eine Vorlage, die stückweise in eine RNA (*Ribonukleinsäure*) umgeschrieben und dann in Proteine übersetzt werden kann – zwei Vorgänge, die als *Transkription* und als *Translation* bezeichnet werden. Beide Nukleinsäuren, DNA wie RNA, sind unentbehrlich für den Erhalt und die Vermehrung aller Lebewesen und Viren.

Nukleotide: Die Bausteine der DNA und RNA

DNA und RNA sind Nukleotid-Polymere. Ein Nukleotid ist die Kombination einer Stickstoffbase mit einem Zucker und einem Phosphatrest, wobei dieses Nukleotid eine von fünf verschiedenen Basen und eine von zwei Zuckerarten besitzen kann. Lassen Sie uns die einzelnen Bestandteile der Nukleotide einmal genauer ansehen, um den unterschiedlichen Aufbau einer DNA und einer RNA zu verstehen.

Speicher für genetische Information: Die Stickstoffbasen

Die Stickstoffbasen werden in zwei Kategorien unterteilt, deren unterschiedliche Strukturen in Abbildung 9.1 dargestellt sind.

- ✔ Purine (Adenin und Guanin) bestehen aus zwei miteinander verbundenen Ringen, die jeweils zwei Stickstoffatome tragen.
- ✔ Pyrimidine (Cytosin, Thymin und Uracil) bestehen aus einem einzelnen Ring mit zwei Stickstoffatomen.

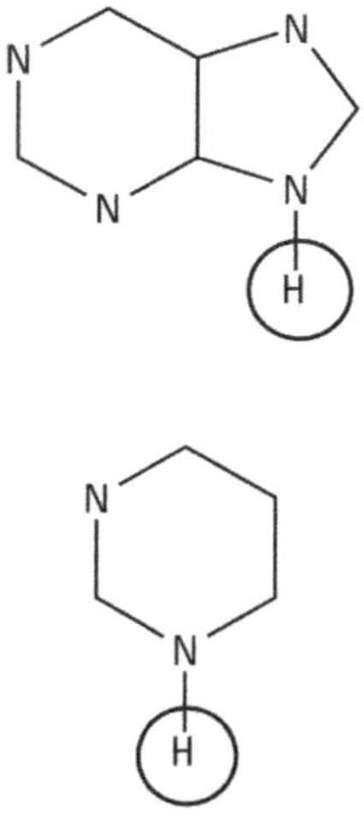

Abbildung 9.1: Grundstrukturen von Purinen (oben) und Pyrimidinen (unten)

Adenin (A), Guanin (G) und Cytosin (C) sind Teil von DNA und RNA, während Thymin (T) praktisch nur in der DNA vorkommt und Uracil (U) fast immer Bestandteil einer RNA ist. In einigen Nukleinsäuremolekülen gibt es auch modifizierte Varianten dieser Basen. Die eingekreisten Wasserstoffatome in Abbildung 9.1 gehen verloren, wenn die Basen an andere Komponenten gebunden werden, um eine Nukleinsäure zu bilden. Die vollständige Struktur der fünf Basen ist in Abbildung 9.2 gezeigt. In der Abfolge dieser Basen im DNA-Molekül ist die genetische Information gespeichert, ähnlich wie die Abfolge von Buchstaben ein Gedicht oder einen Roman ausmacht.

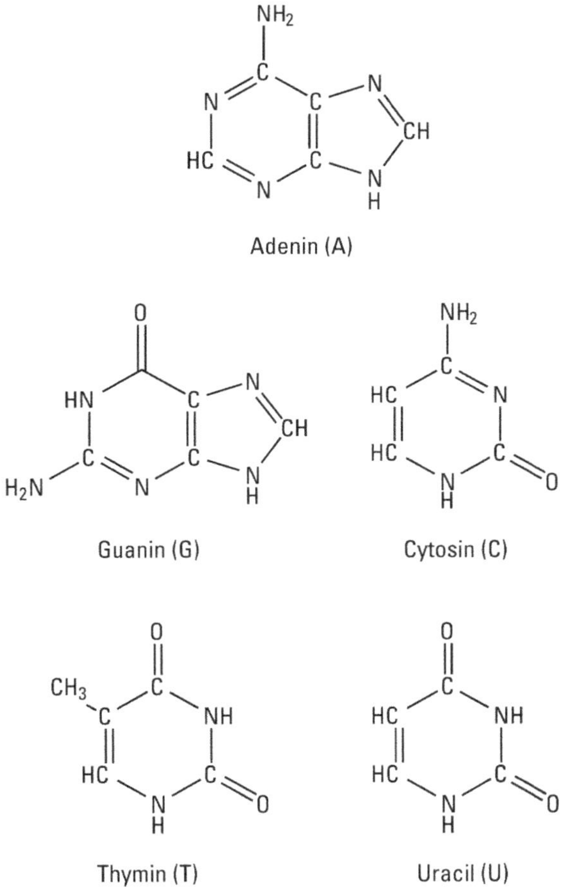

Abbildung 9.2: Adenin (A), Guanin (G), Cytosin (C), Thymin (T) und Uracil (U)

Die Stickstoff- und Sauerstoffatome der Stickstoffbasen bieten eine Vielzahl von Optionen für mögliche Wasserstoffbrückenbindungen, die für die Struktur und die Stabilität einer DNA extrem wichtig sind. Die beiden komplementären Stränge einer DNA werden allein durch Wasserstoffbrückenbindungen zusammengehalten, die auf der einen Seite sehr stabil sind, aber auch leicht genug getrennt werden können, wenn die DNA vermehrt oder ihre Information abgelesen werden soll. Besonders starke Wasserstoffbrücken entstehen zwischen bestimmten Stickstoffbasen-Kombinationen. Die Atome der Stickstoffbasen werden normal durchnummeriert, während die Atome der Zuckerkomponenten Zahlen mit Strichindex tragen.

Auf der süßen Seite des Lebens: Die Zucker

Die Zucker der Nukleinsäuren sind entweder D-Ribose oder D-Desoxyribose. Der Unterschied zwischen beiden Zuckern besteht darin, dass der D-Desoxyribose am C2-Atom ein Sauerstoff fehlt. Die Strukturen dieser beiden Zucker sind in Abbildung 9.3 dargestellt. Die Pfeile in der Abbildung weisen auf die Alkoholgruppe am C1-Atom, dem *anomeren* Kohlenstoffatom. An dieser Stelle wird die Stickstoffbase angehängt. Beide Zucker bilden die β-Struktur eines Furanoserings. Die Nummerierung der Zuckeratome beginnt am anomeren C-Atom (1′) und setzt sich im Uhrzeigersinn bis zum CH_2OH-Rest als 5′-Kohlenstoffatom fort.

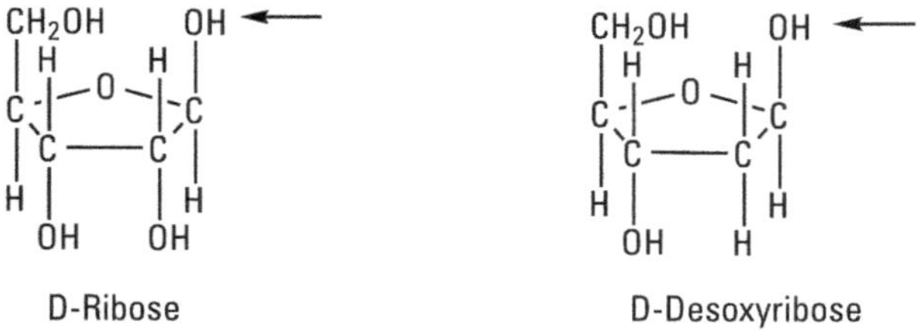

Abbildung 9.3: Strukturen der Zucker in Nukleinsäuren

Auf der sauren Seite des Lebens: Phosphate

Die dritte Komponente einer Nukleinsäure ist eine Phosphorsäure (siehe Abbildung 9.4). Bei physiologischen pH-Werten liegt sie in nicht vollständig protonierter Form vor, so wie in der Abbildung unten gezeigt. Phosphorsäure stand Pate für die »Säure« im Namen »Nukleinsäure«. In der DNA und der RNA sind die einzelnen Nukleotide über Phosphorsäurereste miteinander verbunden.

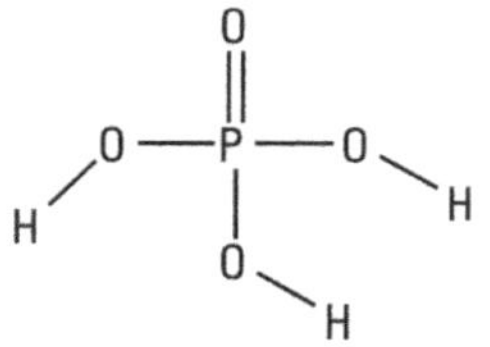

Abbildung 9.4: Struktur von Phosphorsäure

Vom Nukleosid über das Nukleotid zur Nukleinsäure

Erinnern Sie sich noch an die LEGO-Bausteine, bei denen sich viele kleine Teile zu verschiedenen Strukturen aneinanderfügen lassen? So ähnlich funktioniert auch die Konstruktion der Nukleinsäuren. Die Natur verbindet zuerst eine Stickstoffbase mit einem Zucker und schafft so ein Nukleosid. Dann verbindet sich das Nukleosid mit einer Phosphorsäure und es entsteht ein Nukleotid. Zum Schluss verbinden sich mehrere Nukleotide zu einer Nukleinsäure.

Die erste Reaktion: Stickstoffbase + Zucker = Nukleosid

Die Kombination einer Stickstoffbase mit einem Zucker (Pentose) wird als *Nukleosid* bezeichnet. Das allgemeine Reaktionsschema dieser *Kondensationsreaktion* ist in Abbildung 9.5 dargestellt. Vielleicht erinnern Sie sich noch an die Kondensationsreaktionen am Beispiel der glykosidischen Bindungen von Monosacchariden aus Kapitel 7 – das Reaktionsprinzip ist nämlich identisch. Hier nähert sich eine Gruppe mit einem Wasserstoffatom (die Stickstoffbase) einem anderen Molekül mit einer OH-Gruppe (dem Zucker). Das Wasserstoffatom verbindet sich mit der OH-Gruppe und bildet ein Wassermolekül, das bei der Reaktion als Nebenprodukt abgespalten wird. Zwischen den beiden verbleibenden Molekülresten bildet sich eine Bindung aus.

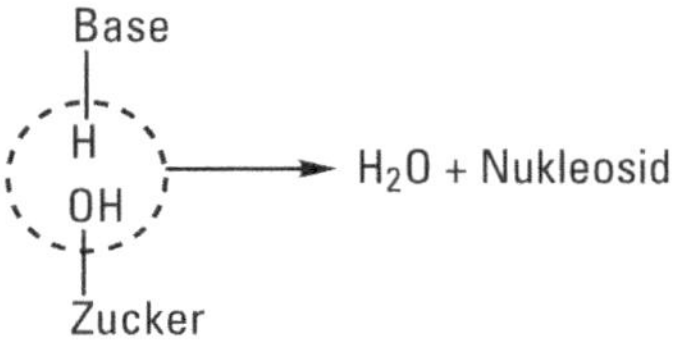

Abbildung 9.5: Allgemeine Reaktion für die Bildung eines Nukleosids

Der jeweilige Name eines Nukleosids wird von der Stickstoffbase abgeleitet. Wenn der Zucker eine Ribose ist und die Base Adenin, heißt das entsprechende Nukleosid Adenosin. Wenn der Zucker eine Desoxyribose ist, entsteht hingegen Desoxyadenosin. Die Struktur des Nukleosids Adenosin sehen Sie in Abbildung 9.6. Das Wasserstoffatom, das die Base verloren hat, entspricht dem eingekreisten Atom aus Abbildung 9.1.

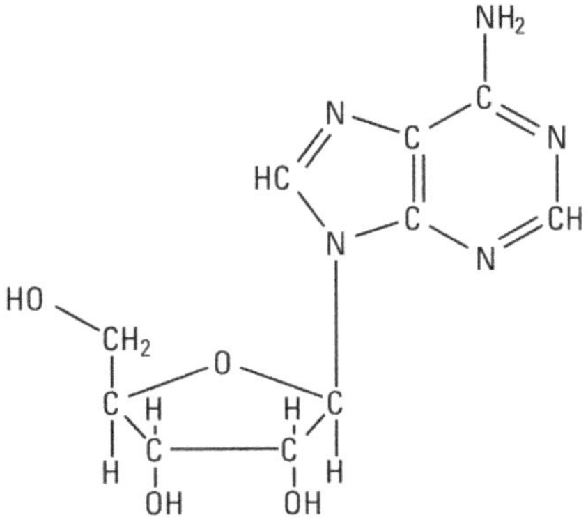

Abbildung 9.6: Struktur des Nukleosids Adenosin

Die zweite Reaktion: Phosphorsäure + Nukleosid = Nukleotid

Die Kombination einer Phosphorsäure mit einem Nukleosid führt zur Bildung eines Nukleotids, also des Phosphorsäureesters eines Nukleosids. Bei der Molekülbildung ist wieder eine Kondensationsreaktion beteiligt, wobei die Phosphorsäure und die Alkoholgruppe des C-Atoms Nummer 5 (das $-CH_2OH$) miteinander verbunden werden (siehe Abbildung 9.7).

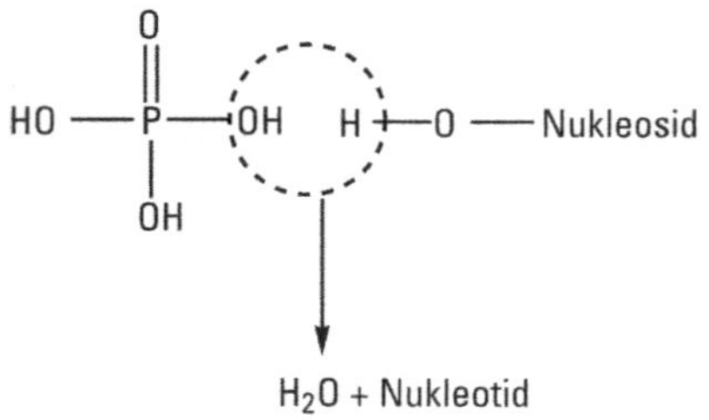

Abbildung 9.7: Allgemeine Reaktion für die Bildung eines Nukleotids

Adenosinmonophosphat (kurz: AMP) ist ein Beispiel für ein Nukleotid (siehe Abbildung 9.8). Nukleotide sind die Bausteine, aus denen sich die Nukleinsäuren zusammensetzen. AMP ist nicht nur einer der »LEGO«-Bausteine, die die RNA bilden, sondern ist auch an zahlreichen Energieübertragungsreaktionen innerhalb einer Zelle beteiligt (mehr über AMP erfahren Sie in Teil IV).

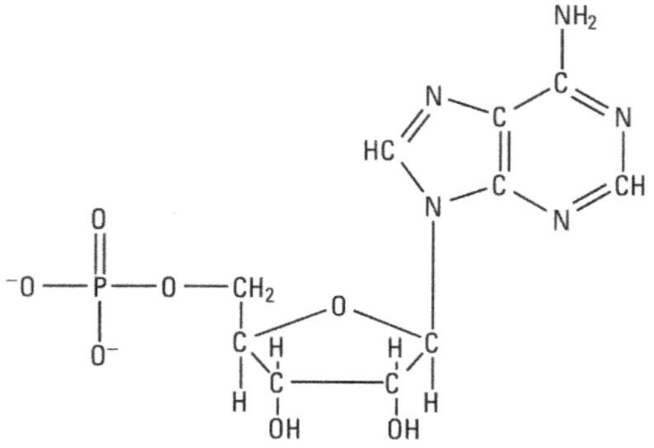

Abbildung 9.8: Struktur von Adenosinmonophosphat (AMP)

Ist der Zucker eine Ribose, entsteht eines von vier Ribonukleotiden für die Bildung der RNA. Ist der Zucker eine Desoxyribose, entsteht eines von vier möglichen Desoxyribonukleotiden für die Bildung der DNA.

Die dritte Reaktion: Viele Nukleotide bilden eine Nukleinsäure

Nukleinsäuren bilden sich durch die Verbindung von Nukleotiden mit der gleichen Kondensationsreaktion, die wir bereits erwähnt haben. Bei dieser Kondensationsreaktion reagiert das Phosphat eines Nukleotids mit der Alkoholgruppe des Kohlenstoffatoms Nummer 3′ eines anderen Nukleotids. Abbildung 9.9 veranschaulicht diese Reaktion. Beachten Sie bitte, dass die –OH-Gruppe im eingekreisten Bereich von der Phosphorsäure stammt, die an das 5′-Kohlenstoffatom gebunden ist. Das H-Atom darüber stammt aus der Alkoholgruppe am 3′-Kohlenstoffatom.

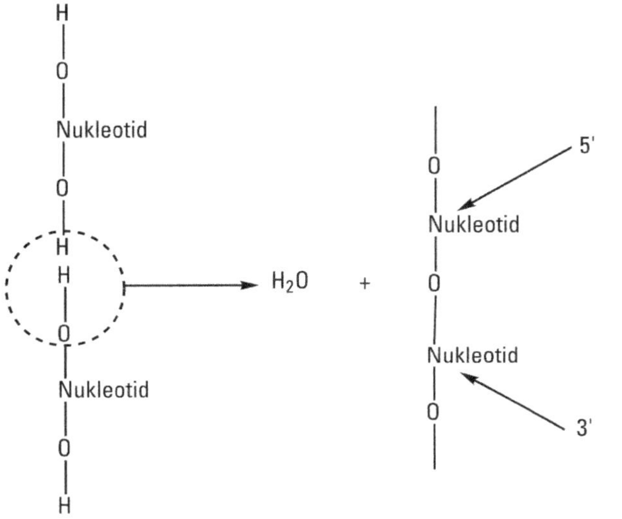

Abbildung 9.9: Vereinfachte Darstellung der Verbindung zweier Nukleotide

Man erhält so eine Grundkette aus Einfachzuckern, die über Phosphorsäureester miteinander verbunden sind, und mit jedem Zucker ist eine der Stickstoffbasen verknüpft.

Eine Nukleinsäure besitzt eine genau definierte Richtung – es beginnt immer mit dem 5′-Ende und hört am 3′-Ende auf. Abbildung 9.10 verdeutlicht die Lage der 5′- und 3′-Atome bei AMP.

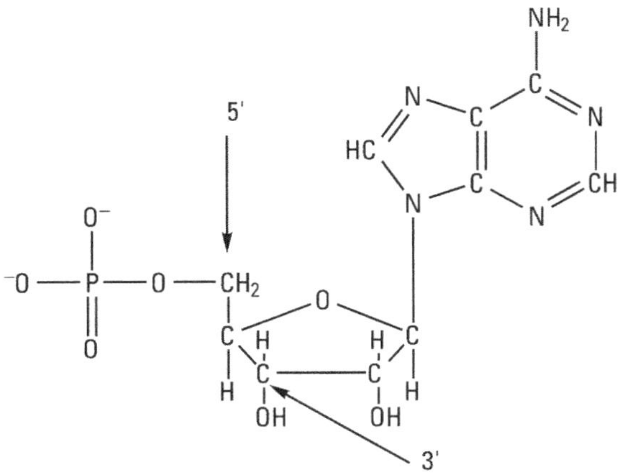

Abbildung 9.10: Die Lage der 5′- und 3′-Kohlenstoffatome bei Adenosinmonophosphat

Dogmatisches Wissen ist gefragt …

Die genetische Information für die Zellvermehrung und alle zellulären Prozesse wird bei *allen* Organismen in Form von Nukleinsäuren gespeichert und auch weitergegeben. Bei *allen* Lebewesen ist die genetische Information in Form einer DNA gespeichert (Viren sind da allerdings etwas flexibler und können auch RNA als Erbgut besitzen – die Diskussion, ob Viren auch Lebewesen sind, ersparen wir uns an dieser Stelle).

Die großen DNA-Moleküle des Erbguts (die Chromosomen) befinden sich bei Eukaryoten im Zellkern, während sie bei Bakterien mehr oder weniger frei im Zytoplasma der Zelle liegen. Wenn sich eine Zelle teilt und reproduziert, wird auch die genetische Information dieser Zelle verdoppelt (*repliziert*) und auf die neu entstehenden Tochterzellen verteilt. Dies muss sehr sorgfältig und genau geschehen, denn Fehler können fatale Auswirkungen haben. Die Rolle der RNA besteht darin, die in der DNA gespeicherte genetische Information zu den Ribosomen zu bringen, den Orten der Proteinsynthese. Die Information wird von der DNA über eine RNA in ein Protein übertragen – das ist das zentrale *Dogma der Molekularbiologie.*

DNA und RNA im großen Plan des Lebens

DNA und RNA sind beide Polymere, die aus Nukleotiduntereinheiten zusammengesetzt sind, jedoch ist die DNA sehr viel größer als die RNA. DNA-Moleküle haben normalerweise oft Molekulargewichte, die in die Millionen gehen. Das menschliche Genom besteht aus etwa drei Milliarden Nukleotiden (bezogen auf den haploiden Chromosomensatz).

Die Struktur einer bestimmten Nukleinsäure kann vereinfachend zum Beispiel als 5′-C-G-T-A-3′ beschrieben werden. Diese Abkürzung besagt, dass diese Mininukleinsäure am 5′-Ende beginnt und am 3′-Ende aufhört (wie Sie ja bereits wissen, hat jede Nukleinsäure eine Richtung), und dass die Stickstoffbasen der Nukleotide der Reihenfolge nach Cytosin (C), Guanin (G), Thymin (T) und Adenin (A) lauten.

Die DNA dient als Informationsspeicher, während RNA-Moleküle sehr unterschiedliche Funktionen wahrnehmen können. Drei Arten von RNA sind für die Synthese von Proteinen besonders wichtig:

- ✔ Die *ribosomale RNA* (rRNA) ist mit 75 bis 80 Prozent aller RNA-Moleküle die am häufigsten vorkommende RNA und bildet die Ribosomen, die Orte der Proteinsynthese.
- ✔ Die *Transfer-RNA* (tRNA) macht 10 bis 15 Prozent aller RNA-Moleküle aus und bringt die Aminosäuren zu den Ribosomen.
- ✔ Die *Messenger-RNA* (mRNA), die die Information von der DNA zu den Ribosomen bringt, bildet den kleinen Rest.

Jede dieser drei RNAs ist für die Proteinsynthese wichtig. Die mRNA wird an der DNA als Vorlage synthetisiert und wandert zu den Ribosomen, die vor allem aus ribosomaler RNA und einigen ribosomalen Proteinen bestehen. Die für die Proteinsynthese notwendigen Aminosäuren werden von der tRNA quasi huckepack genommen und zu den Ribosomen transportiert. Dort werden diese Aminosäuren anhand der mRNA als Vorlage zu dem gewünschten Protein zusammengebaut.

tRNAs sind kleine Moleküle, sie bestehen aus nur etwa 70 bis 90 Nukleotiden. Ein durchschnittlicher mRNA-Strang ist hingegen etwa 1200 Nukleotide lang. Bei den rRNA-Molekülen der Eukaryoten werden vier Kategorien unterschieden, deren Längen sich zwischen 120 und mehr als 4700 Nukleotiden bewegen. Ribonukleotide haben neben der Bildung der RNA noch viele weitere Aufgaben. Sie sind Bestandteil von Energiespeichermolekülen (ATP) und intrazellulären Hormonmediatoren (zyklisches AMP) oder kommen in bestimmten Koenzymen (FAD und NAD) vor. RNAs können auch enzymatische Funktionen übernehmen und mRNAs, die nicht für das Protein benötigte Bereiche (Introns) enthalten, zurechtschneiden (spleißen). Das Erbgut der Eukaryoten (Pflanzen, Tiere, Pilze …) und der Prokaryoten (Bakterien, Blaualgen) ist immer eine doppelsträngige DNA. Viren können im Gegensatz dazu entweder ein doppel- oder einzelsträngiges DNA- oder RNA-Erbgut besitzen.

Die Struktur der Nukleinsäuren

Die Struktur einer bestimmten Nukleinsäure bestimmt deren Funktion im Organismus. Die Faltung einer bestimmten tRNA zum Beispiel entscheidet darüber, welche Aminosäure diese tRNA binden und zu den Ribosomen transportieren kann. Und auch der Unterschied zwischen einer DNA und einer RNA ist in der Molekülstruktur begründet – die DNA ist fast immer doppelsträngig, die RNA fast immer ein Einzelstrang.

Eine Nukleinsäure hat eine Primär- und eine Sekundärstruktur, ähnlich wie auch die Proteine. Die Primärstruktur einer Nukleinsäure entspricht der Nukleotidsequenz, also der Reihenfolge der einzelnen Nukleotide. Die Sekundärstruktur ergibt sich aus der Wechselwirkung zwischen einzelnen Nukleotiden – und zwar vor allem Wasserstoffbrückenbindungen, die für die Funktion der Nukleinsäuren extrem wichtig sind. Eine DNA ist eine *Doppelhelix*, die wie eine um die Längsachse gedrehte Leiter aussieht, wobei Wasserstoffbrückenbindungen zwischen den Stickstoffbasen wie die Stufen der Leiter die beiden Primärstrukturstränge zusammenhalten.

Die Wasserstoffbrücken zwischen den beiden DNA-Strängen bewirken, dass beide Stränge *komplementär* zueinander sind (also der eine Strang der Gegenstrang des anderen ist), weil immer nur eine Base mit einer bestimmten anderen Base eine *Basenpaarung* eingeht. Jedes Adenin (A) bildet *zwei* Wasserstoffbrückenbindungen zu Thymin (T) aus (und umgekehrt). Und jedes Cytosin (C) bildet über *drei* Wasserstoffbrückenbindungen ein Paar mit Guanin (G). Diese genau definierte Basenpaarung ist extrem wichtig für die Funktion der Nukleinsäuren!

Beide DNA-Stränge behalten ihre Richtung bei und verlaufen daher *antiparallel*, was bedeutet, dass das 5′-Ende eines Strangs mit dem 3′-Ende des komplementären Strangs verbunden ist (oder anders ausgedrückt: der zweite Strang steht auf dem Kopf).

Die antiparallele Anordnung der beiden DNA-Doppelstränge führt dazu, dass sich die stärker polaren (hydrophileren) Zucker und die Phosphatgruppen außen und die weniger polaren (mehr hydrophoben) Stickstoffbasen im Innern der Helix befinden. (Achtung: *Hydrophil* und *hydrophob* sind in diesem Kontext relativ zu sehen!) Die Tatsache, dass die beiden Stränge einer DNA antiparallel angeordnet sind und daher in unterschiedlicher Richtung verlaufen, wirkt sich auch darauf aus, wie eine DNA verdoppelt (repliziert) oder eine mRNA in der Transkription erzeugt werden kann – dazu später noch im Detail.

Obwohl jede einzelne Stickstoffbase theoretisch Wasserstoffbrücken mit verschiedenen Partnern ausbilden könnte, gibt es dennoch bestimmte besonders stabile und daher bevorzugte Basenkombinationen in der DNA: Adenin bildet mit Thymin zwei Wasserstoffbrücken (siehe Abbildung 9.11), Cytosin mit Guanin drei Wasserstoffbrücken (siehe Abbildung 9.12).

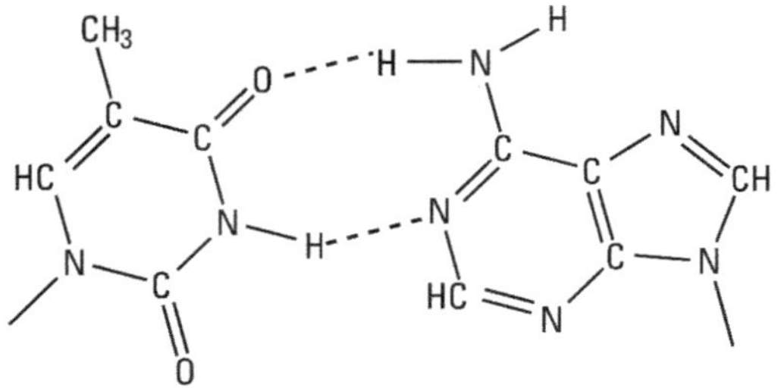

Abbildung 9.11: Wasserstoffbrückenbindungen (gestrichelte Linien) bilden sich zwischen Adenin (rechts) und Thymin (links).

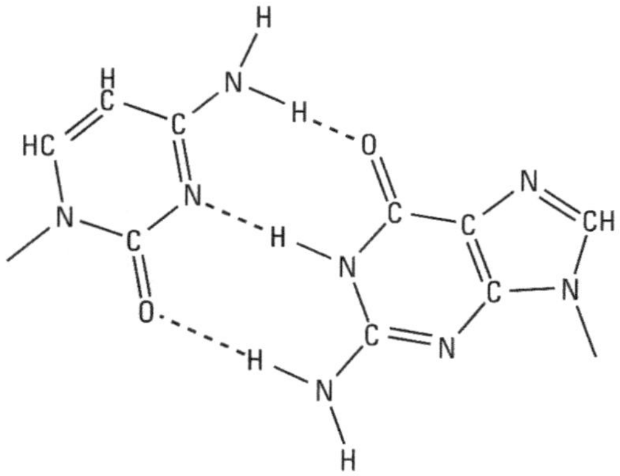

Abbildung 9.12: Wasserstoffbrückenbindungen (gestrichelte Linien) bilden sich zwischen Guanin (rechts) und Cytosin (links).

Adenin kann auch zwei Wasserstoffbrücken mit Uracil bilden, wenn eine DNA mit einer RNA oder wenn zwei RNA-Stränge miteinander interagieren. Die Wechselwirkung zwischen Adenin und Uracil ist in Abbildung 9.13 dargestellt. In Abbildung 9.14 sehen Sie die Sekundärstruktur der DNA.

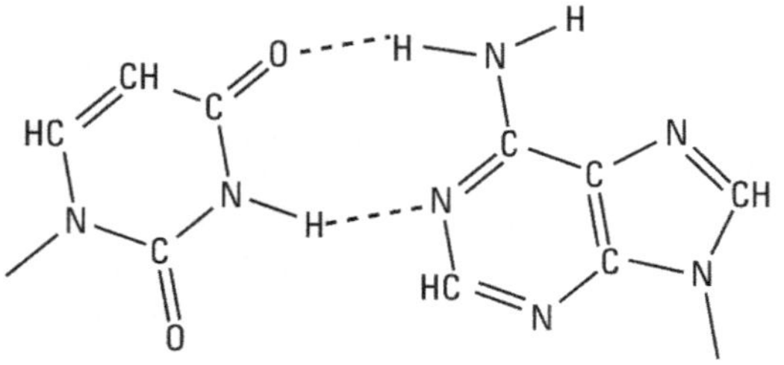

Abbildung 9.13: Wasserstoffbrückenbindungen (gestrichelte Linien) bilden sich zwischen Adenin (rechts) und Uracil (links).

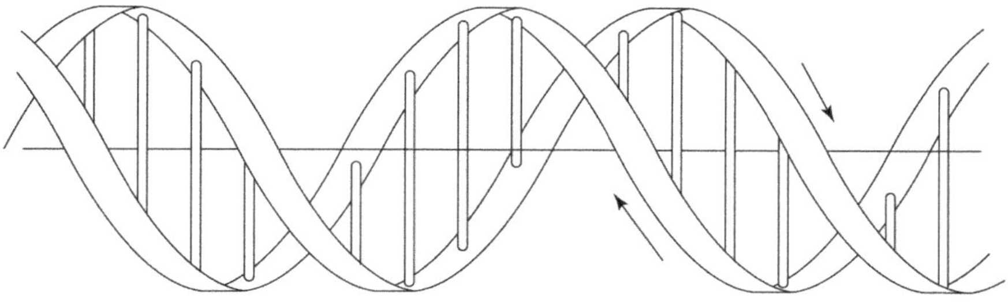

Abbildung 9.14: Die Sekundärstruktur der DNA

Das ganze Leben auf der Erde beruht auf zwei simplen chemischen Prinzipien – erstens der Tatsache, dass eine DNA durch diese speziellen Basenkombinationen nicht nur einen komplementären Gegenstrang besitzt, sondern auch eine komplementäre mRNA erzeugen kann, die die Information der DNA weitergibt. Nur so kann eine DNA präzise kopiert und auf die Nachkommen übertragen werden. Ohne die DNA würde das Leben auf der Erde – sofern es existieren würde – ganz anders aussehen.

Und zweitens beruht das Leben auf dem *genetischen Code*, von dem Sie bestimmt schon oft gehört haben. Jeweils drei aufeinanderfolgende Nukleotide in einer Nukleinsäure stehen für eine ganz bestimmte Aminosäure in einem Protein. Über dieses Thema erfahren Sie später noch mehr.

IN DIESEM KAPITEL

Wozu Sie Vitamine brauchen

Das ABC der Vitamine

Vitaminmangel und Ernährungsfallen

Kapitel 10
Vitamine und Nährstoffe

Ein Organismus muss eine Vielzahl von Stoffen aufnehmen, um wachsen und sich erhalten zu können. Viele dieser Substanzen fallen in die Kategorie »Nahrung«, die sicherlich zur Lieblingskategorie der meisten Menschen zählen dürfte. Als *Nährstoffe* werden all jene Substanzen in der Nahrung bezeichnet, die für das Wachstum, die Zellerneuerung und den Energiehaushalt eines Organismus relevant sind. Generell lassen sich sechs Klassen von Nährstoffen unterscheiden:

- ✔ Kohlenhydrate
- ✔ Lipide
- ✔ Proteine
- ✔ Vitamine
- ✔ Mineralstoffe
- ✔ Wasser

Bei der *Verdauung* werden große Moleküle aus der Nahrung in kleinere Moleküle aufgespalten, die dann über die Darmschleimhaut vom Körper aufgenommen werden können. So werden die Kohlenhydrate beispielsweise in Monosaccharide, die Fette in freie Fettsäuren und Monoacylglyzeride und die Proteine in die einzelnen Aminosäuren zerlegt. Diese kleinen Abbauprodukte kann der Organismus meistens direkt für sein Wachstum und die Energieproduktion nutzen. Tiere gewinnen ihre Energie in erster Linie aus Kohlenhydraten und Lipiden, doch auch Proteine können als Energiequelle herangezogen werden, wenn andere Energiequellen knapp sind.

Für den Stoffwechsel benötigt ein Organismus allerdings noch etwas mehr, wie Sie an der Aufzählung oben erkennen können – organische Substanzen in Form von Vitaminen und anorganische Substanzen in Form von Mineralstoffen. Und, *last not least*, alle Lebewesen brauchen Wasser – der eine mehr, der andere weniger (vergleichen Sie nur einmal den Wasserbedarf einer Qualle mit dem einer Wüstenpflanze …). Das Leben auf der Erde ist im

Wasser entstanden, und das hat nicht nur unseren Stoffwechsel, sondern auch unsere gesamte Chemie geprägt. Wenn Sie noch mehr über die ungewöhnlichen Eigenschaften von Wasser erfahren wollen, blättern Sie zu Kapitel 2 oder vertiefen Sie sich in das Buch *Chemie für Dummies* (Wiley-VCH Verlag).

Mehr als nur ein Apfel am Tag: Das Einmaleins der Vitamine

Vitamine sind organische Verbindungen, die in kleinen Mengen für die Aufrechterhaltung des Stoffwechsels benötigt werden. Diese müssen in einer bestimmten *aktiven Form* vorliegen, um ihre Aufgaben im Organismus zu erfüllen, doch oft nehmen wir inaktive Vorstufen der Vitamine auf, die erst im Körper in die biologisch aktive Form überführt werden. Menschen können die täglich erforderlichen Mengen der meisten Vitamine nicht selbst herstellen und sind daher auf die Vitaminzufuhr über die Nahrung angewiesen – ob nun als Nahrungsergänzungspille oder in natürlicher Form. Von den 13 unbedingt erforderlichen Vitaminen können Menschen beispielsweise elf Vitamine gar nicht und zwei weitere (Vitamin D und Niacin) nur unter bestimmten Bedingungen selbst synthetisieren.

Jeder Vitaminmangel in der Nahrung führt langfristig zu Gesundheitsproblemen, die sich oft in wiederkehrenden Infekten, einer schlechten Wundheilung, Müdigkeit und Leistungsverlusten äußern. Erst zu Beginn des 20. Jahrhunderts wurden Krankheiten wie Beriberi oder Skorbut genauer untersucht und als Folge einer Mangelernährung erkannt – noch vor etwa 100 Jahren hatten die Wissenschaftler und Mediziner kaum eine Ahnung, wie wichtig Vitamine, Mineralstoffe und Spurenelemente für die Ernährung des Menschen sind.

Vitamine werden aufgrund ihrer chemischen Eigenschaften in zwei große Gruppen unterteilt, die wasserlöslichen und die fettlöslichen Vitamine. Zu den *wasserlöslichen* Vitaminen zählen das Vitamin C und die Vitamine des B-Komplexes, während die Vitamine A, D, E und K zur *fettlöslichen* Gruppe gehören. Wasserlösliche Vitamine besitzen mehr polare Gruppen mit Sauerstoff- und Stickstoffatomen in ihrer Struktur als fettlösliche Vitamine, die dafür einen signifikant höheren (unpolaren) Kohlenstoffanteil aufweisen. Die meisten wasserlöslichen Vitamine fungieren entweder als Koenzyme, die den Enzymen quasi bei der Arbeit behilflich sind, oder spielen eine wichtige Rolle bei der Synthese von Koenzymen. Fettlösliche Vitamine erfüllen eine Vielzahl biochemischer Funktionen – dazu später noch mehr.

Einen Überschuss an wasserlöslichen Vitaminen kann Ihr Körper leicht korrigieren, indem er diese über den Urin wieder ausscheidet. Wenn Sie zum Beispiel höhere Dosen an Vitamin B_2 zu sich genommen haben, wird Ihr Urin kurz danach eine intensive gelbe Farbe annehmen – kein Grund zur Sorge! Aus dem gleichen Grund ist Ihr Körper aber auch nicht in der Lage, wasserlösliche Vitamine über einen längeren Zeitraum zu speichern, sodass Sie ständig für Nachschub sorgen müssen.

Fettlösliche Vitamine hingegen speichert Ihr Körper in Fettzellen, was zwar einerseits praktisch ist, andererseits aber auch bedeutet, dass Sie einen Überschuss dieser Vitamine nicht so leicht wieder loswerden. Vitamine mögen zwar lebensnotwendig sein, jedoch kann eine Überdosierung (*Hypervitaminose*) an fettlöslichen Vitaminen auch zu akuten oder chronischen Vergiftungserscheinungen führen.

Wer A sagt, muss auch B sagen: Die Vitamine der B-Gruppe

Die B-Vitamine (oder Vitamine des B-Komplexes, wie sie auch genannt werden) bilden eine Gruppe wasserlöslicher Vitamine, die eine wichtige Rolle für die Gesundheit von Haut und Nervensystem spielen. Die Zusammenfassung dieser chemisch recht unterschiedlichen Vitamine in einer Gruppe beruht auf historischen Gründen. Ursprünglich wurde angenommen, dass es sich bei Vitamin B nur um ein einziges Vitamin handelt, bevor man die einzelnen Vertreter der B-Gruppe entdeckte und diese mit einiger Kreativität mit zahlreichen verschiedenen Bezeichnungen versah. Alle B-Vitamine sind (mit Ausnahme von Vitamin B_6) auch in Überdosierung relativ ungiftig.

Vitamin B_1 (Thiamin)

Thiamin ist für den Kohlenhydratstoffwechsel wichtig. Als wasserlösliches Vitamin wird es ebenso wie die anderen B-Vitamine nicht vom Körper gespeichert. Zudem kann langes Kochen das in Speisen enthaltene Vitamin B_1 zerstören. Im Körper wird Thiamin in seine biologisch aktive Form umgewandelt, indem eine Pyrophosphatgruppe (Diphosphatgruppe) angehängt wird und Thiaminpyrophosphat (TPP, auch Thiamindiphosphat oder TDP genannt) entsteht. Die Strukturen von Thiamin und Thiaminpyrophosphat sind in Abbildung 10.1 dargestellt.

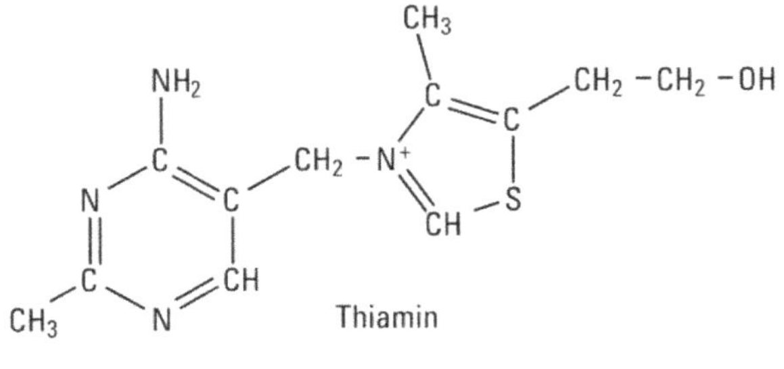

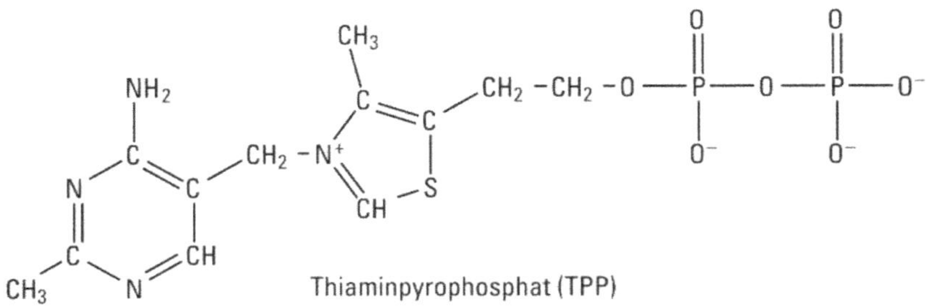

Abbildung 10.1: Strukturen von Vitamin B_1 (Thiamin) und Thiaminpyrophosphat (TPP)

TPP ist ein Koenzym, das im Citratzyklus an der Decarboxylierung von Pyruvat zu Acetyl-CoA und der Decarboxylierung von α-Ketoglutarat zu Succinyl-CoA beteiligt ist. Zudem wird TPP für die Synthese von Ribose notwendig.

Ein langfristiger Thiaminmangel äußert sich als Beriberi-Krankheit, einer Störung des Nervensystems, die mit Lähmungen und Muskelzittern einhergeht. Beriberi tritt meist in Regionen auf, in denen geschälter oder polierter Reis als Hauptnahrungsquelle dient. Dieses Defizit lässt sich leicht mit einer Umstellung auf Naturreis beheben, der viel Thiamin in den äußeren Schichten des Korns enthält. Besonders gefährdet sind Säuglinge, deren Mütter an Thiaminmangel erkrankt sind. Auch Alkoholiker können von einem Thiaminmangel betroffen sein, da sie krankheitsbedingt ihren Kalorienbedarf vorwiegend mit Vitamin-B-armem Alkohol decken. (Nicht, dass Sie das falsch verstehen – Vitamin-B-reicher Alkohol existiert nicht!)

Thiamin ist vor allem in Schweinefleisch, Hefe, Naturreis, Vollkornprodukten und den meisten Hülsenfrüchten (Leguminosen) wie Bohnen enthalten.

Vitamin B_2 (Riboflavin)

Vitamin B_2 oder Riboflavin, wie es auch genannt wird, ist essenziell für die Synthese der Flavin-Koenzyme Flavinmononukleotid (FMN, Riboflavinphosphat) und Flavinadenindinukleotid (FAD). Die Struktur dieser beiden wichtigen Koenzyme, die an einer Reihe biochemischer Redoxprozesse beteiligt sind, ist in Abbildung 10.2 gezeigt. Der Name *Riboflavin* deutet auf die Anwesenheit von *Ribitol* hin, einem alkoholischen Ribosederivat. Der andere Bestandteil von Riboflavin ist das Ringsystem Isoalloxazin, ein Flavinderivat.

Echte Mangelkrankheiten im Zusammenhang mit Riboflavin sind zwar nicht bekannt, dennoch führt ein Defizit dieses Vitamins gelegentlich zu brennenden und juckenden Augen, Dermatitis und Anämie (Blutarmut). Im Allgemeinen lässt sich der tägliche Bedarf an Riboflavin über Fisch, Milch- oder Käseprodukte und grünes Blattgemüse decken. Riboflavin übersteht den Kochvorgang, wird aber durch die längere Einwirkung von Licht zerstört.

Vitamin B_3 (Niacin)

Der Name »Niacin« für Vitamin B_3 leitet sich von den beiden Bestandteilen dieses Stoffes ab: Nikotinsäure und Nikotinamid. Diese beiden Substanzen sind zusammen mit Nikotinamid-Adenin-Dinukleotid (NAD^+; das Molekül ist oxidiert und trägt daher eine positive Ladung) in Abbildung 10.3 dargestellt. Nikotinamid ist Teil der Koenzyme NAD^+ und Nikotinamid-Dinukleotid-Phosphat ($NADP^+$). Diese Koenzyme sind zusammen mit weiteren Enzymen an vielen Redoxprozessen im Körper beteiligt.

Niacin ist eines der wenigen Vitamine, die der menschliche Körper in gewissem Rahmen selbst herstellen kann, wenn auch nicht sehr effizient. Zur Niacinsynthese wird die Aminosäure Tryptophan benötigt.

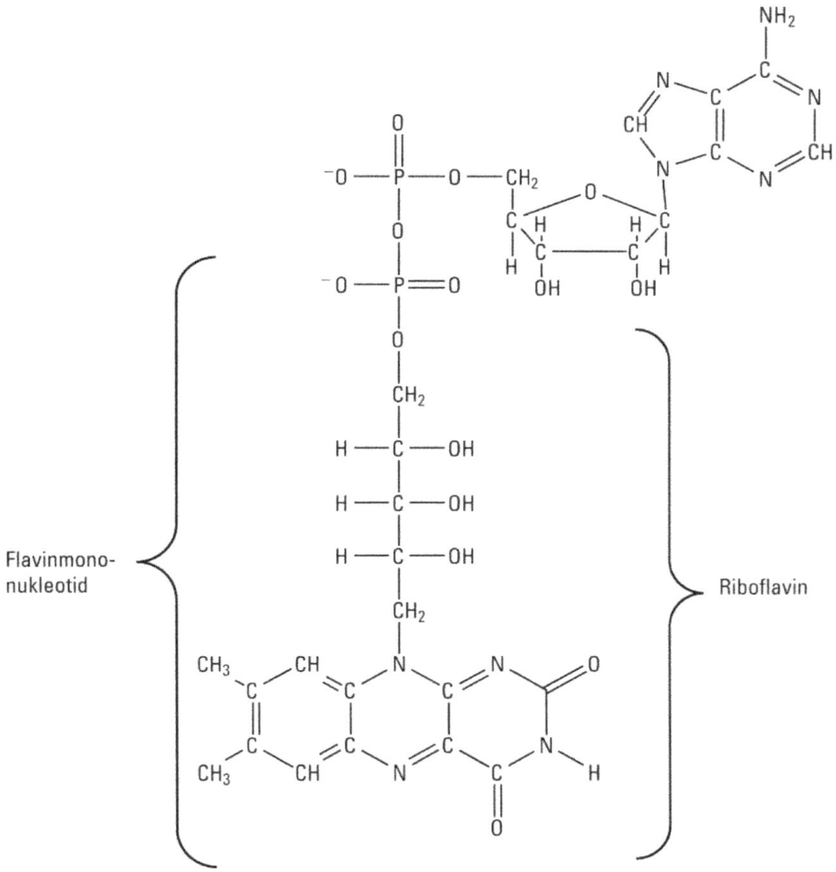

Abbildung 10.2: Struktur von Flavinadenindinukleotid (FAD) und der Bestandteile Flavinmononukleotid und Riboflavin

Die Krankheit *Pellagra* wird durch Niacinmangel verursacht und äußert sich in Symptomen wie Appetitverlust und Durchfall, Dermatitis oder psychische Störungen. Im frühen 19. Jahrhundert war diese Krankheit, die sogar mit dem Tod enden kann, im Süden der Vereinigten Staaten von Amerika weit verbreitet. Dort ernährten sich viele Menschen hauptsächlich von Mais, der kaum Niacin oder Tryptophan enthält. Obwohl der Zusammenhang mit der Ernährungsweise schon seit 200 Jahren bekannt war (allerdings lange vermutet wurde, dass vielleicht sogar Maisgifte oder Schimmelpilze auf den Maiskörnern Pellagra verursachen könnten), ließ sich die wahre Ursache dieser Mangelerkrankung erst Anfang des 20. Jahrhunderts aufklären.

Niacin ist vor allem in vielen Fleisch- und Gemüsesorten, Milch, Käse und Vollkornprodukten enthalten.

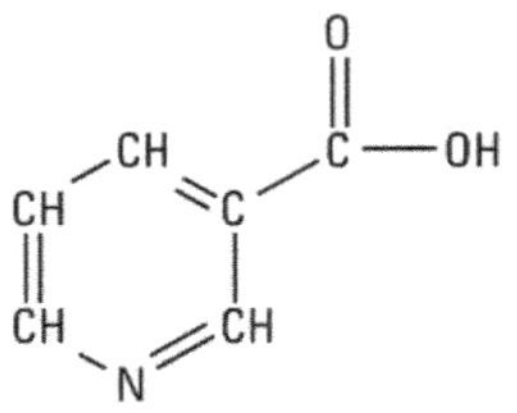

Nikotinsäure

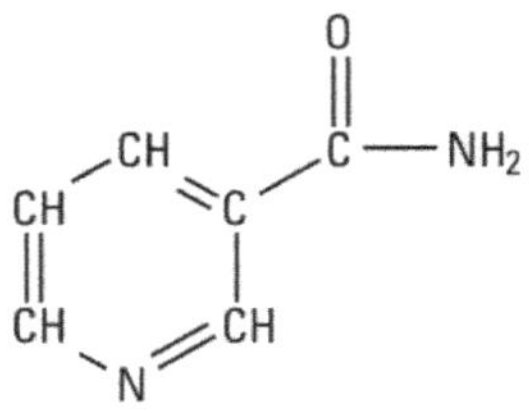

Nikotinamid

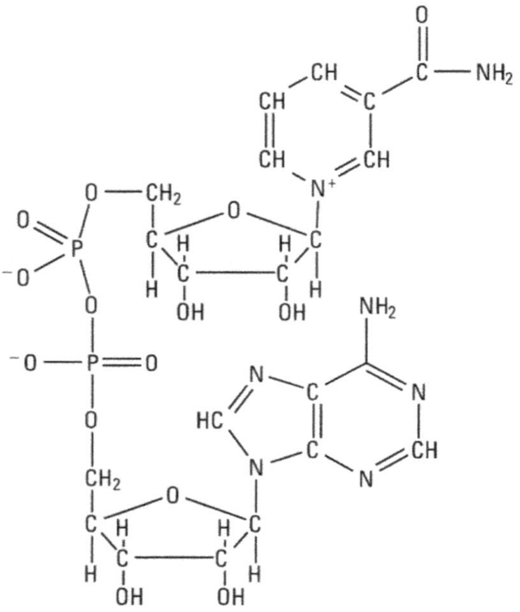

Nikotinamid-Adenin-Dinukleotid (NAD^+)

Abbildung 10.3: Strukturen von Nikotinsäure, Nikotinamid und Nikotinamid-Adenin-Dinukleotid (NAD^+)

Vitamin B_6 (Pyridoxin)

Unter dem Begriff »Vitamin B_6« werden drei Verbindungen zusammengefasst, die inaktive Vorstufen des Pyridoxalphosphats sind: Pyridoxin, Pyridoxal und Pyridoxamin. Alle drei Verbindungen, die in Abbildung 10.4 dargestellt sind, können im Stoffwechsel ineinander umgewandelt und in die aktive Form Pyridoxalphosphat überführt werden. Pyridoxalphosphat fungiert als Koenzym in einer Vielzahl biochemischer Prozesse wie zum Beispiel der Biosynthese der Aminosäuren und der Neurotransmitter Serotonin und Dopamin.

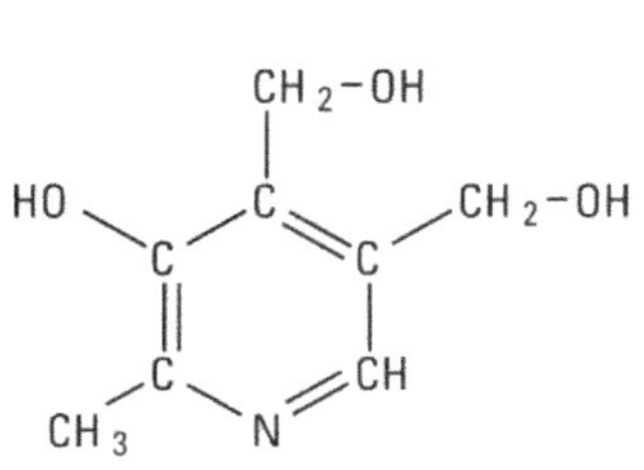

Pyridoxin

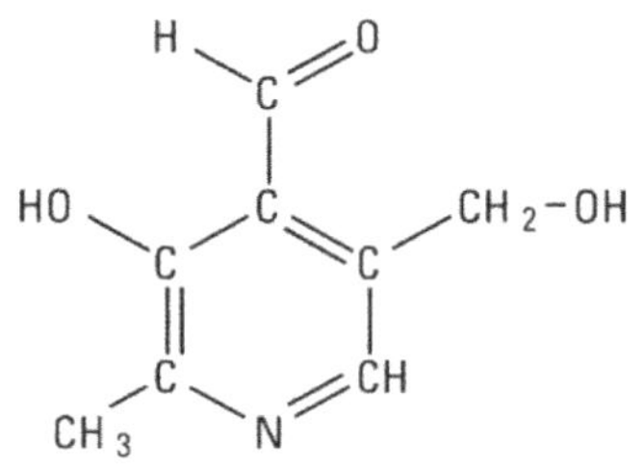

Pyridoxal

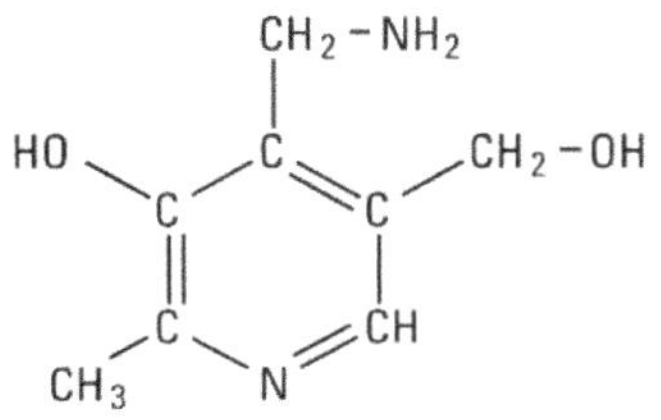

Pyridoxamin

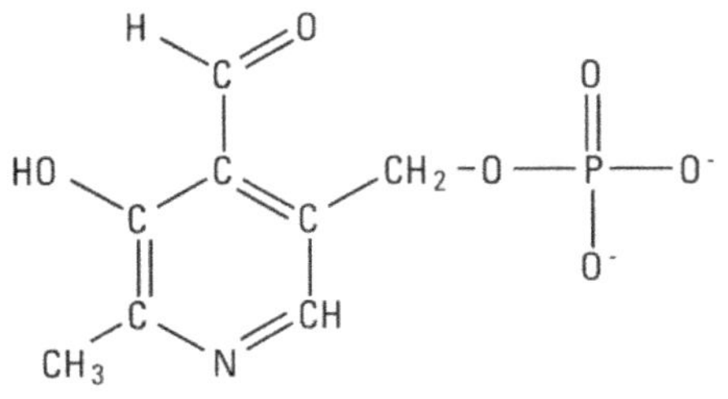

Pyridoxalphosphat

Abbildung 10.4: Strukturen von Pyridoxin, Pyridoxal, Pyridoxamin und Pyridoxalphosphat

Avocados, Geflügelfleisch, Fisch, Nüsse, Leber und Bananen sind besonders reich an Vitamin B_6. Kochen vermindert den Pyridoxin-Gehalt in Nahrungsmitteln.

Regelrechte Vitamin-B_6-Mangelkrankheiten sind zwar nicht bekannt, dennoch kann ein Mangel an Pyridoxin zu einer erhöhten Reizbarkeit, depressiven Verstimmungen und nervösen Störungen führen. Anders als bei anderen wasserlöslichen Vitaminen gibt es einen Hinweis darauf, dass hohe Vitamin-B_6-Dosen gesundheitlich bedenklich sein können. Zu den Symptomen einer Pyridoxinüberdosierung (die jedoch nur durch die Einnahme hoch dosierter Vitaminpräparate verursacht sein kann – mit normaler Ernährung ist das nicht zu schaffen!) zählen sensorische Störungen bis hin zu irreversiblen Nervenschäden.

Biotin

Biotin ist ein wichtiges Koenzym vieler Carboxylierungsreaktionen. Gelegentlich werden Ihnen auch die Bezeichnungen Vitamin B_7, Vitamin B_8 oder Vitamin H für Biotin begegnen – jedoch die von IUPAC empfohlene Bezeichnung ist einzig Biotin. Biotin überträgt Kohlenstoffeinheiten im Lipid- und Kohlenhydratstoffwechsel; es ist in Abbildung 10.5 dargestellt.

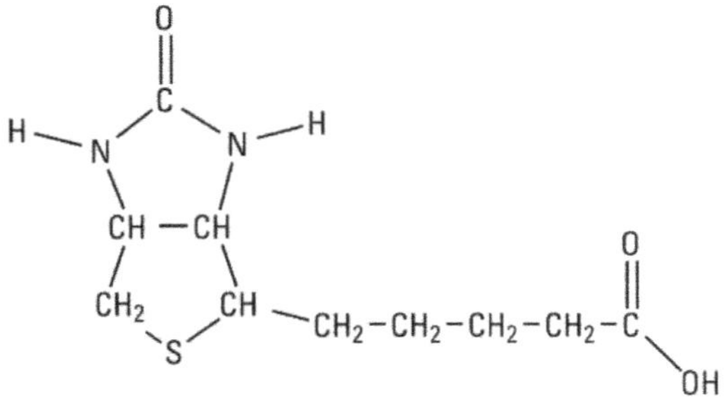

Abbildung 10.5: Struktur von Biotin

Neben der Aufnahme über die Nahrung synthetisieren auch die Bakterien des Darms Biotin in größeren Mengen, wodurch das Risiko einer Unterversorgung normalerweise gering ist. Anders sieht es jedoch aus, wenn das Wachstum der Darmbakterien durch eine Einnahme von Antibiotika beeinträchtigt ist. In diesen Fällen kann langfristig durchaus ein Biotinmangel mit Symptomen wie Übelkeit, Appetitlosigkeit, Hautproblemen oder Depressionen entstehen. Biotin bleibt beim Kochen stabil.

Folsäure

Dieses Vitamin ist vor allem in Blattgemüse, Hefe, getrockneten Bohnen und Leber enthalten, wird jedoch auch von bestimmten Darmbakterien produziert. *Folsäure* (Vitamin B_9, auch gelegentlich als Vitamin B_{11} oder Vitamin M bezeichnet) ist die Vorstufe der Tetrahydrofolsäure, die im Körper aus der Reduktion der Folsäure entsteht und unter physiologischen Bedingungen als Tetrahydrofolat vorliegt (die Strukturformeln sind in Abbildung 10.6 dargestellt). Dieses Koenzym überträgt ein Kohlenstoffatom in Form eines Methyl- oder Formylrestes bei der Synthese von Häm, Nukleinsäuren, Cholin und einigen anderen Verbindungen. Obwohl Folsäure beim Kochen leicht zerstört wird, sorgen die körpereigenen Darmbakterien in der Regel für eine ausreichende Versorgung. Ein Mangel an Folsäure beeinträchtigt die Purinsynthese und führt zu Störungen der Darmfunktion oder zu Blutarmut (Anämie).

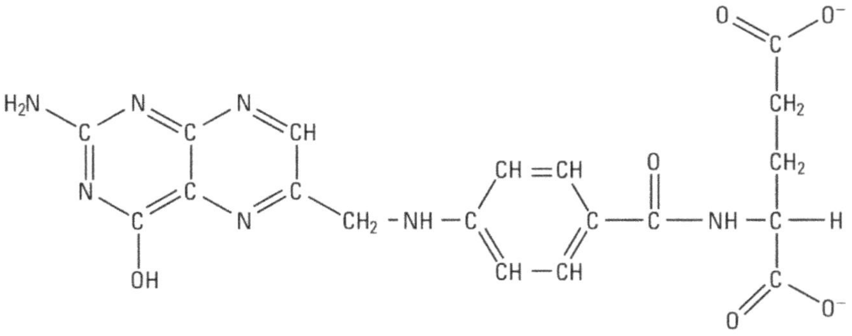

Folsäure

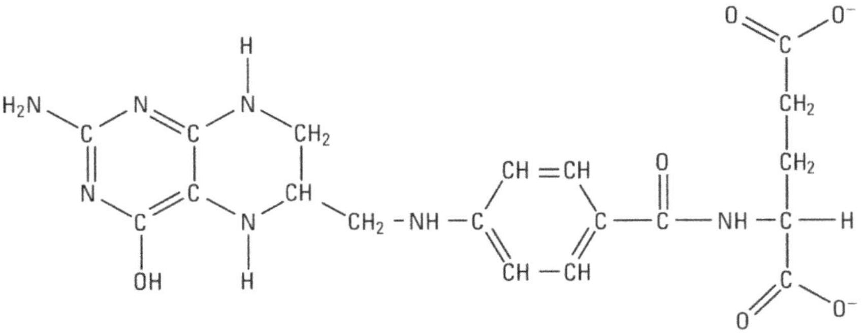

Tetrahydrofolat

Abbildung 10.6: Strukturen von Folsäure und Tetrahydrofolat

Die Versorgung mit Folsäure ist normalerweise kein Problem, mit Ausnahme der frühen Schwangerschaftsstadien, wenn sich das Gehirn und die Wirbelsäule eines Fötus entwickeln. In dieser Phase kann ein Folsäuremangel schwere Fehlbildungen des Gehirns (*Anencephalie*) und der Wirbelsäule (*Spina bifida,* den sogenannten »offenen Rücken«) verursachen. Aus diesem Grund sollten gerade schwangere Frauen oder Frauen mit Kinderwunsch auf eine ausreichende Folsäureaufnahme (zum Beispiel mit Vitaminpräparaten) achten. Auch bei alten Menschen wird oft eine Unterversorgung mit Folsäure beobachtet, die durch die Einnahme bestimmter Medikamente oder eine allgemein verminderte Vitaminaufnahme im Alter verursacht ist. Eine Folsäureüberdosierung ist selten und äußert sich in neurologischen Störungen.

Vitamin B_5 (Pantothensäure)

Der Name *Pantothensäure* (Vitamin B_5) leitet sich von einem griechischen Wort mit der Bedeutung »von überall her kommend« ab. Dieses Vitamin ist in zahlreichen Lebensmitteln wie Vollkornprodukten, Eiern und Fleisch enthalten, sodass Mangelerkrankungen praktisch nicht bekannt sind. Pantothensäure ist bei mittleren Kochtemperaturen noch stabil, zerfällt jedoch rasch bei hohen Temperaturen. Die Struktur sehen Sie in Abbildung 10.7.

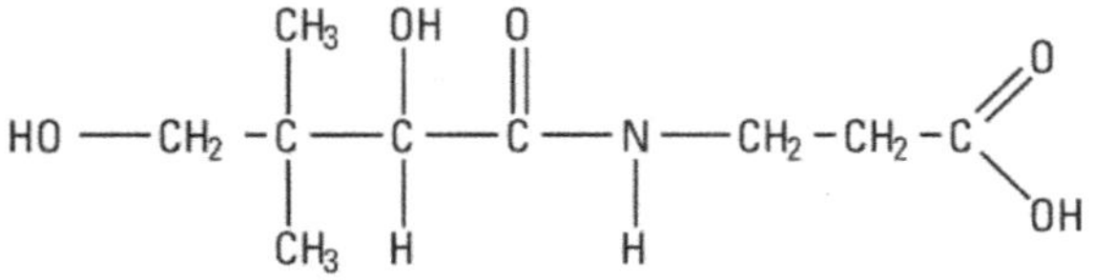

Abbildung 10.7: Struktur der Pantothensäure

Pantothensäure wird für die Synthese von Koenzym A (CoA) benötigt. Koenzym A ist für viele biologische Prozesse extrem wichtig, da es Acylgruppen überträgt.

Das Wundermittel: Vitamin B_{12}

Vitamin B_{12} und seine Derivate sind die einzigen natürlichen organometallischen Verbindungen, die koordinativ gebundenes Kobalt als Zentralatom enthalten – daher auch der Name Cobalamin für die biologisch inaktive Vorform dieses Vitamins. Lediglich Bakterien sind in der Lage, dieses Vitamin zu produzieren, genauer, Bakterien, die in einer symbiotischen Beziehung mit anderen Organismen leben. Menschen und höhere Tiere zählen allerdings nicht zu diesen glücklichen Symbiosepartnern und müssen daher genügend Vitamin B_{12} aus der Nahrung aufnehmen.

Im *Hydroxycobalamin*, das ebenfalls von vielen Bakterien synthetisiert wird, ist im Gegensatz zum *Cyanocobalamin* die Cyanogruppe gegen eine Hydroxygruppe ausgetauscht. *Hydroxycobalamin* wird zur Behandlung von Vergiftungen mit Blausäure (Cyanwasserstoff) eingesetzt.

Vitamin B_{12} wird für die Bildung von zwei Koenzymen benötigt: Methylcobalamin und 5′-Desoxyadenosylcobalamin (auch Koenzym B_{12} genannt, die biologisch aktive Form von Vitamin B_{12}). Die chemische Struktur von Methylcobalamin ist in Abbildung 10.8 dargestellt.

Beide Koenzyme sind an Übertragungsreaktionen beteiligt, Methylcobalamin beispielsweise an der Übertragung von Methylgruppen. Das Koenzym 5′-Desoxyadenosylcobalamin wirkt bei einigen Umlagerungsreaktionen mit, bei denen ein Wasserstoffatom und eine andere chemische Gruppe, die an ein benachbartes C-Atom gebunden ist, die Plätze tauschen. Transcobalamine sind übrigens keine Vitamine. Dabei handelt es sich lediglich um Transportproteine für Vitamin B_{12}, die für die Aufnahme in den Körper wichtig sind.

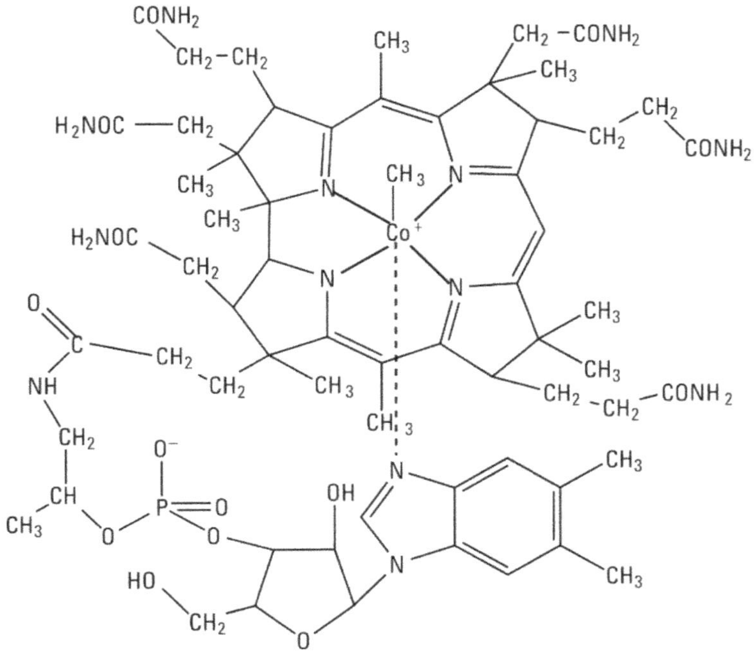

Abbildung 10.8: Struktur von Methylcobalamin

Eine perniziöse Anämie (perniziös bedeutet so etwas Ähnliches wie »bösartig«) ist eine Blutarmut, die auf einer unzureichenden Aufnahme von Vitamin B_{12} beruht. Das Blut enthält in diesem Fall zu wenig rote Blutkörperchen und kann den Körper nicht optimal mit Sauerstoff versorgen. Die Vitamin-B_{12}-Aufnahme ist ein relativ komplexer Vorgang. Magenzellen produzieren normalerweise ein Glykoprotein, den *intrinsischen Faktor*, der die Absorption dieses Vitamins im Darm und den weiteren Transport über *Transcobalamin*, das Transportprotein, vermittelt. Ein Defizit des intrinsischen Faktors kann auch Ursache für die Vitamin-B_{12}-Mangelerscheinungen sein und zeigt nicht unbedingt einen Mangel an Vitamin B_{12} als solches an. Dies ist oft bei älteren Menschen der Fall, die diesen intrinsischen Faktor nicht mehr in ausreichendem Maße synthetisieren können, oder bei Menschen mit veganer Ernährung. Da die Leber jedoch große Mengen an Vitamin B_{12} speichern kann, dauert es oft viele Monate, bevor sich ein Defizit manifestiert.

Eine perniziöse Anämie äußert sich in Verdauungsstörungen, einer geröteten, auffallend glatten Zunge und neurologischen Störungen wie Lähmungen, Koordinationsstörungen der Muskulatur oder Taubheit der Haut. Vitamin B_{12} ist vor allem in Fleisch, Eiern, Milch und Getreideprodukten enthalten. Das Vitamin bleibt beim Kochen stabil.

Vitamin A

Unter der Bezeichnung *Vitamin A* wird eine Gruppe von Verbindungen mit ähnlicher Wirkung im Organismus zusammengefasst, die sich chemisch vom 11-*trans*-Retinol ableiten lassen und vor allem in Milch und Eiern enthalten sind. Tiere sind auf eine Vitamin-A-Zufuhr angewiesen, die jedoch in den meisten Fällen über das pflanzliche *β*-Carotin gedeckt werden kann, das als Vorläufermolekül (*Provitamin*) zur Synthese von Vitamin A dient (siehe Abbildung 10.9). Die Spaltung von *β*-Carotin führt zur Bildung von zwei biologisch aktiven Vitamin-A-Molekülen. Das *β*-Carotin hat jedoch noch eine weitere wichtige Funktion im Körper, und zwar als Antioxidans, das reaktive Sauerstoffmoleküle in der Zelle abfängt und so unschädlich machen kann.

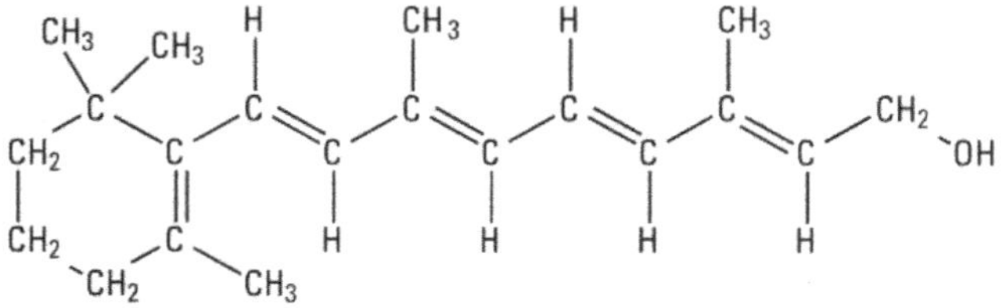

11-*trans*-Retinol

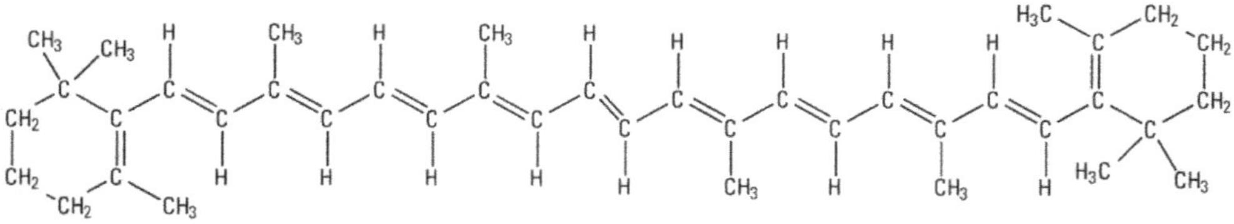

β-Carotin

Abbildung 10.9: Strukturen von 11-trans-Retinol und *β*-Carotin. Beachten Sie, dass das c10-Atom an fünfter Stelle von rechts in der Hauptkette steht.

Vitamin A ist für den Sehprozess der Wirbeltiere verantwortlich, der auf der Absorption von Lichtenergie im Auge beruht. Wenn Lichtquanten in das Auge einfallen, werden sie vom Sehpigment *Rhodopsin* aufgefangen – genauer von 11-*cis*-Retinal, das kovalent an das Rhodopsinprotein gebunden ist. Die Absorption eines Lichtquants bewirkt, dass sich die Geometrie der Doppelbindung zwischen dem elften und zwölften C-Atom des Retinals von der *cis*- in die *trans*-Stellung verschiebt und sich damit auch die Konformation des Rhodopsinproteins verändert. Der Vorgang ähnelt dem Billard, bei dem eine Kugel (also ein Photon) eine Kettenreaktion in Gang setzen kann, die allerdings in diesem Fall zu einem Nervenimpuls an das Gehirn führt. Danach wird das 11-*trans*-Retinal enzymatisch wieder in die 11-*cis*-Retinalform zurückversetzt und kann wieder ein neues Photon aufnehmen.

Neben der direkten Beteiligung am Sehvorgang fördert Vitamin A auch die Entwicklung der Epithelzellen der Schleimhäute, die das Auge und viele andere Organe vor Infektionen und Irritationen schützen. Vitamin A wirkt außerdem bei der Entwicklung der Knochenstruktur von heranwachsenden Kleinkindern mit.

Ein Mangel an Vitamin A äußert sich zuerst in Nachtblindheit, gefolgt von weiteren Augenproblemen bis hin zur Erblindung. Ein extremer Mangel kann zu Xerophthalmie führen, einer Entzündung von Augenlid und Auge, die mit Infektion und Blindheit enden kann. Junge Tiere benötigen Vitamin A für eine gesunde Entwicklung. Erwachsene sind in der Lage, dieses Vitamin für mehrere Monate in ausreichender Menge zu speichern, vor allem in der Leber. Die Leber von Eisbären und Seerobben kann übrigens eine derart hohe Vitamin-A-Konzentration aufweisen, dass sie für den menschlichen Verzehr langfristig ungeeignet ist (okay, Robbenleber steht in Mitteleuropa vermutlich nur selten auf dem Speiseplan!).

Extrem hohe Dosen an Vitamin A sind toxisch. Die Symptome einer Vitamin-A-Vergiftung reichen von Übelkeit und Erbrechen über eine getrübte Sicht bis hin zu Kopfschmerzen. Eine Überdosierung dieses Vitamins wurde auch mit Geburtsdefekten und spontanen Aborten (Fehlgeburten) in Zusammenhang gebracht. Das Provitamin β-Carotin ist zwar ebenfalls fettlöslich und führt zu einer gewissen Gelbfärbung der Haut, ist aber offensichtlich nicht gesundheitsschädlich. Soweit den Autoren bekannt ist, wurde noch nie in der Geschichte der Medizin eine Karottenvergiftung diagnostiziert, noch nicht einmal bei Kaninchen.

Vitamin D

Vitamin D (auch Cholecalciferol oder Calciferol genannt) wird auch als »Sonnenscheinvitamin« bezeichnet, da dieses Vitamin vom Körper unter UV-Lichteinwirkung auf die Haut produziert wird. Menschen, die sich täglich leicht bekleidet im Sonnenlicht bewegen (15 Minuten sind ausreichend), werden kaum jemals einen Vitamin-D-Mangel entwickeln. Leider leben nicht alle Menschen auf der Erde unter derart idealen Bedingungen, denken Sie nur an die Bewohner arktischer Klimazonen. Alle anderen müssen sich mit Vitamin D aus Nahrungsmitteln wie Milch, fetten Fischen oder Lebertran (igitt!!) behelfen – übrigens wird auch Säuglingsnahrung oder die Trinkmilch in vielen Ländern der Erde mit Vitamin D angereichert.

Verschiedene Verbindungen besitzen Vitamin-D-Aktivität. Nur zwei davon – beides Provitamine – kommen in Nahrungsmitteln vor: Ergosterin und 7-Dehydrocholesterin. Die Bestrahlung mit UV-Licht bewirkt die Umwandlung von Ergosterin zu Vitamin D_2 (*Ergocalciferol*) und die Umwandlung von 7-Dehydrocholesterin zu Vitamin D_3 (*Cholecalciferol*). Und um die Sache noch etwas verwirrender zu gestalten, gibt es noch Vitamin D_1, eine Mischung aus Vitamin D_2 und Lumisterol. Die chemischen Strukturen von Ergosterin, Vitamin D_2, 7-Dehydrocholesterin und Vitamin D_3 sehen Sie in Abbildung 10.10.

Die Fähigkeit eines Körpers, Calcium und Phosphor zu resorbieren, hängt ebenfalls mit der Wirkung von Vitamin D zusammen. Zähne und Knochen bestehen zum großen Teil aus diesen beiden Elementen und sind die ersten Körperstrukturen, bei denen sich ein Vitamin-D-Mangel bemerkbar macht. Osteomalazie ist beispielsweise ein Zustand, bei dem es durch die Erweichung der Knochensubstanz zu Deformationen der Gliedmaßen kommt. (Bei Kleinkindern und Kindern wird Osteomalazie auch Rachitis genannt – das ist Ihnen vermutlich eher bekannt.) Ein Mangel an Vitamin D ist für Kinder gefährlicher als für Erwachsene,

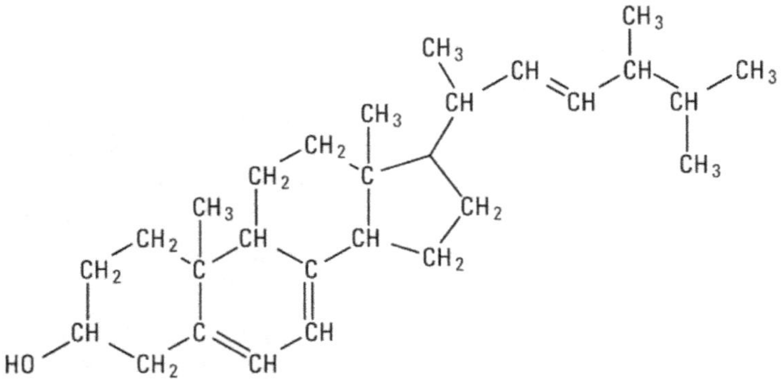

Ergosterin

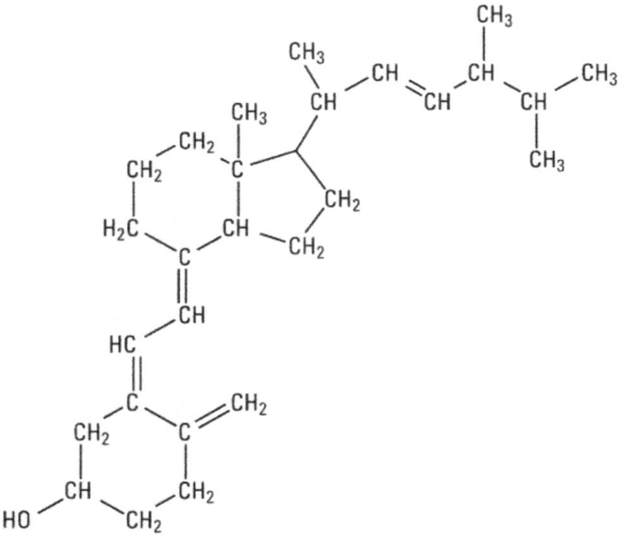

Vitamin D_2

Abbildung 10.10: Strukturen von Ergosterin, Vitamin D_2, 7-Dehydrocholesterin und Vitamin D_3

da für ein gesundes Wachstum große Mengen an Calcium und Phosphor vonnöten sind. Nudisten entwickeln übrigens nur selten einen Vitamin-D-Mangel …

Eine zu hohe Aufnahme von Vitamin D ist toxisch, denn dieses fettlösliche Vitamin lässt sich nach einer Überdosierung nur schwer wieder aus dem Körper entfernen. Eine Vergiftung mit Vitamin D äußert sich in Symptomen wie Übelkeit und Durchfall und führt oft zu Nierensteinen sowie anderen Ablagerungen im Körper und manchmal sogar zum Tod.

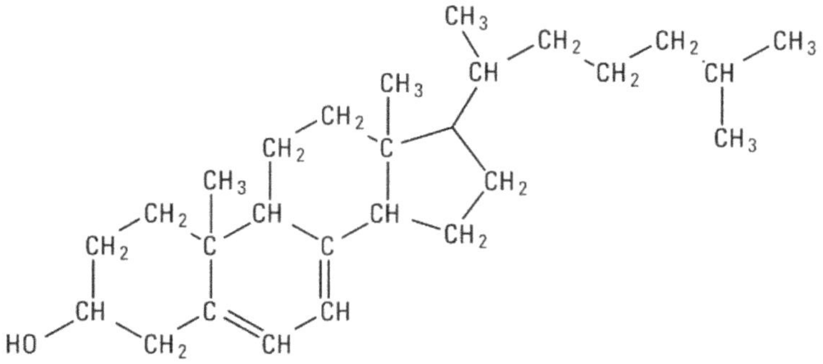

7-Dehydrocholesterin

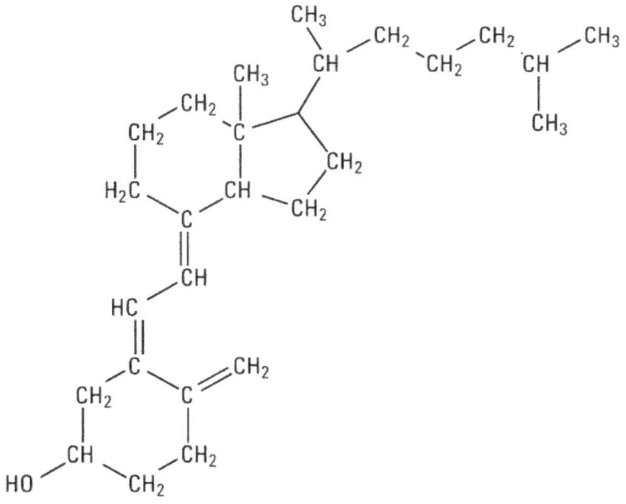

Vitamin D_3

Abbildung 10.10: Strukturen von Ergosterin, Vitamin D_2, 7-Dehydrocholesterin und Vitamin D_3

Vitamin E

Tocopherole sind eine Gruppe von Substanzen mit Vitamin-E-Aktivität, vor allem das *α*-Tocopherol als aktivstes Gruppenmitglied (siehe Abbildung 10.11). Vitamin E stammt aus vielen Quellen, zum Beispiel aus Pflanzenöl, Nüssen, Vollkornprodukten und Blattgemüse, um nur ein paar davon zu nennen. Mangelerscheinungen sind eher selten und kommen höchstens bei Menschen vor, die eine Null-Fett-Diät durchführen oder die aus medizinischen Gründen Probleme mit der Fettverdauung haben. So kann beispielsweise die Krankheit »zystische Fibrose« die Fettresorption im Darm beeinträchtigen.

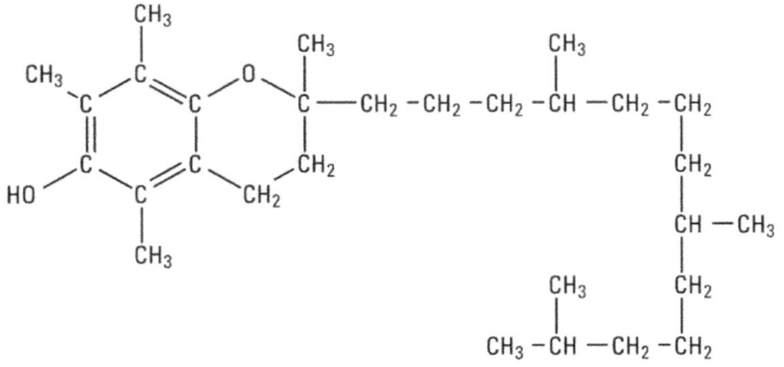

Abbildung 10.11: Struktur von α-Tocopherol (Vitamin E)

Vitamin E ist ein äußerst wirksames Antioxidans. Antioxidantien beseitigen freie Radikale im Körper, die sonst erheblichen Schaden anrichten können – viele Probleme, die der Alterungsprozess mit sich bringt, gehen auf freie Radikale oder Oxidantien zurück. Vitamin E kann auch dabei helfen, Cholesterinablagerungen in den Arterien vorzubeugen. Zwar scheint es keine Überdosierung von Vitamin E zu geben; einige Studien warnen jedoch trotzdem vor der Einnahme zu hoher Dosen Vitamin E vor allem bei Rauchern. Bei Rauchern scheint das Lungenkrebsrisiko durch hohe Vitamin-E-Dosen noch weiter zu steigen.

Vitamin K

Vitamin K_1 (siehe Abbildung 10.12) ist einer von vielen Stoffen mit Vitamin-K-Aktivität, die sich durch die beiden Seitenketten am Ringsystem unterscheiden. Eine Kette ist meistens ein Methylrest; die andere Kette enthält typischerweise mindestens 20 Kohlenstoffatome.

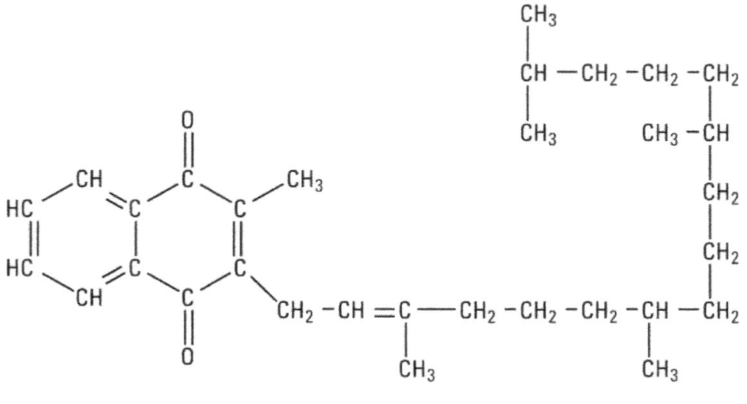

Abbildung 10.12: Struktur von Vitamin K_1

Vitamin K wird benötigt, um das Proenzym *Prothrombin* herzustellen, das bei der Blutgerinnung eine wichtige Rolle spielt. Ein Mangel an Vitamin K kommt nicht sehr häufig vor, da Darmbakterien normalerweise ausreichende Mengen dieses Stoffes produzieren und das Vitamin zudem in vielen Lebensmitteln zu finden ist, beispielsweise in Blattgemüse, Blumenkohl, Brokkoli, Innereien, Milch, Sojabohnen, Avocados und Bananen. Zwei Teelöffel Petersilie enthalten fast die doppelte empfohlene Tagesdosis an Vitamin K. Die längerfristige Anwendung von Antibiotika kann die Anzahl der Bakterien im Körper jedoch stark reduzieren und so zu einem Vitamin-K-Mangel führen – mit verzögerter Blutgerinnung als Folge. Betroffene leiden oft unter schwer zu stillenden Blutungen bereits bei geringsten Verletzungen, und Säuglinge mit einem Vitamin-K-Mangel können an Hirnblutungen sterben. In Deutschland wird Neugeborenen in den ersten Lebenstagen prophylaktisch 3 mg Vitamin K verabreicht, um die Gefahr einer Hirnblutung zu reduzieren.

Vitamin C

Vitamin C ist ein anderer Name für *Ascorbinsäure* (siehe Abbildung 10.13), und auch Dehydroascorbinsäure besitzt Vitamin-C-Aktivität. Vitamin C ist wasserlöslich – daher kann der Körper einen Überschuss leicht ausscheiden und eine Überdosierung ist nicht möglich.

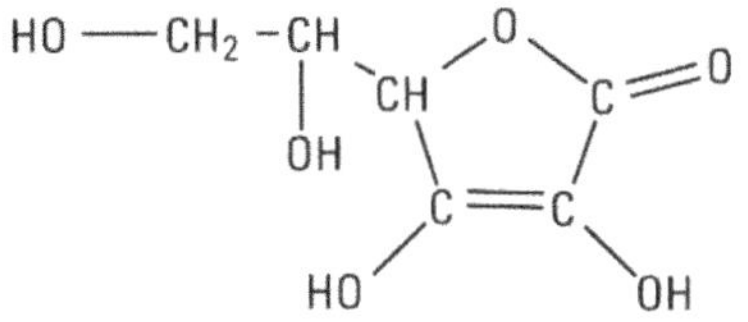

Abbildung 10.13: Struktur von Vitamin C

Ein Vitamin-C-Mangel führt zu der Krankheit *Skorbut*, die auf einem geschwächten Bindegewebe beruht. Die Aminosäure Prolin muss nach dem Einbau in das Kollagenprotein an vielen Stellen enzymatisch zu Hydroxyprolin hydroxyliert werden, da sonst Sehnen, Bänder und das Bindegewebe keine hinreichende Stabilität besitzen. Für diese Reaktion wird Vitamin C benötigt.

Viele Nahrungsmittel enthalten Vitamin C, besonders Pflanzen und Zitrusfrüchte, sodass Skorbut kaum auftritt. Englische Schiffe führten früher auf längeren Strecken Limonen als Vitamin-C-Quelle mit sich – wenn nicht, war Skorbut allerdings unvermeidbar. Viele Säugetiere können (anders als wir Menschen) Vitamin C selber aus Glukose herstellen. Das Vitamin ist ein wirksames Antioxidans und unterstützt die Eisenresorption (es sorgt dafür, dass dieses Metall im +2-Zustand verbleibt).

IN DIESEM KAPITEL

Hormonklassen kennenlernen

Einige wichtige Hormone und ihre Aufgaben

Entdecken, wie Hormone funktionieren

Kapitel 11
Die stillen Akteure: Hormone

Hormone werden an einem bestimmten Ort des Körpers produziert, wirken jedoch oft an einer ganz anderen Stelle. Es sind Botenmoleküle, die von bestimmten Drüsen oder speziellen Zellen abgesondert werden und dann entweder auf kurzer Distanz aktiv sind oder mit dem Blutstrom zu ihren Zielorganen gelangen. Manche Hormone sind *parakrine* Faktoren wie die *Wachstums- und Differenzierungsfaktoren* (GDFs), die biochemische Informationen innerhalb eines bestimmten Organs transportieren oder die durch einfache Diffusion nur in der Nachbarschaft dieses hormonproduzierenden Organs agieren (so als ob die Schüler einer Schulkasse einen Notizzettel weiterreichen). Andere Botenmoleküle können als *endokrines* Hormon über den Blutstrom verteilt werden und im ganzen Körper wirken.

Die endokrinen Drüsen produzieren zwar die meisten, aber längst nicht alle Hormone. Zu den endokrinen Drüsen gehören unter anderem der Hypothalamus, die Hypophyse, der Pankreas, die Leber, Hoden und Eierstöcke. Na, haben wir Ihr Interesse geweckt? Einige Drüsen produzieren nur ein einziges Hormon, während andere Drüsen gleich eine ganze Batterie an Hormonen synthetisieren können. Um es auf den Punkt zu bringen, ist die Hypophyse die zentrale Kontrollinstanz des gesamten endokrinen Systems. Hormone der Hypophyse regen andere Drüsen dazu an, ihre Hormone zu produzieren, die wiederum andere Körpersysteme beeinflussen. Es gibt jedoch auch Drüsen, die die Hormonausschüttung der Hypophyse regulieren – und da wird die ganze Angelegenheit dann noch etwas komplizierter.

Strukturen einiger Schlüsselhormone

Es gibt drei wichtige Klassen von Hormonen:

- ✔ Proteinhormone wie das Insulin der Bauchspeicheldrüse
- ✔ Steroidhormone wie das Testosteron (ein Cholesterinderivat)
- ✔ Aminosäurederivate wie das Adrenalin oder Dopamin

Mit diesen Signalstoffen kann ein Teil des Körpers bestimmen, was an anderer Stelle im Organismus geschehen soll. Hormone wirken so effizient, dass nur sehr geringe Mengen von etwa 10^{-7} bis 10^{-10} M für das Auslösen einer Reaktion benötigt werden. Diese extrem niedrigen Wirkkonzentrationen erschwerten in der Vergangenheit die Isolierung und Identifizierung von Hormonen erheblich.

Protein- oder Peptidhormone

Protein- oder *Peptidhormone* werden normalerweise von der Hypophyse und dem Hypothalamus produziert und variieren erheblich in Bezug auf ihre Größe. Von simplen Tripeptiden aus drei Aminosäuren bis hin zu großen Molekülen mit mehr als 200 Resten ist alles vertreten. Zu dieser bunten Sammlung von Proteinhormonen zählt auch das blutzuckerregulierende Insulin (die Struktur dieses Hormons finden Sie in Kapitel 5).

Ein wichtiges Mitglied der Peptidhormone ist das *Thyreotropin-Releasing-Hormon* (TRH), das die Freisetzung oder Produktion von Thyreotropin reguliert. TRH ist ein Tripeptid aus modifiziertem Glutamin, Histidin und modifiziertem Prolin. Ein anderes Peptidhormon ist das Hormon Somatostatin, das die Freisetzung beziehungsweise Produktion einer chemischen Substanz (Somatotropin) hemmt. All diese Hormone (siehe Abbildung 11.1) haben vor allem eine Aufgabe: Sie initiieren oder sie beenden wichtige biochemische Prozesse im Körper wie beispielsweise Wachstumsvorgänge, die extrem genau kontrolliert werden müssen.

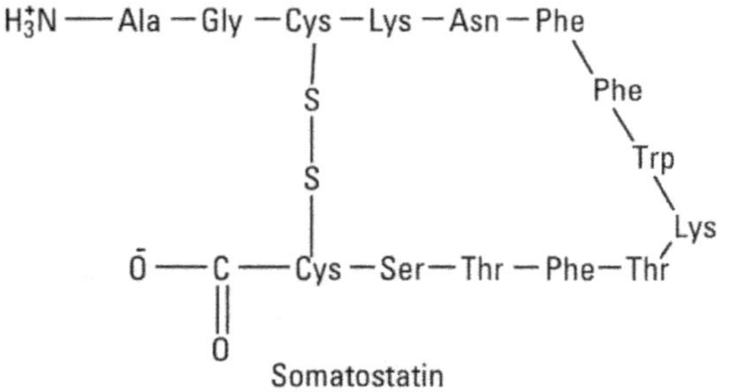

Somatostatin

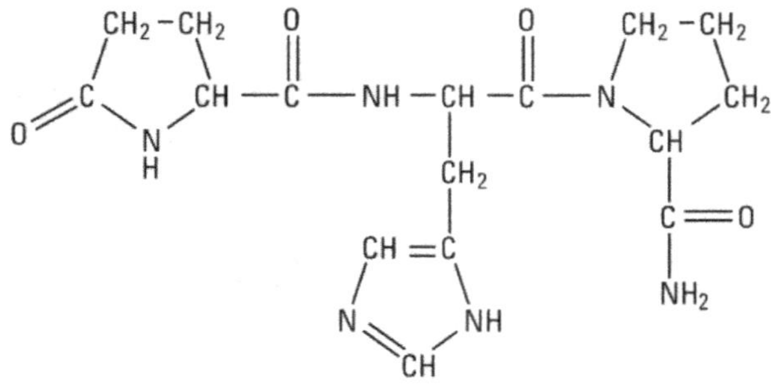

Thyreotropin-Releasing-Hormon

Abbildung 11.1: Strukturen von Somatostatin und des Thyreotropin-Releasing-Hormons

Steroidhormone

Zweifellos haben Sie schon einmal über den Steroidmissbrauch in Sportlerkreisen gehört – besonders Bodybuilder dürften zu den häufigsten Nutzern von anabolen Steroidpräparaten gehören. Mit dieser Form des Dopings lässt sich äußerst effektiv der Aufbau der Muskelmasse beschleunigen, wenn auch mit erheblichen negativen Auswirkungen. Eine Überdosierung an Testosteron lässt bei Männern langfristig die Hoden schrumpfen und die Spermienproduktion reduzieren, während Frauen mit Haarausfall und Bartwuchs rechnen müssen. Hormone besitzen nun einmal sehr vielfältige Wirkungen, über die man sich vor einer Einnahme definitiv genau informieren sollte.

Steroidhormone sind Cholesterinderivate, die von Eierstöcken, Hoden und Nebennieren gebildet werden. Zu diesen Steroidhormonen zählen die *Östrogene* (weibliche Sexualhormone), die *Androgene* (männliche Sexualhormone) und die *Adrenokortikoide* (Hormone der Nebennierenrinde) wie Aldosteron und Kortisol (siehe Abbildung 11.2). Östrogene und Androgene sind für die Reifung der Geschlechtsorgane und die Entwicklung der sekundären Geschlechtsmerkmale bei Frauen und Männern verantwortlich. Dazu gehören unter anderem das Wachstum der weiblichen Brust und die Entwicklung der männlichen Gesichtsbehaarung.

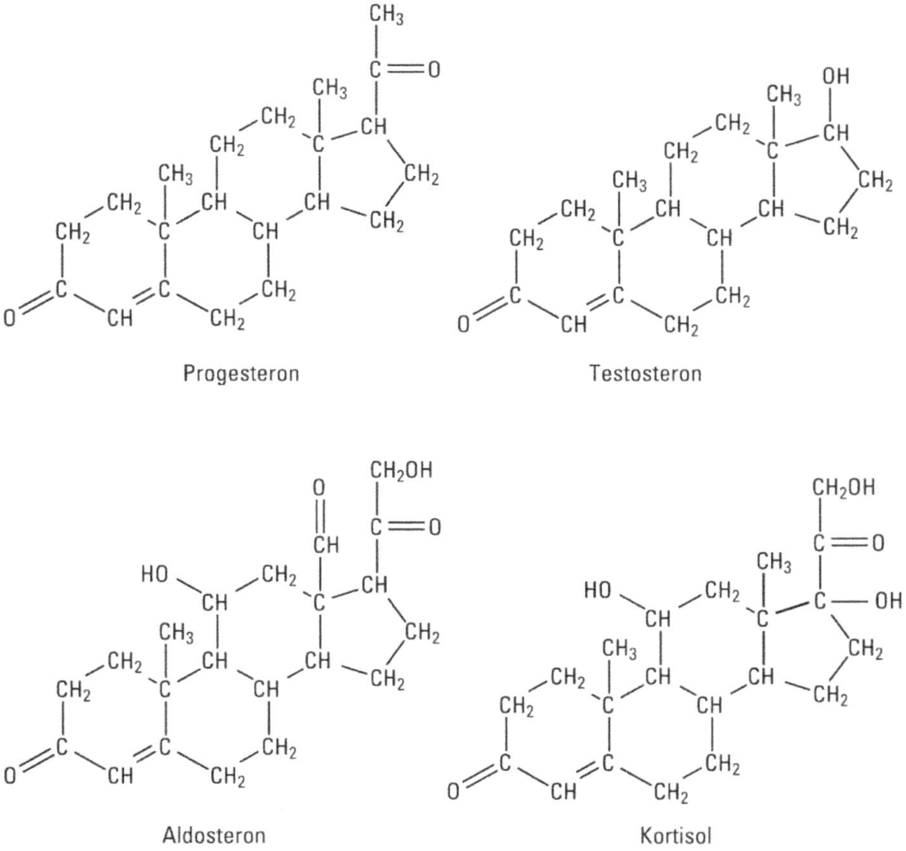

Abbildung 11.2: Strukturen von Progesteron (ein Östrogen) und Testosteron (ein Androgen) sowie von zwei Nebennierenrindenhormonen, Aldosteron und Kortisol

Zu den Adrenokortikoiden zählen die Glukokortikoide und die Mineralokortikoide. Glukokortikoide wie Kortisol regulieren zahlreiche Stoffwechselwege und sind an der Stressantwort des Körpers beteiligt (falls Sie jemals in einer Prüfung so richtig »unter Strom« standen, wissen Sie, wie sich das anfühlt …). Die Mineralokortikoide wie Aldosteron spielen für den Wasser- und Elektrolythaushalt des Körpers eine wichtige Rolle.

Aminhormone

Aminhormone werden normalerweise von der Schilddrüse und vom Nebennierenmark gebildet und sind Derivate der Aminosäure Tyrosin. Zu diesen kleinen Hormonen gehören sowohl die von der Schilddrüse synthetisierten Botenstoffe *Thyroxin* und *Triiodthyronin* als auch *Adrenalin* und *Noradrenalin,* die vom Nebennierenmark gebildet werden. Abbildung 11.3 zeigt die Strukturen dieser Hormone.

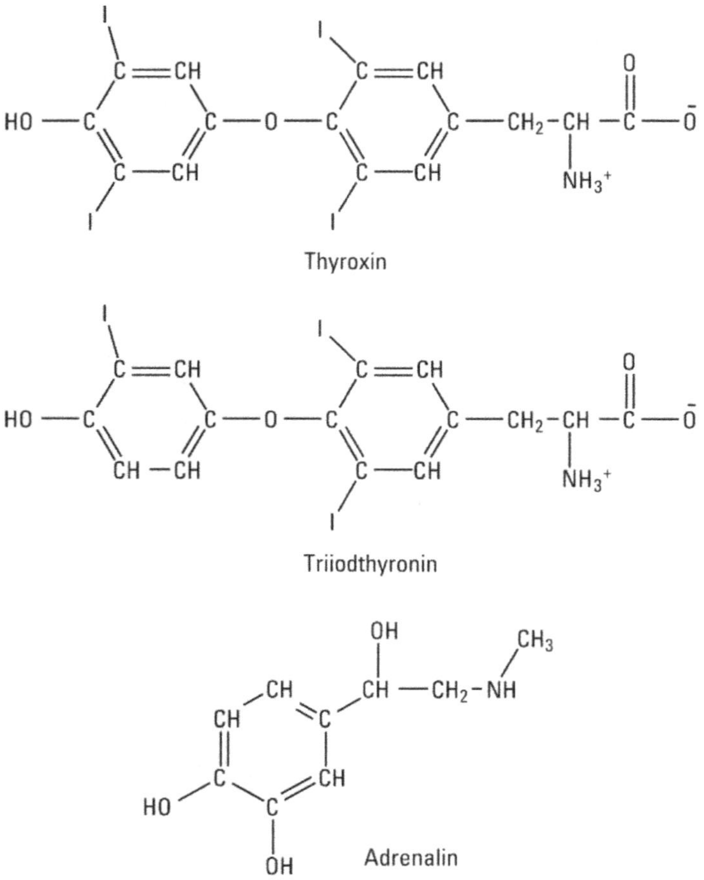

Abbildung 11.3: Die Struktur von Thyroxin, Triiodthyronin, Adrenalin und Noradrenalin

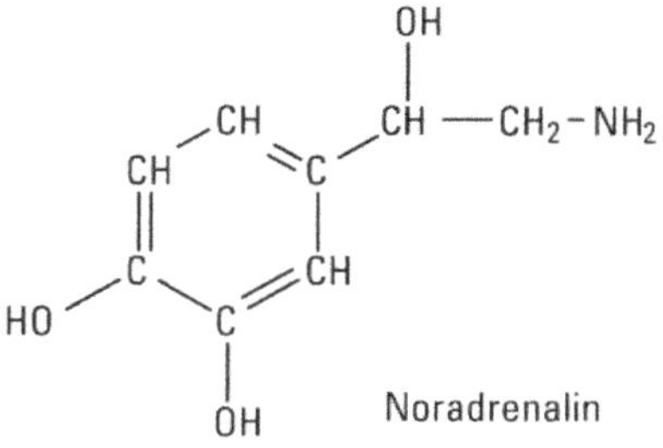

Abbildung 11.3: Die Struktur von Thyroxin, Triiodthyronin, Adrenalin und Noradrenalin (*fortgesetzt*)

Thyroxin und Triiodthyronin sind wichtige Regulatoren der Stoffwechselrate. Vermutlich ist Triiodthyronin sogar eine der wichtigsten Substanzen im Körper; es beeinflusst den Kohlenhydratstoffwechsel ebenso wie die Proteinsynthese und ist für die Funktion von Herzgefäßsystem, Gehirn und Nieren mit verantwortlich. Adrenalin und Noradrenalin spielen eine wichtige Rolle bei der Steuerung des Herzschlags, des Blutdrucks und des Stoffwechsels.

Wie bei Dornröschen: Die Prohormone

Nicht jedes Hormon wird gleich in seiner aktiven Form synthetisiert und freigesetzt. Bei der Proteinsynthese einiger Hormone und Enzyme wird zunächst ein inaktives *Prohormon* hergestellt, das erst durch eine enzymatische Reaktion wie beispielsweise der Abspaltung einiger Aminosäuren aktiviert werden muss. Das ist ein bisschen so wie bei Dornröschen – die Prinzessin schläft noch und wird erst wach, wenn der Prinz kommt und sie küsst. Überlegen Sie gerade, wozu Prohormone wohl gut sein sollten? Mit diesem Trick kann der Körper einen Vorrat an Hormonen anlegen, der bei Bedarf sehr schnell zur Verfügung steht. Prohormone können innerhalb von Sekunden im Stoffwechsel aktiviert werden, während die vollständige Neusynthese des Moleküls (denken Sie an das Beispiel der Prinzessin!) sehr viel mehr Zeit in Anspruch nehmen würde.

Proinsulin

Auch Proinsulin ist ein Prohormon, das von der Bauchspeicheldrüse synthetisiert und zunächst gespeichert wird. Die aktive Form dieses Prohormons, *Insulin*, kontrolliert den Blutzuckerspiegel im Körper – oder genauer: Es regelt die Aufnahme von Glukose aus dem Blut in die Körperzellen. Zu hohe Insulinspiegel führen zu einer zu niedrigen Blutzuckerkonzentration (Hypoglykämie), während zu wenig Insulin einen zu hohen Blutzuckerwert bedingt (Hyperglykämie). Bei Insulinmangel können die Zellen zu wenig Glukose aus dem Blut aufnehmen und hungern, obwohl eigentlich genügend Glukose verfügbar wäre. Ihr Körper muss ständig mit adäquaten Mengen an Insulin versorgt werden, um sofort auf Ihre Ernährungsgewohnheiten zu reagieren – zum Beispiel wenn Sie nach zwei Stunden Ausdauertraining sehr durstig sind und einen Liter Cola auf einmal verdrücken. Plötzlich benötigen Sie sehr viel Insulin. Müsste das aktive Hormon erst mühsam aus den einzelnen Aminosäuren zusammengesetzt werden, sobald Sie so viel Zucker zu sich nehmen, würde der Blutzuckerspiegel für längere Zeit in alarmierende Höhen schnellen. Hätten Sie während Ihres Ausdauertrainings zu viel aktives Insulin im Blut, wären Sie sehr schnell hypoglykämisch – also unterzuckert und damit alles andere als leistungsfähig. Sowohl Hypo- als auch Hyperglykämie können zu ernsthaften medizinischen Problemen führen. Die schnelle Aktivierung und Freisetzung des gespeicherten Proinsulins ist eine geniale Lösung dieses Dilemmas. Proinsulin wird nur dann aktiviert, wenn der Blutglukosespiegel zu hoch ist und Insulin erforderlich ist, um den Blutglukosespiegel wieder auf physiologisch optimale Werte zu reduzieren.

Menschliches Insulin besteht aus zwei Polypeptidketten A und B, die durch zwei Disulfidbrücken miteinander verbunden sind, mit insgesamt 51 Aminosäureresten. Das Proinsulin ist im Gegensatz dazu eine einzige Polypeptidkette mit den drei insulintypischen Disulfidbrücken. Indem ein kleiner mittlerer Teil der Polypeptidkette (Reste 31 bis 60, C-Kette) an zwei Stellen durch eine Spaltung der Peptidbindung herausgeschnitten wird, entsteht das aktive Insulin aus A- und B-Kette.

Angiotensinogen

Angiotensinogen ist das Prohormon von Angiotensin II, einem Hormon, das der Nebennierenrinde signalisiert, Aldosteron freizusetzen. (Außerdem ist Angiotensin II der wirksamste bekannte Vasokonstriktor (Gefäßverenger).) Die Umwandlung des 452 Aminosäuren umfassenden Prohormons zum aktiven Hormon mit nur acht Aminosäuren findet in zwei Schritten statt. Für den ersten Schritt wird das Enzym Renin benötigt. Diese von den Nieren produzierte Peptidase spaltet spezifisch die Peptidbindung zwischen zwei bestimmten Leucinresten und erzeugt so das Decapeptid Angiotensin I. Im zweiten Schritt kommt eine Peptidase mit der Bezeichnung Angiotensin-konvertierendes Enzym (ACE) zum Einsatz. Dieses Enzym, das hauptsächlich in der Lunge gebildet wird, spaltet das C-terminale Dipeptid von Angiotensin I ab und produziert somit Angiotensin II. Diese biochemischen Reaktionen können sehr rasch ablaufen, damit dem Körper bei Bedarf sofort ein aktives Enzym zur Verfügung steht.

Kampf oder Flucht: Hormonfunktion

Das endokrine System, das die Hormone produziert, scheint auf den ersten Blick aus einer Reihe von Organen zu bestehen, die nichts miteinander zu tun haben: Leber, Eierstöcke beziehungsweise Hoden, Schilddrüse, Pankreas und noch etliche weitere Drüsen. Doch der Schein trügt, all diese Organe sind Bestandteile eines extrem komplizierten Netzwerks, und jede Fehlfunktion wirkt sich auch auf die Funktion aller anderen Mitglieder aus. Besonders deutlich wird das an den beiden Hormonen *Adrenalin* und *Noradrenalin.* Beide sind an der sogenannten Fight-or-Flight-Reaktion (»Kampf oder Flucht«) beteiligt – also der Frage, ob Sie angesichts einer unerwarteten Begegnung mit dem hungrigen Tiger (wahlweise: wütenden Chef, bewaffneten Bankräuber) eher die Konfrontation suchen oder lieber die Beine in die Hand nehmen. Egal für welche Option Sie sich entscheiden, sorgt Adrenalin für die Bereitstellung der notwendigen Energiereserven.

Wie Lob und Tadel – Regelkreise (Feedback-Regulation)

Die Aktivität der Hormone lässt sich mit verschiedenen Mechanismen regulieren; ein *Regelkreis* ist die einfachste Variante.

Einfache Regelkreise

Uns allen sind *Regelkreise* vertraut. Sie lernen zum Beispiel intensiv für einen Test, bekommen eine gute Note und geben sich danach noch mehr Mühe. Gute Noten sind eine Art positive *Rückmeldung* (positives Feedback) und bewirken, dass Sie sich weiter anstrengen, weil der Erfolg in der Prüfung Ihnen recht gibt. Allerdings kann das Feedback nach einer Prüfung natürlich auch negativ ausfallen … und dann haben Sie keine Lust mehr.

Ähnlich ist es bei der hormonellen Regulation. Eine positive Rückkopplung verstärkt die Hormonausschüttung, während ein negatives Feedback die Hormonausschüttung abstellt. Im Körper beginnt ein Regelkreis mit einem von außen kommenden Signal an eine Drüse, die daraufhin ein bestimmtes Hormon produziert (also, Sie lernen für einen Test). Dieses Hormon wirkt dann auf sein Zielorgan (Ihren Professor, der den Test beurteilt) und führt dort zu einer Veränderung (er ist nicht sehr begeistert von Ihrer Prüfung). Die Reaktion des Zielorgans (Professor!) führt daraufhin zu einer Milieuänderung, die der Drüse wiederum das Zeichen gibt, die Hormonproduktion einzustellen (Ihr Professor rät Ihnen, es besser im nächsten Jahr noch einmal zu versuchen). Das war dann wohl ein negatives Feedback (okay, der Vergleich mit der Prüfung hinkte ein wenig).

Ein Beispiel für diesen Kontrolltyp ist die Produktion von Insulin durch die Bauchspeicheldrüse. Der hohe Glukosespiegel im Blut nach einer Packung Schokoladenkeksen regt die Bauchspeicheldrüse dazu an, Insulin freizusetzen. Das Insulin senkt daraufhin den Blutzuckerspiegel, indem es die Aufnahme der Glukose in die Zellen fördert. Ein niedriger Blutzuckerspiegel wiederum ist für die Bauchspeicheldrüse das Zeichen, die Insulinausschüttung einzustellen; hier handelt es sich also um eine negative Rückkopplung durch den niedrigen Blutzuckerspiegel. Ganz so einfach organisiert ist die Insulinregulation allerdings nicht; es gibt noch weitere Faktoren, die die Insulinproduktion stimulieren können. Zudem kurbelt eine hohe Glukosekonzentration im Blut auch noch andere biochemische Reaktionen an, beispielsweise die Synthese von Glykogen (einer Speicherform von Glukose) in der Leber.

Hypothalamus-Hypophysen-Steuerung

Das Hypothalamus-Hypophysen-System ist ein kompliziertes Beispiel für ein anderes Extrem der Hormonsteuerung. Hypothalamus und Hypophyse liegen so nahe beieinander, dass sie fast wie eine Einheit wirken.

Anfangs erhält der Hypothalamus vom Zentralnervensystem ein Signal zur Freisetzung eines Hormons, das als *Releasing-Hormon* bekannt ist. Dieses Hormon signalisiert der Hypophyse daraufhin, ein weiteres Hormon in den Blutstrom zu entlassen. Dieses Hormon kann wiederum in einem speziellen Organ wirken oder aber einen anderen Teil des endokrinen Systems dazu anregen, wieder andere Hormone zu bilden. Die Anwesenheit dieser letzten Hormone dient für den Hypothalamus als negatives Rückkopplungssignal, die Freisetzung des Releasing-Hormons einzustellen. Die Wirkungen der Hormone beeinflussen sich gegenseitig, sodass immer eine Balance zwischen Zuviel und Zuwenig sichergestellt ist. Auch in diesem Fall ist die Situation in Wirklichkeit noch viel, viel komplizierter – aber die Vereinfachung zeigt das Prinzip dahinter. In dieser negativen Rückkopplungsschleife gibt es zusätzliche Faktoren – so ähnlich, als ob sich nach der verpatzten Prüfung auch noch Ihre Eltern als zusätzlicher externer Faktor einmischen und Sie dazu drängen, das Ganze erst einmal sein zu lassen.

Abbildung 11.4 zeigt eine detailliertere Darstellung dieses Systems, die allerdings stark vereinfacht ist. Das follikelstimulierende Hormon (FSH) ist sowohl bei Männern als auch bei Frauen wichtig, doch seine Hauptaufgabe ist die Stimulierung der Testosteronproduktion bei Männern. Obwohl die Hypophyse auch als »Königsdrüse« bekannt ist, so zeigt diese Abbildung doch deutlich, dass es eigentlich der Hypothalamus ist, dem dieser Rang mehr gebührt.

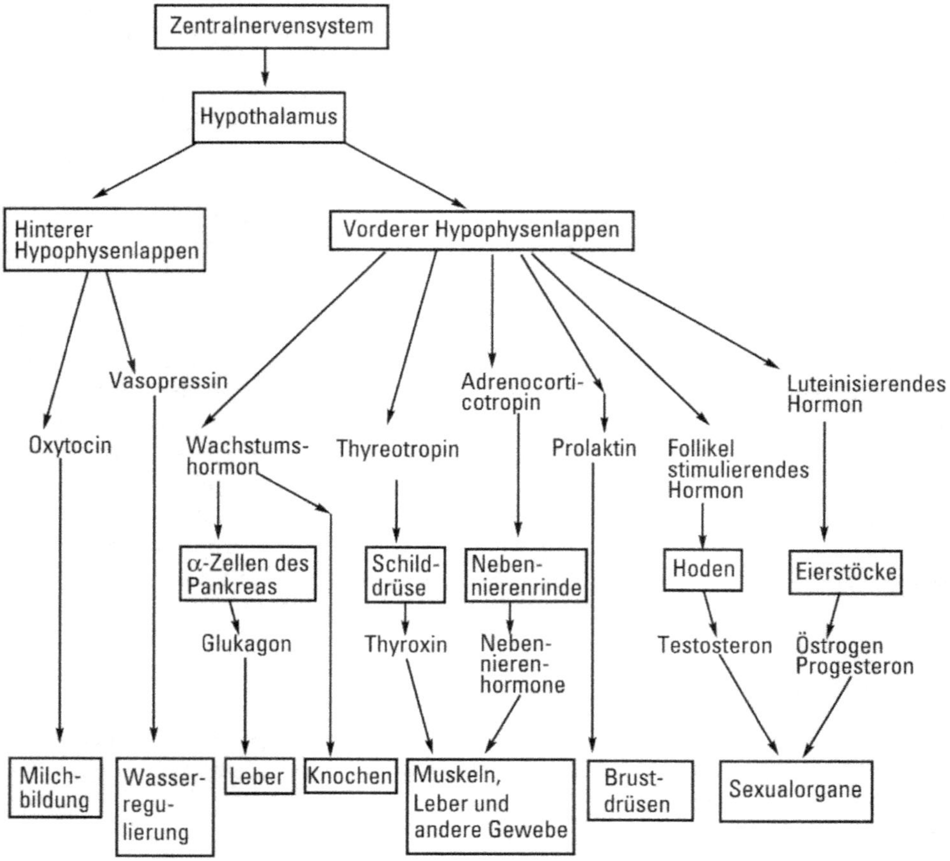

Abbildung 11.4: Schema der Hormonsteuerung im Körper

Modelle hormoneller Aktivität

Sie wissen nun, dass Hormone irgendwo im Körper von bestimmten Drüsen abgegeben werden und woanders im Körper auf ihre jeweiligen Zielorgane wirken. Aber wie können die Hormone aus dem Blut eine Reaktion in den Zellen des Zielgewebes hervorrufen, was passiert dabei genau? Zwei Modelle beschreiben, was auf molekularer Ebene passiert, wenn ein Hormon an seine Zielzelle bindet. Das *Second-Messenger-Modell* gilt für Polypeptid- und Aminhormone. Das andere Modell erklärt die Wirkungsweise von Steroidhormonen. In beiden Fällen werden wir die Erklärung möglichst einfach halten, um das Grundprinzip dahinter zu verdeutlichen. Glauben Sie jedoch nicht, dass es wirklich so simpel ist, denn wir haben nur einen Bruchteil der an diesem Prozess beteiligten Komponenten berücksichtigt!

Das Second-Messenger-Modell: Post ist da!

Das Second-Messenger-Modell wurde nach Untersuchungen zur Wirkungsweise von Adrenalin (Epinephrin) entwickelt. Spätere Arbeiten bewiesen, dass dieses Modell auch auf andere Hormonsysteme anwendbar ist. Im Second-Messenger-Modell (*second messenger* bedeutet so viel wie zweiter Botenstoff) bindet ein Hormon an einen Rezeptor auf der Oberfläche einer Zelle. Der Rezeptor ändert seine Form und gibt dieses Signal in das Zellinnere weiter, wo ein weiterer Botenstoff freigesetzt wird. Das Hormon außerhalb der Zelle ist der *first messenger* (erster Botenstoff), während der zweite Botenstoff im Zellinneren als *second messenger* bezeichnet wird.

Wir haben weiter vorn in diesem Kapitel das Kampf-oder-Flucht-Hormon Adrenalin erwähnt, das bei Wirbeltieren vom Nebennierenmark freigesetzt wird und eine Vielzahl von Reaktionen hervorruft. Sofort müssen zahlreiche Systeme aktiviert werden, die für Kampf oder Flucht relevant sind – unter anderem die Glykogenolyse, die Mobilisierung des Zuckerspeichers Glykogen. Durch die Glykogenolyse wird sofort viel Glukose als Energiequelle verfügbar. So wie auch bei anderen Hormonen sind dazu lediglich winzigste Mengen von Adrenalin nötig – etwa 10^{-9} M. Die Adrenalinmoleküle binden als *first messenger* an spezifische Rezeptoren an der Oberfläche ihrer Zielzellen – in erster Linie sind das Muskelzellen, aber auch Leberzellen. Die Rezeptorbindung an beispielsweise Leberzellen aktiviert das Enzym Adenylylcyclase, das sich an der Innenseite der Zellmembran befindet. Die Adenylylcyclase synthetisiert nun zyklisches AMP aus ATP (siehe Abbildung 11.5).

Der Prozess der Signalübertragung ist komplex. Zunächst bindet cAMP an die regulatorische Untereinheit einer Proteinkinase, wodurch das membrangebundene Enzym aktiviert wird. Die freigesetzte Proteinkinase aktiviert daraufhin das Enzym *Phosphorylasekinase*. Dieser Vorgang erfordert Calciumionen und ATP. (Muskelaktivität bewirkt die Freisetzung von Calciumionen, was den Prozess unterstützt.) Die Phosphorylasekinase wandelt dann mithilfe von Calciumionen und ATP die *Phosphorylase* B in ihre aktive Form Phosphorylase A um, die dann Glykogen spaltet und D-Glukose-1-Phosphat freisetzt. Je mehr aktives Enzym vorhanden ist, desto mehr Glykogen wird mobilisiert. Das Enzym *Phosphoglukomutase* konvertiert dann D-Glukose-1-Phosphat zu D-Glukose-6-Phosphat. Und schließlich wird der Phosphatrest von D-Glukose-6-Phosphat abgespalten und D-Glukose freigesetzt, die entweder direkt in der Zelle genutzt werden oder, meist viel wichtiger, in den Blutstrom

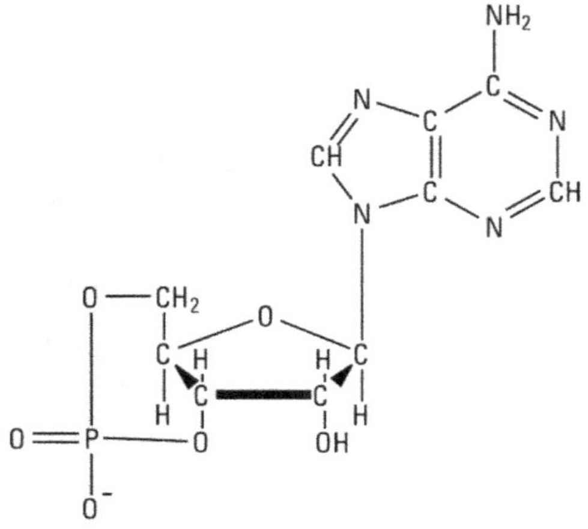

Abbildung 11.5: Struktur von zyklischem AMP (cAMP)

übergehen und zu anderen Geweben transportiert werden kann. Konnten Sie folgen? Zumindest ist Ihnen eines klar geworden: Die kaskadenartige Aktivierung von Enzymen in der Zelle ist ein sehr komplizierter Vorgang. Und wir sind an dieser Stelle noch nicht einmal fertig.

Die durch cAMP aktivierte Proteinkinase sorgt nicht nur für einen vermehrten Abbau von Glykogen zu D-Glukose-1-Phosphat wie oben beschrieben, sondern katalysiert auch die Phosphorylierung der (aktiven) Glykogensynthase zur inaktiven Form dieses Enzyms. So wird gleichzeitig auch die Produktion von neuem Glykogen eingestellt, sodass mehr Glukose für schnelle Reaktionen zur Verfügung steht. Für Ihre blitzartige Flucht vor dem beißwütigen Tiger sind Sie damit zumindest energietechnisch bestens gerüstet!

Wie Steroidhormone wirken

Anders als die Hormone, die auf der Zelloberfläche binden und ihr Signal über einen second messenger in die Zellen weitergeben, können die lipophilen Steroidhormone die Membranen selbst passieren und in das Zellinnere eindringen. Dieser Mechanismus wird außer von Steroidhormonen auch von anderen Hormonen verwendet.

Das erste System, für das dieser Mechanismus beschrieben wurde, war die Wirkung von Östradiol auf das Uterusgewebe von Säugetieren. Östradiol, ein Östrogen, gelangt über die Lipiddoppelmembran in die Zelle und bindet dort an einen Östrogenrezeptor. Diese Bindung ist eine nicht kovalente Bindung und bewirkt eine Konformationsänderung des Rezeptorproteins. Erst diese Konformationsänderung ermöglicht es dem Protein, durch eine passende »Tür« in den Zellkern zu gelangen. Der Hormon-Protein-Komplex wandert in den Zellkern und bindet an eine ganz bestimmte Stelle auf einem Chromosom. Dadurch wird die Transkription stimuliert und die entsprechende mRNA gebildet, die anschließend den Zellkern wieder verlässt und als Vorlage zur Synthese eines Proteins in den Ribosomen dient.

Drei grundlegende Faktoren unterscheiden den Steroidhormonmechanismus vom Second-Messenger-System. Erstens dringen Steroidhormone direkt in die Zelle ein und bleiben nicht auf der Zelloberfläche. Zweitens existiert ein spezifischer Hormonrezeptor im Zytosol, also dem Zellinneren (und nicht nur auf der Zelloberfläche). Und drittens wirkt das Hormon direkt auf die Genexpression, da es in den Zellkern vordringen kann.

Beiden Mechanismen ist jedoch eines gemein – das hormonelle Signal wird um ein Vielfaches verstärkt. Solange das Hormon an seinen Rezeptor bindet, wird immer wieder das Signal ausgelöst, bis sich das Hormon vom Rezeptor löst. So kann ein einziges Hormonmolekül die Synthese von Tausenden anderer Moleküle auslösen, ein Prozess, der auch als *Amplifikation* bezeichnet wird.

Teil IV
Bioenergetik und Reaktionswege

IN DIESEM TEIL …

Wann immer Sie etwas tun, benötigen Sie dafür Energie, und genau darauf konzentrieren wir uns in diesem Teil und wir wollen uns damit befassen, wie das Leben Energie gewinnt und nutzt. Wir werfen einen Blick auf den Energiebedarf und folgen der Spur, um zu erfahren, wohin die Energie geht und warum. Der Hauptdarsteller dieses Teils ist Ihr guter alter Freund ATP, und Sie werden in diesem Zusammenhang auch auf den Citratzyklus stoßen. Zum Schluss nehmen wir noch die Stickstoffchemie in Angriff.

IN DIESEM KAPITEL

Warum ATP so wichtig ist

Die freie Enthalpie einer Reaktion

Der Unterschied zwischen AMP, ADP und ATP

Was Fasten für den Stoffwechsel bedeutet

Kapitel 12
Leben und Energie

In diesem und den folgenden Kapiteln geht es ums Essen oder, genauer, um Ihren Stoffwechsel oder Metabolismus. Falls Sie gerade Visionen von saftigen Steaks oder Sushi-Menüs bekommen sollten, muss ich Sie allerdings enttäuschen. Der Begriff Stoffwechsel umfasst nicht nur das Vertilgen kulinarischer Köstlichkeiten, sondern alle Prozesse, die eine Zelle am Leben erhalten – katabole wie anabole. Beim *Katabolismus* werden Verbindungen abgebaut und in ihre Bestandteile zerlegt, während beim *Anabolismus* das Gegenteil geschieht, nämlich neue Substanzen aus ihren Grundbausteinen synthetisiert werden. Eine Zelle kann beides, und an beiden Arten von Prozessen ist Energie beteiligt: Energie wird entweder benötigt (*endergone Reaktion*) oder freigesetzt (*exergone Reaktion*). Im Stoffwechsel werden beide Prozesse optimal miteinander verknüpft, um den Organismus am Leben zu erhalten.

Das wichtigste Molekül für alle energetischen Prozesse ist Adenosintriphosphat (ATP). Alle Abbauprozesse des Organismus (alle katabolen Stoffwechselvorgänge) dienen hauptsächlich der Erzeugung von Energie in Form von ATP in direkter oder indirekter Form.

ATP: Energiespritze für alle Systeme

Die *Bioenergetik* ist die Wissenschaft aller Reaktionen, die an der Bildung und der Verwendung von Energie beteiligt sind. Anhand der Bioenergetik können Energieübertragungsprozesse auf kleinster, molekularer Ebene erforscht werden. Und diese Wissenschaft liefert erstaunliche Zahlen!

Ein normaler Erwachsener benötigt etwa 70 kg ATP pro Tag zum Leben – aber keine Sorge, denn die Menge an ATP, die sich derzeit in Ihrem Körper befindet, dürfte nur etwa 50 g ATP betragen. Das aber bedeutet, dass jedes ATP-Molekül täglich etwa 1400-mal recycelt werden muss, um Ihren ATP-Bedarf zu decken. Angesichts dieser erstaunlichen Effizienz dürfte jedes kommunale Müllverwertungssystem vor Neid erblassen!

ATP und freie Energie

Beschäftigen wir uns nun mit einem etwas komplizierteren Thema – dem Gehalt an *freier Enthalpie* (G). Die freie Enthalpie, die auch als Gibbs-Energie bezeichnet wird, ist die Energie, die in einem Molekül enthalten ist. Bei einer Reaktion ändert sich diese Enthalpie. Die Änderung der freien Enthalpie wird mit ΔG bezeichnet und ergibt sich rechnerisch aus der Energie der entstehenden Produkte abzüglich der Energie der Ausgangssubstanzen. Der ΔG-Wert liefert wichtige Informationen für den theoretischen Ablauf einer Reaktion. Wenn bei einer Reaktion freie Enthalpie entsteht, gibt der Wert für ΔG den größten möglichen Betrag an Enthalpie an, der in dieser Reaktion theoretisch freigesetzt werden kann. Wenn eine Reaktion andererseits Energie benötigt, gibt ΔG den kleinstmöglichen Betrag an Enthalpie an, den diese Reaktion erfordert. Energie produzierende (exergone) Reaktionen haben einen negativen ΔG-Wert und verlaufen *spontan*, während Energie verbrauchende (endergone) Reaktionen durch einen positiven ΔG-Wert gekennzeichnet sind und *nicht spontan* ablaufen.

Spontanität hat nichts mit Geschwindigkeit zu tun. Spontane Reaktionen können sowohl sehr rasch als auch sehr langsam ablaufen.

Der ΔG-Wert hängt immer von den Bedingungen ab, unter denen eine Reaktion abläuft, sodass Reaktionen nur dann miteinander verglichen werden können, wenn sie unter den gleichen Bedingungen ablaufen – den Standardbedingungen (1 bar, 25 Grad Celsius). Der Wert für ΔG unter Standardbedingungen wird mit ΔG° gekennzeichnet. Anhand der tatsächlichen Reaktionsbedingungen lässt sich so ΔG beispielsweise für eine Gleichgewichtsreaktion bestimmen, bei der A in B umgewandelt wird und umgekehrt ($A \leftrightarrows B$):

$$\Delta G = \Delta G^\circ + RT(\ln[B]/[A]) = \Delta G^\circ + RT \ln K$$

Die Änderung der freien Enthalpie ΔG lässt sich mit dieser Formel anhand der Änderung der freien Standardenergie ΔG° berechnen. R ist hierbei die universelle Gaskonstante 8,314 J/(mol · K) oder 1,987 cal/(mol · K). T ist die absolute Temperatur in Kelvin und K die Gleichgewichtskonstante, die bestimmt wird, indem die Produktkonzentration [B] durch die Reaktantenkonzentration [A] geteilt wird. Beachten Sie, dass K hier für zwei unterschiedliche Dinge verwendet wird: für Kelvin bei den Angaben der Einheiten und für die Gleichgewichtskonstante in der Formelangabe!

Bei bioenergetischen Untersuchungen wird Ihnen mitunter die veraltete Einheit *Kalorien* (cal) anstelle von Joule (J) begegnen. Beide Einheiten können folgendermaßen ineinander umgerechnet werden: 1 cal = 4,184 J.

In der Biochemie wird oft mit $\Delta G^{\circ\prime}$ gearbeitet. Diese Variante von ΔG° bezieht sich auf eine Reaktion, die anstelle des Standard-pH-Wertes pH = 0 ($[H^+] = 1$ M) bei dem sinnvolleren physiologischen pH-Wert von pH = 7 ($[H^+] = 10^{-7}$ M) durchgeführt wird. Einige Beziehungen zwischen K und $\Delta G^{\circ\prime}$ sind in Tabelle 12.1 angegeben.

$\Delta G°'$ (in kJ/mol)	K
−17,1	1000
−11,4	100
−5,7	10
0	1
5,7	0,1
11,4	0,01
17,1	0,001

Tabelle 12.1: Beziehungen zwischen einigen Werten von $\Delta G°'$ und K

Tabelle 12.1 zeigt: Je größer K, umso stärker *exergon* (spontaner) verläuft eine Reaktion. Wenn zum Beispiel K = 1000 ist, ist die Produktkonzentration [B] 1000-mal höher als die Konzentration des Ausgangsstoffes [A] und es werden 17 kJ/mol an Enthalpie freigesetzt (negativer $\Delta G°'$-Wert). Die gleiche Reaktion wird *endergon* und benötigt 17 kJ/mol an Enthalpie, wenn K = 0,001 ist. Bedenken Sie an dieser Stelle, dass man mit Schwankungen von [A] und [B] in biologischen Systemen stets rechnen muss. Ist die Konzentration der Reaktionspartner zum Beispiel erhöht, beschleunigt dies die Reaktion, während eine zunehmende Produktkonzentration die Reaktion hemmt.

ATP als Energietransporter

Zellen nutzen exergone Reaktionen, um die lebenswichtige Energie für ihre Stoffwechselprozesse zu gewinnen. Der wichtigste Energieüberträger ist ATP (siehe Abbildung 12.1), das zum Beispiel die Energie für endergone Reaktionen, für Muskelbewegungen (mechanische Energie), zur Lichterzeugung (zum Beispiel bei Glühwürmchen) oder zur Wärmeproduktion (zum Aufrechterhalten der Körpertemperatur) zur Verfügung stellt.

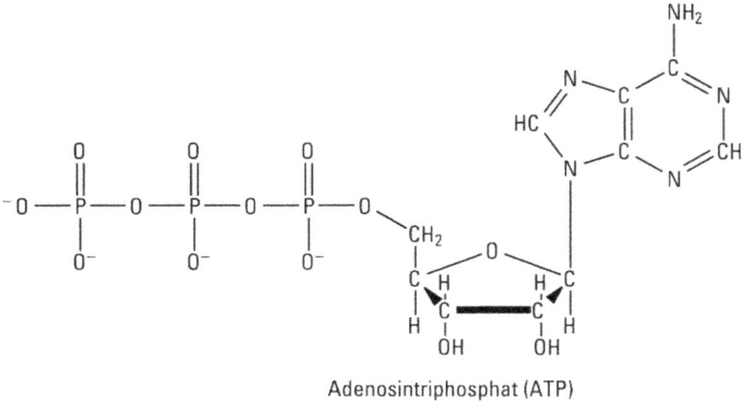

Abbildung 12.1: Struktur von ATP

Die Hydrolyse des endständigen Phosphatrestes von ATP erzeugt ADP und anorganisches Phosphat (P_i). Die Struktur von ADP sehen Sie in Abbildung 12.2. Bei dieser Hydrolyse werden 30,5 kJ/mol Energie frei.

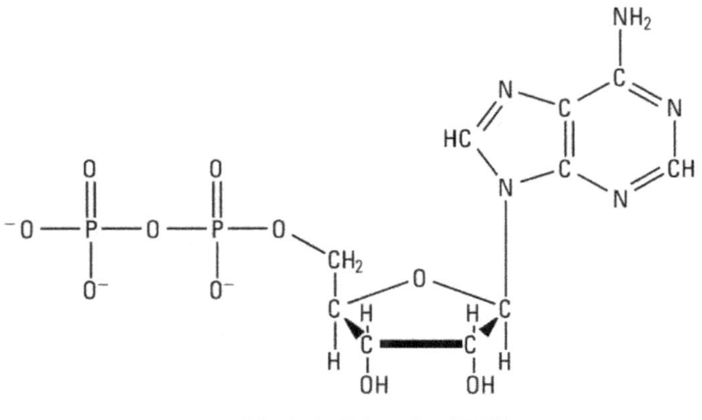

Abbildung 12.2: Struktur von ADP

Konzentrationsschwankungen bewirken in den meisten Fällen nur minimale Änderungen der freien Enthalpie.

Die hydrolytische Abspaltung des endständigen Phosphatrestes von ADP lässt wiederum AMP und anorganisches Phosphat (P_i) entstehen. Die AMP-Struktur ist in Abbildung 12.3 dargestellt. Auch bei dieser Reaktion entstehen wieder 30,5 kJ/mol freie Energie. (Diese Reaktion ist aus biologischer Sicht weniger wichtig als die Reaktion von ATP zu ADP und P_i.)

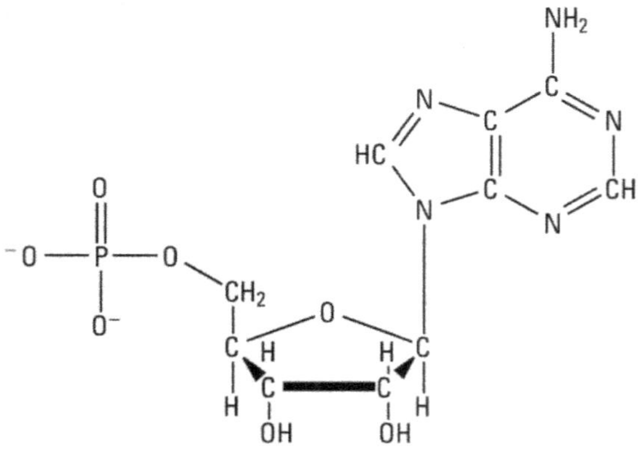

Abbildung 12.3: Struktur von AMP

Es ist auch möglich, direkt von ATP zu AMP zu gelangen, indem ein Diphosphatrest $P_2O_7^{4-}$ von der Phosphatkette abgespalten wird. Biochemiker schreiben dieses Di- oder Pyrophosphat als PP_i. Bei dieser Reaktion entsteht nur geringfügig mehr Energie (etwa 33,5 kJ/mol) als bei der Abspaltung von P_i. Unter physiologischen Bedingungen bilden die Phosphatanteile von ATP und ADP einen Komplex mit Magnesiumionen (Mg^{2+}). Unter bestimmten Umständen können auch Manganionen (Mn^{2+}) die Magnesiumionen ersetzen. Abbildung 12.4 zeigt die Magnesiumkomplexe von ATP und ADP.

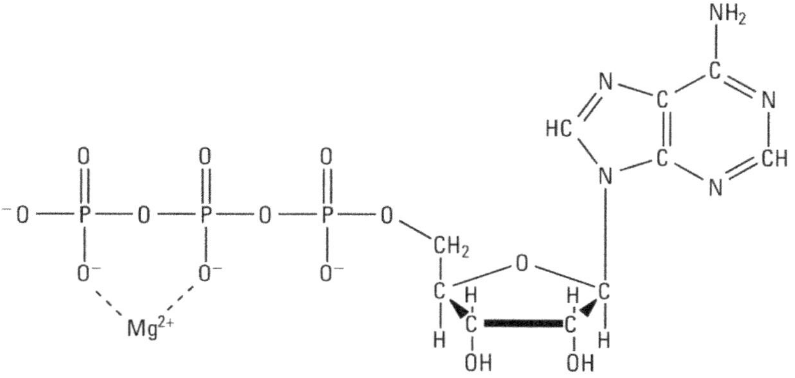

Adenosintriphosphat (ATP)-Mg^{2+}

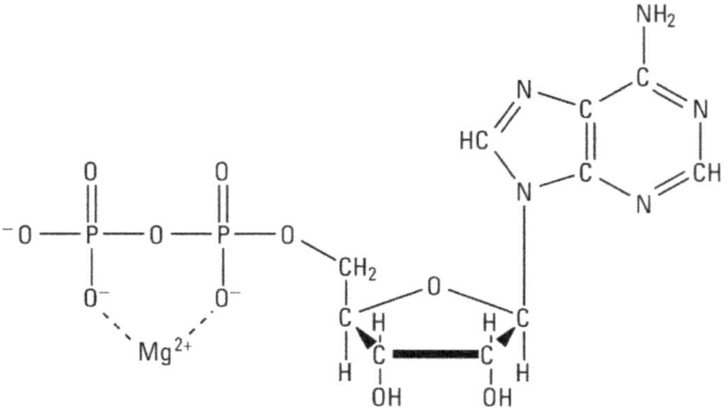

Adenosindiphosphat (ADP)-Mg^{2+}

Abbildung 12.4: Magnesiumkomplexe von ATP und ADP

Bei Abspaltung des letzten Phosphatrestes von AMP wird die geringste Energie frei, nämlich nur 14,2 kJ/mol, denn bei dieser Hydrolyse wird eine Esterbindung anstelle einer Anhydridbindung gespalten. Die hydrolytische Spaltung einer Esterbindung setzt generell weniger als die Hälfte der Energie einer Anhydridbindung frei.

Mit ATP verwandte Moleküle

Es gibt noch eine Reihe weiterer biologischer Moleküle, die ähnlich viel Energie wie das ATP zur Verfügung stellen können – zum Beispiel das GTP (Guanosintriphosphat), das strukturell dem ATP ähnelt. Einige andere Moleküle können sogar noch *mehr* Energie als ATP bereitstellen. Tabelle 12.2 vergleicht einige dieser hochenergetischen Biomoleküle mit ATP; in Abbildung 12.5 sind deren Strukturen dargestellt.

Biomolekül	Freigesetzte Energie (in kJ/mol)
ATP	30,5
Argininphosphat	32,2
Acetylphosphat	43,3
Kreatinphosphat	43,3
1,3-Bisphosphoglyzerat	49,6
Phosphoenolpyruvat	62,2

Tabelle 12.2: Freigesetzte Energien ($\Delta G°'$) einiger hochenergetischer Biomoleküle im Vergleich zu ATP

Phosphoenolpyruvat, 1,3-Bisphosphoglyzerat und Acetylphosphat spielen eine wichtige Rolle bei der Übertragung und der Speicherung chemischer Energie im Organismus. Argininphosphat und Kreatinphosphat sind wichtige Moleküle für die Speicherung von Stoffwechselenergie. Kreatinphosphat wird in den Muskeln gespeichert und kann rasch zu ATP konvertiert werden, um Energie für die Muskelkontraktionen zur Verfügung zu stellen. Kreatinphosphat wird immer dann produziert, wenn ein Überschuss an ATP vorhanden ist – hohe ATP-Konzentrationen sind nötig, um das Energiedefizit von 12,8 kJ/mol zu überbrücken. Der Transfer einer Phosphatgruppe auf ADP, um ATP zu erhalten, geschieht hingegen bereits bei niedrigen ATP-Konzentrationen. In bestimmten Wirbellosen ist das auch bei Argininphosphat der Fall – die sind nun einmal doch anders gestrickt.

Die Nukleosidtriphosphat-Familie

Das wichtigste Molekül für die Übertragung von Energie ist definitiv das ATP, wie wir bereits festgestellt haben. Doch auch andere Nukleosidtriphosphate (wie CTP, GTP, TTP oder UTP) können diese Funktion übernehmen. Diese fünf Moleküle liefern auch die nötige Energie zur RNA- und DNA-Synthese. Alle Nukleosidtriphosphate besitzen in etwa den gleichen Energiebetrag. (Beachten Sie, dass ATP für die Synthese aller anderen Nukleosidtriphosphate verantwortlich ist.)

Die Biosynthese der Ribonukleosidtriphosphate (allgemein mit NTP abgekürzt) beginnt mit der Produktion der entsprechenden Monophosphate (NMP). Die schrittweise Addition der nächsten beiden Phosphatreste erfordert zwei Enzyme, die Nukleosid-Monophosphat-Kinase und die Nukleosid-Diphosphat-Kinase. (Der Begriff Kinase bezeichnet generell ein

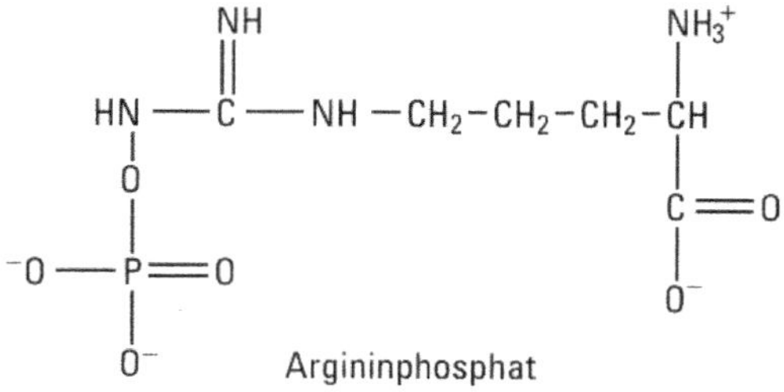

Argininphosphat

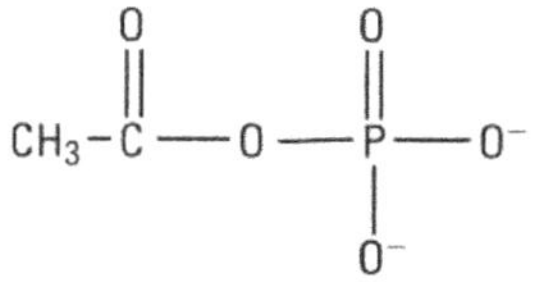

Acetylphosphat

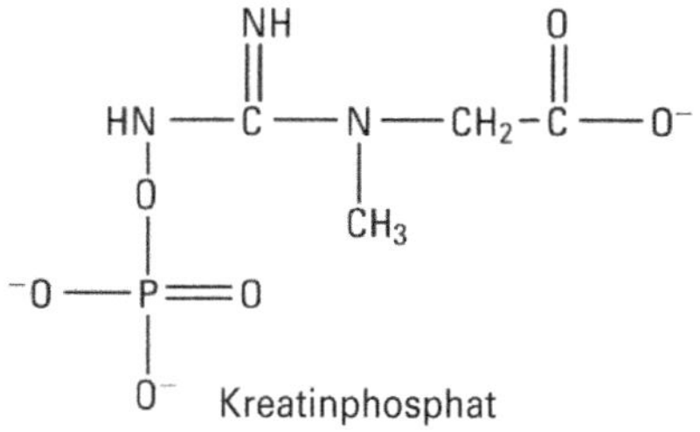

Kreatinphosphat

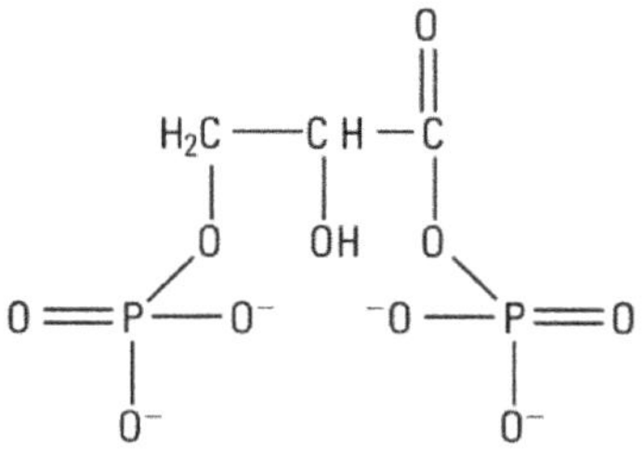

1,3-Bisphosphoglyzerat

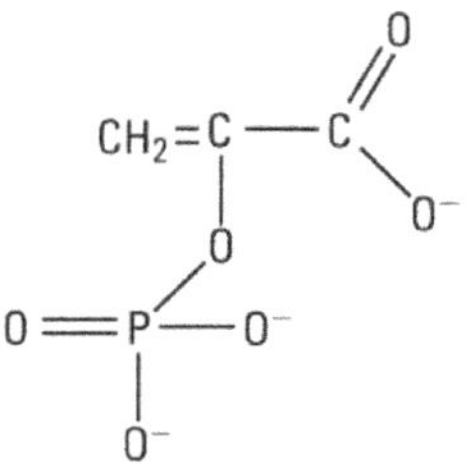

Phosphoenolpyruvat

Abbildung 12.5: Strukturen einiger hochenergetischer Moleküle

Transferaseenzym, das eine Phosphatgruppe überträgt.) Die allgemeinen Reaktionen sind in Abbildung 12.6 dargestellt.

Nukleosid-Monophosphat-Kinase

$$\text{NMP} + \text{ATP} \rightleftharpoons \text{NDP} + \text{ADP}$$

Nukleosid-Diphosphat-Kinase

$$\text{NDP} + \text{ATP} \rightleftharpoons \text{NTP} + \text{ADP}$$

Abbildung 12.6: Zwei Reaktionen, die von Nukleosid-Monophosphat- und Nukleosid-Diphosphat-Kinase katalysiert werden

Die Bildung der Desoxyribonukleosidtriphosphate (dNTP) kann auf zwei Arten erfolgen. Einmal konvertiert ein Multienzymsystem das entsprechende Nukleosid-Diphosphat über mehrere Schritte zum entsprechenden Desoxyribonukleosid-Diphosphat, und die Nukleosid-Diphosphat-Kinase katalysiert dann die Bildung des Desoxyribonukleosidtriphosphats. Bestimmte Mikroorganismen können jedoch direkt NTP in dNTP umwandeln – das ist der andere Reaktionsweg.

So einfach wie 1-2-3: AMP, ADP und ATP

Es ist möglich, ATP entweder zu ADP + P_i oder zu AMP + PP_i zu hydrolisieren. (Der Diphosphatrest wird dann noch einer weiteren Hydrolyse zu zwei einzelnen Monophosphatresten (zwei P_i) unterzogen.) ADP und P_i sind die Ausgangsmoleküle für die Neubildung von ATP. Für die Produktion von ATP, ausgehend von AMP, bedarf es des Enzyms Adenylatkinase. Dieses Enzym katalysiert die Übertragung einer Phosphatgruppe von einem ATP- auf ein AMP-Molekül. Aus dieser Reaktion entstehen zwei ADP-Moleküle. Die Adenylatkinase katalysiert übrigens auch die Rückreaktion.

Die leichte Übertragbarkeit von Phosphatgruppen zwischen Nukleotiden schafft ein Stoffwechselnetzwerk für den Energietransfer. Der Schlüssel zu diesem Netzwerk ist die interzellulare Produktion von ATP.

Stoffwechsel in Zahlen

Warum müssen wir essen? Aus der Nahrung, die wir täglich zu uns nehmen, beziehen wir Energie und Bausteine für die Synthese körpereigener Strukturen. Kohlenhydrate und Fette sind die Hauptenergiequellen. Die Verdauungsenzyme spalten Polysaccharide in Glukose und andere Einfachzucker auf, während Fette in Glyzerin und Fettsäuren zerlegt werden. Der Katabolismus sorgt dafür, dass diese Energiequellen hauptsächlich zu ATP umgewandelt werden. Proteine werden in die einzelnen Aminosäuren gespalten und gewöhnlich nicht zur Energieproduktion herangezogen. Wir erklären die Einzelheiten dieser Reaktionen weiter hinten in diesem Buch. Ein Molekül Glukose ist ausreichend für die Produktion von 36 Molekülen ATP – das bedeutet durchschnittlich sechs ATP pro Kohlenstoffatom. Die schrittweise ATP-Ausbeute für Glukose finden Sie in Tabelle 12.3. Andere Kohlenhydrate erzielen ähnliche Energieausbeuten.

Chemischer Prozess	Anzahl produzierter ATP-Moleküle
Aktivierung (Umwandlung von Glukose zu 1,6-Fruktose-Diphosphat)	−2
Oxidative Phosphorylierung (Glyzeraldehyd wird zu 1,3-Diphosphoglyzerat), wobei 2 NADH + H^+ im Cytosol entstehen	4
Dephosphorylierung (1,3-Diphosphoglyzerat wird zu Pyruvat)	4
Oxidative Decarboxylierung (Pyruvat wird zu Acetyl-CoA), wobei 2 NADH + H^+ in den Mitochondrien gebildet werden	6
Oxidation von zwei C_2-Fragmenten im Citratzyklus und im allgemeinen Reaktionsweg der oxidativen Phosphorylierung, wobei 12 ATP-Moleküle pro C_2-Fragment entstehen	24
Gesamt	36

Tabelle 12.3: ATP-Ausbeute für jeden Schritt des Glukosestoffwechsels

Jedes Fettmolekül wird in Glyzerin und drei Fettsäuren gespalten. Glyzerin liefert 20 ATPs pro Molekül. Der Energiegewinn aus einer Fettsäure hängt von der jeweiligen Art ab. Stearinsäure, $C_{18}H_{36}O_2$, liefert zum Beispiel eine Energieausbeute von 146 ATP pro Molekül – das sind durchschnittlich 1,8 ATP-Moleküle pro Kohlenstoffatom. Die schrittweise Energiegewinnung für Stearinsäure finden Sie in Tabelle 12.4. Die Verstoffwechselung anderer Fettsäuren führt zu ähnlichen Energieausbeuten.

Chemischer Prozess	Anzahl der Wiederholungen	Anzahl produzierter ATP-Moleküle
Aktivierung (Stearinsäure wird zu Stearyl-CoA umgewandelt)	1×	−2
Dehydrierung (Acetyl-CoA wird zu *trans*-Enoyl-CoA), wobei $FADH_2$ entsteht	8×	16
Dehydrierung (Hydroxyacyl-CoA wird zu Ketoacyl-CoA), wobei NADH + H^+ entsteht	8×	24
Oxidation von C_2-Fragmenten (Acetyl-CoA im allgemeinen Abbauweg), wobei 12 ATPs pro C_2-Fragment entstehen	9×	108
Gesamt	–	146

Tabelle 12.4: ATP-Ausbeute für jeden Schritt des Stearinsäurestoffwechsels

Was passiert bei einer Nulldiät?

Fasten ist die totale Verweigerung von Nahrung. Doch was geschieht genau im Stoffwechsel, wenn Sie die Nahrungsaufnahme für längere Zeit einstellen? Zunächst greift Ihr Körper noch auf seine Glykogenreserven zurück, die in Leber-, Nieren- und Muskelzellen gespeichert sind. Wenn diese aufgebraucht sind, macht er sich über die Fettreserven her – die ersten Fettzellen, die angezapft werden, befinden sich um Herz und Nieren herum. Schließlich zapft Ihr Körper die Reserven im Knochenmark an. In einer frühen Phase des Fastens wird Ihr Körper auch versuchen, Proteine mit hoher Geschwindigkeit zu verstoffwechseln. Die einzelnen Aminosäuren werden zu Glukose umgewandelt, da Ihr Gehirn Glukose als Energielieferant nutzt. Die Proteine dazu stammen aus den Skelettmuskeln, dem Blutplasma und anderen Quellen, wobei erhöhte Mengen stickstoffhaltiger Abfallsubstanzen entstehen, die rasch entsorgt werden müssen. Die Ausscheidung dieser Stoffe benötigt jedoch sehr viel Wasser, und wenn in diesem Zustand zu wenig oder gar nicht getrunken wird, kann Tod durch Dehydrierung eintreten. Wenn weiter gefastet wird, stellt die Hirnchemie auf Fettsäurestoffwechsel um, wobei die letzten Fettreserven aufgebraucht werden. Am Ende muss der Körper notgedrungen auch Strukturproteine abbauen, um Energie zu gewinnen – dadurch beginnt Ihr Körper rasch zu verfallen und der Tod tritt bald darauf ein.

IN DIESEM KAPITEL

- Glykolyse und Citratzyklus vorstellen
- Elektronentransport und oxidative Phosphorylierung verstehen
- Das Auf und Ab von Anabolismus und Katabolismus

Kapitel 13

ATP: Das Währungssystem des Körpers

In diesem Kapitel sehen wir uns einige wichtige Stoffwechselprozesse näher an, die entweder Energie produzieren oder verbrauchen. Der Abbau von Molekülen setzt oft Energie frei, die im Stoffwechsel genutzt wird, um Adenosintriphosphat oder kurz ATP zu synthetisieren. *Katabolismus* ist der Abbau von Molekülen, um Energie zu erzeugen, während beim *Anabolismus* Moleküle unter Energieverbrauch synthetisiert werden. Beide Prozesse ergeben zusammengefasst den Stoffwechsel oder Metabolismus. Der *Metabolismus* ist die Summe aller auf- und abbauenden Reaktionen in biologischen Systemen.

Wie Sie in Kapitel 12 gesehen haben, ist ATP die »Währung«, mit der in biologischen Systemen Energie getauscht wird. Es gibt zwar auch andere Verbindungen, die Energie übertragen können, doch letzten Endes bezieht sich der »Wechselkurs« immer auf die Menge an ATP, die bei einer Reaktion gebildet oder verbraucht wird. Polysaccharide und Fette sind so etwas wie winzige »Banken«, in denen Energie für den späteren Gebrauch aufbewahrt wird.

Metabolismus Teil I: Glykolyse

Die Glykolyse (auch *Embden-Meyerhof-Weg* genannt) ist der zentrale Stoffwechselweg, um Energie aus Kohlenhydraten zu gewinnen. Alle Eukaryoten und die meisten Bakterien, Blaualgen und Archaeen nutzen diesen anaeroben, also ohne Sauerstoffverbrauch ablaufenden Prozess, um Glukose zu zwei Pyruvatmolekülen umzuwandeln. Pyruvat wiederum ist die Ausgangssubstanz für viele andere Stoffwechselwege. Diese können entweder mit Sauerstoff ablaufen, wie die Atmung, oder ohne Sauerstoff, wie zum Beispiel die alkoholische Gärung, bei der aus Glukose über Pyruvat am Ende zwei Moleküle Ethanol und zwei Moleküle CO_2 entstehen. Die Glykolyse ist ein zweistufiger Prozess, den wir hier in Phase I und Phase II unterteilen. Abbildung 13.1 und Abbildung 13.2 sollen Ihnen helfen, das nun Folgende besser zu verstehen. Sie sollten daher zu diesen Abbildungen zurückblättern, wenn Sie einmal den Faden verlieren.

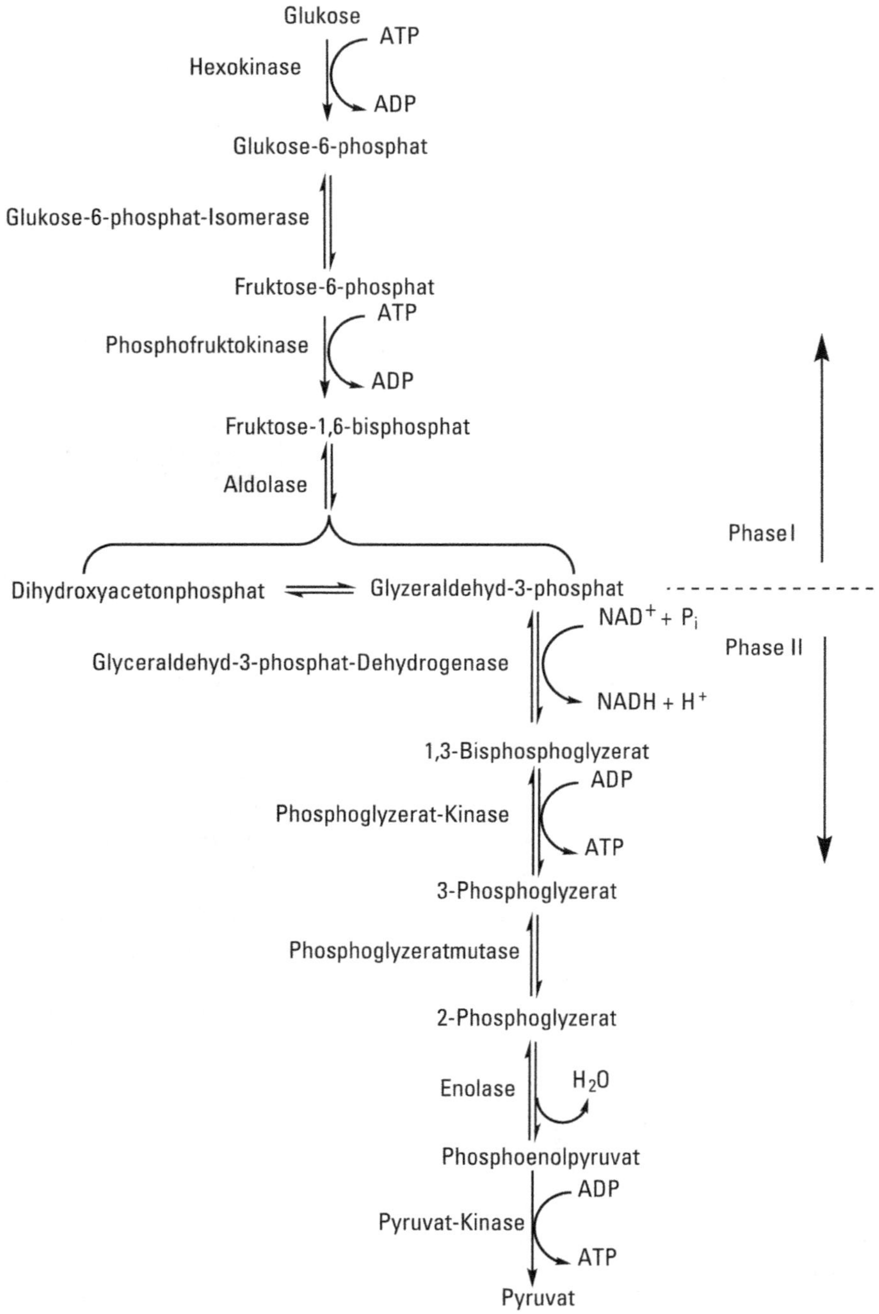

Abbildung 13.1: Die Reaktionsschritte der Glykolyse

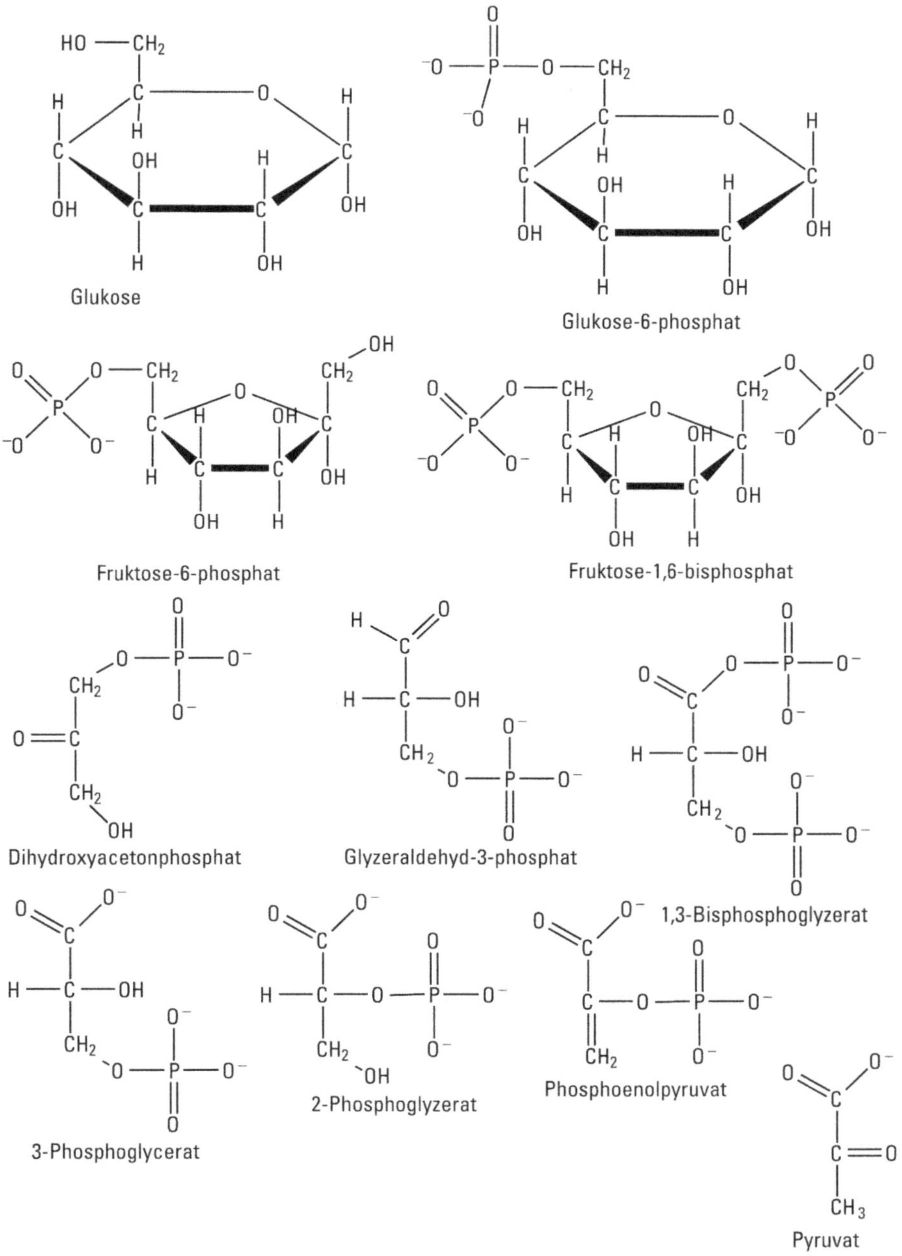

Abbildung 13.2: Moleküle der Glykolyse

Von Glukose zum Pyruvat: Der Anfang aller Dinge

Die Glykolyse läuft in zwei Phasen ab:

- ✔ Phase I, in der der Zucker phosphoryliert und für den Abbau vorbereitet wird
- ✔ Phase II, in der aus dem Zucker zwei Moleküle Pyruvat entstehen

Phase I

Phase I ist die Energieinvestitionsphase dieses Stoffwechselweges. Wenn Glukose in eine Zelle gelangt, wird der Zucker sofort zu Glukose-6-phosphat phosphoryliert. Der erste Schritt von Phase I benötigt also Energie und einen Phosphatrest; beides stammt aus dem ATP. Der Transfer wird von der *Hexokinase* katalysiert, einem Enzym, das Mg^{2+} als Kofaktor benötigt. Durch diese Phosphorylierung wird Glukose in einer praktisch nicht mehr reversiblen Reaktion aktiviert. Zudem sorgt die geladene Phosphatgruppe dafür, dass Glukose-6-phosphat und auch weitere phosphorylierte Zwischenprodukte die Zelle nicht mehr verlassen können, da die Membran nur ungeladene Teilchen passieren lässt.

Das Enzym *Glukose-6-Phosphat-Isomerase* katalysiert im nächsten Schritt die Isomerisierung von Glukose-6-phosphat zu Fruktose-6-phosphat. Durch diese Umwandlung entsteht ein Zucker mit einer primären Alkoholgruppe, der leichter zu phosphorylieren ist als sein Hemiacetalvorläufer. Fruktose-6-phosphat reagiert nun mit einem weiteren Molekül ATP zum zweifach phosphorylierten Fruktose-1,6-Bisphosphat. Diese Reaktion wird von der *Phosphofruktokinase* katalysiert (ein netter Zungenbrecher, wenn Sie einmal ausgiebig alkoholische Gärung in der Praxis getestet haben sollten), die ebenfalls Mg^{2+} als Kofaktor benötigt. Die Phosphofruktokinase ist die wichtigste Schaltstelle der Glykolyse, denn dieses Enzym bestimmt die Geschwindigkeit, mit der die Glykolyse ablaufen kann. Ein hoher ATP-Spiegel (der eine gute Energieversorgung der Zelle anzeigt) hemmt das Enzym, während es von AMP aktiviert wird.

Die *Aldolase* spaltet Fruktose-1,6-bisphosphat enzymatisch in zwei Triosephosphate, und zwar in Dihydroxyacetonphosphat (DHAP) und Glyzeraldehyd-3-phosphat (GAP). Dihydroxyacetonphosphat wird dann durch die Triosephosphat-Isomerase ebenfalls zu Glyzeraldehyd-3-phosphat isomerisiert. Mit diesem letzten Schritt ist Phase I beendet (und Sie verstehen mittlerweile sicherlich, warum wir Ihnen geraten haben, parallel zum Text immer mal wieder einen Blick auf die Abbildungen zu werfen).

Das Resultat der Phase I ist die Bildung von zwei Molekülen Glyzeraldehyd-3-phosphat aus Glukose unter Verbrauch von zwei ATP-Molekülen. Bisher ist die Energiebilanz also noch negativ.

Phase II

Phase II (die Energiegewinnungsphase) beginnt mit der gleichzeitigen Oxidation und Phosphorylierung von Glyzeraldehyd-3-phosphat zu 1,3-Bisphosphoglyzerat durch die *Glyzeraldehyd-3-phosphat-Dehydrogenase.* Da diese Reaktion energetisch sehr günstig ist, kann für diese Phosphorylierung anorganisches Phosphat (P_i) verwendet werden. NAD^+ ist zugleich Koenzym und Oxidationsmittel und wird in dieser Reaktion zu NADH reduziert.

Mit 1,3-Bisphosphoglyzerat ist das erste Zwischenprodukt erzeugt worden, das aufgrund seiner energiereichen Acyl-Phosphat-Bindung die Bildung eines Moleküls ATP aus ADP ermöglicht. Die *Phosphoglyzeratkinase* katalysiert in Gegenwart von Mg^{2+} den direkten Transfer eines Phosphatrestes von 1,3-Bisphosphoglyzerat auf ADP. Dabei entstehen ATP und 3-Phosphoglyzerat. Da bei dieser ATP-Bildung eine direkte Phosphatübertragung stattfindet, wird der Prozess auch als *Substratkettenphosphorylierung* bezeichnet, um keine Verwechselung mit der *oxidativen Phosphorylierung* der Atmungskette (die wir weiter hinten in diesem Kapitel erklären) hervorzurufen.

Auch dieser enzymatische Schritt wird strikt reguliert, damit keine Energie verloren geht (ATP hat nur eine begrenzte Haltbarkeit – es lässt sich nicht auf Vorrat produzieren und zerfällt irgendwann). Wenn viel ATP und wenig ADP als Akzeptor für den Phosphatrest in der Zelle vorhanden ist (was eine ausreichend hohe Energieversorgung der Zelle anzeigt), verläuft diese Reaktion nur langsam.

Sehen wir uns kurz die Energiebilanz der Gesamtreaktion an. In Phase I wurden zwei ATP verbraucht, um Glukose in Fruktose-1,6-Bisphosphat umzuwandeln. Mit der Substratkettenphosphorylierung in Phase II werden zwei ATP (je ein ATP pro Molekül 1,3-Bisphosphoglyzerat) gewonnen. Die Energiebilanz ist nun zwar ausgeglichen, aber noch kein Energiegewinn erzielt worden.

Und es geht weiter mit der Glykolyse – der nächste Schritt ist eine einfache Umlagerung. Die *Phosphoglyzeratmutase* katalysiert den Transfer einer Phosphatgruppe vom C3- zum C2-Atom und wandelt 3-Phosphoglyzerat zu 2-Phosphoglyzerat um. Danach spaltet die *Enolase* Wasser ab und es entsteht Phosphoenolpyruvat (PEP), das ebenfalls eine sehr energiereiche Phosphatbindung enthält.

Der abschließende, irreversible Schritt ist eine zweite Substratkettenphosphorylierung durch das Enzym *Pyruvatkinase,* die Mg^{2+} und K^+ als Kofaktoren benötigt. Sie haben es geschafft: Ein Molekül Glukose wurde in zwei Moleküle Pyruvat umgewandelt.

Sehen wir uns nun die abschließende Energiebilanz der Glykolyse an: In Phase I wurden zwei ATP-Moleküle benötigt, in Phase II entstehen aus zwei Molekülen Glyzeraldehyd-3-phosphat zwei Moleküle Pyruvat, vier ATP-Moleküle und zwei Moleküle NADH. Das macht unterm Strich ein Plus von zwei ATP und zwei NADH.

Das Endprodukt der Glykolyse ist Pyruvat, das aufgrund seiner vielseitigen Verwendbarkeit im Stoffwechsel eine zentrale Position einnimmt. Steht kein Sauerstoff zur Verfügung, kann Pyruvat für verschiedene Gärungen verwendet werden. Wir haben bereits die alkoholische Gärung der Hefen und vieler Bakterien erwähnt; andere Bakterien bilden Essigsäure (Acetat), Bernsteinsäure (Succinat) oder Milchsäure (Lactat) aus Pyruvat – die Lactatgärung findet übrigens auch in Ihren Muskeln statt, wenn Ihr Körper bei Ausdauersportarten mit der Sauerstoffversorgung nicht schnell genug nachkommt.

Bei atmenden (aeroben) Lebewesen wie dem Menschen wird Pyruvat in Acetyl-CoA umgewandelt, das dann im Citratzyklus zu CO_2 und Wasser abgebaut wird. In der Elektronentransportkette und der oxidativen Phosphorylierung können dann weitere Moleküle ATP gebildet werden. Bei der aeroben Verstoffwechselung von Pyruvat entsteht sehr viel mehr Energie als bei allen Gärungsprozessen.

Wie effizient sind Gärung und Atmung?

Kohlenhydrate werden zunächst in der Glykolyse ohne Sauerstoff verstoffwechselt. Als Ergebnis erhalten wir zwei ATP-Moleküle, zwei NADH-Moleküle und zwei Pyruvatmoleküle – das entspricht gerade einmal zwei Prozent des gesamten Energiegehalts eines Glukosemoleküls. Die anaerobe Energiegewinnung – ein Erbe aus der Zeit der Entstehung des Lebens, als auf der Erde noch nicht genug Sauerstoff für Atmungsprozesse vorhanden war – ist energetisch sehr unwirtschaftlich. Der Energiegewinn aus anaerober plus aerober Oxidation von Glukose liegt im Idealfall bei Bakterien bei 36 Molekülen ATP, was in etwa 30 Prozent des gesamten Energiegehalts von Glukose entspricht (in Eukaryoten sind es etwa 30 bis 32 Moleküle ATP, da hier die intrazellulären Transportprozesse durch die Membranen der Kompartimente einen gewissen Teil an Energie erfordern). Der Rest der verbleibenden Energie steht warmblütigen Tieren teilweise in Form von Wärme zur Verfügung.

Das Ganze einmal umgedreht: Glukoneogenese

In der Glykolyse wird Glukose abgebaut, doch dieser Stoffwechselweg funktioniert prinzipiell auch in der Gegenrichtung. Die *Glukoneogenese* umfasst eine Reihe von Reaktionen, bei denen aus Milchsäure, Pyruvat, einigen Aminosäuren oder Glyzerin der Zucker Glukose synthetisiert werden kann. Dieser Reaktionsweg wird immer dann eingeschlagen, wenn der Kohlenhydratnachschub sehr zu wünschen übrig lässt (etwa weil Sie hungern müssen oder wollen und Ihr Gehirn nun einmal bevorzugt Glukose konsumiert). In manchen Fällen ist die Glukoneogenese prinzipiell eine Umkehrung der Glykolyse, aber nicht immer (es gibt auch den Umweg über Malat, der hier nicht erklärt wird). Abbildung 13.3 fasst die einzelnen Schritte der Glukoneogenese zusammen.

Die Glukosesynthese in Pflanzen nutzt übrigens einen ganz anderen Stoffwechselweg und ist an die Photosynthese gekoppelt.

Da die gleichen Zwischenprodukte vorkommen, können viele Enzyme gleichzeitig für Hin- und Rückreaktion (die Glykolyse und die Glukoneogenese) eingesetzt werden. Die beiden Stoffwechselwege unterscheiden sich allerdings durch vier Enzyme, sodass jeder Stoffwechselweg für sich reguliert werden kann und sich die beiden Reaktionswege nicht gegenseitig neutralisieren. Eine andere Möglichkeit der Regulation ist gegeben, wenn Stoffwechselwege in verschiedenen Kompartimenten der Zelle ablaufen. Die Glykolyse findet bei Eukaryoten wie dem Menschen im Zytosol einer Zelle statt, während einige Schritte der Glukoneogenese in den Mitochondrien und im endoplasmatischen Retikulum der Zelle – also unter anderen Bedingungen – ablaufen.

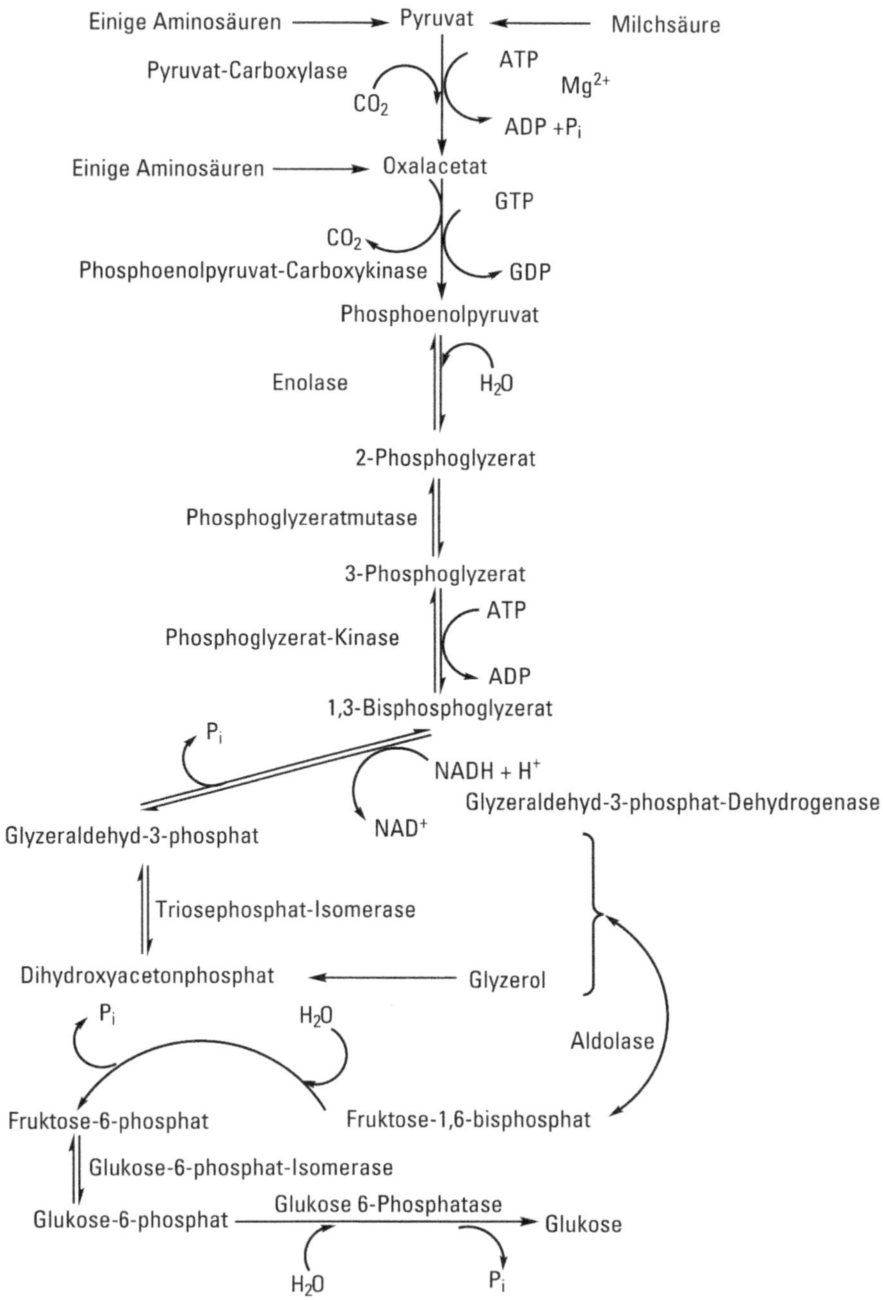

Abbildung 13.3: Reaktionsschritte der Glukoneogenese

Alkoholische Gärung: Von Pyruvat zu Ethanol

Unter Sauerstoffabschluss (anaerobe Bedingungen) setzen Hefen und andere Mikroorganismen Pyruvat zu Ethanol und Kohlenstoffdioxid um. Bei dieser Reaktion wird keine Energie gewonnen, sie dient lediglich der Regeneration des Kofaktors NAD^+, der bei der Glykose verbraucht wurde.

Hefen zählen zu den Pilzen und sind folglich Eukaryoten wie Sie. Anders als der Mensch sind Hefen jedoch fakultativ anaerob und können mit oder ohne Sauerstoff überleben. In Abwesenheit von Sauerstoff schalten Hefen einfach von der Atmung auf die alkoholische Gärung um, die dem Menschen recht erfreuliche Gärprodukte beschert – unter anderem Hefekuchen, Bier und Wein, Gin, Wodka, Tequila …

Der erste Schritt bei der alkoholischen Gärung besteht in der Decarboxylierung von Pyruvat zu Acetaldehyd durch die *Pyruvat-Decarboxylase,* die als Kofaktoren Mg^{2+} und Thiaminpyrophosphat (TPP) benötigt. Die *Alkoholdehydrogenase* katalysiert dann mit NADH als Kofaktor die Reduktion von Acetaldehyd zu Ethanol. Abbildung 13.4 fasst diese Reaktionen noch einmal zusammen.

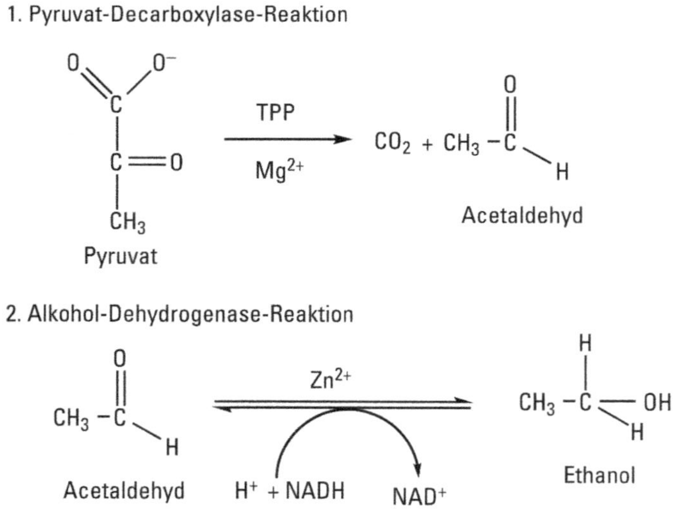

Abbildung 13.4: Reaktionsschritte der alkoholischen Gärung

Metabolismus Teil II: Der Citratzyklus (Krebs-Zyklus)

Der *Citratzyklus* und die *oxidative Phosphorylierung* sind die beiden Energie gewinnenden aeroben Prozesse des Katabolismus. Der Citratzyklus wird auch Citronensäurezyklus, Krebs-Zyklus (nach seinem Entdecker H. A. Krebs) oder Tricarbonsäurezyklus (TCA) genannt. Das Ausgangsmolekül dieses Reaktionsweges ist Acetyl-CoA (kurz für Acetyl-Koenzym A), das entweder aus dem Pyruvat als Endprodukt der Glykolyse, aus bestimmten Aminosäuren oder Fettsäuren stammen kann. Abbildung 13.5 zeigt die Struktur von Acetyl-CoA. Beachten Sie: All diese Prozesse finden bei den Eukaryoten in den *Mitochondrien* statt und nicht im Zytosol der Zelle wie die Glykolyse. Acetyl-CoA wird zu CO_2 abgebaut und liefert auf diesem Weg ATP und andere energiereiche Verbindungen. Abbildung 13.6 zeigt eine Übersicht; die Strukturen der Zwischenprodukte sehen Sie in Abbildung 13.7.

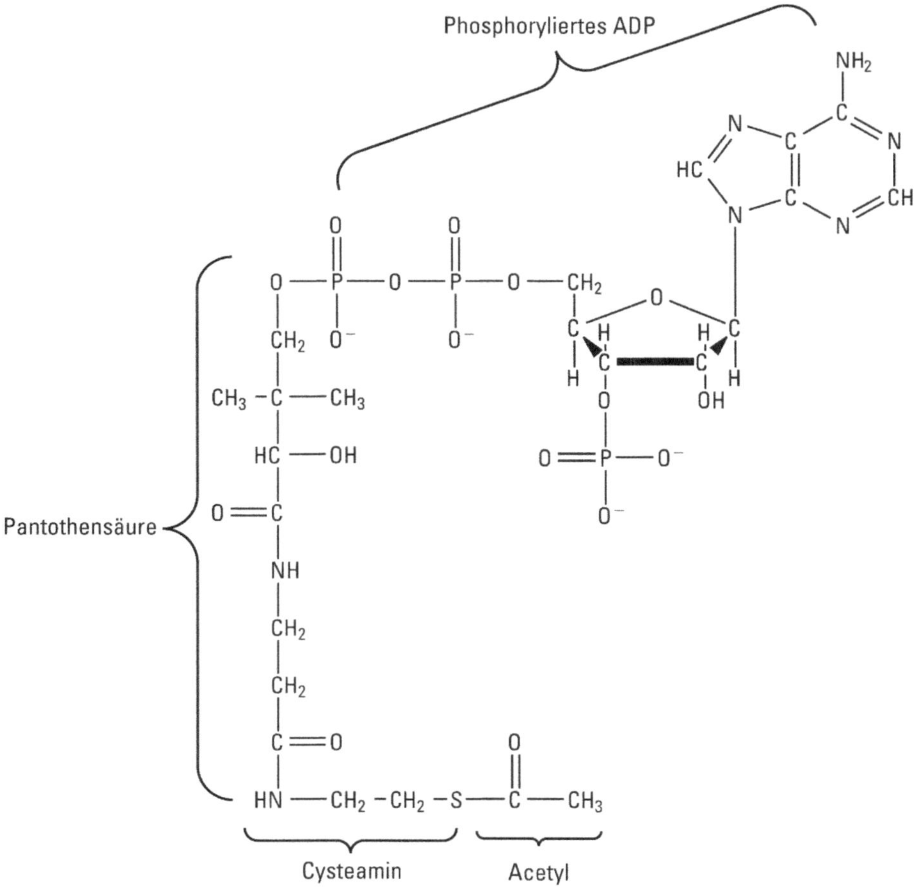

Abbildung 13.5: Struktur von Acetyl-CoA

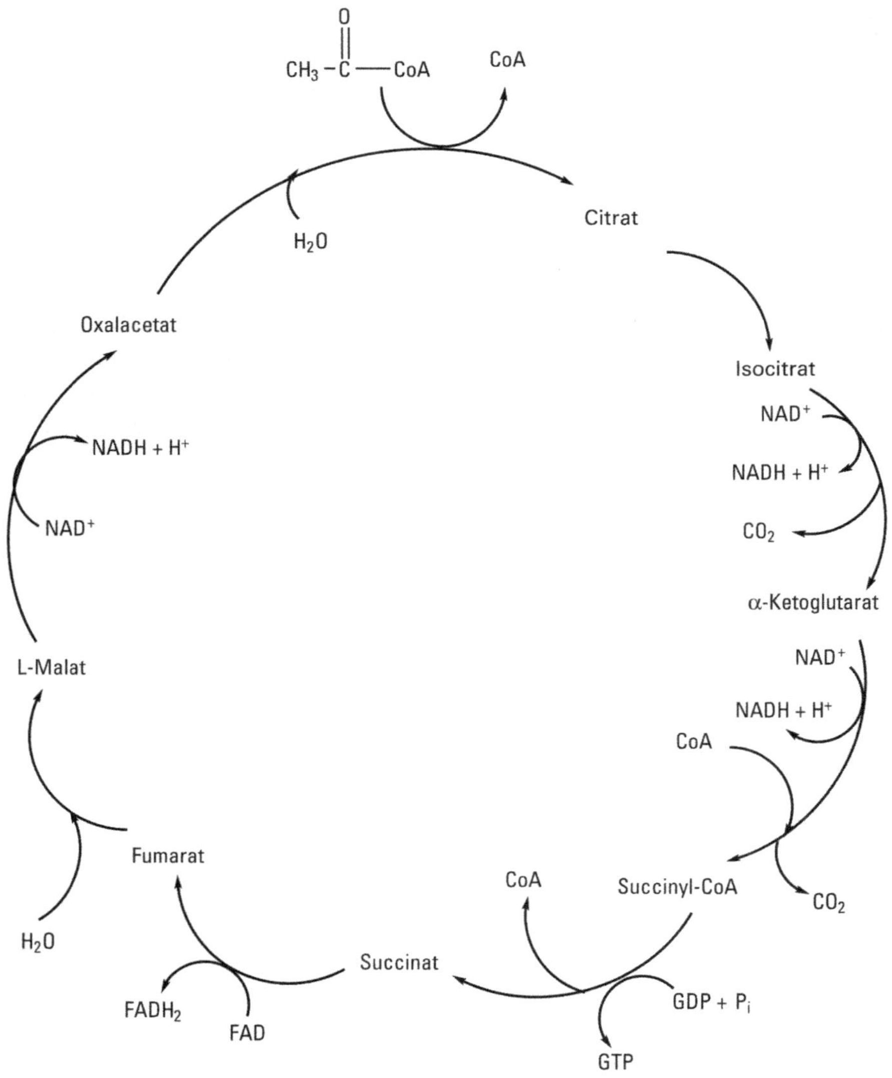

Abbildung 13.6: Citratzyklus (Krebs-Zyklus)

Acetyl-CoA dient neben seiner Funktion als Energiequelle auch als Ausgangsmaterial für die Synthese einer Reihe von Biomolekülen – zum Beispiel für die Synthese von Fettsäuren.

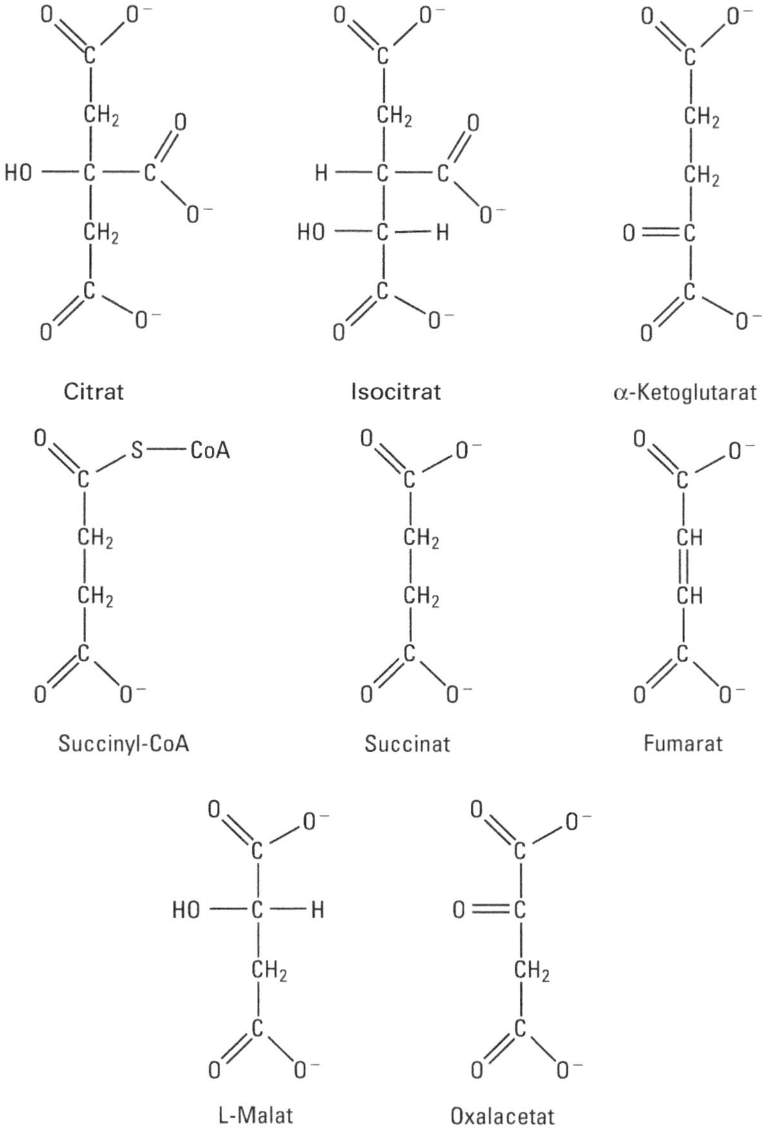

Abbildung 13.7: Strukturen der Zwischenprodukte des Citratzyklus

Bald geht's rund: Die Synthese von Acetyl-CoA

Noch einmal tief Luft holen, und ab ins Vergnügen! Doch bevor wir uns mit dem Citratzyklus selbst beschäftigen, müssen wir uns die Acetyl-CoA-Synthese näher ansehen. Die Bildung von Acetyl-CoA ist ein mehrstufiger Prozess, der stark vereinfacht in Abbildung 13.8 dargestellt ist. Auch hier wird die bei der Decarboxylierungsreaktion entstehende Energie in Form einer energiereichen Phosphatbindung bewahrt.

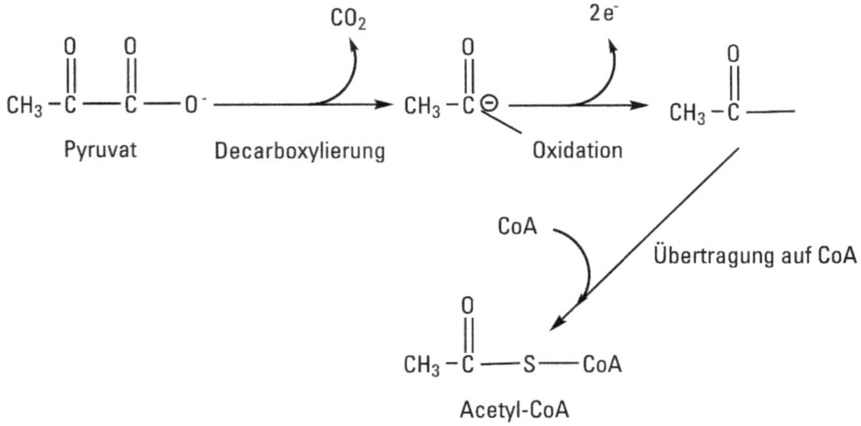

Abbildung 13.8: Vereinfachtes Schema der Bildung von Acetyl-CoA

Die im Folgenden bei der Bildung von Acetyl-CoA erwähnten wichtigen Zwischenprodukte sind in Abbildung 13.9 dargestellt. Im ersten Schritt wird Pyruvat an Thiaminpyrophosphat (TPP) gebunden und decarboxyliert. Die Pyruvat-Dehydrogenase ist Teil eines riesigen Multienzymkomplexes und katalysiert diese Reaktion. Im zweiten Schritt erfolgt eine Oxidation, wobei ein Acetylrest entsteht (siehe Abbildung 13.8) und auf ein Liponamid übertragen wird. Bei dieser Reaktion wirkt die Disulfidgruppe des Liponamids als Oxidationsmittel und Acetylliponamid wird gebildet – eine Reaktion, die ebenfalls vom Multienzymkomplex der Pyruvat-Dehydrogenase katalysiert wird. Im letzten Schritt wird dann die Acetylgruppe durch die Dihydrolipoyl-Transacetylase (die ebenfalls Teil des Multienzymkomplexes ist) von Acetylliponamid auf CoA übertragen, um Acetyl-CoA zu bilden.

Wir sind an diesem Punkt aber noch nicht fertig, denn die oxidierte Form des Liponamids muss noch reduziert werden, damit dieses Molekül wieder als Akzeptor zur Verfügung steht.

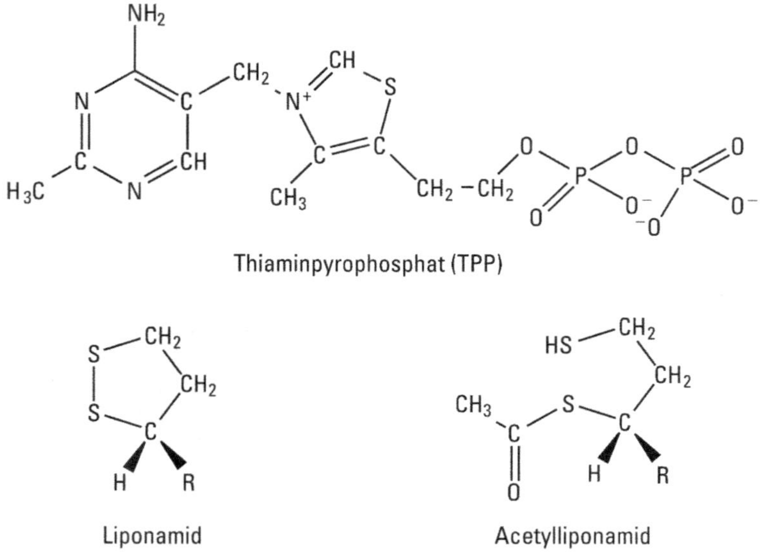

Abbildung 13.9: Strukturen von TPP, Liponamid und Acetylliponamid

Dies geschieht mithilfe der Dihydrolipoyl-Dehydrogenase. Die beiden Elektronen aus der Oxidation werden auf FAD und dann auf NAD^+ übertragen.

Die drei sind ein Team: Tricarbonsäuren

Anders als die Glykolyse läuft der Citratzyklus nicht im Zytosol, sondern in den Mitochondrien ab. Sobald Acetyl-CoA in den Citratzyklus eintritt, katalysiert die Citratsynthase die Kondensation von Acetyl-CoA mit Oxalacetat zur Tricarbonsäure Citrat, die, wie der Name bereits verrät, drei Carboxygruppen trägt und diesem Stoffwechselweg seinen Namen gegeben hat. Die Hydrolyse der Thioesterbindung des Acetyl-CoA setzt viel Energie frei.

Das Enzym Aconitase, mit Fe^{2+} als Kofaktor, katalysiert im nächsten Schritt die Isomerisierung von Citrat zu Isocitrat. Als Zwischenprodukt dieser Isomerisierungsreaktion tritt kurzzeitig *cis*-Aconitat auf, das in Abbildung 13.10 zu sehen ist.

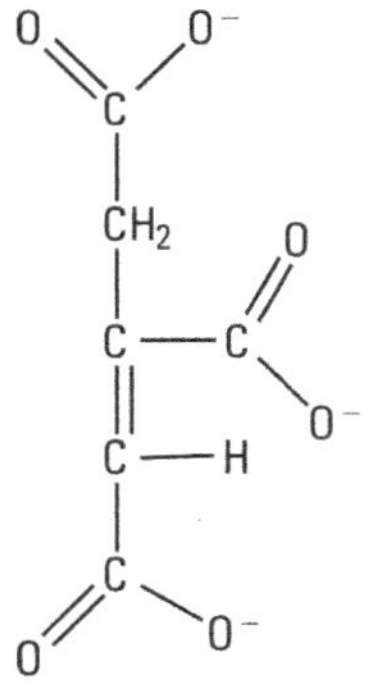

Abbildung 13.10: Struktur von cis-Aconitat

Jetzt wird Gas gegeben: Oxidative Decarboxylierung

Als atmende Lebewesen benötigen wir Sauerstoff und geben CO_2 ab. Jede Kohlenstoffverbindung, die wir »veratmen« (und nicht als Baustoff für körpereigene Substanzen benötigen), wird zu CO_2 und Wasser abgebaut, wie eben im Citratzyklus. Der nächste Schritt ist die Decarboxylierung der Tricarbonsäure Isocitrat zu α-Ketoglutarat; als Zwischenprodukt wird kurzzeitig Oxalsuccinat gebildet. Isocitrat bindet an das Enzym Isocitrat-Dehydrogenase und das Koenzym NAD^+ wird zu NADH reduziert. Sowohl ATP als auch NADH wirken negativ auf die allosterische Regulation der Isocitrat-Dehydrogenase, während ADP als positiver Faktor fungiert. Diesen Regulationsmechanismus kennen Sie schon – wenn die Zelle bereits genügend energiereiche Verbindungen in Form von NADH oder ATP hat, kann sie sich den Aufwand sparen …!

Über Succinyl-CoA zu Succinat und GTP

Die Umwandlung von α-Ketoglutarat zu Succinat verläuft in zwei Schritten. Zunächst bindet α-Ketoglutarat an den α-Ketoglutarat-Dehydrogenase-Komplex, der strukturell dem

Pyruvatdehydrogenase-Komplex ähnelt. Diese Reaktion erfordert daher auch die gleichen Kofaktoren wie die Reaktion zur Bildung von Acetyl-CoA und führt zur Bildung von CO_2 und Succinyl-CoA. Dieser Prozess ist unter physiologischen Bedingungen irreversibel.

Im zweiten Schritt wird Succinyl-CoA zu Succinat hydrolysiert, wobei Energie freigesetzt wird, die in der gekoppelten Reaktion von GDP zu GTP gespeichert wird. Diese Substratkettenphosphorylierung wird von der Succinyl-CoA-Synthetase katalysiert. GTP enthält in etwa den gleichen Energiebetrag wie ATP und kann ATP daher auch in vielen Reaktionen funktionell ersetzen.

Regeneration von Oxalacetat

Die Regeneration von Oxalacetat schließt den Zyklus und erfordert drei Reaktionen, die letztendlich eine Methylen- in eine Carbonylgruppe umwandeln. Zuerst wird je ein Wasserstoffatom von zwei benachbarten Kohlenstoffatomen entfernt, wodurch eine Doppelbindung und damit Fumarat entsteht. Als Nächstes wird ein Wassermolekül an diese Doppelbindung angelagert – womit L-Malat entsteht – und zwei Wasserstoffatome werden wieder entfernt, sodass die entsprechende α-Ketogruppe und damit das Oxalacetat entsteht. Die erste Reaktion wird von der Succinat-Dehydrogenase katalysiert, deren prosthetische Gruppe FAD kovalent an das Enzym gebunden ist und die beiden Wasserstoffatome aufnimmt. Das Enzym *Fumarase* katalysiert den zweiten Schritt, bevor die Malat-Dehydrogenase mit dem Koenzym NAD^+ im letzten Oxidationsschritt noch einmal zwei Elektronen entfernt. Damit ist Oxalacetat regeneriert und bereit für einen neuen Zyklus.

Aminosäuren als Energiequelle

Kohlenhydrate sind zwar die bevorzugte Energiequelle für den Körper, doch mitunter gibt es Situationen, in denen Aminosäuren diese Funktion übernehmen müssen. Dies ist besonders wichtig für Menschen oder Tiere, die eine sehr proteinhaltige Ernährung bevorzugen, wie beispielsweise die Inuit. (Wussten Sie, dass die Bezeichnung »Eskimo« so etwas wie »Rohfleischesser« bedeutet? Allerdings hatten die Inuit früher wohl kaum eine Wahl, denn weder Getreide noch Gemüse dürfte in Polarregionen besonders gut gedeihen!) Aminosäuren sind auch dann eine wichtige Energiequelle, wenn Menschen hungern oder fasten.

Wenn Aminosäuren verstoffwechselt werden, muss zunächst die Aminogruppe entfernt werden. Dies geschieht normalerweise durch *Transaminierung*, der Übertragung einer Aminogruppe von einem Molekül auf ein anderes. Alle Aminosäuren außer Threonin, Prolin und Lysin können so abgebaut werden. Normalerweise wird die Aminogruppe auf das Keto-Kohlenstoffatom von α-Ketoglutarat, Oxalacetat oder Pyruvat übertragen, wobei entsprechend Glutaminsäure (Glutamat), Asparaginsäure (Aspartat) oder Alanin entsteht. Diese Reaktion erfordert spezifische Transaminasen und das Koenzym Pyridoxalphosphat.

Die oxidative Desaminierung wandelt Glutaminsäure zu α-Ketoglutarat um. Dieser Vorgang findet vor allem in der Leber statt, wobei ein Ammoniumion frei wird. Die umgekehrte Reaktion (Glutamatsynthese) ist übrigens einer der wenigen Prozesse bei Tieren, bei dem anorganische in organische Stickstoffverbindungen umgewandelt werden. Das bei der oxidativen Desaminierung entstandene Ammoniumion kann nun von einem oder mehreren Biosynthesewegen genutzt oder über den Harnstoffzyklus entsorgt werden. Die meisten Wirbeltiere wandeln Ammoniumionen zu Harnstoff um, der dann mit dem Urin ausgeschieden wird. Die meisten Meeresbewohner wie Fische können Ammoniak direkt ausscheiden, während Vögel, Insekten und Reptilien die feste, weiße Harnsäure bilden.

Die Produkte der Transaminierung, oxidativen Desaminierung und weiterer Modifikationen des verbleibenden Aminosäureanteils sind oft ganz normale Zwischenprodukte der Glykolyse oder des Citratzyklus. Abbildung 13.11 zeigt, welche Aminosäuren an welcher Stelle in die Glykolyse oder den Citratzyklus eingeschleust werden können. Für bestimmte Aminosäuren gibt es mehrere Möglichkeiten.

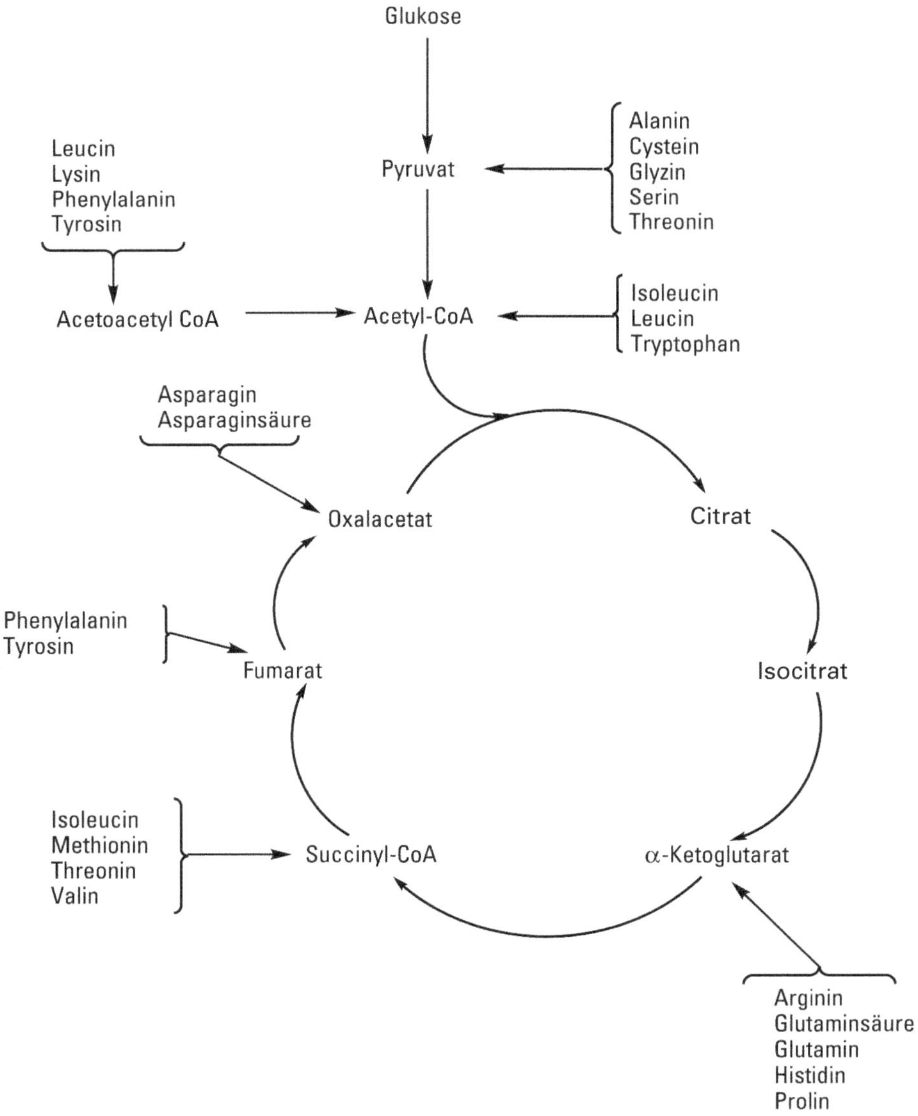

Abbildung 13.11: Eintrittsorte der Aminosäuren in Glykolyse und Citratzyklus

Metabolismus Teil III: Elektronentransport und oxidative Phosphorylierung

Im Citratzyklus werden neben CO_2 und ATP vor allem NADH und $FADH_2$ produziert, die den »Brennstoff« für die nächste Phase liefern: die oxidative Phosphorylierung. Die beiden reduzierten Koenzyme transportieren Elektronen, die bei der Oxidation von Pyruvat angefallen sind. Diese Elektronen werden für die Reduktion von Sauerstoff zu Wasser benötigt – die eigentliche Atmungskette, die unsere ATP-Produktion maßgeblich »befeuert«.

Wo es gerade um Atmung geht – wieder einmal sollten Sie tief durchatmen. Die oxidative Phosphorylierung ist alles andere als einfach zu verstehen, da diese Prozesse in den Mitochondrien ablaufen, viele der beteiligten Proteine Teil der Membranen sind und Potentialdifferenzen über diese Membran eine wichtige Rolle spielen. Zudem sind viele Reaktionen miteinander gekoppelt und erfordern Komponenten, die nicht nur in räumlicher Nähe zueinander liegen, sondern auch oft auf eine bestimmte Weise kaskadenartig angeordnet sein müssen. Stürzen wir uns also wieder ins Vergnügen …

Das Elektronentransportsystem

In den Mitochondrien laufen zahlreiche Redoxreaktionen ab, also Reaktionen, bei denen die Oxidation einer Verbindung mit der Reduktion einer anderen Verbindung gekoppelt ist. Oxidation bedeutet eine Abgabe von Elektronen, während bei einer Reduktion Elektronen aufgenommen werden. Das *Redoxpotential* gibt dabei an, wie leicht ein Molekül oxidiert oder reduziert werden kann. Weitere molekulare Mitspieler in diesem Elektronentransportsystem sind Pyridin-abhängige Dehydrogenasen, Flavin-abhängige Dehydrogenasen, Eisen-Schwefel-Zentren, Ubichinone und die Cytochrome – und wie immer ist auch sehr viel Energie mit im Spiel, die nicht einfach in die Umgebung entlassen, sondern genutzt wird, um damit energiereiche Verbindungen (ATP) für den Organismus aufzubauen.

Ein Erklärvideo zum Elektronentransportsystem finden Sie unter `http://wiley-vch.de/ISBN9783527723775`.

Mit Redoxpotentialen spielen

Um die Sache mit den Redoxpotentialen zu verstehen (oder warum sich damit Energie produzieren lässt), müssen wir zunächst einen Bezugspunkt definieren, der als Vergleich für alle Redoxpotentiale gilt – so, als ob wir definieren, dass es friert, wenn die Temperatur unter 0 Grad Celsius fällt. Der Bezugspunkt für Redoxpotentiale ist die Standardwasserstoffelektrode:

$$2\ H^+\ (aq) + 2\ e^- \leftrightarrows H_2(g)$$

Unter Standardbedingungen (einer Temperatur von 25 Grad Celsius, einem Druck von 1 atm und bei pH = 0) ist das Standardredoxpotential $E°(2H^+/H_2) = 0\,V$. Unter physiologischen Bedingungen (also pH = 7 statt pH = 0) beträgt der Wert $-0{,}42\,V$ und wird als $E'°$ bezeichnet.

In Tabelle 13.1 sind einige physiologisch relevante Redoxpotentiale aufgelistet. Wir zeigen Ihnen später, wie Sie diese Angaben verwenden können. Die Tabellenwerte sind nach Potentialgröße geordnet. Je niedriger der Wert, desto eher ist die Reaktion eine Oxidation; je höher der Wert, umso eher ist es eine Reduktion.

Oxidierte Form	Reduzierte Form	E'° (in V)
Ferredoxin-Fe^{3+} + e^-	Ferredoxin-Fe^{2+}	−0,43
2 H^+ (aq) + 2 e^-	H_2 (g)	−0,42
α-Ketoglutarat + CO_2 + 2H^+ + 2 e^-	Isocitrat	−0,38
NAD^+ + H^+ + 2 e^-	NADH	−0,32
FAD + 2 H^+ + 2 e^-	$FADH_2$	−0,22
Riboflavin + 2 H^+ + 2 e^-	Riboflavin-H_2	−0,20
Dihydroxyacetonphosphat + 2 H^+ + 2 e^-	Glyzerin-3-phosphat	−0,19
Pyruvat + 2 H^+ + 2 e^-	Lactat	−0,19
Oxalacetat + 2 H^+ + 2 e^-	L-Malat	−0,17
Fumarat + 2 H^+ + 2 e^-	Succinat	0,03
Cytochrom b-Fe^{3+} + e^-	Cytochrom b-Fe^{2+}	0,08
Cytochrom c-Fe^{3+} + e^-	Cytochrom c-Fe^{2+}	0,22
Cytochrom c_1-Fe^{3+} + e^-	Cytochrom c_1-Fe^{2+}	0,23
Cytochrom a-Fe^{3+} + e^-	Cytochrom a-Fe^{2+}	0,29
Cytochrom a_3-Fe^{3+} + e^-	Cytochrom a_3-Fe^{2+}	0,38
1/2 O_2 + 2 H^+ + 2 e^-	H_2O	0,82

Tabelle 13.1: Einige physiologisch relevante Redoxpotentiale (E'°)

Die oxidierten und reduzierten Formen in Tabelle 13.1 bilden jeweils eine *Halbreaktion*. Es bedarf zweier Halbreaktionen – einer Oxidation und einer Reduktion – für eine komplette Redoxreaktion. Der Elektronenverlust (Oxidation) muss dabei den Elektronengewinn (Reduktion) ausgleichen. Aus diesem Grund werden die Elektronen (e^-) nur in der Halbreaktion aufgeführt, jedoch nie in der Gesamtreaktion, in der sich die Elektronen rein rechnerisch ausgleichen.

Per Definition werden die Halbreaktionen in Tabelle 13.1 von links nach rechts als Reduktionen angegeben. Für eine Oxidation müssen Sie die jeweilige Reaktion umkehren, also von rechts nach links lesen, und gleichzeitig auch das Vorzeichen von E'° umdrehen. Für eine Redoxreaktion werden Oxidations- und die Reduktionsreaktion zweier Halbreaktionen addiert. Zuvor sollten Sie jedoch immer überprüfen, ob die Elektronenanzahl in beiden Halbreaktionen identisch ist, denn mitunter muss eine der beiden Reaktionen mit einem

Faktor multipliziert werden. Die Multiplikation verändert dabei nicht den Wert für E′°! Schauen Sie sich zum Beispiel folgende Reaktionen aus der Tabelle an:

$$NAD^+ + H^+ + 2\ e^- \leftrightarrows NADH \qquad E'^\circ = -0{,}32\ V$$

$$\text{Cytochrom b-}Fe^{3+} + e^- \leftrightarrows \text{Cytochrom b-}Fe^{2+} \qquad E'^\circ = +0{,}08\ V$$

Nun kehren Sie die erste Reaktion in eine Oxidation um:

$$NADH \leftrightarrows NAD^+ + H^+ + 2\ e^- \qquad E'^\circ = 0{,}32\ V$$

Wollen Sie nun beide Reaktionen miteinander kombinieren, müssen Sie die zweite Reaktion mit dem Faktor 2 multiplizieren, damit sie die gleiche Anzahl Elektronen aufweist wie die erste Reaktion:

$$2\ \text{Cytochrom b-}Fe^{3+} + 2\ e^- \leftrightarrows 2\ \text{Cytochrom b-}Fe^{2+} \qquad E'^\circ = +0{,}08\ V$$

Die Anzahl der abgegebenen Elektronen muss gleich der Anzahl der aufgenommenen Elektronen sein. Beachten Sie, dass sich die E′° bei der Multiplikation nicht verändert! Jetzt können Sie beide Halbreaktionen kombinieren und die Elektronen auf beiden Seiten wegstreichen:

$$NADH + 2\ \text{Cytochrom b-}Fe^{3+} \leftrightarrows 2\ \text{Cytochrom b-}Fe^{2+} + NAD^+ + H^+$$

Die beiden E′°-Werte beider Halbreaktionen addieren sich zu:

$$E'^\circ = 0{,}32\ V + 0{,}08\ V = 0{,}4\ V$$

In der Gesamtreaktion tauchen keine Elektronen mehr auf, da sich die Summe der Elektronen auf beiden Seiten der Gleichung aufhebt. Die E′°-Summe beider Teilreaktionen ist in diesem Fall positiv, was bedeutet, dass bei dieser Reaktion Energie freigesetzt wird. Umgekehrt bedeutet ein negatives Vorzeichen, dass Energie verbraucht wird. Je größer der Betrag von E′°, desto mehr Energie wird freigesetzt (oder verbraucht, falls das Vorzeichen von E′° negativ ist).

Die Pyridin-abhängigen Dehydrogenasen

Diese Enzyme sind Oxidoreduktasen, die als Kofaktor ein Purin-Nukleotid benötigen. Kofaktoren sind also in diesem Fall die Koenzyme NAD^+ oder $NADP^+$, die entweder in ihrer reduzierten oder oxidierten Form vorliegen. Wenn wir ein beliebiges reduziertes Substrat Z-H_2 nennen und die oxidierte Form Z, ergeben sich folgende allgemeinen Reaktionen:

$$Z\text{-}H_2 + NAD^+ \leftrightarrows Z + NADH + H^+$$

$$Z\text{-}H_2 + NADP^+ \leftrightarrows Z + NADPH + H^+$$

Es gibt mehr als 200 Pyridin-abhängige Dehydrogenasen. Der Großteil der NAD^+-haltigen Dehydrogenasen nimmt an der aeroben Atmung teil, während die meisten $NADP^+$-haltigen Dehydrogenasen für Biosyntheseprozesse benötigt werden.

Die Flavin-abhängigen Dehydrogenasen

Enzyme (E) dieses Typs benötigen ein Flavin-Adenin-Dinukleotid (FAD) oder Flavin-Adenin-Mononukleotid (FMN) als eng gebundene prosthetische Gruppe oder Koenzym. Auch diese Koenzyme können in der reduzierten oder oxidierten Form vorliegen. Die allgemeine Reaktion dieses Typs lautet:

$$Z\text{-}H_2 + E\text{-}FAD \leftrightarrows Z + E\text{-}FADH_2$$

$$Z\text{-}H_2 + E\text{-}FMN \leftrightarrows Z + E\text{-}FMNH_2$$

Die NADH-Dehydrogenase mit der prosthetischen Gruppe FMN ist das wichtigste Enzym für den Elektronentransport von NADH zum nächsten Akzeptor in der Elektronentransportkette. Es gibt noch andere Flavin-abhängige Dehydrogenasen, zum Beispiel die Succinat-Dehydrogenase, die Sie ja bereits aus dem Citratzyklus kennen.

Eisen-Schwefel-Proteine

Die wichtigsten Eigenschaften von Eisen-Schwefel-Proteinen verrät bereits der Name: Diese Proteine besitzen Eisen und Schwefel (als S^{2-}) als Kofaktoren. Die Fähigkeit dieser Proteine zum Elektronentransport ist in dem Fe^{2+}/Fe^{3+}-Redoxpaar begründet. Verschiedene dieser Proteine sind Teil der Elektronentransportkette, in der sie Komplexe mit anderen Redoxzentren bilden. Beispiele hierfür sind die Succinat-Dehydrogenase mit drei Eisen-Schwefel-Komplexen und die NADH-Dehydrogenase mit mehreren Eisen-Schwefel-Komplexen (2Fe-2S und 4Fe-4S).

Ubichinone

Die Ubichinone sind eine Gruppe fettlöslicher Koenzyme wie beispielsweise das Koenzym Q (CoQ), das Ihnen vermutlich bereits gelegentlich als »Anti-Aging-Mittel« in kosmetischen Produkten begegnet ist. Das Redoxzentrum der Ubichinone besteht aus einem Chinonderivat.

Die Fettlöslichkeit dieser Verbindung wird durch eine lange Kohlenwasserstoffkette verursacht, die eine Reihe von Isopreneinheiten enthält. Viele Ubichinone unterscheiden sich nur durch die Anzahl n der Isopreneinheiten. Die oxidierte Form des Koenzyms Q heißt einfach CoQ, während die reduzierte Form als $CoQH_2$ bezeichnet wird. Die allgemeinen Strukturen der reduzierten und oxidierten Formen eines Ubichinons sind in Abbildung 13.12 dargestellt.

Cytochrome

Cytochrome sind eine Gruppe von Proteinen mit einer Hämgruppe. Wie bei den Eisen-Schwefel-Proteinen ist das Redoxsystem auch hier Fe^{2+}/Fe^{3+}. Die drei allgemeinen Cytochromklassen werden als Cytochrom a, b und c bezeichnet, wobei der Name auf Spektralanalysen beruht, die nach der ersten Isolierung der jeweiligen Moleküle durchgeführt wurden. Cytochrome kommen in den Mitochondrien und im endoplasmatischen Retikulum vor. Die Hämgruppe, die Teil aller Cytochrome ist, ähnelt der Hämgruppe von Hämoglobin oder Myoglobin. In allen Fällen ist der zentrale Bereich der Gruppen identisch; Unterschiede ergeben sich durch die jeweiligen Seitenketten am Hämgrundgerüst. Abbildung 13.13 zeigt ein Hämgrundgerüst und die Stellen, an denen unterschiedliche Seitenketten angeheftet sein können.

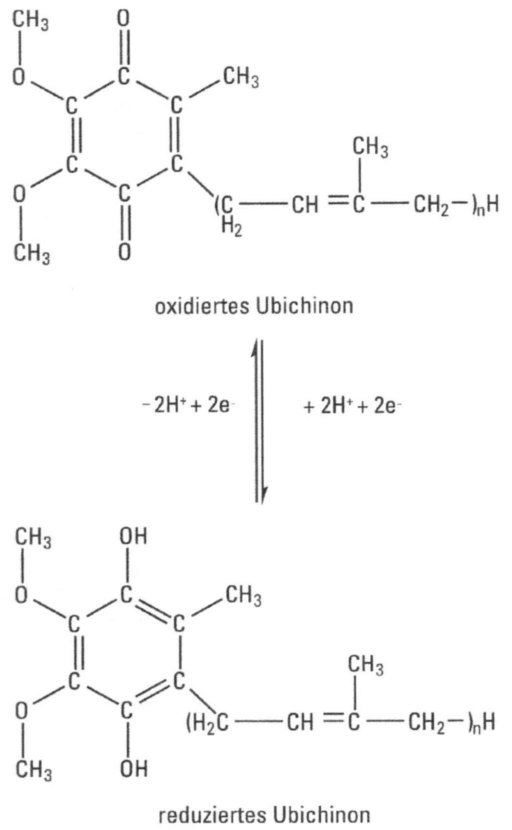

Abbildung 13.12: Allgemeine Strukturen der oxidierten und reduzierten Formen eines Ubichinons

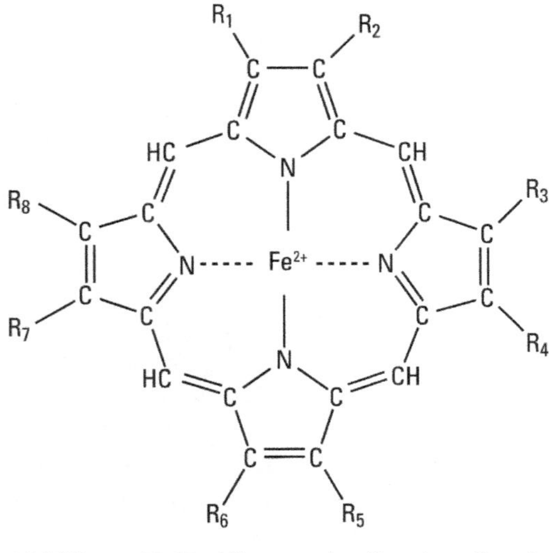

Abbildung 13.13: Hämgrundgerüst eines Cytochroms mit möglichen Seitenketten (R)

Bislang wurden fünf Cytochrome (a, a_3, b, c und c_1) als Teile der Elektronentransportkette bei Säugetieren identifiziert. Cytochrom c (*Cyt c*) lässt sich besonders leicht aus den Zellen isolieren und ist daher das am besten untersuchte Cytochrom überhaupt. Die Struktur von Cytochrom c wurde in der Evolution kaum verändert und lässt sich daher für das Aufstellen von Stammbäumen und Untersuchungen der Verwandtschaftsbeziehungen verschiedener Arten verwenden. Cytochrom a und a_3 kommen gemeinsam als Komplex Cyt aa_3 vor, der entsprechend zwei Hämgruppen und zwei Kupferionen enthält. Die Kupferionen bilden ein weiteres Redoxpaar Cu^+/Cu^{2+}. Dieser Komplex ist als *Cytochromoxidase* bekannt und ist das letzte Cytochrom in der Kette, das Elektronen auf Sauerstoff überträgt.

Enge Beziehung (nein – kein Kuschelkurs!)

Die Mitglieder einer Elektronentransportkette stehen in einer engen räumlichen Beziehung und sind in vier Komplexen organisiert, die über Koenzym Q und Cytochrom c miteinander verbunden sind. Die bildliche Darstellung dieser engen Reihenfolge von Elektronenübertragungen in einer Elektronentransportkette ist schwierig – eine mögliche Art der Darstellung ist in Abbildung 13.14 gezeigt. In Abbildung 13.15 geht es um den

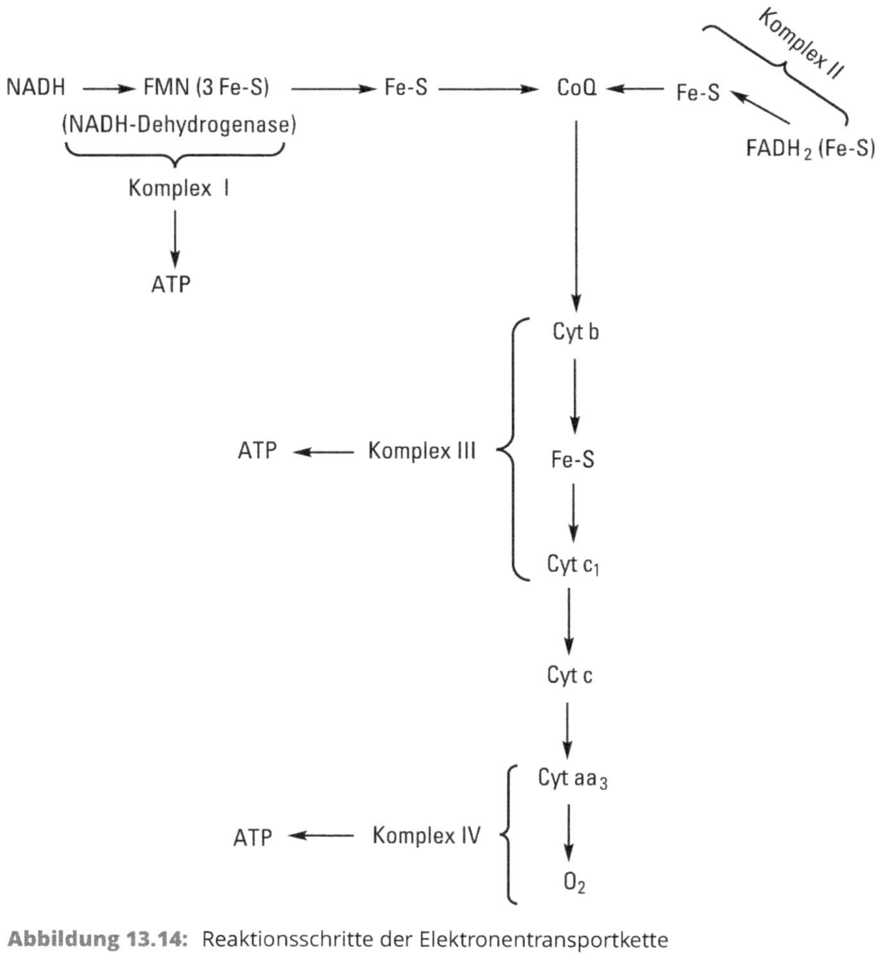

Abbildung 13.14: Reaktionsschritte der Elektronentransportkette

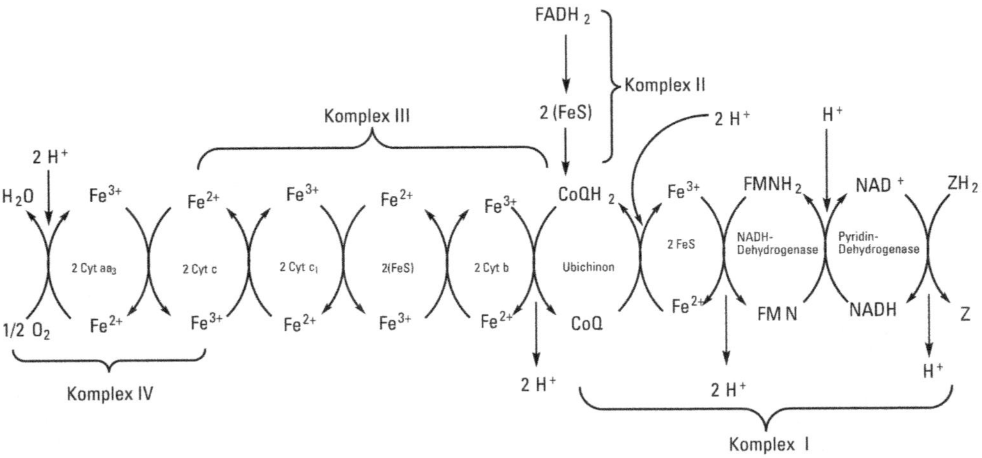

Abbildung 13.15: Die Elektronentransportkette mit kaskadenartiger Anordnung der Einzelreaktionen

gleichen Sachverhalt, nur diesmal mit einer stärkeren Betonung auf dem zyklischen Reaktionsablauf. Wie erwähnt, finden die einzelnen Reaktionen in vier großen Komplexen statt, die Teil der inneren Mitochondrienmembran sind.

Die oxidative Phosphorylierung

Die Vorgänge der oxidativen Phosphorylierung und der Elektronentransportkette sind eng miteinander verbunden, denn die reduzierten Formen von $FADH_2$ und NADH können nur in Gegenwart von ADP oxidiert (und damit für eine weitere Elektronenaufnahme wiederhergestellt) werden. Diese Oxidationsreaktion ist gleichzeitig an die Umwandlung von ADP zu ATP gekoppelt (oxidative Phosphorylierung) – ein netter Nebeneffekt. Der Elektronenakzeptor wird regeneriert, und gleichzeitig wird Energie in Form von ATP produziert.

Wenn wir das Redoxpotential für NADH und $FADH_2$ bei der Reduktion von Sauerstoff berechnen, erhalten wir folgendes Ergebnis:

$$NADH \leftrightarrows NAD^+ + H^+ + 2\,e^- \qquad E'^\circ = 0{,}32\,V$$
$$1/2\,O_2 + 2\,H^+ + 2\,e^- \leftrightarrows H_2O \qquad E'^\circ = 0{,}82\,V$$
$$1/2\,O_2 + H^+ + NADH \leftrightarrows H_2O + NAD^+ \qquad E'^\circ = 1{,}14\,V$$

und:

$$FADH_2 \leftrightarrows FAD + 2\,H^+ + 2\,e^- \qquad E'^\circ = 0{,}22\,V$$
$$1/2\,O_2 + 2\,H^+ + 2\,e^- \leftrightarrows H_2O \qquad E'^\circ = 0{,}82\,V$$
$$1/2\,O_2 + FADH_2 \leftrightarrows H_2O + FAD \qquad E'^\circ = 1{,}04\,V$$

In beiden Fällen ist das Redoxpotential positiv, die Reaktion verläuft spontan und produziert Energie. Pro Molekül NADH können im besten Fall drei (oder, mit Transportverlusten, 2,5) Moleküle ATP synthetisiert werden, pro Molekül $FADH_2$ werden zwei (oder 1,5) Moleküle ATP synthetisiert.

Theorien … Hypothesen … Die chemiosmotische Kopplung

Zellen benötigen ATP, das auf zwei verschiedene Arten erzeugt werden kann. Den einen Weg kennen Sie bereits, die Substratkettenphosphorylierung der Glykolyse, bei der energiereiche Moleküle direkt einen Phosphatrest auf ADP unter Bildung von ATP übertragen. Der zweite, viel wichtigere Weg ist die oxidative Phosphorylierung. Wie die oxidative Phosphorylierung genau funktioniert, beschreibt die derzeit gültige *chemiosmotische Hypothese* von P. D. Mitchell (1961). Diese Hypothese geht davon aus, dass ein Protonengradient über die Mitochondrienmembran für die Umwandlung von ADP zu ATP verantwortlich ist. Alle Prozesse, die in den vier Komplexen in der inneren Mitochondrienmembran ablaufen, bewirken einen Nettotransfer von Protonen über die Membran nach »außen«, wobei »außen« der Raum zwischen der inneren und äußeren Mitochondrienmembran (Intermembranraum) ist.

Der Protonentransfer führt zu einem Konzentrationsanstieg der Protonen in dem Raum zwischen innerer und äußerer Mitochondrienmembran (Intermembranraum), der einen gewissen Druck aufbaut – die Elektronen wollen quasi wieder »zurück nach Hause«. Dieses Konzentrationsgefälle lässt sich allerdings für die Synthese von ATP ausnutzen. In der Mitochondrienmembran befindet sich die *ATP-Synthase*, die ATP aus ADP synthetisieren kann, wenn Protonen entlang des Konzentrationsgefälles durch die Membran zurückwandern, um das Konzentrationsgefälle auszugleichen.

Am Ziel angelangt: Die ATP-Ausbeute

Die Reaktionen der anaeroben (Glykolyse) und der aeroben Oxidation von Glukose führen insgesamt zur Produktion von 32 Molekülen ATP. Diese Reaktionen sind:

Anaerob:

$$\text{Glukose} + 2\,NAD^+ + 2\,ADP + 2\,P_i \rightarrow 2\,\text{Pyruvat} + 2\,NADH + 2\,H^+ + 2\,H_2O + 2\,ATP$$

Aerob:

$$2\,\text{Pyruvat} + 5\,O_2 + 30\,ADP + 30\,P_i \rightarrow 6\,CO_2 + 34\,H_2O + 30\,ATP$$

Gesamt:

$$\text{Glukose} + 2\,NAD^+ + 5\,O_2 + 32\,ADP + 32\,P_i \rightarrow 6\,CO_2 + 36\,H_2O + 2\,NADH + 2\,H^+ + 32\,ATP$$

Und wieder wird's fettig: Die β-Oxidation

Fette sind ein hervorragender Energiespeicher für die Produktion von ATP (... eine gute Ausrede mehr, wenn die Rettungsringe am Bauch langsam unübersehbar werden ...). Bei Bedarf werden Fettsäuren in einer Reihe von Reaktionen gespalten, die als *β-Oxidation* oder *Fettsäurezyklus* bezeichnet werden. Auch der Fettabbau ist ein zyklischer Prozess wie der Citratzyklus. Die Fettsäureoxidation findet in den Mitochondrien statt und benötigt die Koenzyme NAD^+ und FAD. Fettsäuremoleküle sind allerdings (ebenso wie die Rettungsringe am Bauch!) einigermaßen reaktionsträge und müssen erst einmal aktiviert werden. Dieses geschieht durch eine *Acetyl-CoA-Synthetase*-katalysierte Bindung von Koenzym A an die Fettsäure, sodass ein Fettsäure-CoA entsteht – die Aktivierungsreaktion selbst ist ähnlich wie beim Acetyl-CoA und verbraucht ebenfalls ein Molekül ATP. Vom ATP werden zwei Phosphatreste abgespalten, wodurch AMP entsteht.

An der inneren Membran der Mitochondrien katalysiert die *Carnithin-Acyltransferase* nun eine Übertragung des Fettsäure-CoA auf das Trägermolekül Carnithin. Dieser Komplex gelangt dann in die Mitochondrienmatrix, wo das Fettsäure-CoA wieder entlassen wird. In der Matrix finden dann die vier Reaktionen statt, die unter dem Namen »*β*-Oxidation« zusammengefasst werden. Der Name dieses Zyklus bezieht sich auf die Oxidation des zweiten (*β*) C-Atoms, gefolgt vom Verlust zweier Kohlenstoffatome am Carboxyende des Fettsäure-CoA-Moleküls. Bei jeder Runde in diesem Zyklus werden so zwei Kohlenstoffatome entfernt, bis schließlich alle C-Atome abgebaut sind. Abbildung 13.16 zeigt eine Übersicht des Zyklus.

Der erste Schritt in diesem Kreislauf ist eine von der *Acyl-CoA-Dehydrogenase* katalysierte Oxidation. Das Koenzym FAD nimmt zwei Wasserstoffatome auf; eines davon stammt vom *α*-Kohlenstoff- und das andere vom *β*-Kohlenstoffatom. Der Vorgang ist stereospezifisch und führt zur Bildung der *trans*-Form des Moleküls – es entsteht *trans-β*-Enoyl-CoA. (Dieses $FADH_2$ wird später zu FAD reoxidiert, und zwar in einer Reaktion, die 1,5 Moleküle ATP produziert.)

An das *trans*-Alken wird nun Wasser angelagert und es entsteht ein sekundärer Alkohol – es entsteht *β*-Hydroxyacyl-CoA. Die Reaktion wird durch die *Enoyl-CoA-Hydratase* katalysiert – ein stereospezifisches Enzym, das nur das L-Isomer produziert. Im nächsten Schritt wird der sekundäre Alkohol durch die *β*-Hydroxyacyl-CoA-Dehydrogenase zu einem Keton (*β*-Katoacyl-CoA) oxidiert. Die Rückoxidation von NADH zu NAD^+ in der Elektronentransportkette produziert 2,5 Moleküle ATP.

Im letzten Schritt wird ein Molekül Koenzym A an das *β*-Ketoacyl-CoA angelagert und das resultierende Gesamtmolekül dann gespalten. Dabei entsteht Acetyl-CoA und ein Fettsäure-CoA-Rest, der um zwei Kohlenstoffatome kürzer ist als das Ausgangsmolekül. Diese Reaktion wird von der *β-Ketothiolase* (oder einfach Thiolase) katalysiert. Das nun um zwei C-Atome verkürzte Fettsäure-CoA-Molekül durchläuft dann erneut den Kreislauf und wird jedes Mal um zwei Kohlenstoffatome ärmer. Für ungesättigte Fettsäuren, die ähnliche Reaktionen durchlaufen, werden allerdings ein oder zwei Enzyme mehr benötigt.

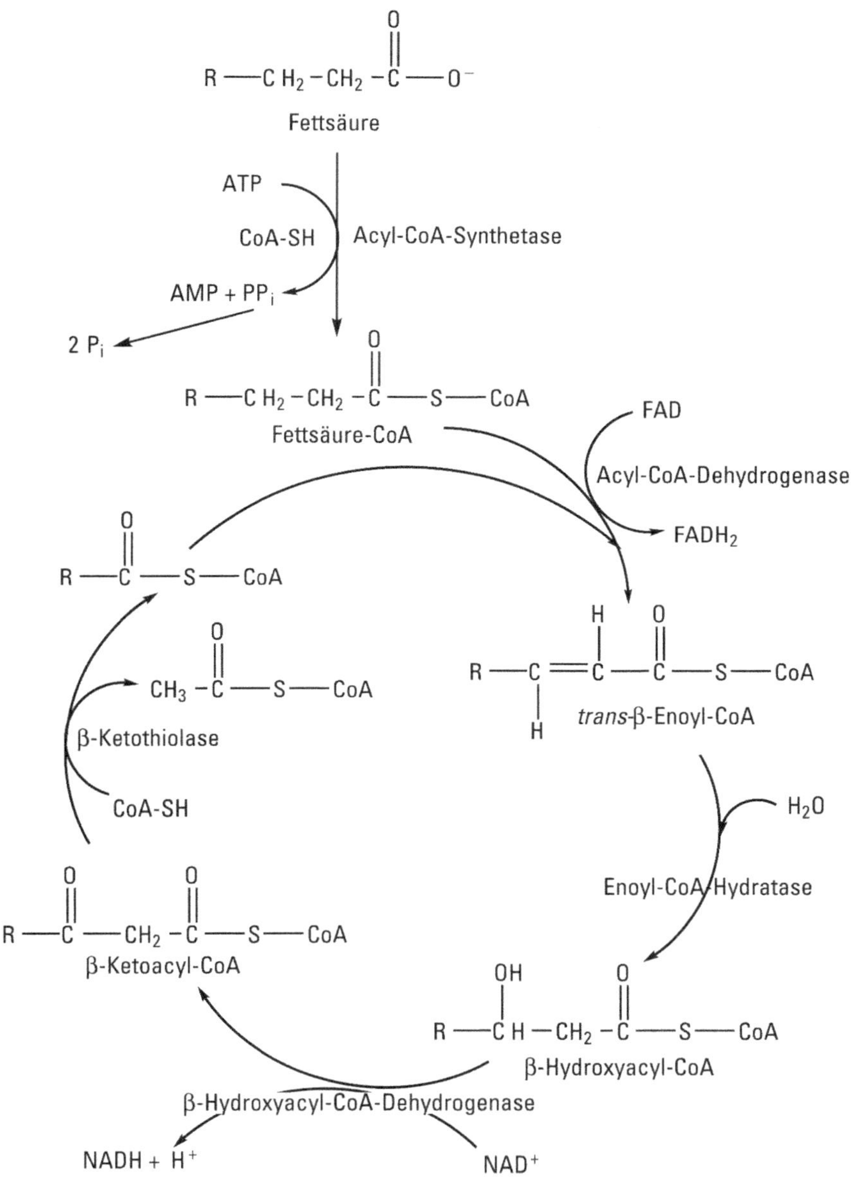

Abbildung 13.16: Allgemeine Reaktionsschritte im β-Oxidationszyklus (Fettsäurezyklus)

Die Energieausbeute von einer Fettsäure ist verglichen mit Glukose größer. Der Prozess beginnt mit der Aktivierung der Fettsäure, für die zwei ATP-Moleküle aufgebracht werden müssen. Jede Runde im Fettsäurezykluszyklus erzeugt zehn Moleküle ATP, ein Molekül $FADH_2$ und ein Molekül NADH. NADH und $FADH_2$ sind zusammen noch einmal vier weitere ATP-Moleküle wert. Das heißt, bei jeder Runde im β-Oxidationszyklus werden 14 Moleküle ATP produziert. Und zusätzlich entstehen bei der allerletzten Runde nicht ein, sondern zwei Moleküle Acetyl-CoA.

Verkörpern auch Energie: Ketonkörper

Ein Teil des überschüssigen Acetyl-CoA bildet eine Gruppe relativ kleiner Moleküle, die sogenannten *Ketonkörper*. Dies ist von besonderer Bedeutung, wenn sich Acetyl-CoA anhäuft. Ketonkörper werden vor allem dann gebildet, wenn die Acetyl-CoA-Produktionsrate zu hoch ist oder wenn Acetyl-CoA nicht effektiv genug verbraucht wird (kurzum – wenn mal wieder ein Stau das Ganze aufhält). Zwei Acetyl-CoA-Moleküle verbinden sich in Umkehrung des letzten Schrittes des β-Oxidationszyklus zu Acetoacetyl-CoA. Dieses reagiert dann mit Wasser und einem weiteren Acetyl-CoA zu β-Hydroxy-β-Methylglutaryl-CoA, das wiederum zu Acetoacetat und Acetyl-CoA gespalten wird. Die meisten Acetoacetatmoleküle durchlaufen eine Reduktion zu β-Hydroxybutyrat (ein kleiner Anteil decarboxyliert zu Aceton und Kohlenstoffdioxid). Diese Reaktionsschritte sind in Abbildung 13.17 dargestellt.

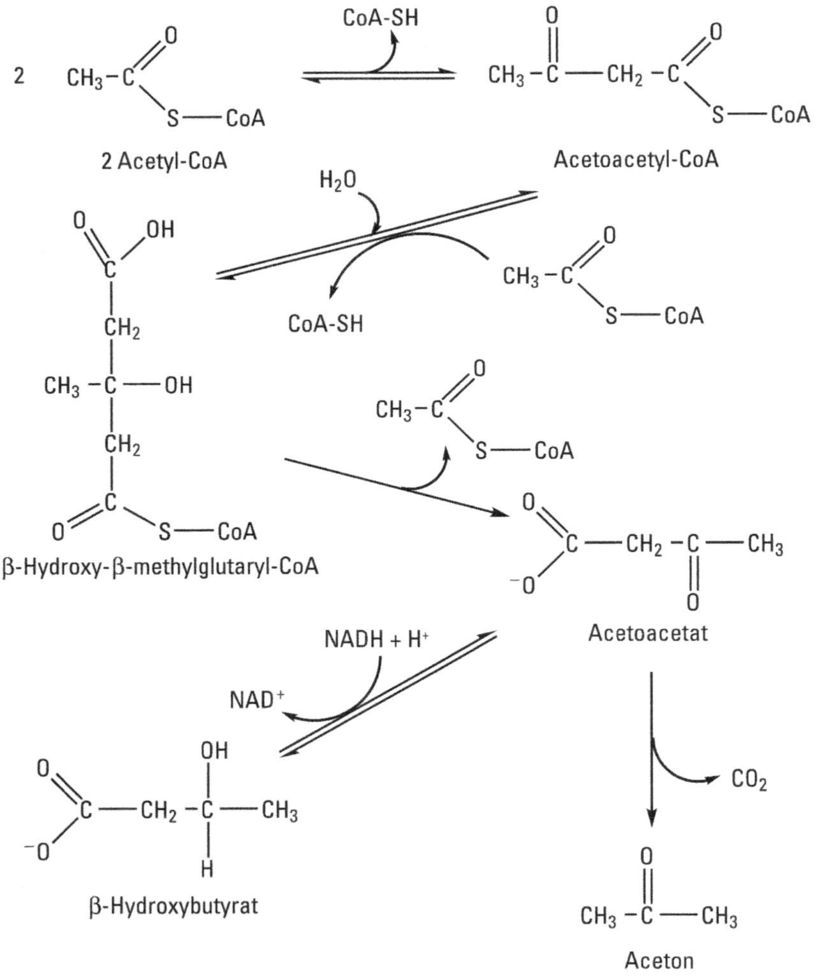

Abbildung 13.17: Bildung von Ketonkörpern

Aceton, β-Hydroxybutyrat und Acetoacetat bilden die Gruppe der Ketonkörper.

Dieser Prozess findet hauptsächlich in der Leber statt. Das β-Hydroxybutyrat und Acetoacetat treten danach in den Blutstrom ein, um zu anderen Geweben zu gelangen. Bei längerem Hungern können Ketonkörper als Hauptenergiequelle für Gehirn und zu Muskeln dienen. Die Nieren scheiden einen Überschuss an Ketonkörpern wieder aus. Die normale Konzentration von Ketonkörpern im Blut liegt bei etwa 0,01 mg/ml.

Während des Fastens oder bei Diabetes erhalten die Zellen nicht genügend Kohlenhydrate zur Energiegewinnung, sodass die Rate der Fettsäure-Oxidationsrate ansteigt, um dieses Energiedefizit zu kompensieren. Wenn die Acetyl-CoA-Konzentration zu sehr ansteigt, steht irgendwann nicht mehr genügend Oxalacetat im Citratzyklus als Akzeptor für die Oxidation von Acetyl-CoA zur Verfügung. Die Oxalacetatkonzentration sinkt, weil Oxalacetat unter diesen Bedingungen für den Aufbau von Glukose in der Glukoneogenese benötigt wird. Als Folge steigt die Blutkonzentration an Ketonkörpern an. Ab einer Konzentration von 0,03 mg/ml tritt ein Zustand ein, der *Ketonämie* genannt wird und durch eine hohe Konzentration von Ketonkörpern im Urin gekennzeichnet ist (*Ketonurie*). Ketonämie und Ketonurie sind zwei Merkmale einer Ketose.

Zwei der drei Ketonkörper sind Säuren, die ab einer gewissen Konzentration die Pufferkapazität des Blutes überfordern. Der pH-Wert des Blutes kann dann um bis zu 0,5 Einheiten unter den physiologischen Wert (7,4) fallen. Ab einem Blut-pH von unter 7,35 wird dieser Zustand als Azidose bezeichnet – eine ernsthafte Störung des Säure-Basen-Haushaltes bei Tieren und Menschen, die unter anderem den Sauerstofftransport des Hämoglobins beeinträchtigt. Der Körper dehydriert, wenn die Nieren versuchen, die großen Säuremengen aus dem Blut zu entfernen, und viel Urin ausscheiden. Eine schwere Azidose kann sogar in einem tödlichen Koma enden.

Säugetiere können Acetyl-CoA nicht in Kohlenhydrate umwandeln. Säuger können zwar Fette aus Kohlenhydraten aufbauen (denken Sie an den Bierbauch!), aber nicht umgekehrt.

Der Rest des Fettes

Wenn ein Fettmolekül in seine Bestandteile zerlegt wird, entstehen Glyzerin und drei Fettsäuren. Die Fettsäuren werden in der β-Oxidation metabolisiert und produzieren Energie. Doch was passiert mit dem Rest des Moleküls, dem Alkohol Glyzerin?

Auch der Abbau von Glyzerin dient der Energiegewinnung. Glyzerin wird unter Verbrauch von einem Molekül ATP zunächst zu Glyzerin-1-phosphat (oder Glyzerin-3-phosphat) phosphoryliert. Die Oxidation von Glyzerin-1-phosphat erzeugt Dihydroxyacetonphosphat, das in die Glykolyse eingeschleust werden kann. Die Gesamtenergieproduktion schwankt dabei zwischen 16,5 und 18,5 ATP-Molekülen.

Investition in die Zukunft: Biosynthese

Der katabole Teil des Stoffwechsels produziert Energie zur Lebenserhaltung. Doch – Sie erinnern sich sicher daran, was wir ganz am Anfang dieses Kapitels geschrieben haben – Stoffwechsel ist nicht nur Katabolismus, sondern auch Anabolismus. Im Anabolismus werden Materialien für den Erhalt und das Wachstum eines Organismus produziert, und auch hier stammen die notwendigen Rohstoffe aus der Nahrung. Oft werden dazu die gleichen Stoffwechselwege in der Gegenrichtung genutzt, da viele Enzyme die Vorwärts- und Rückwärtsreaktion gleichermaßen gut katalysieren. Das erfordert allerdings eine sehr genaue Kontrolle (oder auch Blockade) bestimmter Reaktionen, um das Gleichgewicht der Reaktion in die gewünschte Richtung zu bringen.

Fast alle Zwischenprodukte kataboler Reaktionen sind gleichzeitig auch Zwischenprodukte anaboler Prozesse. Anabole Prozesse verbrauchen im Allgemeinen die Energie, die zuvor durch katabole Reaktionen gewonnen wurde. Sie haben bereits einen anabolen Prozess kennengelernt, der sich mehr oder weniger aus einer Umkehr der Glykolyse ergibt, die Glukoneogenese, bei der Kohlenhydrate nicht ab-, sondern aufgebaut werden. In den folgenden Abschnitten beschäftigen wir uns kurz mit der Biosynthese weiterer wichtiger Verbindungen – Fettsäuren, Membranlipiden und Aminosäuren.

Fettsäuren

Fettsäuren sind vor allem für die Synthese von Membranlipiden im Körper erforderlich, doch wichtiger als die Synthese von Membranbestandteilen ist die Funktion von Fett als Speicherstoff, wenn ein Überschuss an Kohlenhydraten in der Nahrung vorhanden ist (eine chemischeuphemistische Formulierung für die simple Tatsache, dass sich jedes Bierchen zu viel in »Hüftgold« verwandeln wird). Das Schlüsselmolekül für diesen Prozess ist wieder einmal Acetyl-CoA.

Bei Menschen und den meisten Säugetieren findet die Fettsäuresynthese (Lipogenese) vor allem in der Leber statt. Menschen können fast alle Fettsäuren außer Linolensäure und Linolsäure selbst synthetisieren. Linol- und Linolensäure sind daher essenzielle Fettsäuren und müssen mit der Nahrung aufgenommen werden. Acetyl-CoA aus der Glykolyse oder dem Fettsäurezyklus reagiert mit einem Hydrogencarbonat-Ion in einer ATP-abhängigen Reaktion, die von dem Enzym *Acetyl-CoA-Carboxylase* katalysiert wird und zur Bildung der C3-Verbindung Malonyl-CoA führt (siehe Abbildung 13.18).

Kommen wir noch einmal auf *Insulin* zurück, das Hormon, das nach jeder größeren Mahlzeit ausgeschüttet wird und die Aufnahme von Glukose aus dem Blut in die Zellen reguliert. Blutzuckergehalt und die Bildung von Speicherstoffen sind eng verbunden – eine sinnvolle Kombination! Insulin aktiviert die Acetyl-CoA-Carboxylase. *Glukagon*, der hormonelle Gegenspieler des Insulins, der bei einem Blutzuckerabfall von der Bauchspeicheldrüse freigesetzt wird, und das »Stresshormon« Adrenalin hemmen hingegen die Acetyl-CoA-Carboxylase.

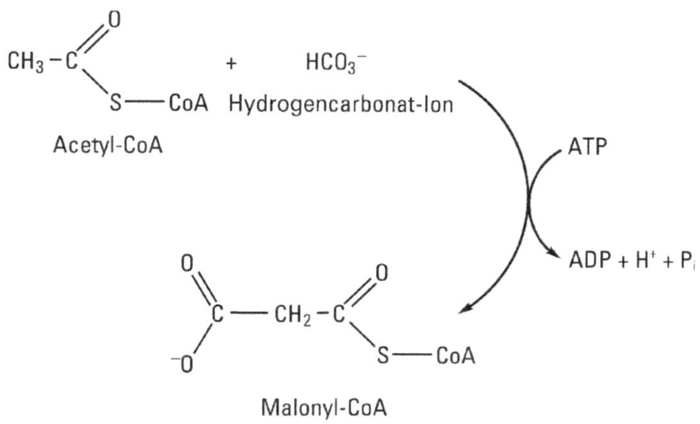

Abbildung 13.18: Synthese von Malonyl-CoA

Bei Menschen und Säugetieren sind die Enzyme, die für die Synthese von Palmitinsäure aus Acetyl-CoA und Malonyl-CoA verantwortlich sind, in einem Komplex organisiert (der *Fettsäuresynthase*). Das ist bei Pflanzen und Bakterien anders; hier sind diese Enzyme separate Moleküle. Bei der Fettsäuresynthese werden immer Einheiten mit zwei Kohlenstoffatomen angehängt, daher bestehen alle natürlichen Fettsäuren aus einer geraden Anzahl von Kohlenstoffatomen.

Im ersten Schritt der Fettsäuresynthese bindet ein Molekül Acetyl-CoA und ein Molekül Malonyl-CoA jeweils an ein Acylträgerprotein (ACP). Die beiden ACP-gebundenen Moleküle reagieren dann miteinander zu Acetoacetyl-ACP und setzen dabei CO_2 und ein ACP frei. Die folgenden drei Schritte entsprechen den umgekehrten ersten drei Reaktionen des Fettsäurezyklus (allerdings mit NADP statt NAD als Koenzym). Zuerst reduziert NADPH die Ketogruppe zu einem Alkohol. Die anschließende Dehydratisierung dieses Alkohols resultiert in einer Doppelbindung zwischen dem zweiten und dritten Kohlenstoffatom. Durch eine Reduktion mit einem weiteren NADPH entsteht Butyryl-ACP. Diese Reaktionen werden dann wiederholt, nur dass im nächsten Schritt das gebildete Butyryl-ACP statt des Acetyl-ACP als Akzeptor fungiert (siehe Abbildung 13.19).

Der ganze Zyklus wird wiederholt, bis Palmitinsäure (mit 16 Kohlenstoffatomen) erreicht ist. Die Gesamtreaktion dazu lautet:

$$8\ \text{Acetyl-CoA} + 7\ H^+ + 14\ \text{NADPH} + 7\ \text{ATP}$$

$$\rightarrow \text{Palmitinsäure} + 8\ \text{CoA} + 14\ \text{NADP}^+ + 7\ \text{ADP} + 7\ P_i$$

Sobald Palmitinsäure gebildet wurde, kann die Kette, wenn notwendig, verlängert oder gekürzt werden. Die Reaktionen dazu erfordern verschiedene Enzymsysteme. Die partielle Oxidation einer gesättigten Fettsäure führt zur Entstehung einer ungesättigten Fettsäure.

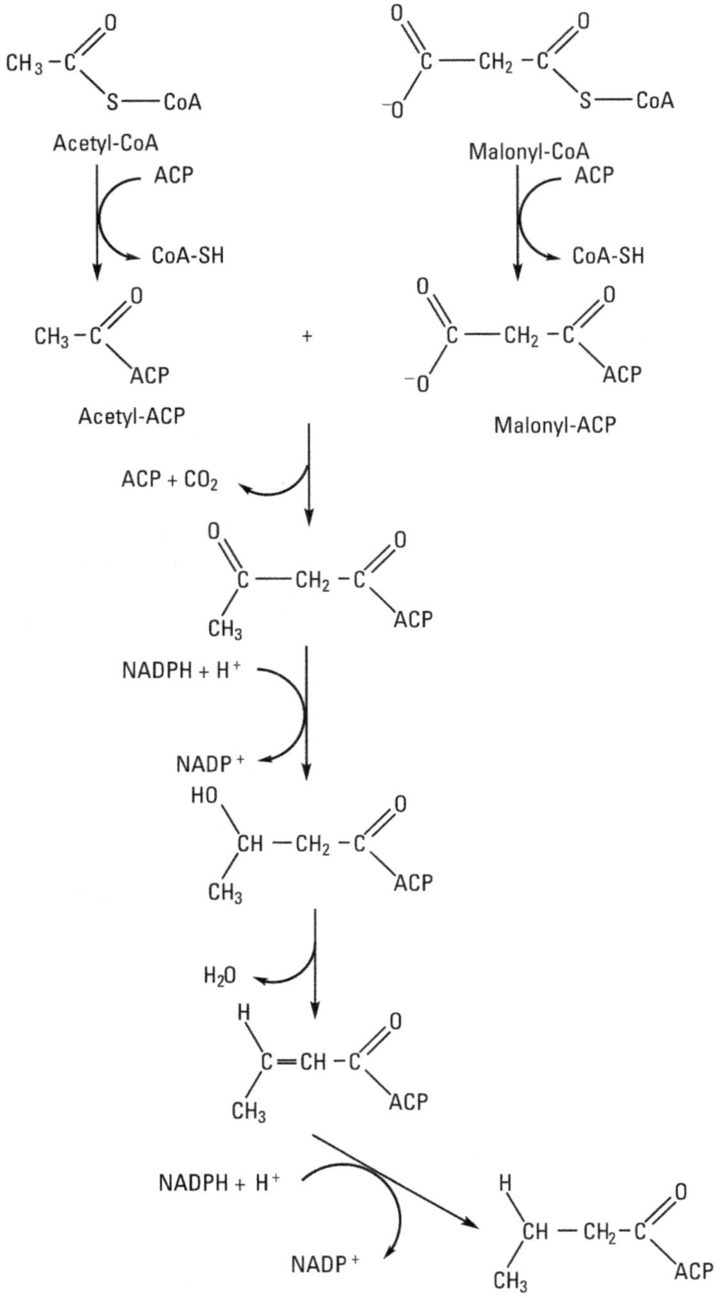

Abbildung 13.19: Fettsäuresynthese

Die Synthese der Membranlipide

Wie alle Lipide in der Zelle müssen auch die Membranlipide aus ihren Bestandteilen zusammengesetzt werden. Im vorherigen Abschnitt haben wir erklärt, wie Fettsäuren synthetisiert werden. Fettsäuren müssen mit Acetyl-CoA aktiviert werden, um das entsprechende Acyl-CoA zu erhalten. Die Reduktion von Hydroxyaceton aus der Glykolyse erzeugt Glyzerin-3-phosphat, das mit den jeweiligen Acyl-CoA-Molekülen zu dem entsprechenden Phosphatidat (siehe Abbildung 13.20) reagiert. Das Phosphatidat reagiert dann mit einem aktivierten Serin oder Cholin, um das entsprechende Phosphoglyzerid zu bilden.

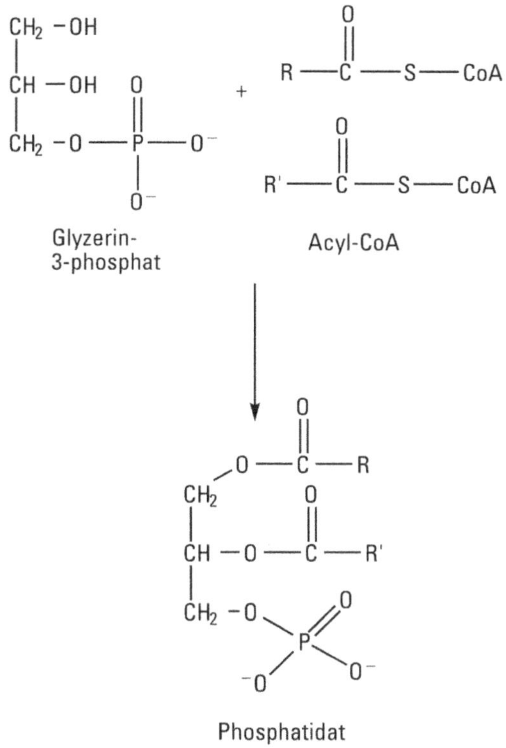

Abbildung 13.20: Bildung von Phosphatidat

Die Synthese der Sphingolipide verläuft ganz ähnlich, nur dass das Glyzerin in dieser Reaktion durch ein Sphingolipid ersetzt wird. Die Sphingolipidsynthese beginnt mit der Reaktion von Palmitoyl-CoA mit Serin in der Gegenwart von Säure. Bei dieser Reaktion entsteht das Vorläufermolekül von Sphingosin. Koenzym A und CO_2 werden freigesetzt. Die Oxidation des Sphingosin-Vorläufermoleküls führt dann zum Sphingosin (siehe Abbildung 13.21).

Wenn dann ein Acyl-CoA-Molekül eine Fettsäure an die Aminogruppe anfügt, entsteht N-Acylsphingosin (Ceramid). Wenn dann die Alkoholgruppe am ersten C-Atom des Ceramids mit aktiviertem Phosphatidylcholin reagiert, entsteht Sphingomyelin.

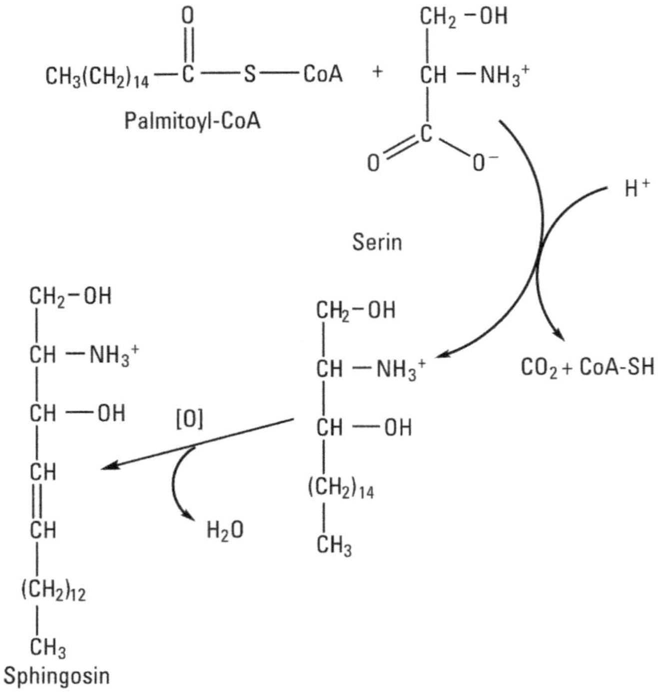

Abbildung 13.21: Bildung von Sphingosin

Die Reaktion von Ceramid mit einem aktivierten Monosaccharid leitet die Synthese der Glykolipide ein. Für die Synthese der Glykolipide sind noch weitere aktivierte Monosaccharide (zum Beispiel UDP-Glukose) erforderlich.

Cholesterin ist ein weiteres wichtiges Membranlipid, das die Fluidität von Zellmembranen reguliert und das Vorläufermolekül der Steroidhormone ist. Die Cholesterinsynthese findet hauptsächlich in der Leber statt, wo Schritt für Schritt Acetyl-CoA-Moleküle ankondensiert werden. Pro Reaktionsschritt werden daher immer zwei Kohlenstoffatome hinzugefügt. Da Cholesterin die Blut-Hirn-Schranke nicht passieren kann, muss das Gehirn sein Cholesterin selbst synthetisieren.

Aminosäuren

Aminosäuren müssen immer nur dann synthetisiert werden, wenn die mit der Nahrung aufgenommenen Mengen nicht ausreichen. Erwachsene Menschen können allerdings nur elf der 20 Aminosäuren selbst herstellen (nichtessenzielle Aminosäuren). Alle anderen Aminosäuren sind *essenzielle Aminosäuren*, die in der Nahrung nicht fehlen dürfen. In Tabelle 13.2 sind die essenziellen und nichtessenziellen Aminosäuren aufgeführt. Arginin und Histidin werden auch als semiessenziell bezeichnet, da sie nur für Heranwachsende und während der Genesung für den Körper essenziell sind. Da Aminosäuren im Körper immer in der deprotonierten Form vorliegen, werden Ihnen oft die Bezeichnungen Glutamat und Aspartat statt Glutaminsäure und Asparaginsäure begegnen.

Essenzielle Aminosäuren	Nichtessenzielle Aminosäuren
Isoleucin	Alanin
Leucin	Arginin *
Lysin	Asparagin
Methionin	Asparaginsäure
Phenylalanin	Cystein
Threonin	Glutamin
Tryptophan	Glutaminsäure
Valin	Glycin
	Histidin *
	Prolin
	Serin
	Tyrosin

Tabelle 13.2: Essenzielle und nichtessenzielle Aminosäuren für Erwachsene (* essenziell für Heranwachsende und bei der Genesung)

Arginin ist essenziell für Kinder, aber nicht für Erwachsene. Tyrosin ist nichtessenziell, sofern genügend Phenylalanin vorhanden ist. Glutaminsäure spielt eine wichtige Rolle bei der weiteren Synthese von fünf Aminosäuren. Glutaminsäure wird durch die Reduktion von α-Ketoglutarat gebildet, einem Zwischenprodukt des Citratzyklus. Der Prozess ist in Abbildung 13.22 dargestellt.

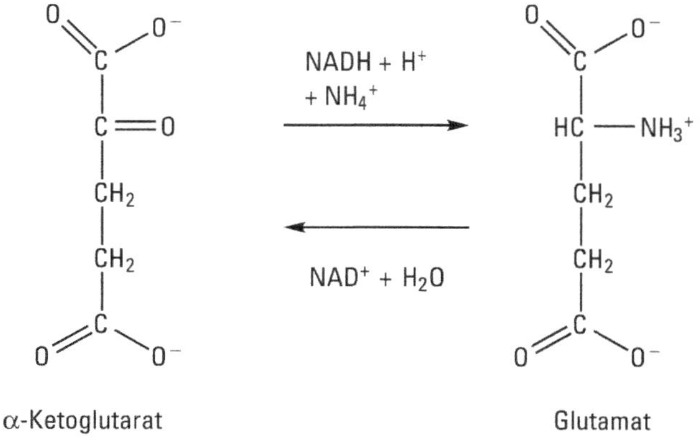

Abbildung 13.22: Gleichgewicht zwischen α-Ketoglutarat und Glutamat

Bei der Hinreaktion wird Glutamat synthetisiert, während die Rückreaktion eine wichtige oxidative Desaminierung im Rahmen des Abbaus von Aminosäuren darstellt. Glutamat kann bei Bedarf als Zwischenprodukt bei der Biosynthese von Alanin, Aspartat, Glutamin,

Prolin und Serin dienen. Die Transaminierungsreaktion in Abbildung 13.23 zeigt die Bildung von Alanin. Wenn in der Transaminierungsreaktion Pyruvat durch Oxalacetat ersetzt wird, entsteht Aspartat statt Alanin.

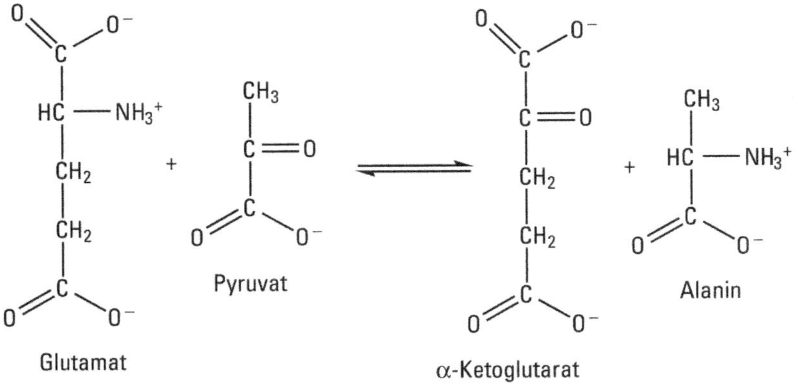

Abbildung 13.23: Synthese von Alanin

Ein Überschuss an Phenylalanin kann in Tyrosin umgewandelt werden. Dies geschieht durch eine einfache Oxidation mithilfe des Enzyms *Phenylalanin-Hydroxylase* (siehe Abbildung 13.24).

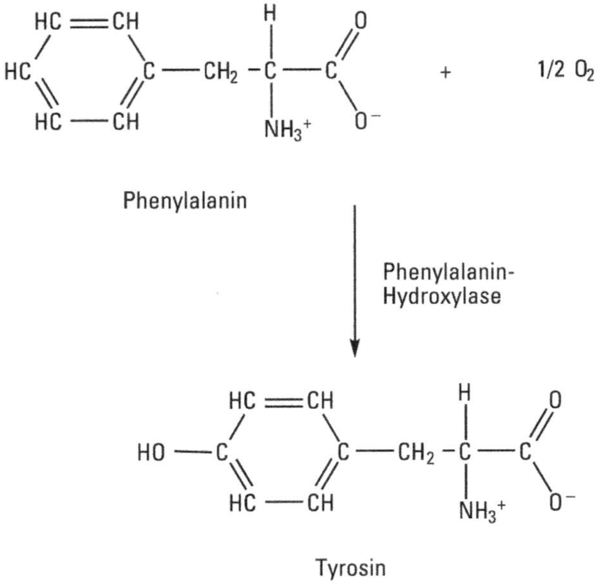

Abbildung 13.24: Synthese von Tyrosin

Methionin dient als Schwefelquelle für die Synthese von Cystein. Serin bildet die Basis für den Rest des Moleküls. *Serin* ist das Produkt eines dreistufigen Prozesses, der mit 3-Phosphoglyzerat beginnt. Zuerst wird die sekundäre Alkoholgruppe des Phosphoglyzerats mit NAD^+ als Akzeptor oxidiert. Das Keton – Phosphohydroxypyruvat – das dabei entsteht, durchläuft dann eine Transaminierung mit Glutaminsäure zu 3-Phosphoserin. Zuletzt wird Serin durch eine Hydrolyse des Phosphatesters gebildet (siehe Abbildung 13.25).

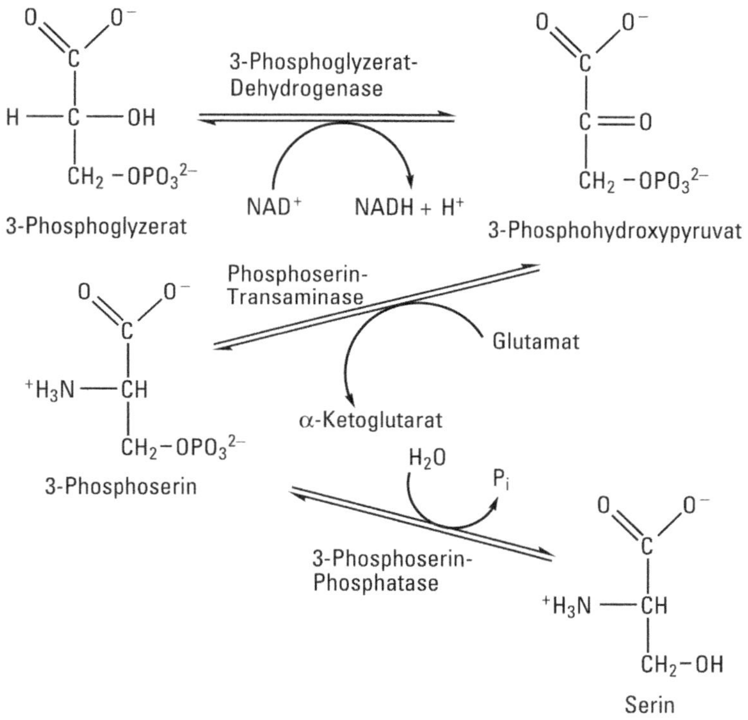

Abbildung 13.25: Synthese von Serin

Die Synthese von Prolin erfolgt in vier Schritten mit Glutamat als Ausgangssubstanz. Die Reaktionsschritte dazu sind in Abbildung 13.26 dargestellt.

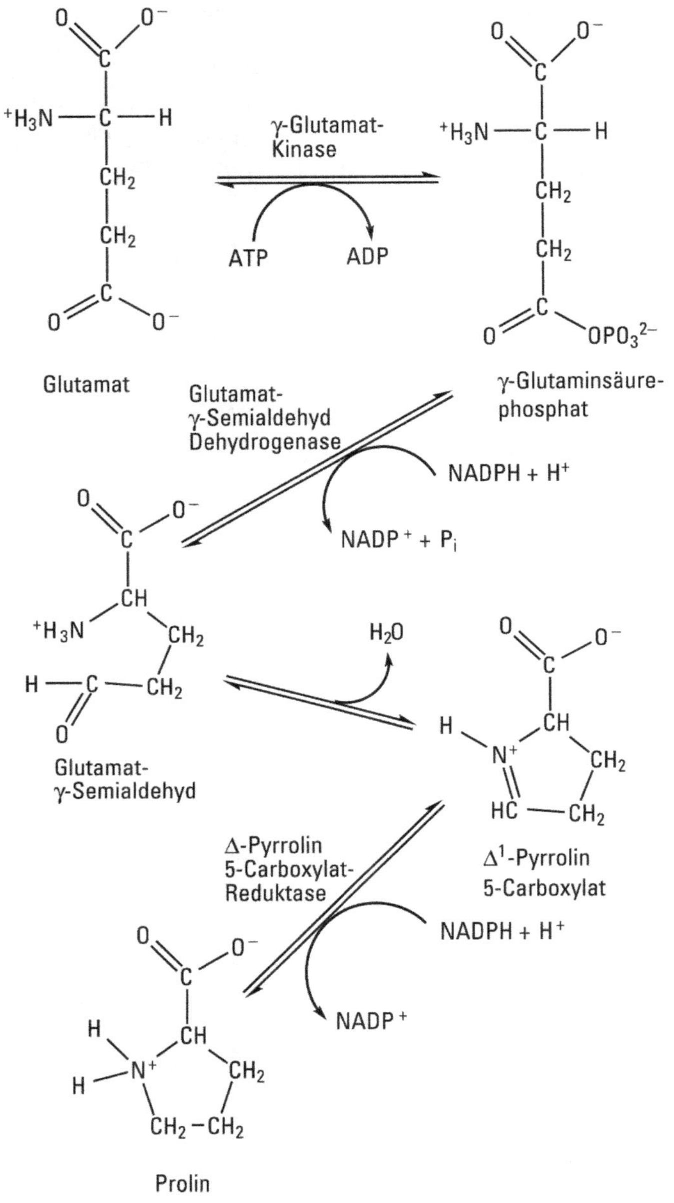

Abbildung 13.26: Synthese von Prolin

IN DIESEM KAPITEL

Die Funktionen der Purine und Pyrimidine

Auf- und Abbau von Nukleotiden

Harnsäure und
Harnstoff – Stickstoffentsorgung

Stoffwechselkrankheiten und ihre Ursachen

Kapitel 14
Ein »anrüchiges« Thema: Stickstoff in biologischen Systemen

In diesem Kapitel geht es um die Rolle von Stickstoff in Biomolekülen. Stickstoff ist in allen Aminosäuren und somit auch allen Proteinen und in den Nukleinsäuren (den Purinen und Pyrimidinen) enthalten. Das Stickstoffgas selbst ist zwar farb- und geruchlos, doch Stickstoffverbindungen können auch recht unerfreuliche Aromen entwickeln, wie die Überschrift dieses Kapitel bereits andeutet. Sind Sie schon einmal an einem gerade mit Gülle gedüngten Acker vorbeigegangen? Dann wissen Sie, was gemeint ist! Menschen scheiden Stickstoff hauptsächlich in Form von Harnstoff über die Nieren aus.

Ringelrein mit Stickstoffen: Purine

Adenin und Guanin sind Stickstoffbasen, die ein Purinringsystem enthalten. Beide Moleküle spielen bei der Synthese von DNA und RNA eine wichtige Rolle, wie Sie bereits in Kapitel 9 gesehen haben. Bei der Biosynthese der Purine im Körper werden diese Moleküle in Nukleotidform (also mit einem Zucker- und einem Phosphatrest) und nicht in Form der in Abbildung 14.1 dargestellten freien Basen produziert. Entsprechend beginnt die Synthese dieser Verbindungen auch mit einem Zucker, genauer: mit Ribose-5′-phosphat.

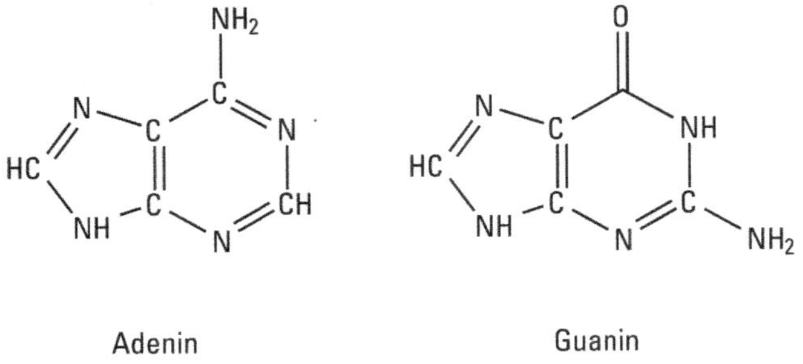

Abbildung 14.1: Purinstickstoffbasen

Die Biosynthese von Purinen

Die Purinsynthese beginnt mit der Aktivierung von α-D-Ribose-5′-phosphat durch eine Diphosphorylierung. Dabei wird ein Pyrophosphat von ATP an das C1-Atom von α-D-Ribose-5′-phosphat gebunden, sodass 5-Phospho-α-D-ribosyl-1-pyrophosphat (PRPP) und AMP entsteht. Die Reaktion ist ein wenig ungewöhnlich, da hier ein Pyrophosphatrest mit zwei Phosphatgruppen übertragen wird (siehe Abbildung 14.2). PRPP ist übrigens auch an der Synthese von Pyrimidinen beteiligt, mit der wir uns gleich noch genauer befassen. Beide Purine, Adenin und Guanin, werden über das gleiche Intermediat Inosin-5′-phosphat (IMP) synthetisiert.

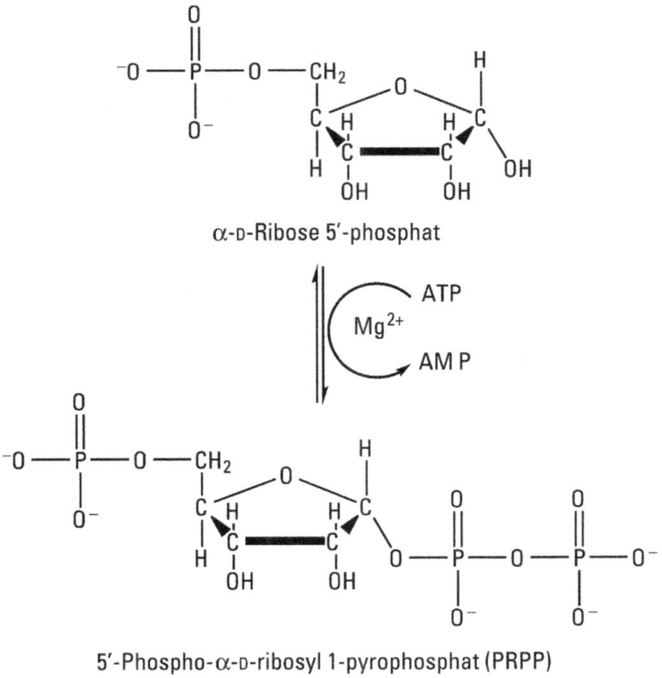

Abbildung 14.2: Aktivierung von α-D-Ribose-5′-phosphat zu PRPP

Die Synthese von IMP als Intermediat von AMP und GMP

PRPP durchläuft insgesamt zehn Reaktionsschritte (siehe Abbildung 14.3), bevor es zu Inosin-5′-phosphat (auch Inosinsäure oder Inosinmonophosphat, IMP, genannt) wird. Beachten Sie, dass sich während dieser zehn Reaktionen der D-Ribose-5′-phosphat-Anteil von PRPP nicht verändert. Die an den einzelnen Schritten beteiligten Enzyme sind in Tabelle 14.1 aufgeführt. Danach sind noch zwei weitere Reaktionen erforderlich, um IMP entweder in AMP oder in GMP umzuwandeln.

a)

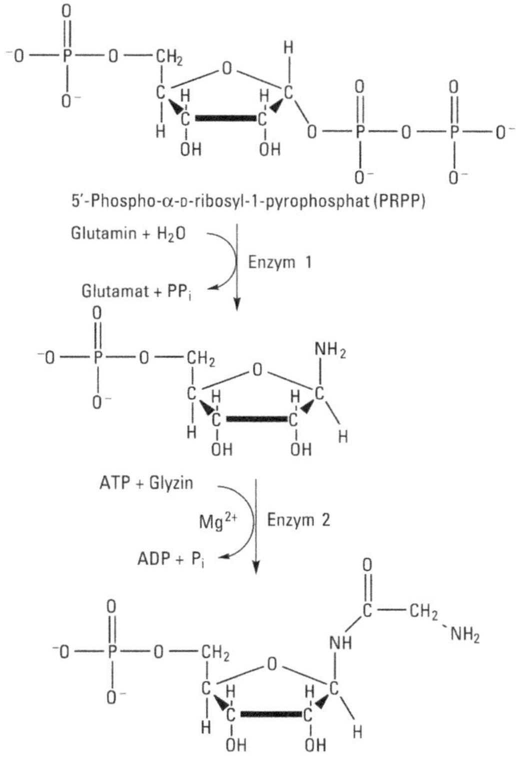

Abbildung 14.3: Zehn Reaktionsschritte zur Umwandlung von 5′-Phospho-α-D-Ribosyl-1-pyrophosphat (PRPP) in Inosin-5′-phosphat (IMP)

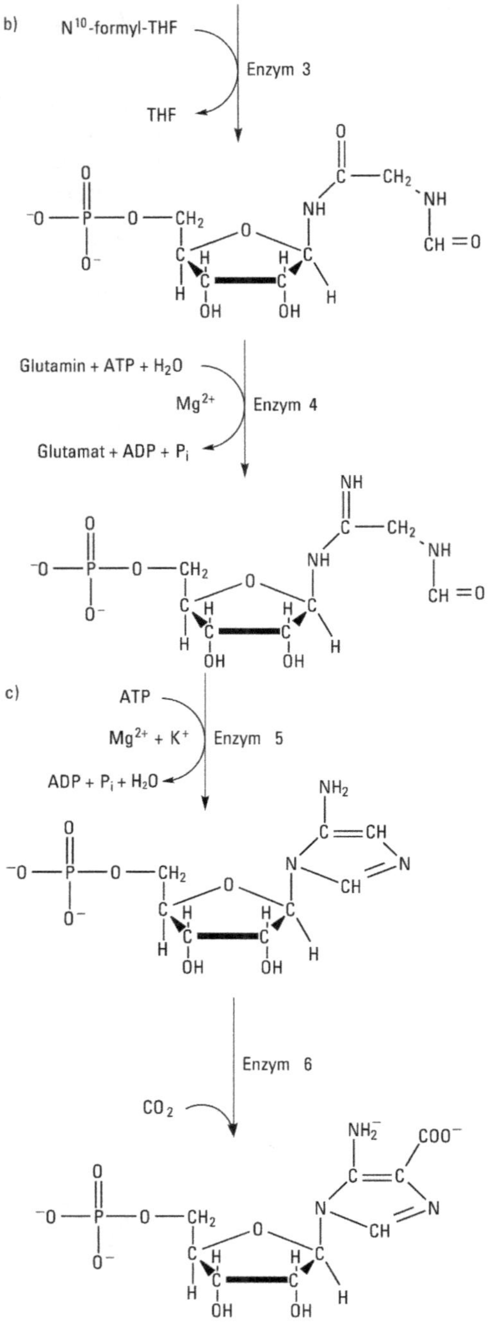

Abbildung 14.3: Zehn Reaktionsschritte zur Umwandlung von 5′-Phospho-α-D-Ribosyl-1-pyrophosphat (PRPP) in Inosin-5′-phosphat (IMP) (*fortgesetzt*)

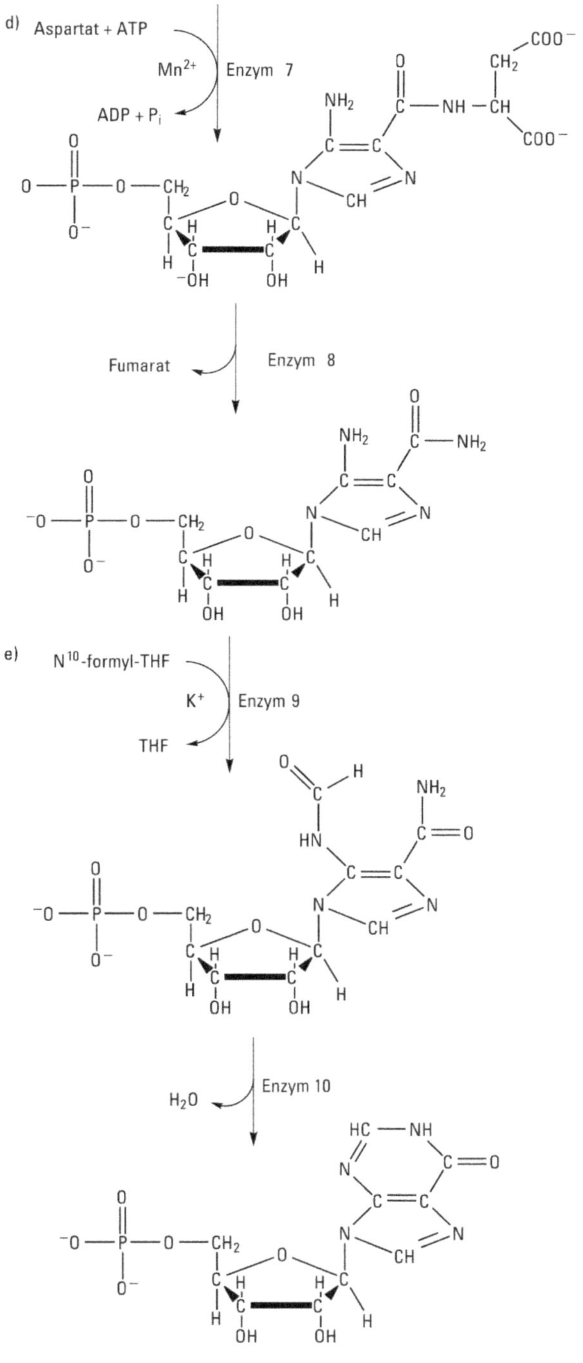

Inosin-5'-phosphat (IMP)

Abbildung 14.3: Zehn Reaktionsschritte zur Umwandlung von 5′-Phospho-α-D-Ribosyl-1-pyrophosphat (PRPP) in Inosin-5′-phosphat (IMP) (*fortgesetzt*)

Enzym	Name
1	Amidophosphoribosyl-Transferase
2	Phosphoribosylglyzinamid-Synthetase
3	Phosphoribosylglyzinamid-Formyltransferase
4	Phosphoribosylformylglyzinamid-Synthetase
5	Phosphoribosylaminoimidazol-Synthetase
6	Phosphoribosylaminoimidazol-Carboxylase
7	Phosphoribosylaminoimidazol-Succinocarboxamid-Synthetase
8	Adenylsuccinat-Lyase
9	Phosphoribosylaminoimidazolcarboxamid-Formyltransferase
10	IMP-Cyclohydrolase

Tabelle 14.1: Zehn Enzyme, die an der Inosinsynthese beteiligt sind

Die Synthese von AMP

Für die Umwandlung von IMP zu AMP muss eine Aminogruppe von einem Asparaginsäuremolekül auf IMP übertragen werden. Diese Übertragung erfolgt in zwei Schritten und erfordert ein Molekül GTP (Guanosintriphosphat) an Energie. Den ersten Reaktionsschritt katalysiert das Enzym *Adenylosuccinat-Synthetase*, während der zweite Schritt von der *Adenylosuccinat-Lyase* katalysiert wird. Beide Reaktionen sind in Abbildung 14.4 dargestellt. Im letzten Schritt der Reaktion wird Fumarat abgespalten.

Die Synthese von GMP

Die Umwandlung von IMP zu GMP (Guanosinmonophosphat) beginnt mit der Oxidation zu Xanthosin-5′-phosphat durch die *IMP-Dehydrogenase* und NAD^+ als Akzeptor. Der nächste Schritt wird von der *GMP-Synthetase* katalysiert, die Übertragung einer Aminogruppe von Glutamin. Die Energie für diese Reaktion stammt aus der Hydrolyse von ATP (siehe Abbildung 14.5).

Was mag das nur kosten?

Wie so vieles im Leben ist auch die Biosynthese von AMP und GMP nicht umsonst und erfordert die Hydrolyse mehrerer energiereicher Bindungen. Für die Herstellung von IMP aus D-Ribose-5-phosphat ist allein die Hydrolyse von sechs energiereichen Bindungen (einem PP_i und fünf ATP) nötig. Bei der Umwandlung von IMP zu AMP muss eine weitere energiereiche Bindung in Form von GTP gespalten werden. Die Umwandlung von IMP zu GMP benötigt sogar die Hydrolyse zweier Bindungen – von einem ATP- und einem PP_i-Molekül.

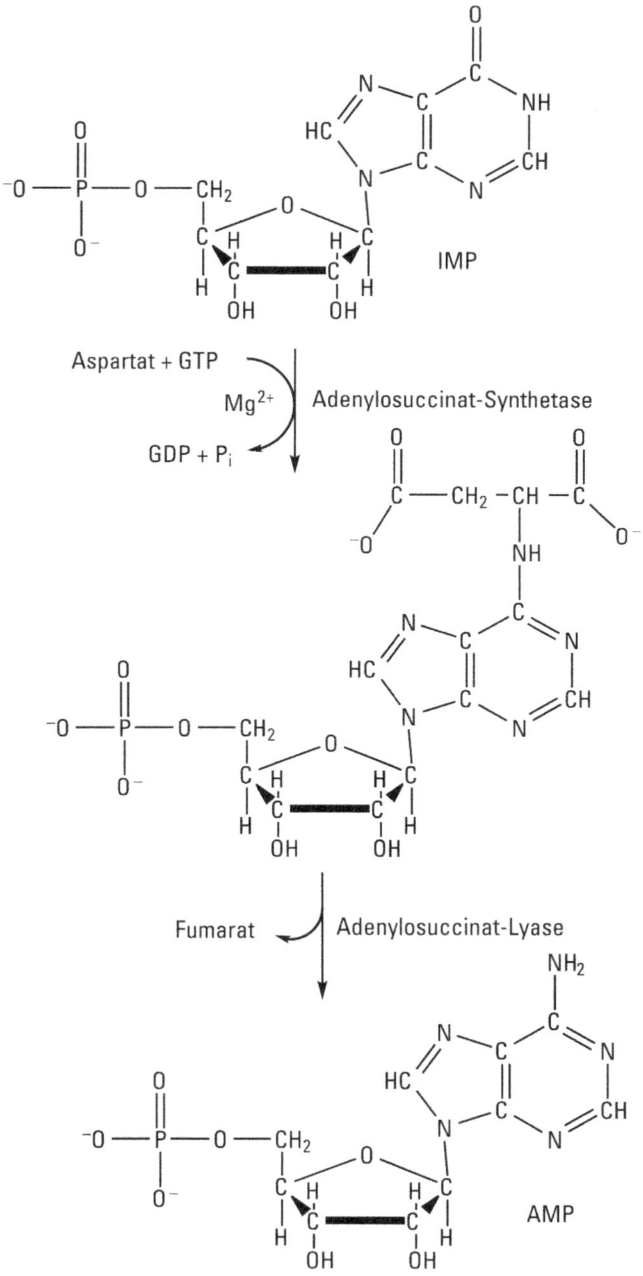

Abbildung 14.4: Umwandlung von IMP zu AMP

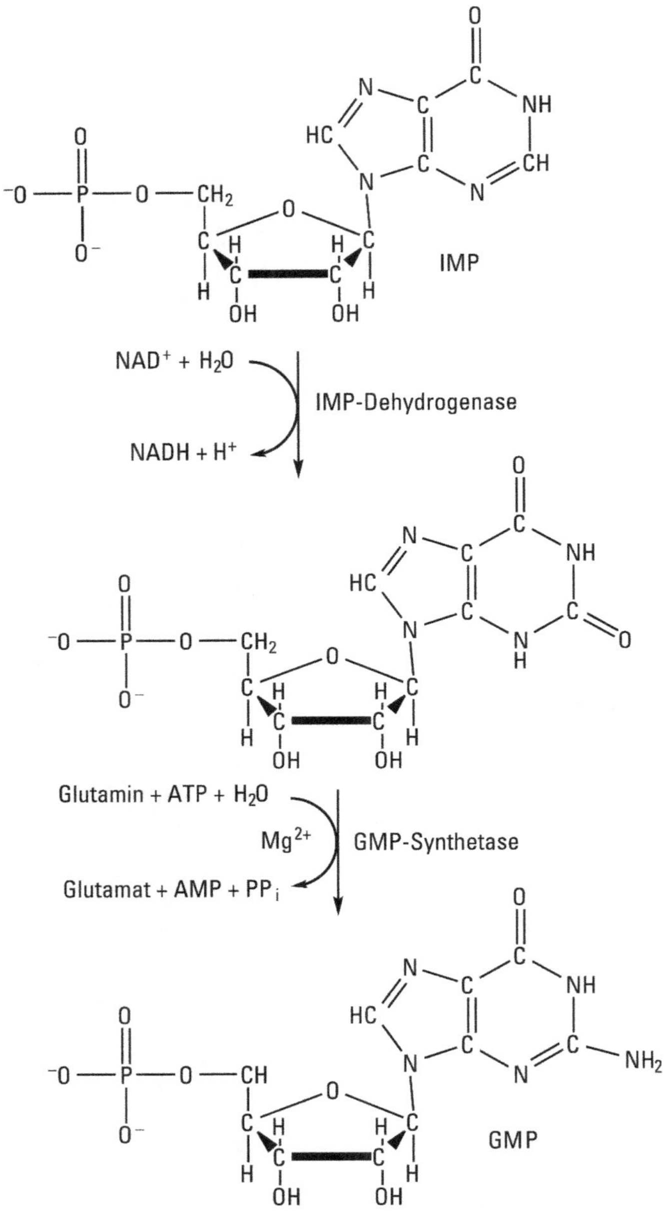

Abbildung 14.5: Umwandlung von IMP zu GMP

Für anaerob lebende Organismen wie beispielsweise die Tetanus- oder Botulismusbakterien mit ihrer mageren anaeroben Energieausbeute ist die ganze Sache schon verhältnismäßig aufwendig: Diese Bakterien müssen vier Glukosemoleküle oxidieren, um acht ATP-Moleküle zu bilden und ihren Energiebedarf zu decken. So gesehen stehen wir auf der Sonnenseite des Lebens – als Aerobier können wir aus der Oxidation eines Glukosemoleküls unterm Strich etwa 36 ATP-Moleküle gewinnen. Allerdings benötigen wir für die meisten Lebensprozesse auch deutlich mehr Energie als Bakterien. Da ist es nur gut, wenn man eine gewisse Form von Recycling betreiben kann – was uns zum Thema der sogenannten *Salvage Pathways* (den »Bergungswegen«) bringt. Dabei werden Moleküle aus ihren Abbauprodukten wiedergewonnen und recycelt, anstatt diese neu zu synthetisieren. *Salvage Pathways* spielen vor allem bei den Purinnukleotiden eine wichtige Rolle, da die Neusynthese dieser Verbindungen viel Energie verbraucht.

Die Biosynthese von Pyrimidinen

Die Synthese von Pyrimidinen folgt einem etwas anderen Stoffwechselweg als die Purinsynthese, denn hier wird erst die Base synthetisiert, bevor sie an die Ribose angefügt wird. Zur Ringbildung werden ein Hydrogencarbonation, Aspartat und Ammoniak benötigt. Der Ammoniak stammt gewöhnlich aus der Hydrolyse einer Glutaminseitenkette.

Alles beginnt mit Carbamoylphosphat

Im ersten Schritt der Pyrimidinsynthese wird ein Phosphatrest von ATP auf das Hydrogencarbonation übertragen und so Carboxyphosphat gebildet, das wiederum mit Ammoniak über eine Austauschreaktion (Ammoniak gegen Phosphat) reagiert und Carbamat bildet. Ein zweites ATP überträgt dann eine seiner Phosphatgruppen auf Carbamat, wodurch Carbamoylphosphat entsteht. In Abbildung 14.6 sind die einzelnen Schritte zusammengefasst.

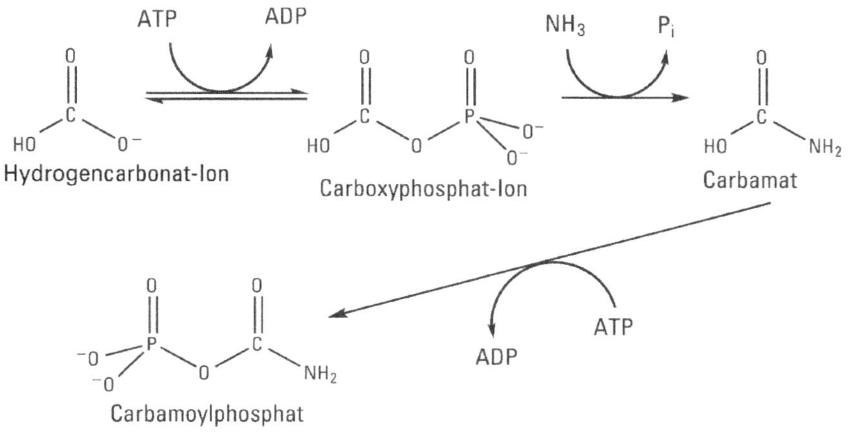

Abbildung 14.6: Synthese von Carbamoylphosphat

Das wichtigste Enzym für diesen Vorgang ist die *Carbamoylphosphat-Synthetase,* ein Enzym, das in zwei Formen existiert. Während die *Carbamoylphosphat-Synthetase I* in den Mitochondrien lokalisiert und am Harnstoffzyklus beteiligt ist, katalysiert die *Carbamoylphosphat-Synthetase II* des Zytosols die hier beschriebene Synthese von Carbamoylphosphat in der Pyrimidinsynthese. Das Enzym ist sehr interessant – es besitzt drei aktive Zentren, in denen jeweils eine Reaktion abläuft. Ein Teil des Enzyms ist für die Synthese von Carbamat verantwortlich, während an einer anderen Stelle durch die Hydrolyse von Glutamin Ammoniak und im dritten katalytischen Zentrum des Enzyms Carbamoylphosphat entsteht. Alle drei Bereiche des Enzyms sind durch einen Kanal miteinander verbunden.

Nächster Halt: Orotat

Im nächsten Schritt der Pyrimidinsynthese wird Orotat gebildet und dann mit einer Ribose verknüpft. Die Reaktion beginnt mit der *Aspartat-Transcarbamoylase,* die Aspartat mit Carbamoylphosphat verbindet und dabei Phosphat freisetzt. Dadurch entsteht Carbamoylaspartat. Carbamoylaspartat wird durch einen Ringschluss zu Dihydroorotat umgesetzt und von der *Dihydroorotat-Dehydrogenase* mit NAD^+ als Protonenakzeptor zu Orotat oxidiert (siehe Abbildung 14.7).

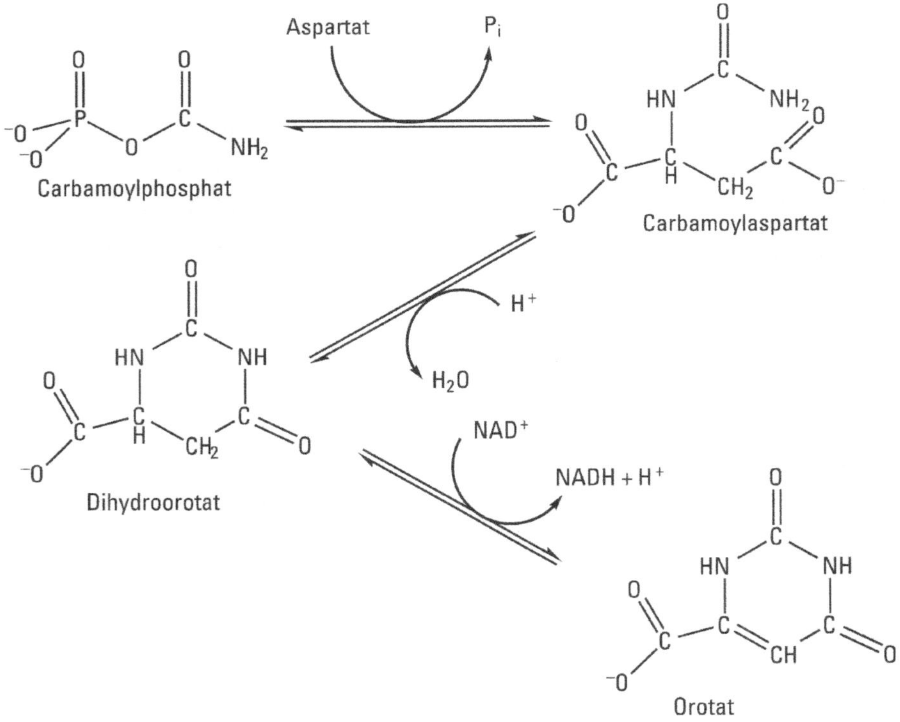

Abbildung 14.7: Bildung von Orotat aus Carbamoylphosphat

Orotat reagiert mit 5-Phosphoribosyl-1-pyrophosphat (PRPP) zu Orotidylat, wobei die nötige Energie für diese Reaktion aus der Hydrolyse von Pyrophosphat stammt (siehe auch den Abschnitt »Die Biosynthese von Purinen« weiter vorn in diesem Kapitel). Das Enzym *Orotatphosphoribosyl-Transferase* ist für diese Reaktion verantwortlich. Danach katalysiert die *Orotidylat-Decarboxylase* die Decarboxylierung von Orotidylat zu Uridylat (UMP). Die einzelnen Schritte dieses Reaktionsschemas sind in Abbildung 14.8 dargestellt.

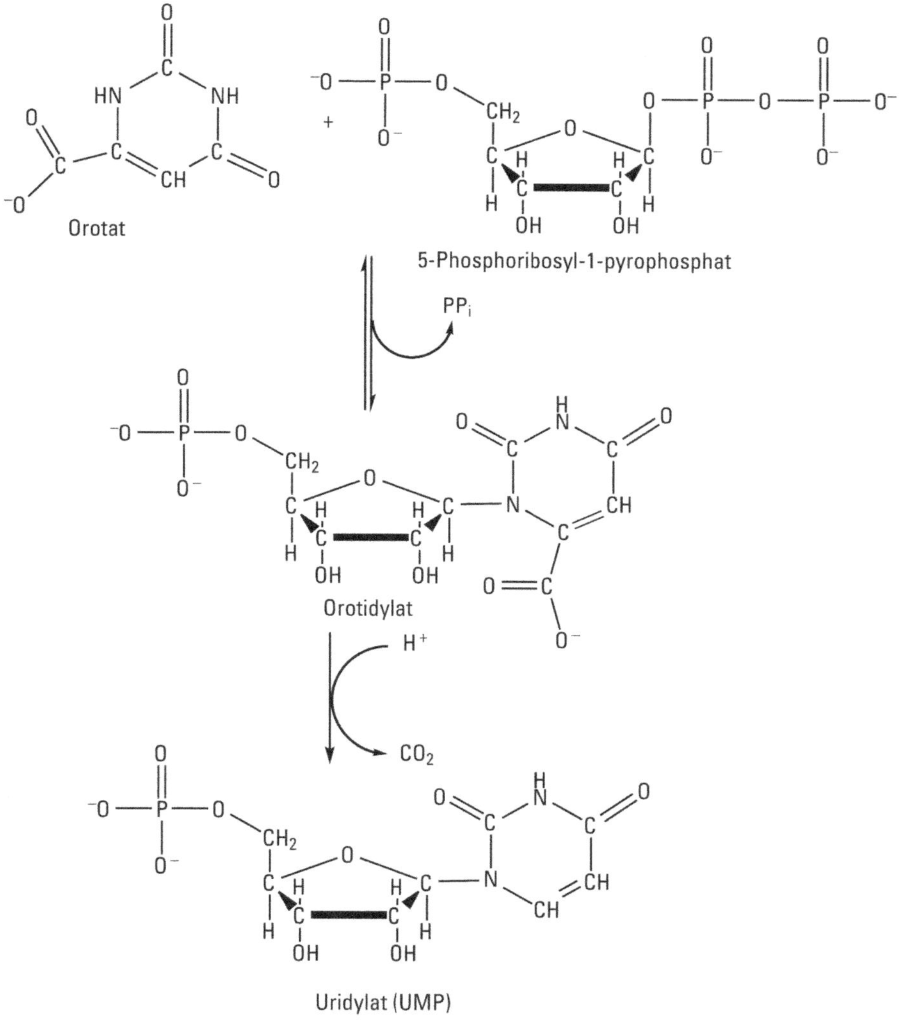

Abbildung 14.8: Umwandlung von Orotat zu Uridylat (UMP)

Und Endstation: Cytidin

Im letzten Schritt dieser Synthese wird das Nukleotid Cytidin aus Uridylat (Uridinmonophosphat, UMP) gebildet. Zunächst einmal wird UMP zu UTP umgewandelt, indem die

UMP-Kinase einen Pyrophosphatrest von ATP auf UMP überträgt. Die dann übertragene Aminogruppe stammt wiederum aus der Hydrolyse von Glutamin. Abbildung 14.9 illustriert diesen Vorgang.

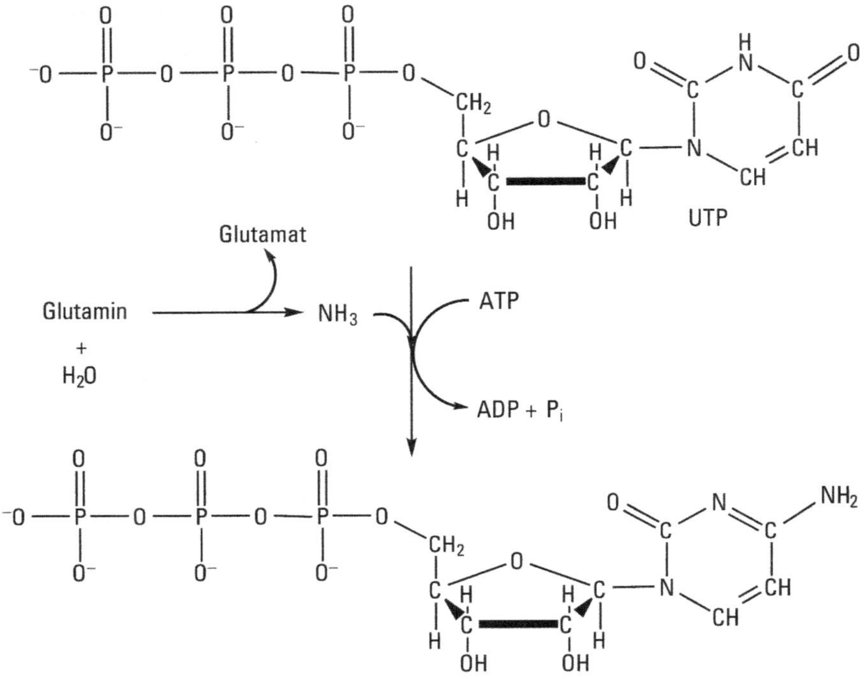

Abbildung 14.9: Umwandlung von UTP zu CTP

Noch mal zum Anfang: Katabolismus

Bisher ging es um die extrem aufwendige Synthese der Nukleotide aus ihren Grundbausteinen, aber erinnern Sie sich noch, was wir weiter vorn in diesem Kapitel über das Recycling geschrieben haben? Beim *Katabolismus* werden Moleküle abgebaut; in vielen Fällen ist es jedoch sinnvoller und ökonomischer, Moleküle nicht vollständig zu zerlegen, sondern Zwischenprodukte wie die freien Purine (zum Beispiel Adenin) wiederzuverwerten (Salvage Pathways).

Der Abbau der Purine

Der Purinkatabolismus beginnt mit der Hydrolyse der Phosphatgruppe am C5-Atom, bei der zum Beispiel aus AMP das Adenosin entsteht, das dann weiter zu Inosin desaminiert wird. Danach wird die Ribose abgespalten. Bei dem Abbau von GMP und AMP entsteht in beiden Fällen Xanthin als Zwischenprodukt, das bei Primaten (also auch dem Menschen), Landreptilien, Vögeln und einigen anderen Tieren zur Harnsäure oxidiert und vorwiegend über die Nieren, aber auch über den Schweiß, Speichel oder den Darm ausgeschieden wird (siehe Abbildung 14.10). Die meisten anderen Säugetiere wandeln Harnsäure in das besser wasserlösliche Allantoin um.

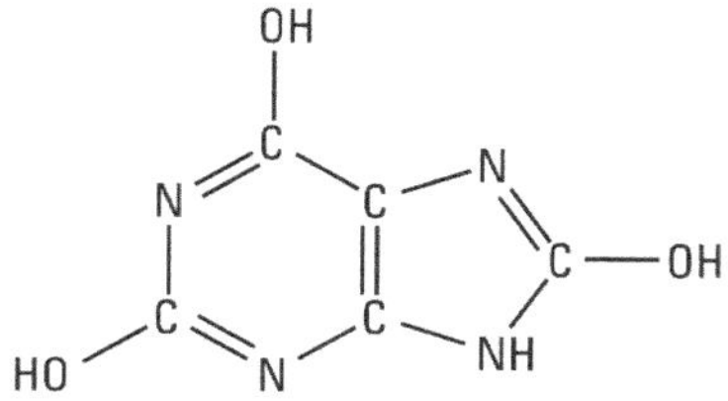

Abbildung 14.10: Struktur von Harnsäure

Gicht ist eine Krankheit der Gelenke, die durch eine zu hohe Harnsäurekonzentration im Blut und die damit verbundene Ablagerung von Natriumuratkristallen in den Gelenken verursacht wird, dem Natriumsalz der Harnsäure.

Aminosäurekatabolismus

Durch die Hydrolyse eines Proteins entstehen wieder die einzelnen Aminosäuren. Auch diese lassen sich recyceln und für die Synthese neuer Proteine verwenden. Alternativ können Aminosäuren für die Energiegewinnung genutzt werden. Durch eine Transaminierung kann die Aminogruppe einer beliebigen Aminosäure (außer Lysin, Prolin oder Threonin) auf eine α-Ketosäure übertragen werden. Das Enzym für diese Reaktion heißt *Transaminase*; die Gesamtreaktion ist in Abbildung 14.11 dargestellt. Stickstoff, der ausgeschieden werden soll, wird auf eine α-Ketosäure übertragen, wodurch Glutaminsäure entsteht. Die Transaminierung spielt eine wichtige Rolle bei der Biosynthese von Alanin, Aspartat und Glutamat.

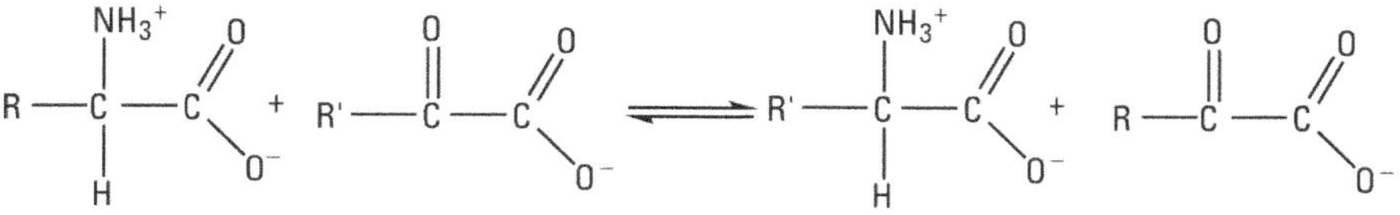

Aminosäure — α-Ketosäure — neue Aminosäure — neue α-Ketosäure

Abbildung 14.11: Allgemeine Transaminierungsreaktion

Aus der oxidativen Desaminierung von Glutamat entstehen wieder eine α-Ketosäure (die erneut verwendet werden kann), ein Ammoniumion (das in den Harnstoffzyklus übergeht) und indirekt auch drei Moleküle ATP. Für diese Reaktion benötigt die *Glutamat-Dehydrogenase* entweder NAD^+ oder $NADP^+$ als Akzeptor.

Die aus Aminosäuren entstandenen α-Ketosäuren können verschiedene Wege einschlagen. Manche Ketosäuren werden weiter zu Pyruvat oder einer anderen Verbindung abgebaut, die der Körper zur Produktion von Glukose nutzen kann. Diese Säuren werden daher auch *glukogene Säuren* genannt. Alternativ kann eine α-Ketosäure auch zu Acetyl-CoA und Acetoacetat abgebaut werden – in diesem Fall handelt es sich um eine *ketogene* Säure. Um Sie noch weiter zu verwirren, gibt es noch einige Aminosäuren, die sowohl glukogen als auch ketogen sein können (siehe Tabelle 14.2). Beim Abbau einer Aminosäure wird das Kohlenstoffgerüst also entweder in Zwischenprodukte des Citratzyklus umgewandelt oder »endet« als Ausgangsmaterial zur Synthese von Glukose.

Glukogene Aminosäuren: Alanin, Arginin, Asparagin, Asparaginsäure, Cystein, Glutamin, Glutaminsäure, Glyzin, Histidin, Methionin, Prolin, Serin, Threonin, Valin
Ketogene Aminosäure: Leucin
Glukogene/ketogene Aminosäuren: Isoleucin, Lysin, Phenylalanin, Tyrosin, Tryptophan

Tabelle 14.2: Glukogene und ketogene Aminosäuren

Der gesamte Prozess ist zyklisch, wobei die verschiedenen Aminosäuren an unterschiedlichen Stellen in den Reaktionskreis eintreten (siehe auch Abbildung 13.11 im vorherigen Kapitel).

Der Abbau von Hämoglobin

Eine weitere wichtige Stickstoffverbindung aller Lebewesen mit roten Blutkörperchen dürfte Ihnen bestens bekannt sein – das *Häm*, ohne das der Sauerstofftransport in Ihrem Körper nicht funktionieren würde. Im Myoglobin (dem Sauerstoff-Transportprotein der Muskeln) und im Blutprotein Hämoglobin liegt die eisenhaltige Hämgruppe gebunden an einen Proteinanteil (das Globin) vor. Hämoglobin wird beim Abbau gealterter roter Blutkörperchen freigesetzt und der Globinanteil zu den entsprechenden Aminosäuren abgebaut. Die Eisenkomponente wird vom Häm abgespalten und an das Eisenspeicherprotein Ferritin gebunden – Eisen ist nun einmal Mangelware im Körper und wird sorgfältig aufbewahrt und recycelt. Nach etlichen weiteren Reaktionsschritten entsteht aus dem Häm das Bilirubin, das übrigens auch für die gelbe Farbe verblassender Blutergüsse verantwortlich ist. Die Gallenblase speichert vorübergehend überschüssiges Bilirubin, bis es vom Körper ausgeschieden wird.

Abfallbeseitigung: Der Harnstoffzyklus

Wenn stickstoffhaltige Verbindungen abgebaut werden, entsteht dabei neben potenziell wiederverwertbaren Stickstoffverbindungen auch Ammoniak. Als temporärer Stickstoffspeicher und Stickstoffüberträger dient vor allem die Aminosäure Glutamin. Ammoniak hingegen ist bereits in kleinsten Mengen für den Menschen giftig und muss schnellstens in eine weniger toxische Substanz umgewandelt werden, die dann gefahrlos ausgeschieden werden kann. Der erste Schritt dieser Reaktion besteht in der Umwandlung von Ammoniak (in Form des Ammoniumions) zu Carbamoylphosphat mithilfe des Enzyms *Carbamoylphosphat-Synthetase I*. In Abbildung 14.12 ist diese Reaktion dargestellt.

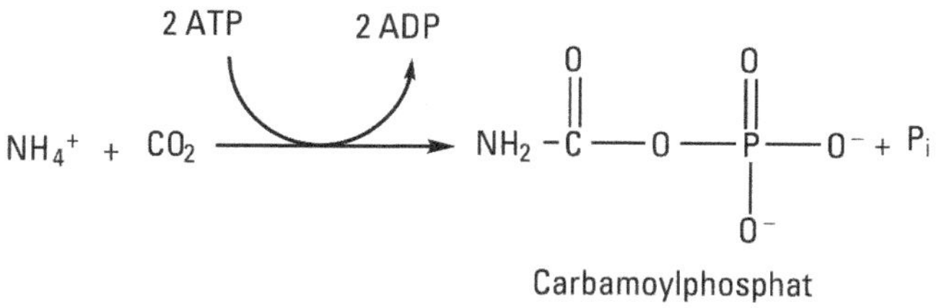

Abbildung 14.12: Bildung von Carbamoylphosphat

Nun geht es weiter in den Harnstoffzyklus, einen kreisförmigen Prozess, bei dem Ammonium in Form von Carbamoylphosphat eingeschleust, zu Harnstoff abgebaut und über die Nieren entsorgt wird. Carbamoylphosphat reagiert mit Ornithin zu Citrullin, das mit Aspartat in einer von der *Argininosuccinat-Synthase* katalysierten Reaktion weiter zu Argininosuccinat reagiert. Die für diese Reaktion nötige Energie stammt aus der Hydrolyse von ATP. Die *Argininosuccinase* katalysiert danach die Spaltung von Argininosuccinat zu freiem Fumarat und Arginin. Der Kreislauf schließt sich, indem Arginin mithilfe des Enzyms *Arginase* zu Harnstoff und Ornithin (das wiederverwendet wird) umgesetzt wird. Der Harnstoffzyklus und die daran beteiligten Verbindungen sind in Abbildung 14.13 und Abbildung 14.14 dargestellt.

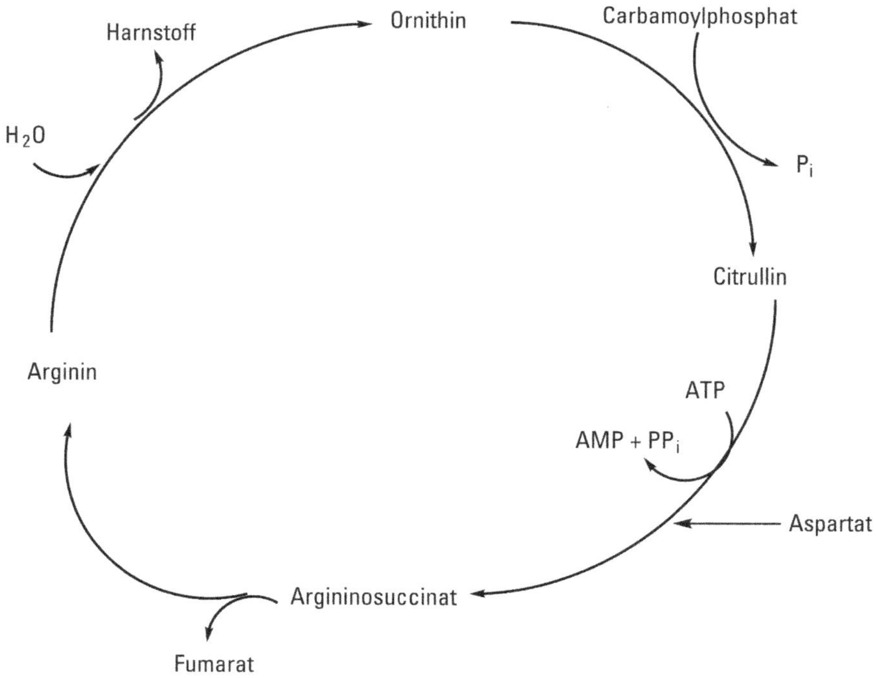

Abbildung 14.13: Überblick über den Harnstoffzyklus

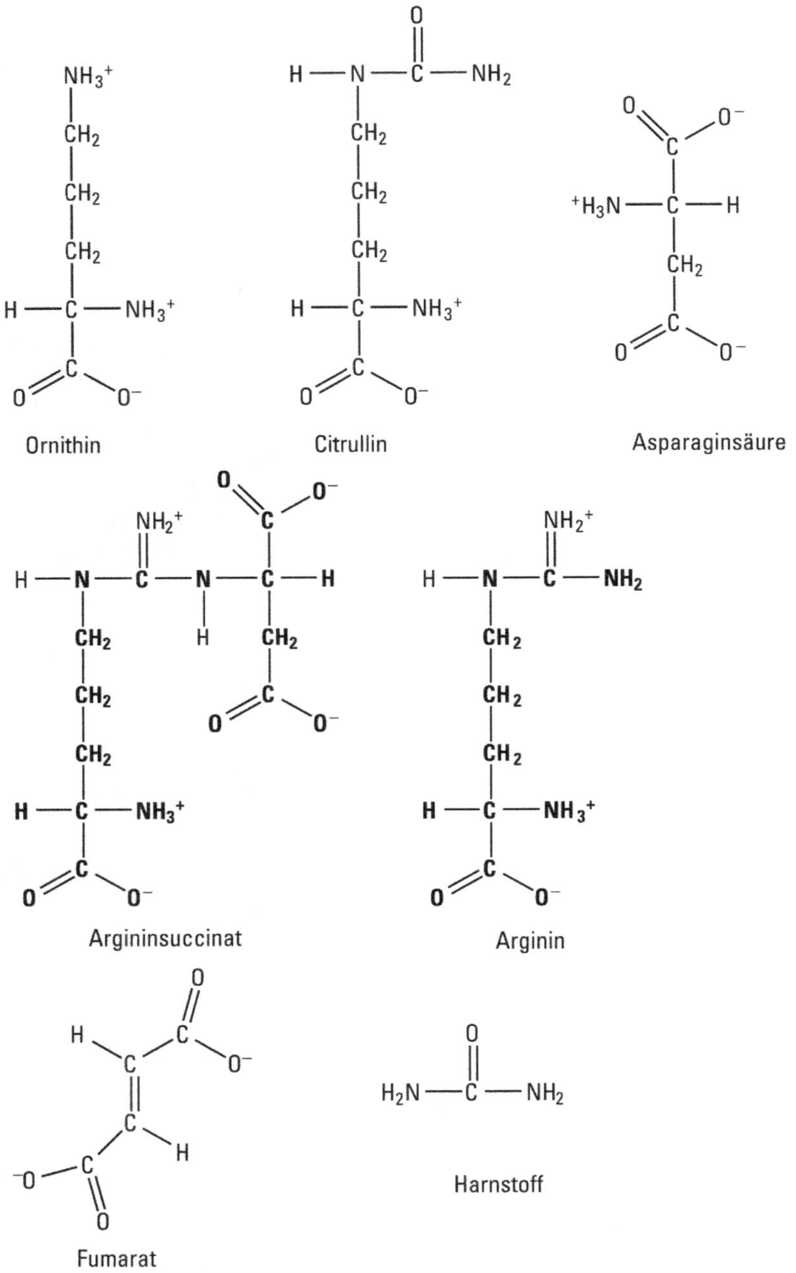

Abbildung 14.14: Verbindungen aus dem Harnstoffzyklus

Die *Carbamoylphosphat-Synthetase II* ist im Gegensatz zur *Carbamoylphosphat-Synthetase I* nicht am Harnstoffzyklus, sondern an der Purinsynthese beteiligt.

Aminosäuren, ein letzter Akt …

Zur Synthese von Proteinen sind die 20 natürlichen Aminosäuren erforderlich. Wenn diese nicht in ausreichender Menge in der Nahrung vorhanden sind, kann der menschliche Körper nur die nichtessenziellen Aminosäuren selbst synthetisieren (siehe auch Tabelle 13.2 im vorherigen Kapitel). Die essenziellen Aminosäuren müssen mit der Nahrung aufgenommen werden.

Mit einer gesunden Mischernährung wird kaum jemand einen Mangel an bestimmten Aminosäuren erleiden. Doch nicht alle Menschen haben diese Option – sei es, dass sie in Gegenden mit extrem einseitigem Nahrungsangebot leben müssen oder generell an Hunger leiden. Dies betrifft besonders Kinder oder Heranwachsende, deren Metabolismus noch viel stärker von einem Mangel an essenziellen Aminosäuren beeinträchtigt wird.

Viele Aminosäuren lassen sich relativ leicht synthetisieren oder ineinander umwandeln. Alanin, Aspartat und Glutamat werden beispielsweise leicht durch eine Transaminierungsreaktion erzeugt. Ähnlich unproblematisch lässt sich Asparagin aus Aspartat und Glutamin aus Glutamat herstellen.

Die Synthese von Prolin aus Glutamat ist hingegen etwas komplizierter und erfordert vier Reaktionsschritte. Serin lässt sich in drei Schritten aus 3-Phosphoglyzerat, einem Zwischenprodukt der Glykolyse, synthetisieren und dann leicht weiter zu Glyzin umwandeln. Sofern genügend Phenylalanin aus der Nahrung zur Verfügung steht, kann auch diese Aminosäure relativ unkompliziert durch eine Hydroxylierung in Tyrosin überführt werden. Bei einem Überschuss an Methionin wandelt der Körper diese Aminosäure zu Cystein um. Die Aminosäure Arginin geht als Produkt aus dem Harnstoffzyklus hervor, wobei Säuglinge und Kleinkinder auf diesem Weg nur ungenügende Mengen dieser Aminosäure bilden können. Daher ist Arginin für Erwachsene nichtessenziell, für Heranwachsende hingegen eine essenzielle Aminosäure, die mit der Nahrung zugeführt werden muss.

Stoffwechselkrankheiten und ihre Ursachen

Wir haben ausführlich den Stoffwechsel und die Vielzahl von Reaktionen mit beteiligten Enzymen vorgestellt, die einen reibungsfreien Ablauf aller Prozesse im Körper ermöglichen. Der Stoffwechsel ist aber nicht so viel anders als Ihr (vielleicht auch nicht mehr ganz junges) Auto. Natürlich hoffen Sie, dass Ihr Auto einfach wartungsfrei läuft und läuft. Doch das ist leider nicht immer der Fall – ähnlich wie bei Ihrem Stoffwechsel. Mangelerscheinungen, eine übermäßige Anreicherung bestimmter Produkte im Körper oder auch genetische Defekte im Hinblick auf die Verstoffwechselung bestimmter Verbindungen sind wie Sand im Getriebe und können zu erheblichen Gesundheitsproblemen führen.

Gicht

Gicht entsteht durch die Überproduktion von Harnsäure und der damit verbundenen Auskristallisierung von Natriumurat in Körperregionen, an denen eine Temperatur von weniger als 37 Grad Celsius herrscht. Solche niedrigen Körpertemperaturen herrschen vor allem in den Gelenken der Extremitäten. Harnsäurekristalle können aber auch in Form von Nierensteinen ausfallen. Die Behandlung geschieht in erster Linie durch eine Ernährungsumstellung und kann nur zum Teil medikamentös unterstützt werden. Zu den Ernährungsregeln gehört der eingeschränkte Konsum von Fleisch und Hülsenfrüchten (also von protein- und vor allem purinreichen Nahrungsmitteln) ebenso wie ein Verzicht auf Alkohol. Mediziner verschreiben parallel oft auch Medikamente, deren Wirkstoffe die Harnsäure produzierenden Enzyme hemmen.

Gicht kann auch das Resultat eines fehlerhaften Kohlenhydratstoffwechsels sein. Ein Mangel an Glukose-6-phosphat zwingt phosphorylierte Kohlenhydrate dazu, Ribose-5-phosphat anstelle von Glukose zu bilden. Ein Überschuss an Ribose-5-phosphat bedingt einen Überschuss an PRPP, das wiederum die Synthese von Purinen anregt. Zu viele Purine im Körper führen dann wieder zu einer überhöhten Harnsäureproduktion.

Lesch-Nyhan-Syndrom

Das *Lesch-Nyhan-Syndrom* ist ein anderes Beispiel für einen gestörten Purinabbau, bei dem zu viel Harnsäure produziert wird. Patienten mit dieser Krankheit scheiden etwa 4- bis 5-mal mehr Harnsäure aus als Gichtpatienten. In diesem Fall ist allerdings eine X-chromosomal rezessive Erbkrankheit die Ursache (das Merkmal zur Ausbildung dieses Defekts wird also fast ausschließlich von der Mutter auf ihre Söhne übertragen). Bis heute gibt es keine Therapie für diese Krankheit.

Rezessiv bedeutet, dass dieses Merkmal nur dann phänotypisch sichtbar wird, wenn es auf beiden Chromosomen vorhanden ist und daher nicht durch ein normales Gen kompensiert werden kann. Ein dominantes Merkmal setzt sich auch dann phänotypisch durch, wenn es nur auf einem der beiden Chromosomen vorhanden ist – zum Beispiel wenn ein bestimmtes Enzym zwar auf einem Chromosom durch eine Mutation ausfällt, aber die Hälfte der normalen Enzymmenge (durch das Gen auf dem zweiten Chromosom) noch immer ausreicht, um die gewünschte Reaktion im Körper zu katalysieren. Zum Glück sind viele Erbkrankheiten rezessiv und fallen phänotypisch nicht auf – außer im ungünstigsten Fall, wenn rezessive Gene von Vater und Mutter zusammenkommen und zu einem erkrankten Kind führen.

Bei den geschlechtschromosomalen Mutationen ist die Sache allerdings etwas komplizierter, da Frauen zwei X-Chromosomen besitzen und Männer nur eines. Sobald ein Mann (mit der Chromosomenverteilung XY) eines dieser mutierten Chromosomen »erbt«, wird auch eine rezessive, X-chromosomal vererbte Erkrankung bei ihm sichtbar werden – anders als bei einer Frau, die noch immer das nicht mutierte Gen auf dem zweiten X-Chromosom zur Kompensation hat.

Albinismus

Albinismus ist ein rezessives Merkmal und stellt einen angeborenen Fehler im Tyrosinstoffwechsel dar. Tyrosin ist das Vorläufermolekül von Melanin, den Farbpigmenten in Haaren und Haut. Bei zumindest einer Form des Albinismus geht das Problem auf einen Enzymdefekt (Tyrosinase) zurück. Eine andere Variante des Albinismus besitzt eine temperaturabhängig aktive Tyrosinase. Das heißt, das Enzym ist nur bei Temperaturen von unter 37 Grad Celsius aktiv, wie sie vor allem in den Extremitäten gemessen werden können. Diese besondere Tyrosinase ist zum Beispiel für die interessante Fellfärbung der Point-Katzen verantwortlich, bei der sich Tatzen, Ohren, Nase und Schwanz allmählich dunkel verfärben, während der Rest des Fells hell bleibt.

Alkaptonurie

Die *Alkaptonurie* ist ein Stoffwechseldefekt, der sich in dunklem Urin äußert. Die Ursache für Alkaptonurie liegt in einem Problem beim Abbau von Phenylalanin und Tyrosin. Ein defektes Enzym führt zu Ansammlung und nachfolgender Ausscheidung eines der Reaktionszwischenprodukte.

Phenylketonurie

Bei *Phenylketonurie* oder PKU fehlt das Enzym Phenylalanin-4-Monooxygenase, was mit Problemen im Phenylalaninstoffwechsel verbunden ist: Die Konzentration von Phenylalanin im Blut nimmt zu. Hohe Konzentrationen an Phenylalanin fördern die Transaminierung und damit verbundene abnorm hohe Konzentrationen an Phenylpyruvat. Zu viel Phenylpyruvat schädigt das Gehirn von Neugeborenen (früher wurde diese Krankheit auch als »Brenztraubensäureschwachsinn« bezeichnet).

Ein hoher Phenylalaninspiegel bedingt die kompetitive Hemmung des Enzyms, das für die Melaninbildung aus Tyrosin verantwortlich ist. Da deshalb nur sehr wenig Melanin gebildet wird, zeigen betroffene Neugeborene hellblondes Haar und eine blasse Haut (ähnlich wie beim Albinismus).

Eine frühe Diagnose dieser Stoffwechselkrankheit ist besonders wichtig, um Hirnschäden bei Neugeborenen zu vermeiden. Ein PKU-Test weist mithilfe von $FeCl_3$ im Urin des Patienten Phenylpyruvat nach, zu erkennen an einem grünen Farbumschlag. Ein anderer Test bestimmt die Aktivität der Phenylalanin-4-Monooxygenase. Eine möglichst Phenylalaninarme Ernährung bis zum Alter von mindestens drei Jahren kann die Symptome verhindern.

Teil V

Genetik: Warum wir sind, was wir sind

IN DIESEM TEIL …

Wir krempeln unsere Ärmel hoch und schauen uns noch einmal das Thema über Gene und DNA näher an. Wir verfolgen, wie sich DNA selbst repliziert, und streifen einige praktische Anwendungsmöglichkeiten der DNA-Sequenzierung. Dann schwenken wir zu Transkription, Translation und Proteinsynthese. Am Ende widmen wir uns einigen Fragen und Zielen des Projekts zur Genomkartierung des Menschen.

IN DIESEM KAPITEL

DNA-Replikation und DNA-Polymerasen

Rekombinante DNA-Technologien

DNA-Analyse und Sequenzierung

Forensik, pränatale Diagnostik und Erbgutanalysen

Kapitel 15
DNA fotokopieren

Francis Crick publizierte 1958 das »Zentrale Dogma der Molekularbiologie« – ein Meilenstein für die Genetik und die Molekularbiologie. In dieser Hypothese postulierte er und später auch andere Forscher, dass die DNA die wichtigste Quelle der genetischen Information darstellt. Diese Information wird teilweise in eine RNA übertragen, die wiederum als Vorlage für die Proteinsynthese dient. Eine DNA muss zum einen ihre genetische Information an die nächsten Generationen weitergeben können (*Replikation*) und zum anderen in der Lage sein, RNA als Botenmolekül zu bilden (*Transkription*), damit anhand dieser Vorlage die entsprechenden Proteine synthetisiert werden können (*Translation*).

Viren besitzen oft RNA-Genome, die bei der Replikation zunächst in eine DNA übersetzt werden (reverse Transkription) – also kann auch eine RNA als Vorlage für ein RNA- oder DNA-Molekül dienen. Molekularbiologen dachten anfangs, dies stünde im Gegensatz zum zentralen Dogma der Molekularbiologie; doch Crick war der Meinung, dass eine RNA, die DNA produziert, lediglich eine Erweiterung seines Postulats darstelle – eben ein Schritt mehr auf dem Weg zum Ziel.

Viele Viren, die zu reverser Transkription in der Lage sind (Retroviren), verursachen Krebs. Auch HI-Viren (HIV), die Aids verursachen, sind Retroviren. Die reverse Transkription ist ein extrem alter enzymatischer Prozess und stammt vermutlich aus einer Zeit, als es noch kein DNA-Erbgut gab.

In diesem Kapitel zeigen wir im Detail, wie DNA identisch verdoppelt und so die Information an die Nachkommen weitergegeben werden kann.

Aus eins mach zwei: DNA-Replikation

Eine DNA besteht aus zwei komplementären Polynukleotidsträngen, die durch Wasserstoffbrückenbindungen zwischen den Basen zusammengehalten werden. Adenin bildet immer zwei Wasserstoffbrücken zu Thymin aus, und Cytosin bindet über drei Wasserstoffbrücken an Guanin (siehe Abbildung 15.1). Die genetische Information steckt in der Abfolge dieser Stickstoffbasen – ähnlich wie die Information dieses Buches in der Abfolge der Buchstaben festgelegt ist. Die sehr lange DNA der Eukaryoten befindet sich im Zellkern und ist um *Histone* gewickelt – »Proteinspulen«, um die sich die DNA windet zur Verpackung in der Zelle. Der Komplex aus je acht Histonen mit der zugehörigen DNA wird als *Nukleosom* bezeichnet. Wir befassen uns in Kapitel 16 noch ausführlicher mit diesen Histonen. Bakterien sind da etwas einfacher gestrickt und haben nur ein Chromosom, das mehr oder weniger frei in der Zelle herumliegt. Doch ungeachtet der Komplexität oder Verpackung läuft die Verdopplung der DNA in beiden Fällen prinzipiell ähnlich ab.

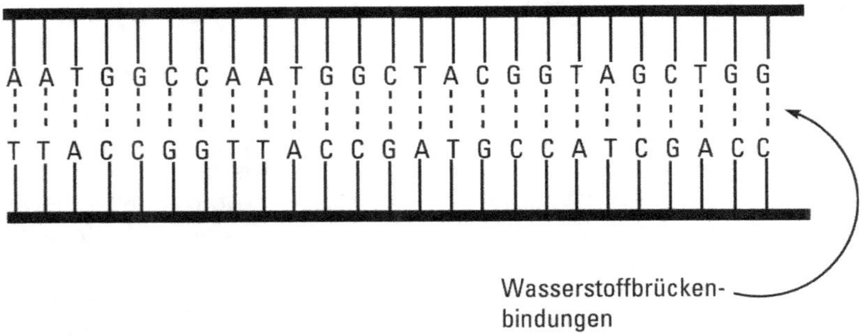

Abbildung 15.1: Schematische Darstellung der Basenpaarung in einem DNA-Abschnitt

Ein *Gen* ist eine Funktionseinheit – also der Teil eines DNA-Moleküls, der eine bestimmte Information umfasst, etwa die Bauanleitung für ein Enzym oder ein Transportprotein. Bei Prokaryoten ist immer das ganze Gen für diese Bauanleitung relevant – in der Enge der Bakterienzelle ist einfach kein Platz für überflüssiges »Gerümpel«. Das ist bei den Eukaryoten anders, deren Zellkern so viel Platz bietet, dass die Evolution auch viele alte Teile von Genen mitschleppen konnte, die vielleicht nicht unmittelbar eine Funktion zu haben scheinen (oft aber dann doch wichtig sind, aber das würde an dieser Stelle zu weit führen). Die Gene der Eukaryoten besitzen oft Introns – Bereiche, die zwar noch in eine mRNA übersetzt, für das eigentliche Protein aber nicht benötigt werden. Diese Introns werden aus der mRNA enzymatisch durch Spleißen herausgeschnitten, bevor die »reife« mRNA am Ribosom in ein Protein translatiert wird.

Die Anteile eines Gens, die für ein Protein codieren, werden als *Exons* bezeichnet. Introns sind definitiv eine »Erfindung« der Eukaryoten – das kleine, vor allem in Hinblick auf platzsparende Anordnung organisierte Genom von Bakterien oder Viren enthält praktisch nur codierende Bereiche oder Exons.

Die *Replikation* ist ein Kopiervorgang – hier wird ein DNA-Molekül identisch verdoppelt. Aus einem doppelsträngigen DNA-Molekül entstehen zwei doppelsträngige Moleküle, wobei sich die DNA zuvor ähnlich wie ein Reißverschluss öffnet. Neue Nukleotide binden über Wasserstoffbrücken an die so frei werdenden Basen (die »Zähne« des Reißverschlusses), während das Rückgrat der Nukleotide kovalent enzymatisch verbunden wird. Dieser Vorgang setzt sich entlang eines Strangs so lange fort, bis ein zum Elternstrang komplementärer neuer DNA-Strang entstanden ist. Das Endergebnis? Zwei doppelsträngige DNAs, die jeweils zur Hälfte aus alter und zur Hälfte aus neu synthetisierter DNA bestehen. Eine vereinfachte Darstellung der Replikation sehen Sie in Abbildung 15.2.

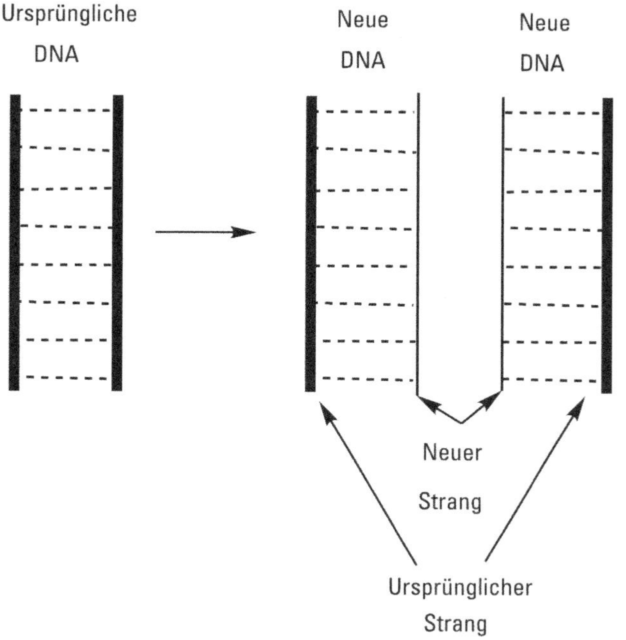

Abbildung 15.2: Vereinfachte Darstellung des Replikationsprozesses

Die Regeln der Basenpaarung (A paart immer mit T, G paart immer mit C) sorgen dafür, dass die Nukleotidsequenz des neu synthetisierten Strangs komplementär zur ursprünglichen Sequenz des alten Strangs ist. So entsteht bei der Replikation ein exaktes Duplikat der ursprünglichen DNA – jedenfalls wenn's gut läuft.

Okay, unsere Beschreibung der Replikation ist bis jetzt sehr stark vereinfacht, denn wir wollen an dieser Stelle nicht zu sehr ins Detail gehen. Doch mit diesem Basiswissen werden Sie diesen doch sehr komplizierten Prozess zumindest in seinen Grundzügen verstehen können.

Die meisten Experimente der frühen Jahre der Gentechnologie wurden an *Escherichia coli* durchgeführt. Dieses mit *E. coli* abgekürzte und nach seinem Entdecker Theodor Escherich benannte Darmbakterium wird als eine Art einfach zu haltendes »Haustier« auch heute noch in fast allen Laboren genutzt und hat etlichen Forschern den Nobelpreis beschert.

Der erste Schritt auf dem langen Weg zum Verständnis der Replikation war die Entdeckung des Enzyms, das diese Reaktion katalysiert – der DNA-Polymerase aus dem Darmbakterium *Escherichia coli.* Dieses Enzym benötigt eine DNA-Vorlage und die vier Desoxyribonukleosidtriphosphate (dATP, dCTP, dGTP und dTTP), um eine DNA anhand einer Vorlage zu kopieren. Doch aller Anfang ist schwer – und das ist das Besondere dieses Enzyms! Es muss ein kurzes Stück RNA (*Primer* genannt) an die Einzelstrangvorlage gebunden sein, damit die Polymerase ansetzen kann. Das Enzym sucht sich einen DNA-Einzelstrang als Vorlage, wartet auf den Primer und beginnt am Ende des Primers mit der Produktion des Gegenstrangs (Komplementärstrangs). Dazu kommen wir gleich noch im Detail.

Während der Replikation werden beide Einzelstränge der DNA gleichzeitig verdoppelt. Aber die Synthese sieht für jeden der beiden Stränge unterschiedlich aus, da die Stränge antiparallel zueinander sind und damit chemisch nicht in gleicher Richtung verlaufen. Auf dem einen DNA-Strang verläuft die Synthese durchgehend in 5′→ 3′-Richtung. Dieser Strang wird Leitstrang (englisch *leading strand*) genannt. Auf dem anderen Strang, dem Folgestrang (englisch *lagging strand*) bewegt sich die DNA-Synthese zwar scheinbar auch in der gleichen Richtung, also von 3′ nach 5′, doch DNA-Polymerasen haben ein großes enzymatisches Problem: Sie können nur in 5′→ 3′-Richtung Nukleotide anfügen, die Gegenrichtung funktioniert nicht. Die Evolution hat sich einen wunderbaren Trick überlegt, um dieses Dilemma zu lösen! Die Polymerase synthetisiert einfach in der »falschen« Richtung viele kleine Fragmente von hinten nach vorn, die dann später miteinander zu einem durchlaufenden Strang verknüpft werden – eine diskontinuierliche Replikation also.

Das bedeutet, bei der Replikation wird am 5′→3′-Strang ein ununterbrochener neuer DNA-Strang synthetisiert, während am 3′→5′-Strang mehrere kurze DNA-Fragmente nacheinander hergestellt werden. Diese Stücke heißen *Okazaki-Fragmente,* sind zwischen 1000 und 2000 Nukleotiden lang und werden (das können wir an dieser Stelle nicht oft genug betonen!) stets in 5′→3′-Richtung synthetisiert (siehe Abbildung 15.3).

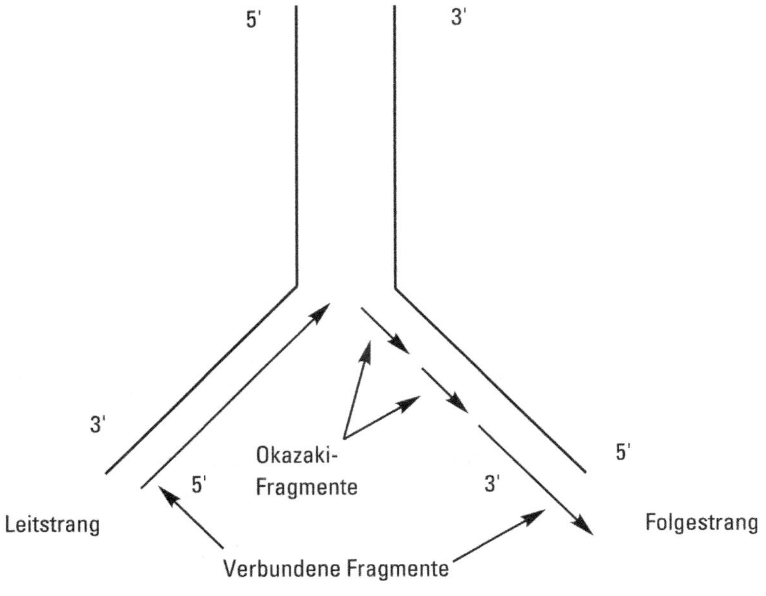

Abbildung 15.3: Detaillierteres Schema der DNA-Replikation

Keine DNA-Polymerase kann allein mit der Replikation beginnen – sie benötigt immer ein freies 3′-OH-Ende, an dem sie ansetzen kann. Dieses freie OH-Ende wird von einem *Primer* bereitgestellt, einem kurzen RNA-Einzelstrang von etwa zehn Nukleotiden. Der Primer bindet an den komplementären DNA-Einzelstrang und markiert so den Startpunkt für die Polymerase. Die Polymerase fügt nun ein Desoxyribonukleotid nach dem anderen an diesen Primer an. Das Resultat ist ein komplementärer DNA-Strang, der am Anfang ein kurzes Stück RNA (eben den Primer) hat. Nach erfolgreicher Synthese müssen die RNA-Nukleotide des Primers durch DNA-Nukleotide ersetzt werden. Die Okazaki-Fragmente, die auf diese Weise vom Folgestrang gebildet werden, werden nach der Synthese durch ein spezielles Enzym (*DNA-Ligase*) verknüpft, um einen durchgängigen DNA-Strang zu erhalten.

Damit die Replikation überhaupt stattfinden kann, muss immer ein kleiner Abschnitt der doppelsträngigen DNA aufgetrennt werden, denn sonst könnten die Enzyme gar nicht erst binden. Das Enzym *Helikase* ist für diese Auftrennung verantwortlich, wobei die notwendige Energie aus der Hydrolyse von ATP stammt. Der Mechanismus der Auftrennung ist noch nicht vollkommen klar und wird noch immer untersucht. Offensichtlich bindet die Helikase bevorzugt einen der beiden DNA-Einzelstränge und quetscht sich so zwischen die beiden Stränge, dass diese auseinandergedrückt werden. Dann wandert das Enzym von Nukleotid zu Nukleotid (was wiederum Energie erfordert), wodurch sich die DNA an dieser Stelle wie bei einem Reißverschluss öffnet.

RNA-Polymerasen synthetisieren einen RNA-Primer, mit dem die Replikation beginnt. Eine RNA-Polymerase kann im Gegensatz zu einer DNA-Polymerase einfach irgendwo anfangen und einen neuen Strang beginnen.

DNA-Polymerasen

DNA-Polymerasen sind Enzyme, die Desoxyribonukleotidtriphosphate aneinanderfügen und so einen DNA-Strang synthetisieren. Dieser Vorgang ist nur in Gegenwart einer DNA-Vorlage (Matrize, auch Ausgangs-DNA genannt) möglich. Die Polymerisation erfordert dabei einen Primer und die Gegenwart von zwei Metallionen. Die Addition der einzelnen Nukleotide findet stets am 3′-Ende einer Polynukleotidkette statt.

Zellen besitzen mehr als nur eine DNA-Polymerase. Bei *Escherichia coli* teilen sich zum Beispiel gleich fünf Polymerasen mit sehr unterschiedlichen Eigenschaften diese Aufgabe; die beiden letzten, erst 1999 entdeckten Polymerasen IV und V sind an speziellen Reparaturvorgängen beteiligt. DNA-Polymerasen haben zusätzlich zur Polymeraseaktivität noch weitere Fähigkeiten: Sie können ihre Arbeit noch einmal überprüfen (Korrekturfunktion) oder Nukleotide auch wieder herausschneiden (Exonukleaseaktivität). *Exonukleasen* haben genau die entgegengesetzte Aufgabe einer Polymerase: Diese Enzyme entfernen unpassende Nukleotide aus einem DNA-Strang.

Warum diese beiden Eigenschaften der Polymerasen für die Replikation so wichtig sind, werden Sie gleich verstehen. Eine DNA-Replikation muss fehlerfrei ablaufen, damit die genetische Information unverändert auf die Tochterzellen übertragen wird. DNA-Polymerasen arbeiten zwar sehr sorgfältig und halten die Fehlerrate bei der Replikation so klein wie möglich, aber bei der Geschwindigkeit, mit der das Enzym arbeitet, geht es nicht ganz ohne Patzer. Die Polymerase III aus *E. coli* schafft immerhin 1000 Nukleotide pro Sekunde – eine fast unglaubliche Syntheserate. Ohne Exonuklease oder Korrekturfunktion würden sich bei dieser Geschwindigkeit viel zu viele Fehler einschleichen.

Das Nukleotid, das angefügt werden soll, bindet zunächst über Wasserstoffbrückenbindungen an die entsprechende Stelle auf der DNA-Vorlage. Die Polymerase bindet fest an die DNA-Vorlage und an das Nukleotid. Hat sich nun ein nicht passendes Nukleotid an diese Stelle verirrt, ist diese Bindung an die DNA-Polymerase nicht optimal und der Störenfried wird schnell wieder von der Polymerase »ausgespuckt«. Zusätzlich zu diesem Prüfvorgang ist die Polymerase auch in der Lage, den fertig synthetisierten DNA-Strang noch einmal Korrektur zu lesen, um letzte Fehler auszumerzen. Hat sich ein falsches Nukleotid eingeschlichen, ist das Bindungsmuster an dieser Stelle unregelmäßig. Das entsprechende Nukleotid wird in diesem Fall durch die Exonukleasefunktion wieder ausgeschnitten und durch das korrekte Nukleotid ersetzt. Die DNA-Polymerase liest Korrektur, während die Polymerisierung voranschreitet. Die DNA-Polymerase arbeitet in $5' \rightarrow 3'$-Richtung ($5' \rightarrow 3'$-Polymeraseaktivität), während die Exonuklease in $3' \rightarrow 5'$-Richtung arbeitet. Diese Aktivitäten werden von verschiedenen Domänen innerhalb des Polymerasemoleküls ausgeführt.

Das aktuelle Modell der DNA-Replikation

Studien an *E. coli*-Enzymen haben maßgeblich dazu beigetragen, den Ablauf der DNA-Replikation zu verstehen. Wie alle Prokaryoten hat auch dieses Bakterium ein großes, ringförmiges Chromosom. Die Replikation beginnt immer an der gleichen Stelle, dem *Replikationsursprung* (englisch *origin of replication* oder ORI), der 245 Nukleotide des Chromosoms umfasst. In diesem Bereich sorgen bestimmte DNA-Sequenzen (unter anderem die »R-Boxen«) dafür, dass bestimmte Replikationsproteine (in diesem Fall das Protein DnaA) genau wissen, wo sie mit der Arbeit beginnen müssen. Sobald dieses Protein bindet, erscheint eine Helikase und beginnt damit, die Doppelhelix zu entwinden und in zwei Einzelstränge aufzuteilen. Ein drittes Protein sorgt dafür, dass die getrennten DNA-Stränge auch getrennt bleiben, damit die Replikation ungehindert stattfinden kann: das »Einzelstrang bindende Protein« (englisch *single-strand binding protein*, abgekürzt SSB oder SSBP). Die auf diese Weise teilweise geöffnete DNA und die Replikationsproteine bilden den sogenannten *Prepriming*-Komplex (siehe Abbildung 15.4), mit dem die Replikation beginnen kann.

Bei Bakterien ist so manches einfacher … Es gibt nur ein Chromosom mit überschaubarer Größe, da reicht auch ein ORI pro *E. coli*-Chromosom wunderbar aus. Bei uns Säugern ist das etwas anderes – die riesigen Chromosomen der Eukaryoten können 100 bis 1000 dieser ORI-Bereiche enthalten, an denen die Replikation parallel beginnt (schließlich will jede Zelle irgendwann einmal mit dieser leidigen Verdopplungsarbeit fertig werden). Und die Anzahl der beteiligten Replikationsproteine … nun, lassen wir das lieber. Das ist eher ein Thema für ein Fachbuch. Aber angesichts der Komplexität von Menschen im Vergleich zu Bakterien wird Sie diese Tatsache wohl kaum erstaunen.

Die Replikation kann ohne Primer nicht beginnen, wie Sie nun bereits wissen. Eine bestimmte RNA-Polymerase, die *Primase*, bindet an den *Prepriming*-Komplex in einem Bereich, der als *Primosom* bezeichnet wird (siehe Abbildung 15.5; Biochemiker haben leider die Neigung, jedem Komplex und jedem Bereich einen eigenen Namen zu geben). Die Primase synthetisiert ein kurzes RNA-Fragment aus etwa fünf Nukleotiden und verzichtet dabei auf jede Form der Korrektur – dieses kurze RNA-Stück wird ohnehin

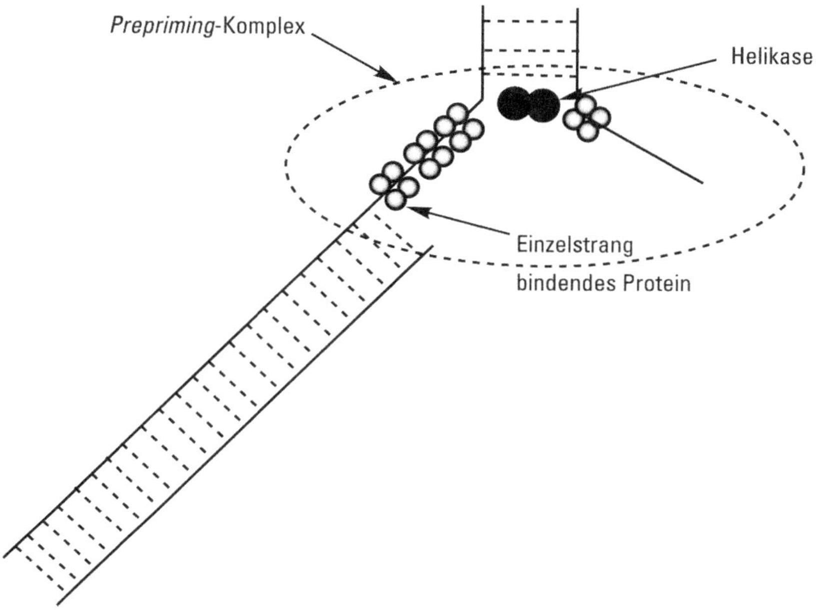

Abbildung 15.4: Vereinfachte Darstellung des Prepriming-Komplexes

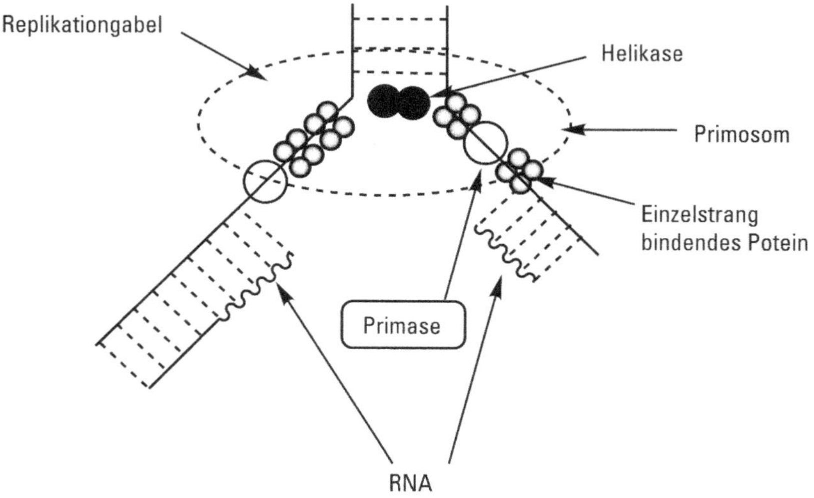

Abbildung 15.5: Die Primase synthetisiert am Primosom den RNA-Primer

später wieder herausgeschnitten, sodass die korrekte Sequenz hier keine besonders große Rolle spielt – und dann geht's los mit der Polymerase …

Der Ort, an dem sich die DNA-Stränge teilen und die Replikation stattfindet, wird *Replikationsgabel* genannt. Obwohl beide DNA-Stränge kopiert werden, unterscheiden sich die Replikationsvorgänge der beiden DNA-Stränge grundsätzlich. Da beide Stränge antiparallel sind und die DNA-Polymerase ihre Synthesearbeit nur in $5' \rightarrow 3'$-Richtung durchführen kann, funktioniert die direkte Replikation nur auf dem Leitstrang. Die Replikation des Folgestrangs verläuft, wie wir bereits erwähnt haben, diskontinuierlich und führt zur Bildung mehrerer Okazaki-Fragmente von etwa 1000 Nukleotiden Länge, die später miteinander verbunden werden.

Die DNA-Polymerase III produziert gleichzeitig DNA-Kopien vom Leit- und vom Folgestrang. Dazu muss der Folgestrang einmal in einer Schleife herumgeklappt werden, wodurch beide Stränge in 5′→3′-Richtung nebeneinander zu liegen kommen und der Folgestrang dabei eine Schleife bildet. Nach etwa 1000 Nukleotiden – der Länge eines Okazaki-Fragments – verlässt die Polymerase die Schleife des Folgestrangs und beginnt an der nächsten Stelle die Produktion eines neuen Okazaki-Fragments. Jedes Fragment besitzt dabei einen eigenen RNA-Primer. Die DNA-Polymerase I schließt dann die Lücken zwischen den Okazaki-Fragmenten und entfernt die Primer, und die DNA-Ligase verbindet die Fragmente in der korrekten Reihenfolge zum fertigen, komplementären DNA-Strang (siehe Abbildung 15.6). Jeder Hausbauer wäre vermutlich froh, wenn alle Handwerker so perfekt aufeinander abgestimmt arbeiten würden!

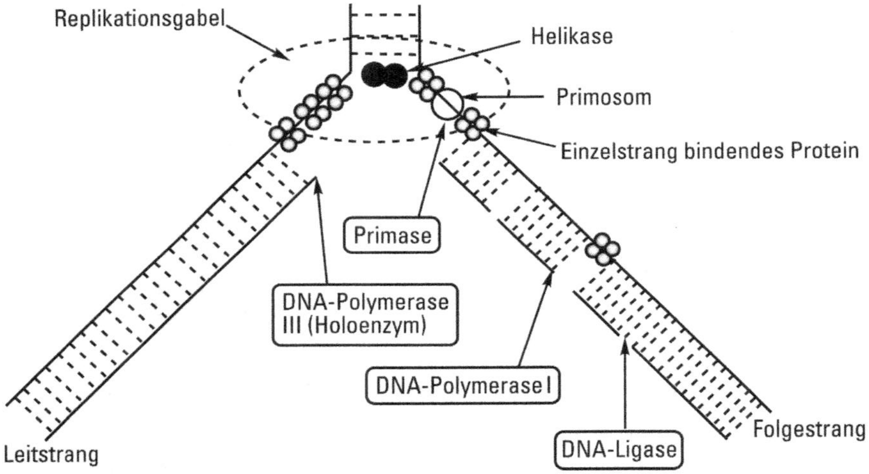

Abbildung 15.6: Detaillierte Darstellung der Vorgänge an der Replikationsgabel

Die Synthese der Enden eines DNA-Strangs unterscheidet sich etwas von der Synthese des Mittelteils, und das gilt besonders für den Folgestrang, der bei jeder Replikation von Mal zu Mal ein Stück kürzer wird, da die Synthese meist ein paar Nukleotide vor dem eigentlichen Ende abbricht. Irgendwann würden dadurch unweigerlich auch wertvolle genetische Informationen verloren gehen. Um dieses Problem zu vermeiden, hat sich die Evolution wieder einmal einen guten Trick ausgedacht. Die Enden jedes Chromosoms werden aus Telomeren gebildet. *Telomere* sind DNA-Segmente aus Hunderten sich wiederholender Nukleotideinheiten – beim Menschen ist das beispielsweise die Nukleotidsequenz AGGGTT. Das Enzym *Telomerase* erkennt die Primersequenz GGTT und heftet wiederholt mehrere Hexanukleotide an das Ende eines DNA-Strangs, um ihn so fertigzustellen. Wenn die Länge dieser Telomere allerdings im Laufe der Zeit eine bestimmte Größe unterschreitet, wird in der Zelle der sogenannte programmierte Zelltod (Apoptose) ausgelöst. Irgendwann wird jeder alt, und das gilt auch für Zellen!

Die Mechanismen der DNA-Reparatur

Jede normale Zelle verfügt über DNA-Reparaturmechanismen. Ohne diese geht es nicht – jede Zelle ist permanent der UV-Strahlung der Sonne oder chemischen Stoffen ausgesetzt, die die DNA angreifen und verändern. Wenn Schäden in der DNA nicht sofort ausgebessert werden können, entstehen Mutationen, die fatale Auswirkungen haben können. Je komplexer die Lebewesen, desto größer ist diese Gefahr und desto ausgefeilter sind auch die Reparaturvorgänge. (Eine kleine Randbemerkung: Nur aus diesem Grund können sich RNA-Viren ein RNA-Genom ohne Polymerase mit Korrekturfunktionen leisten – bei diesen extrem schnell replizierenden und mutierenden Viren ist es schlichtweg weniger kritisch, wenn mal etwas schiefgeht!)

Wie wichtig diese DNA-Reparatur ist, wird an einem seltenen genetischen Defekt deutlich, der als *Xeroderma pigmentosum* oder Mondscheinkrankheit bekannt ist. Bei dieser Erkrankung fallen bestimmte Reparaturenzyme aus. Menschen mit dieser Krankheit entwickeln bereits als Kinder Vernarbungen der Hornhaut, auffällige Hautveränderungen und Hautkrebs, der metastasieren und zum Tode führen kann. Diese Erkrankung ist nicht heilbar – Betroffene müssten ein Leben lang das Sonnenlicht meiden und sterben trotzdem in der Regel früh.

Die drei Haupttypen der DNA-Reparatur sind:

- ✔ direkte Reparatur
- ✔ Basenaustauschreparatur
- ✔ Nukleotid-Exzisionsreparatur

Ein Beispiel für einen DNA-Schaden, der dringender Reparatur bedarf, ist die Bildung eines Thymin-Dimers (siehe Abbildung 15.7) durch ultraviolette (UV-)Strahlung. Das *Thymin-Dimer* ist ein Pyrimidin-Dimer, das den DNA-Strang lokal verformt. Diese Art der Mutation ist vermutlich an der Entstehung von Hautkrebs beteiligt. Andere Probleme, die unbedingt behoben werden müssen, sind falsche Basenpaarungen sowie fehlende oder auch überzählige Basen.

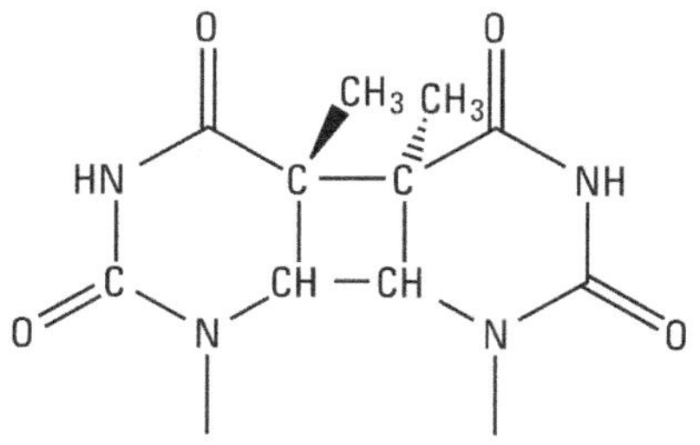

Abbildung 15.7: Struktur eines Thymin-Dimers

Direkte Reparatur durch die Photolyase

Hier findet die Reparatur direkt an Ort und Stelle statt. Das durch UV-Licht aktivierte Enzym DNA-Photolyase bindet an den Cyclobutanring, der in einem Thymin-Dimer vorhanden ist, und nutzt die Lichtenergie, um das Dimer wieder in die beiden Einzelbasen zu spalten.

Basenaustauschreparatur

Bei der Basenaustausch- oder Exzisionsreparatur (BER) wird eine Base herausgeschnitten und durch eine andere ersetzt, beispielsweise wenn eine durch UV-Licht veränderte Base entfernt werden muss.

Nun wird es leider etwas komplizierter … Ein Enzym spaltet die glykosidische Bindung, um die entsprechende Base aus dem Desoxyribosegerüst herauszulösen. Dadurch entsteht ein Loch – eine sogenannte AP-Stelle (AP bedeutet a-*purinische* oder a-*pyrimidinische Stelle*, was auch immer hier fehlt). Eine AP-Endonuklease erkennt diese Stelle und schneidet das DNA-Gerüst direkt daneben auf. Als Nächstes »säubert« eine Phosphodiesterase die Schnittstelle, indem sie das verbliebene Desoxyribosephosphat entfernt. Die DNA-Polymerase I fügt dann ein Ersatznukleotid an dieser Stelle ein, das zum Nukleotid auf dem komplementären Strang passt. Zum Schluss verbindet die DNA-Ligase die beiden Enden wieder miteinander und schließt die Reparatur damit ab – das ist ein bisschen so, als ob ein Elektriker einen kaputten Stecker an einem Kabel entfernt und durch einen neuen ersetzt. Das ist ja auch nicht ganz so simpel, nicht wahr?

Nukleotid-Exzisionsreparatur

Bei der Nukleotid-Exzisionsreparatur (NER) wird nicht nur eine einzelne Base entfernt und ersetzt, sondern gleich ein ganzer DNA-Abschnitt von mehreren Nukleotiden. Die DNA-Polymerase I synthetisiert daraufhin ein Ersatzfragment, das wieder einmal von der DNA-Ligase kovalent mit der Nachbarschaft verbunden wird.

Mutationen: Gut, schlecht oder neutral

Die DNA-Reparaturmechanismen sollen dafür sorgen, dass keine Mutationen auftreten, doch das klappt nicht immer. Bei jedem Replikationsprozess treten Fehler auf, die sich aber nicht unbedingt negativ auswirken müssen – bestimmte Mutationen sind neutral, das heißt, dass die DNA zwar verändert ist, aber am Ribosom trotzdem die gleiche Aminosäure an dieser Stelle eingebaut wird.

Zu den bekannten Mutationen gehört die Basenaustauschmutation, wobei eine Base durch eine andere ersetzt wird, die Insertionsmutation, bei der ein oder mehrere Basenpaare in einen bestehenden DNA-Strang zusätzlich eingefügt werden, und die Deletionsmutation, bei der ein oder mehrere Basenpaare ersatzlos entfernt werden.

Der Austausch einer Base durch eine andere ist eine der häufigsten Mutationen. Dabei kann entweder eine Purinbase (Guanin, Adenin; siehe Abbildung 15.8) durch eine andere beziehungsweise eine Pyrimidinbase (Cytosin, Thymin; siehe Abbildung 15.9) durch eine andere ausgetauscht werden. Dies wird *Transition* genannt. Zum anderen kann eine Purin- durch eine Pyrimidinbase ausgetauscht werden, oder umgekehrt, was als *Transversion* bezeichnet wird.

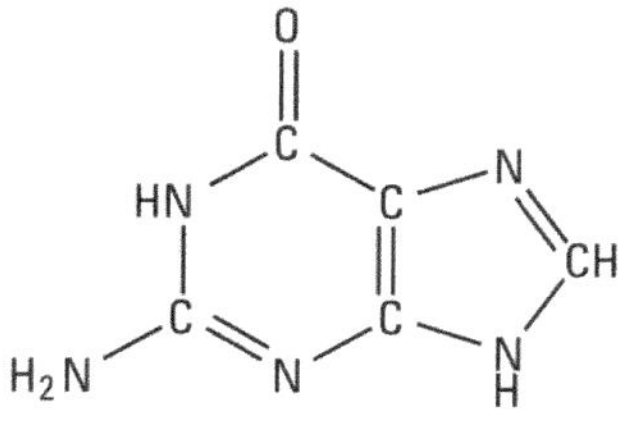

Guanin

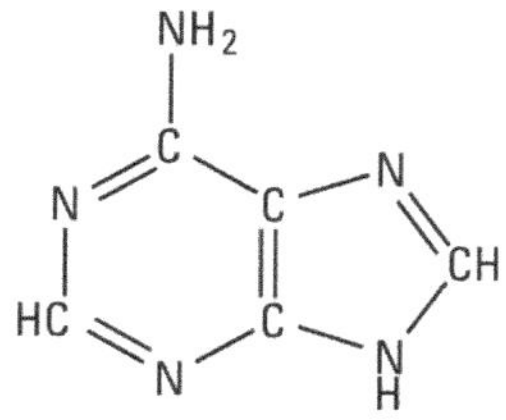

Adenin

Abbildung 15.8: Die Purine

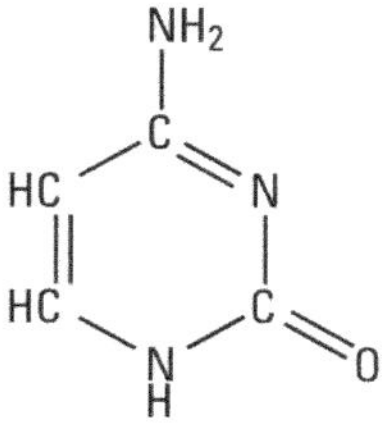

Cytosin

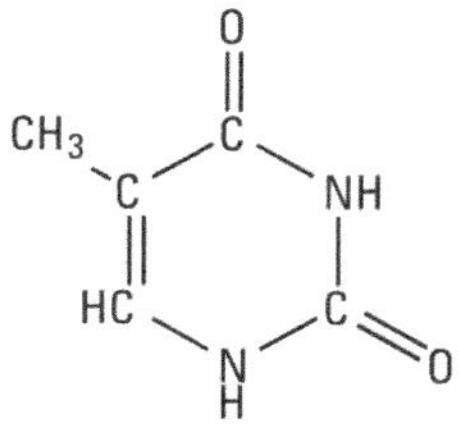

Thymin

Abbildung 15.9: Die Pyrimidine

Jede nicht korrigierte Veränderung des genetischen Materials wird auf die folgenden Generationen weitervererbt und danach als »normal« betrachtet, also nicht mehr als reparaturbedürftig erkannt. Die Änderung der Basensequenz kann, muss aber längst nicht immer eine Auswirkung auf die entsprechend eingebaute Aminosäure haben. Die Änderung von GTT (Codon für Leucin) zu GTG (auch ein Codon für Leucin) hat zum Beispiel überhaupt keine Folgen. Wird ein Codon durch eine Mutation jedoch so verändert, dass an dieser Stelle eine andere Aminosäure eingebaut wird, kann sich das auf die Funktion des resultierenden Proteins auswirken. Manchmal profitiert der Organismus sogar von einer Mutation. Fällt ein Protein jedoch durch eine Mutation aus oder arbeitet nicht mehr richtig (der leider weitaus häufigere Fall!), kann eine Erbkrankheit resultieren. In Tabelle 15.1 sind einige der zahlreichen Erbkrankheiten des Menschen aufgeführt, wovon einige auch später im Kapitel noch genauer erläutert werden.

Krankheit	Fehlerhaftes Protein
Akatalasämie, syn. Takahara-Krankheit	Catalase (fehlt ganz)
Albinismus	Tyrosinase
Zystische Fibrose	Regulator für die Leitfähigkeit durch die Membran
Fabry-Krankheit	α-Glucosidase
Gaucher-Krankheit	Glucocerebrosidase
Kropf	Jodotyrosin-Dehalogenase
Hämochromatose	HFE-Protein
Hämophilie	Antihämophiler Faktor (Faktor VIII)
Hyperammonämie	Ornithin-Transcarbamylase
McArdle-Myopathie	Muskelphosphorylase
Niemann-Pick-Krankheit	Sphingomyelinase
Phenylketonurie	Phenylalanin-Hydroxylase
Lungenemphysem	α-Globulin (Blutprotein)
Sichelzellenanämie	Hämoglobin
Tay-Sachs-Syndrom	Hexosaminidase A
Morbus Wilson	Ceruloplasmin (Blutprotein)

Tabelle 15.1: Einige Erbkrankheiten des Menschen

Restriktionsenzyme

Kommen wir nun von der zellulären Replikation zu den Methoden, wie sich Teile eines Genoms im Reagenzglas verändern und vermehren lassen. Die Entdeckung der Restriktionsenzyme markiert quasi den Anfang der rekombinanten DNA-Technologien, denn mit diesen Enzymen lassen sich DNA-Fragmente gezielt zerschneiden. *Restriktionsenzyme* oder *Restriktionsnukleasen* wurden zuerst in prokaryotischen Zellen wie *E. coli* entdeckt, bei denen ihre Aufgabe darin besteht, eindringende Fremd-DNA (etwa der von Bakteriophagen, den Viren der Bakterien) aufzuspüren und zu vernichten.

In der Forschung werden Restriktionsenzyme eingesetzt, um DNA-Fragmente mit bestimmten Genen aus dem Genom zu schneiden und diese mit Ligasen wieder zu neuen DNA-Molekülen zu verbinden. Restriktionsenzyme sind wichtige biochemische Werkzeuge, die wie winzige, höchst präzise molekulare Skalpelle funktionieren.

Bisher wurden mehr als 100 Restriktionsenzyme identifiziert und isoliert, die DNA an ganz bestimmten Stellen schneiden und in kleinere Fragmente zerlegen. Auf diese Weise lässt sich auch so etwas wie ein Fingerabdruck von einer DNA erhalten, wenn diese mit mehreren Restriktionsenzymen behandelt wird. Die dabei entstehenden Fragmente sind oft sehr spezifisch und lassen Rückschlüsse auf die Art (Spezies) zu oder können sogar einem bestimmten Individuum zugeordnet werden.

Sie werden wahrscheinlich oft in der Genetik oder Gentechnologie über die Begriffe *in vivo* und *in vitro* stolpern. *In vivo* bedeutet »in einer lebenden Zelle«, während *in vitro* so viel wie »im Reagenzglas« heißt – also im Laborversuch. Das »Reagenzglas« ist in der Realität der Gentechnologie allerdings eher ein ziemlich kleines Plastikhütchen, das nur wenige Mikroliter fasst – wir konzentrieren uns hier ja auf das Wesentliche!

Mendel wäre begeistert: Rekombinante DNA

Bei rekombinanten DNA-Technologien wird genetisches Material *in vitro* neu enzymatisch verknüpft und dann in eine Wirtszelle (oft ein Bakterium) eingeschleust – das ist die Grundlage der Klonierung, wie diese Technik auch genannt wird. Diese rekombinante DNA mit neuen Genen kann ein Bakterium in die Lage versetzen, bestimmte Wirkstoffe, Enzyme oder Arzneimittel zu produzieren. *E. coli* wurde zum Beispiel auf diese Weise genetisch so verändert, dass es menschliches Insulin produzieren kann. Mit gentechnischen Methoden können Molekularbiologen auch Gene in einen Organismus einbauen, um Gendefekte wie zum Beispiel den Ausfall eines bestimmten Enzyms auszugleichen.

Mit Restriktionsenzymen lässt sich das gewünschte DNA-Fragment gezielt aus einer DNA ausschneiden. Um dieses kleine Stück DNA in einer Zelle vermehren zu können, wird es in einen sogenannten Vektor eingebaut, eine Art Vehikel, um das DNA-Fragment in die Zielzelle zu bekommen und es dort auch zu vermehren. Vektoren sind oft Plasmide, kleine ringförmige DNA-Moleküle, die natürlicherweise in Bakterien vorkommen und oft in großen Zahlen in einer Zelle vorhanden sind.

Restriktionsenzyme erkennen bestimmte Nukleotidsequenzen auf der DNA und durchtrennen die DNA, sobald sie ihre Sequenz entdeckt haben. Viele Restriktionsenzyme schneiden die DNA nicht glatt in der Mitte durch, sondern versetzt. Bei einem versetzten Schnitt mit einem Restriktionsenzym tragen die entstehenden Fragmente sogenannte *klebrige* oder kohäsive Enden (die Schnittstelle ist dann nicht glatt, sondern auf beiden Seiten bleiben ein paar Nukleotide als Einzelstrang übrig, siehe Abbildung 15.10). Das ist für Molekularbiologen extrem praktisch – sie sorgen einfach dafür, dass das gewünschte DNA-Fragment die gleichen klebrigen Enden aufweist wie der Vektor, und schon werden sich die beiden finden. Das Enzym *Ligase* erledigt den Rest und verbindet DNA-Fragment und Vektor kovalent. Das ist schon alles – fertig ist Ihr rekombinantes Plasmid!

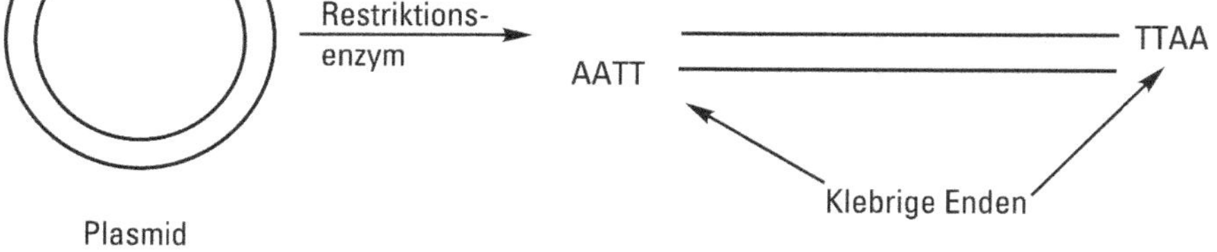

Abbildung 15.10: Öffnung eines Plasmids mit einem Restriktionsenzym (zum Beispiel EcoRI)

Plasmide sind in gewisser Weise so etwas wie »Minichromosomen«. Sie können sich unabhängig vom Chromosom ihrer Wirtszelle replizieren und sind oft in vielen Kopien in jeder Zelle vorhanden. Zudem sind sie viel kleiner und leichter zu handhaben als die großen Chromosomen. Plasmide sind übrigens eher ein Ding der Bakterien, Eukaryoten besitzen nur selten Plasmide. Plasmide enthalten oft Gene für Antibiotikaresistenzen und werden zwischen Bakterien gern ausgetauscht (»Hey, ich hab da 'ne neue App!«).

Die Anwesenheit eines rekombinanten Plasmids macht aus einem Hund zwar keine Katze (oder – bakteriell betrachtet – aus *E. coli* JM109 nicht K12 oder HB101), kann einem Bakterium aber neue, potenziell gefährliche Eigenschaften verleihen – indem es vielleicht nun Menschen leichter infizieren oder für den Menschen gefährliche Giftstoffe synthetisieren kann. Derartige Experimente müssen daher genehmigt werden, unterliegen hohen Anforderungen an die Sicherheit und werden zwingend mit biologischen Sicherheitsstämmen durchgeführt, die sich nur unter Laborbedingungen vermehren können.

Ein spannungsreiches Thema: DNA-Analyse

Es gibt so viele Methoden zum Analysieren von DNA. Manche DNA-Sequenzanalysen sind aufwendig, dauern lange, sind aber bis auf das letzte Nukleotid exakt, während andere Methoden im Laboralltag weniger Zeit benötigen, dafür aber auch weniger genau sind. Mit Restriktionsenzymen lässt sich eine DNA in kleinere Fragmente zerlegen, die für jede DNA ein ganz bestimmtes Muster ergeben. Um die Fragmente größenmäßig voneinander trennen und sichtbar machen zu können, wird im Labor oft eine schnelle Gelelektrophorese durchgeführt.

Bei einer *Gelelektrophorese* wird ein Protein- oder Nukleinsäuregemisch nach Größe und Ladung in einem Gel aufgetrennt, einer dünnen Schicht aus einem quervernetzten Polymer, in dem sich kleinere Teilchen viel schneller als große bewegen können. Wenn Proteine oder kleine Nukleinsäuren aufgetrennt werden sollen, wird meistens ein Polyacrylamidgel benutzt. Für die Auftrennung größerer Nukleinsäuren wird hingegen ein Gel aus Agarose (ein Polysaccharid aus Algen) verwendet. Diese Gele sind hinsichtlich ihrer Konsistenz mit recht festem Wackelpudding vergleichbar, dürften aber alles andere als gut schmecken …

Die entsprechende Probe wird in eine Vertiefung (Probentasche) in dieses Gel gegeben. Das Gel wird in eine Pufferlösung getaucht und eine elektrische Spannung angelegt. Die unterschiedlich geladenen Verbindungen der Probe in der Gelvertiefung wandern dann jeweils zur positiven oder negativen Elektrode. Proteine können negativ oder positiv geladen sein, aber Nukleinsäuren sind bei einem geeigneten pH-Wert alle negativ geladen und wandern also immer zur positiven Elektrode (Anode). Alle positiv geladenen Verbindungen bewegen sich hingegen auf die negative Elektrode (Kathode) zu (siehe Abbildung 15.11), werden aber durch die Poren des Gels unterschiedlich stark gebremst.

Unterschiedliche Moleküle bewegen sich mit unterschiedlichen Geschwindigkeiten in einem Gel vorwärts. Wenn die kleineren und somit schnelleren Moleküle das Ende des Gels erreicht haben, wird der Vorgang abgebrochen und das Gel eingefärbt, um die verschiedenen Verbindungen sichtbar zu machen. Proteine lassen sich beispielsweise mit dem

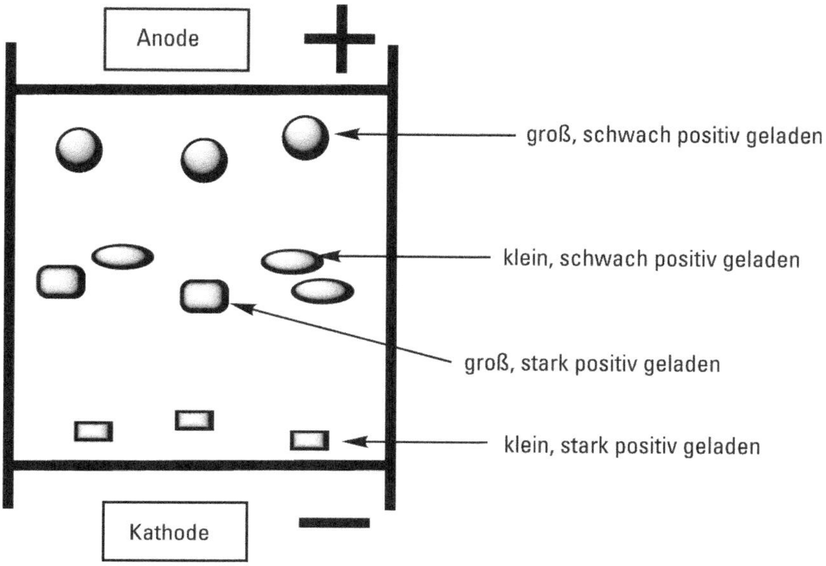

Abbildung 15.11: Gelelektrophorese unterschiedlich geladener Moleküle

Farbstoff Coomassie-Brillantblau oder mit Silberfärbung sichtbar machen; DNA-Fragmente werden mit Ethidiumbromid gefärbt und unter UV-Licht zum Fluoreszieren gebracht. Lässt man mehrere unbekannte Proben neben einer bekannten Probe durch ein Gel laufen, kann das Molekulargewicht der unbekannten Verbindungen im direkten Vergleich mit der Lage der Molekülbanden der bekannten Probe abgeschätzt werden. Das ist eine Möglichkeit, unbekannte Proteine oder DNAs zu charakterisieren.

Über die Auftrennung von DNA-Abschnitten mit der Gelelektrophorese können sogar kleinste Unterschiede sichtbar gemacht werden. Mit bestimmten Gelen ist es sogar möglich, Fragmente auseinanderzuhalten, die sich nur in zwei von mehreren Hundert Basen unterscheiden. Abwandlungen der Elektrophoresetechnik ermöglichen noch bessere Auflösungen. Jeder DNA-Typ ergibt ein anderes Muster im Gel (Bandenmuster), wodurch es möglich ist, zwei Proben zu unterscheiden. Proben mit identischem DNA-Bandenmuster stammen entweder von derselben Probe – oder von eineiigen Zwillingen.

Als Alternative zur Färbung im Gel lassen sich Proteine und Nukleinsäuren auch auf eine Membran übertragen (Blotting), die dann für verschiedene andere Detektionsverfahren eingesetzt werden kann. Dazu zählen beispielsweise Experimente, bei denen eine radioaktiv markierte oder mit einem Farbmarker versehene komplementäre DNA an ihren Gegenpart auf der Membran bindet (Hybridisierung). Diese Methode zur Bestimmung einer solchen DNA-Sequenz wurde von Edwin Southern entwickelt und nach ihm *Southern-Blot* genannt. Die entsprechende Technik zur Bestimmung einer bestimmten RNA-Nukleotidsequenz wurde scherzhaft analog *Northern-Blot* getauft, während Proteine mit dem *Western-Blot* nachgewiesen werden. Im *Eastern-Blot* – dem jüngsten und letzten Mitglied der Blot-Gruppe – werden posttranslationale Modifikationen von Proteinen nachgewiesen.

DNA-Sequenzierung

Seit der ersten Isolierung einer DNA wurden verschiedene Verfahren entwickelt, um die Basenabfolge (Sequenz) einer DNA zu bestimmen. In der Praxis durchgesetzt hat sich die Kettenabbruchmethode (Didesoxymethode) von Frederick Sanger und Alan Coulson. Bei dieser Methode sorgen modifizierte Didesoxyribosenukleotide anstelle von Desoxyribosenukleotiden dafür, dass die Replikation kontrolliert abgebrochen wird.

Dazu wird eine DNA zunächst in die beiden Einzelstränge getrennt (denaturiert), zum Beispiel durch Erhitzen auf 96 Grad Celsius für einige Sekunden. Die DNA wird dann auf vier Ansätze verteilt, die jeweils zusätzlich zu den normalen Nukleotiden für die DNA-Polymerase ein anderes Didesoxynukleotid enthalten. Didesoxynukleotide besitzen Didesoxyribose als Zuckerkomponente (siehe Abbildung 15.12). Das Fehlen eines weiteren Sauerstoffatoms in der Didesoxyribose bedeutet, dass keine 3′-Hydroxygruppe vorhanden ist, an der sich die Replikation normalerweise fortsetzt. Die Replikation bricht ab, sobald eine Didesoxyribose eingebaut wurde, und die DNA-Kette wird nicht weiter verlängert.

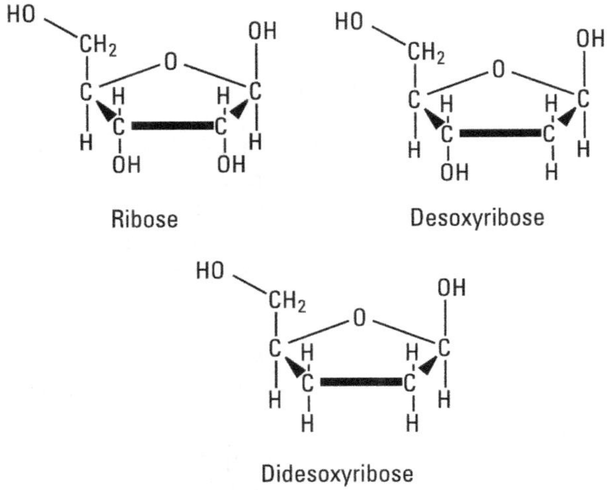

Abbildung 15.12: Strukturen von Ribose, Desoxyribose und Didesoxyribose

In einer der vier identischen DNA-Proben ist beispielsweise das Didesoxynukleotid ddGTP enthalten. Dieses modifizierte Nukleotid wird mit einer gewissen Häufigkeit ganz normal an komplementärer Stelle zu Cytosin in den wachsenden DNA-Strang eingebaut. Die anschließende Trennung der neu synthetisierten DNA von der ursprünglichen DNA ergibt eine Sammlung von DNA-Fragmenten unterschiedlicher Länge. Diese Fragmente werden dann elektrophoretisch nach ihrer Länge (Größe) aufgetrennt. Die Länge jedes einzelnen Fragments markiert die Lage einer entsprechenden Cytosinbase auf dem DNA-Strang. Die anderen drei der vier identischen DNA-Proben geben analog die Lagen der Basen Adenin, Guanin und Thymin auf der untersuchten DNA an. Indem früher ^{35}S-markiertes dATP für den Einbau in die DNA verwendet wurde, ließen sich die DNA-Fragmente anhand ihrer Radioaktivität nachweisen.

Die *Fluoreszenzmarkierung* stellt eine nützliche Weiterentwicklung dieser Methode dar, zumal dieses Verfahren ohne radioaktiv markierte Nukleotide auskommt. Jedes Didesoxynukleotid wird dabei mit einem anderen Fluoreszenzmarker versehen. Danach ist es möglich, alle vier Einzelexperimente parallel in einem Ansatz durchzuführen. Die Auftrennung der so erhaltenen Fragmente mit der Elektrophorese funktioniert über den Nachweis der vier Fluoreszenzmarker und führt zu einem vierfarbigen Muster, das alle Basen der Sequenz enthält. Diese Methode kann für DNA-Fragmente von bis zu 500 Basen Länge angewendet werden.

Für jedes Experiment benötigen Sie ausreichende Mengen genetischen Materials – das ist oft gerade bei forensischen Analysen ein Problem, wenn am Tatort nur wenige Zellen entdeckt werden konnten. Die *Polymerasekettenreaktion* (PCR) ist ein nützliches Werkzeug bei der Amplifizierung (Vermehrung) spezifischer DNA-Sequenzen. Bei dieser *In-vitro*-Technik wird ein bestimmtes DNA-Fragment ausgehend von zwei Primern in einer sich immer wiederholenden Reaktion exponentiell vermehrt. Die beiden Primer werden so gewählt, dass sie den zu amplifizierenden DNA-Bereich flankieren. Die Sequenz der DNA in der Mitte muss nicht bekannt sein.

Die PCR beginnt mit der Denaturierung der DNA in die beiden Einzelstränge. Dann werden zwei Primer zu der Probe hinzugegeben, wobei jeder Primer spezifisch an eine der flankierenden Sequenzen bindet (deshalb müssen diese beiden Sequenzen vorher bekannt sein). Dann können DNA-Polymerasen mit der Replikation an den Primern beginnen. Nach jedem Durchgang wird die Probe erhitzt, die Stränge werden voneinander getrennt und ein neuer Zyklus wird gestartet. Durch die mehrfache Wiederholung dieser Schritte entstehen rasch große Mengen identischer DNA-Moleküle. Nach etwa 30 Zyklen sind in nicht einmal einer Stunde eine Billion neuer Moleküle entstanden.

Das Besondere bei der PCR ist übrigens die Polymerase, die in diesem Fall aus thermophilen Bakterien wie beispielsweise *Thermus aquaticus* stammt und die bei Temperaturen von etwa 70 Grad optimal arbeitet. Diese Polymerase wird, anders als das Enzym aus *E. coli*, bei dem Erhitzungsschritt nicht inaktiviert.

Das war wohl der Gärtner: Forensische Anwendungen

Wissenschaftler können eine Spezies durch die Isolierung und Untersuchung von DNA-Sequenzen bestimmen. Eine DNA-Analyse ist nützlich, wenn Organismen nachgewiesen werden müssen, zum Beispiel Bakterien, die für die Kontaminierung von Wasser, Lebensmitteln oder anderen Dingen verantwortlich sind. DNA-Analysen werden bei der Erstellung von Stammbäumen in der Viehzucht eingesetzt oder für die Identifizierung gefährdeter Arten im Rahmen der Strafverfolgung von Wilderern. Das Anwendungsgebiet für DNA-Analysen, das jedoch das größte Aufsehen erregt hat, ist die *Forensik*.

Da jede DNA die individuelle Kombination einer mütterlichen und einer väterlichen Eltern-DNA darstellt, ist auch jede DNA mehr oder weniger einzigartig. Auch Brüder und Schwestern, zweieiige oder sogar eineiige Zwillinge (da wird es allerdings etwas komplizierter) zeigen charakteristische Unterschiede in ihren DNAs. Dieser Umstand macht die DNA-Analyse zu einem wertvollen Hilfsmittel für forensische Untersuchungen (was jeder, der einmal eine Folge von »CSI« oder »Dem Täter auf der Spur« gesehen hat, sicher bestätigen dürfte).

Um eine bestimmte DNA zu identifizieren, untersuchen Forensiker derzeit zwischen 8 und 15 Regionen (Marker) (Anzahl länderabhängig), die sich deutlich von Individuum zu Individuum unterscheiden. Die Wahrscheinlichkeit, dass zwei Personen in diesen Markern exakt übereinstimmen, ist sehr gering (bei Untersuchung von 13 Markern etwa eins zu einer Billion). Die Untersuchung weiterer Marker kann den Bestimmungsvorgang natürlich noch genauer machen. Der Untersuchende kombiniert dann die Ergebnisse in einem individuellen DNA-Profil – auch als genetischer Fingerabdruck bekannt.

Das Humangenomprojekt

Das amerikanische Humangenomprojekt wurde 1990 ins Leben gerufen. Ursprünglich war es für 15 Jahre geplant, aber aufgrund rapider Fortschritte auf dem Gebiet der Biotechnologie wurde es ganze zwei Jahre früher (2003) abgeschlossen. Das *U.S. Department of Energy* und die verschiedenen *National Institutes of Health* waren die Koordinatoren des Projekts, das etwa 3 Milliarden Dollar verschlang.

Das Projekt hatte folgende Ziele:

- ✔ die Identifizierung aller 20.000 bis 25.000 Gene der menschlichen DNA
- ✔ die Bestimmung der Reihenfolge der rund drei Millionen Basenpaare in der menschlichen DNA
- ✔ die Speicherung der Informationen in Datenbanken
- ✔ die Verbesserung von Datenanalysetools
- ✔ Transfer der entwickelten Technologie auf die Privatwirtschaft
- ✔ sich mit den moralischen, rechtlichen und sozialen Themen zu beschäftigen, die mit dem Projekt verknüpft sind

Spannende Fragen … und viele neue Erkenntnisse. Bevor dieses Projekt durchgeführt wurde, war oft noch von 120.000 menschlichen Genen die Rede – diese Zahl musste deutlich nach unten korrigiert werden. Aber Gene sind nicht alles, denn eigentlich kommt es viel mehr darauf an, was eine Zelle mit diesem Gen anfängt. Wie oft werden Gene abgelesen, wie stabil sind die mRNAs? Werden von diesen mRNAs überhaupt Proteine synthetisiert?

So sind für die nächsten Jahre Analysen geplant, die sich mit dem Transkriptom, also der Summe aller mRNA-Transkripte, dem Proteom (der Summe aller in einer Zelle vorhandenen Proteine) und dem Metabolom des Menschen befasst, also der Frage der Durchflussraten bei Stoffwechselwegen, den Kompartimenten einer Zelle, in denen bestimmte Stoffwechselwege ablaufen, und der Frage, wie verschiedene Stoffwechselwege miteinander verschränkt sind.

Das Bundesministerium für Bildung und Forschung (BMBF) fördert seit 2001 das Nationale Genomforschungsnetz (NGFN), das sich mit der Funktion der menschlichen Gene befasst. Dabei geht es vor allem um (Volks-)Krankheiten, die genetische Ursachen haben – Herz-Kreislauf-Erkrankungen, Depressionen, Suchtkrankheiten oder Krebserkrankungen.

Das amerikanische ENCODE-Programm (zusammengesetzt aus **ENC**yclopedia **O**f **D**NA **E**lements, *Enzyklopädie der DNA-Elemente*) wurde 2003 ins Leben gerufen und hat sich zum Ziel gesetzt, das Transkriptom und funktionelle Elemente des menschlichen Genoms zu analysieren.

DNA lässt sich aus Blut, Haaren, Knochen, Fingernägeln, Zähnen und jeder Art von Körperflüssigkeit gewinnen. Bei einer typischen Kriminalanalyse werden am Tatort und von den Verdächtigen Proben genommen; aus diesen Proben wird dann DNA isoliert und hinsichtlich der spezifischen Marker untersucht. Wenn lediglich ein Marker übereinstimmt, beweist das noch längst nicht, dass der Verdächtige an der Tat beteiligt war, während bereits bei vier oder fünf passenden Markern die Wahrscheinlichkeit sehr hoch ist, dass sich die besagte Person zumindest am Tatort befunden hat. Eine PCR kann auch dann durchgeführt werden, wenn die zur Verfügung stehende Probe nur aus wenigen DNA-Molekülen besteht (siehe vorherigen Abschnitt) oder wenn die DNA bereits teilweise abgebaut ist, wie etwa bei Leichen nach längerer Liegezeit.

Pränatale Diagnostik und Erbgutanalyen

Bei einer DNA-Analyse werden verschiedene Techniken angewandt. Die drei häufigsten heißen RFLP, PCR und STR. Bei der RFLP-Analyse (RFLP – *Restriktions-Fragment-Längen-Polymorphismus*) wird eine DNA mit mindestens einer spezifischen Endonuklease, einem sogenannten Restriktionsenzym, verdaut. Dieses Enzym schneidet DNA an definierten Stellen und produziert dadurch DNA-Fragmente unterschiedlicher Länge. Die Längen der Fragmente hängen davon ab, ob die Schnittstellen, an denen ein Restriktionsenzym schneidet, in einer DNA vorhanden sind oder nicht. Mit einer Gelelektrophorese können die einzelnen Fragmente dann ihrer Größe nach aufgetrennt werden.

Die RFLP wurde ursprünglich oft in forensischen Analysen angewandt. Diese Technik benötigt jedoch ziemlich große DNA-Mengen, und verschmutzte Proben sind nur bedingt mit dieser Methode analysierbar. Daher wurde sie durch die Polymerasekettenreaktion (PCR) in Verbindung mit der STR-Analyse ersetzt. Mit der PCR kann eine DNA-Analyse selbst dann durchgeführt werden, wenn lediglich ein paar Zellen für die DNA-Isolierung zur Verfügung stehen oder auch wenn eine Probe bereits stark verwest ist. Wenn eine DNA durch die PCR vervielfacht wurde, kann man im Anschluss eine RFLP- oder STR-Analyse durchführen.

Bei einer STR-Analyse (*Short-Tandem-Repeat*) wird eine DNA hinsichtlich der bereits genannten Marker untersucht. Das amerikanische FBI nutzt Standard-STR-Profile für das CODIS-Programm (*Combined DNA Index System*), mit dessen Hilfe landesweite, bundesstaatspezifische und lokale Datenbanken mit DNA-Profilen von Straftätern, vermissten Personen und Profilen aus ungeklärten Kriminalfällen miteinander vernetzt werden. In Deutschland ist unter der Leitung des Bundeskriminalamts im April 1998 die DNA-Analysedatei zu diesem Zweck eingerichtet worden.

Vaterschaftstest

Neben der Aufklärung von Kriminalfällen ist die Vaterschaftsdiagnostik eine der häufigsten Anwendungen der DNA-Analyse. Die ganze Prozedur beginnt mit DNA-Proben von Mutter, Kind und den potenziellen Vätern, üblicherweise eine Speichelprobe, die mit einem Wattestäbchen entnommen wird. Die DNA-Profile von Mutter und Kind werden zuerst bestimmt. Jene DNA-Marker, die nicht von der Mutter vererbt wurden, müssen entsprechend von der väterlichen Seite stammen. DNA-Profile der potenziellen Väter werden dann hinsichtlich dieser kritischen Marker mit denen des Kindes verglichen. Beinhaltet eine DNA Marker, die denen des Kindes, aber nicht denen der Mutter ähneln, spricht dies in hohem Maße für den biologischen Vater. Abbildung 15.13 zeigt zum Beispiel, dass der potenzielle Vater Nummer 2 mit höherer Wahrscheinlichkeit der biologische Vater des Kindes ist als der potenzielle Vater Nummer 1.

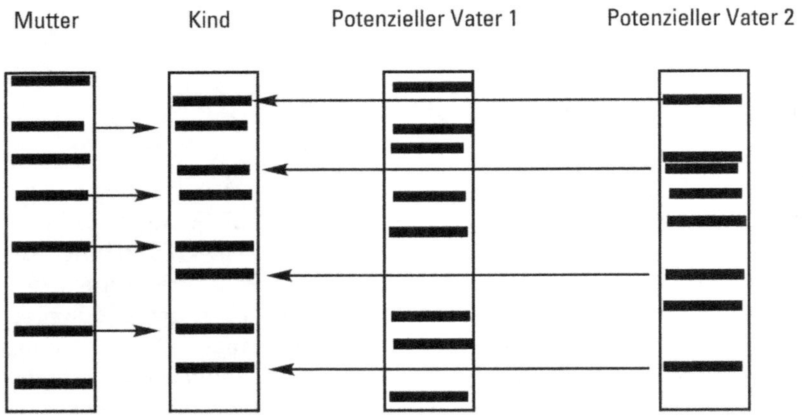

Abbildung 15.13: Vergleich der einzelnen Ergebnisse für einen Vaterschaftstest

Erbkrankheiten und andere Anwendungsmöglichkeiten der DNA-Analytik

Die Anwendungsmöglichkeiten der DNA-Analyse sind schier unerschöpflich! Einige Jahre lang wurden DNA-Analysen zum Beispiel für die Geschlechtsbestimmung bei Wettkämpfen benutzt, die ausschließlich Frauen vorbehalten sind. Die *National Football League* in den USA setzte im Jahr 2000 eine ungewöhnliche Technik ein, um alle Footballs aus dem Super Bowl XXXIV fälschungssicher zu gestalten und Betrügereien im Zusammenhang mit Erinnerungsstücken dieses Sports zu bekämpfen: Jeder dieser besonderen Footballs wurde dazu mit einem Strang synthetischer DNA versehen. In einem ähnlichen Fall wurden alle offiziellen Souvenirs der Olympischen Sommerspiele im Jahre 2000 mit einer Tinte bedruckt, die ein bestimmtes DNA-Stück enthielt. Diese Technik wird mittlerweile auch genutzt, um Kunstwerkoriginale zu kennzeichnen. Auch die Schmuckindustrie hat DNA-Analysen als lukrativen Absatzmarkt entdeckt, beispielsweise Anhänger, die mit dem eigenen genetischen Fingerabdruck versehen sind, oder Ringe, die individuelle DNA enthalten.

Etliche Firmen bieten mittlerweile auch genetische *Erbgutanalysen* »für den Heimbedarf« an und bestimmen anhand einer Speichelprobe im Schnelltest, welche Erbkrankheiten eine Person hat. Abgesehen davon, dass die Qualität dieser Schnelltest oft als mangelhaft gilt, sind mit dieser Information auch viele *ethische Fragen* verbunden. Nicht jeder kann gut mit dem Wissen leben, dass in seinem Körper vielleicht eine Zeitbombe tickt. Bestimmte seltene Erbkrankheiten lassen sich nicht behandeln – welchen Gewinn bringt die Information, dass ein Mensch daran erkranken kann? Was ist, wenn sich Frauen vorsorglich die Brust amputieren lassen, das angeblich erhöhte Brustkrebsrisiko aber auf einem falsch-positiven Testergebnis beruhte? In diesem Abschnitt werfen wir kurz einen Blick auf ein paar der bekannteren Erbkrankheiten des Menschen.

Sichelzellenanämie

Die *Sichelzellenanämie* ist ein vererbbarer Gendefekt des Hämoglobins, dem Sauerstoff bindenden Protein der roten Blutkörperchen. Bei der Sichelzellenanämie ist nur eine einzige Aminosäure in der *β-Untereinheit des Hämoglobins* durch eine Mutation verändert: Die polare Aminosäure Glutamat ist durch das unpolare Valin ersetzt. Die Krankheit betrifft Millionen Menschen auf der ganzen Welt, besonders aber Personen mit Vorfahren aus Afrika, Südamerika, Kuba, Saudi-Arabien und einigen anderen Ländern. In den USA sind etwa 72.000 Menschen davon betroffen. Die Sichelzellenanämie tritt bei etwa einer von 500 Geburten bei Afroamerikanern und bei einer von 1200 Geburten bei Hispanoamerikanern auf. Schwarzafrikaner sind im Verhältnis 1 : 250 von der Krankheit betroffen.

Durch diese Mutation verklumpen die Hämoglobinmoleküle leicht und bewirken, dass das rote Blutkörperchen, in dessen Inneren sie sich befinden, eine sichelartig verkrüppelte Form annimmt. Im Gegensatz zu den leicht verformbaren normalen Blutkörperchen bleiben die starren Sichelzellen in den engen Kapillaren des Gewebes hängen. Die betroffenen Gewebe werden nicht ausreichend mit Sauerstoff versorgt, die Menschen sind wenig leistungsfähig und leiden unter Schmerzen. Einen Vorteil hat die Sichelzellenanämie jedoch: Sofern diese Mutation heterozygot, also nur auf einem und nicht auf beiden Chromosomen vorkommt, sind die Betroffenen zwar von der Krankheit beeinträchtigt, aber auch weniger anfällig für *Malaria*. Aus diesem Grund ist die Sichelzellenanämie vor allem in Malariagebieten weit verbreitet.

Hämochromatose

Hämochromatose ist eine der häufigsten Erbkrankheiten in den USA und bewirkt, dass zu viel Eisen vom Körper aufgenommen und gespeichert wird. Der Eisenüberschuss wird in

Organen wie Leber, Bauchspeicheldrüse und Haut (ja, auch die Haut ist ein Organ!) gespeichert. Die Krankheit beruht auf einer Mutation im HFE-Gen, das an der Eisenaufnahme aus der Nahrung beteiligt ist. Die Hämochromatose ist eine rezessive Erkrankung. Das bedeutet, das mutierte Gen muss von beiden Elternteilen vererbt werden, damit die Krankheit ausbrechen kann. Menschen mit nur einem mutierten Gen sind zwar Träger, entwickeln jedoch keine Symptome. Etwa einer von 200 Europäern besitzt zwei mutierte Gene im Erbgut, und einer von zehn Menschen ist ein heterozygoter Träger. Gentests können diese Erbkrankheit in 90 Prozent aller Fälle nachweisen.

Mukoviszidose

Die *Mukoviszidose* (auch *zystische Fibrose* genannt) ist eine chronische und normalerweise tödlich verlaufende rezessive Erbkrankheit, die die Schleimdrüsen des Körpers beeinträchtigt. Am stärksten betroffen sind das Verdauungs- und das Atmungssystem; Atemnot, chronischer Sauerstoffmangel und schwere Infekte der Atemwege sind nur einige der Symptome. Circa 70.000 Menschen weltweit leiden an zystischer Fibrose. Für den Ausbruch dieser Krankheit muss das defekte Gen von beiden Elternteilen ererbt worden sein. Schätzungen zufolge trägt in Deutschland einer von 25 das mutierte Gen, das sich in Gentests mit etwa 80-prozentiger Treffsicherheit bestimmen lässt.

Hämophilie

Hämophilie – auch Bluterkrankheit genannt – ist eine X-chromosomal rezessiv vererbte Krankheit, die durch den Mangel eines Blutgerinnungsfaktors aufgrund eines defekten Gens auf dem X-Chromosom verursacht wird. Frauen besitzen zwei X-Chromosomen, wodurch die Fehlfunktion eines defekten Gens auf einem Chromosom durch ein normales Gen auf dem zweiten X-Chromosom kompensiert werden kann. Männer besitzen nur ein X-Chromosom, und falls ihre Mutter Trägerin einer Mutation dieses Gens ist, wird die Krankheit in jedem Fall zum Ausbruch kommen. Wenn eine Frau rezessive Trägerin dieser Krankheit ist, besteht eine 50-prozentige Chance, dass ihre Söhne an der Krankheit leiden, während ihre Töchter mit 50-prozentige Chance ebenfalls ein mutiertes Gen erben und damit Überträger sein werden. Töchter hämophiler Väter erben das Gen immer. Hämophilie wird auch als »Krankheit der Könige« bezeichnet, da diese Mutation lange Zeit im eurasischen Hochadel weit verbreitet war – etwa in der russischen Zarenfamilie oder im britischen Königshaus, die über Heiratsbeziehungen miteinander verbunden waren.

Tay-Sachs-Syndrom

Das *Tay-Sachs-Syndrom* ist eine vererbbare Krankheit, bei der sich das Fettsäurederivat *Gangliosid GM2*, im Gehirn ansammelt – das Resultat der Mutation eines spezifischen Gens. Die Symptome zeigen sich meist schon bei Neugeborenen, die selten das sechste Lebensjahr erreichen. Obwohl das Tay-Sachs-Syndrom eine sehr seltene Krankheit ist, war es eine der ersten Erbkrankheiten, für die eine Möglichkeit zur umfassenden und kostengünstigen Untersuchung entwickelt wurde. Nachweistests entstanden in den 1970er-Jahren, und Israel bot in dieser Zeit kostenlose Genuntersuchungen und Beratungen für Betroffene an. Dank dieser intensiven Maßnahmen konnte die Krankheit, die vor allem in der jüdischen Bevölkerung verbreitet war, weltweit beinahe vollständig ausgemerzt werden.

Ethik im Zeitalter von Erbgutanalysen und Gentests

Heute ist aufgrund der Verfügbarkeit von Hochdurchsatz-Sequenziergeräten die Sequenzierung des eigenen Genoms für weniger als 1000 Dollar in greifbare Nähe gerückt. Diese Geräte können derzeit (je nach Hersteller) zwischen 400 Millionen und einer Milliarde Basen pro Tag sequenzieren. Eine Exomsequenzierung des menschlichen Erbguts (als Exom wird die Gesamtheit aller codierenden Sequenzen bezeichnet) lässt sich innerhalb weniger Tage realisieren.

Das aufstrebende Gebiet der *DNA-Analytik* hat viele ethische Fragen aufgeworfen. Soll man die Forschung an embryonalen Stammzellen erlauben, nach der Befruchtung einer Eizelle mögliche Erbkrankheiten bestimmen oder die genetischen Veränderungen bestimmter Merkmale (zum Beispiel zur Steigerung der Sportleistung) des Nachwuchses vorher festlegen dürfen? Was würden Erbgutanalysen kosten – sollen die Krankenkassen diese Leistung allen Menschen zur Verfügung stellen?

Fragen über Fragen – aber derzeit noch wenige Antworten oder Lösungsvorschläge.

Was wäre, wenn Sie einen bestimmten Beruf nicht ergreifen dürften, weil Ihr potenzieller Arbeitgeber im Genregister (so etwas gibt es zum Glück noch nicht!) nachgesehen und erfahren hätte, dass Sie aufgrund einer bestimmten Veranlagung in Stresssituationen wenig belastbar oder wegen Ihrer Neigung zu Herz-Kreislauf-Problemen möglicherweise oft ausfallen werden?

Öffentlich zugängliche DNA-Profile könnten von Staat, Versicherungsgesellschaften, Arbeitgebern, Banken, Schulen und anderen Organisationen missbraucht werden. Wer darf eine Genuntersuchung veranlassen, und wer hat Zugang zu den Ergebnissen einer solchen Untersuchung? Das sind nur einige der Probleme, die wir wohl in den kommenden Jahren intensiv diskutieren werden.

IN DIESEM KAPITEL

- Wie RNA-Polymerasen arbeiten
- Die Transkription in Pro- und Eukaryoten
- Den genetischen Code entschlüsseln
- Genregulation verstehen

Kapitel 16
Schön abschreiben bitte! RNA-Transkription

In diesem Kapitel dreht sich alles um die RNA-Synthese und die Frage, wie aus einer DNA ein Protein werden kann. Die Proteinsynthese beginnt mit der *Transkription*, dem Abschreiben der genetischen Information der DNA in eine kurze Messenger-RNA (mRNA). Zuerst entwindet sich ein Stück der DNA-Doppelhelix, ähnlich wie Sie es schon von der Replikation her kennen. Dieser Vorgang ist bei der RNA-Synthese jedoch insofern etwas anders, als hier lediglich ein kleiner Teil der DNA geöffnet wird und anstelle von Thymin die Base Uracil in die wachsende mRNA eingebaut wird. Ein Gen führt zur Bildung »seiner« speziellen mRNA, die wiederum die Synthese eines oder mehrerer Proteine veranlasst.

Arten der RNA

Zellen verwenden verschiedene Arten von Ribonukleinsäuren (RNA) für unterschiedliche Aufgaben. Allen gemein ist, dass RNAs statt Thymin Uracil enthalten.

- ✔ Die *Messenger-RNA* (mRNA) ist das Produkt der Transkription. Diese RNA ist ein relativ instabiler, kurzlebiger Vertreter und transportiert genetische Informationen von der DNA zu den Ribosomen im Zytoplasma, den Orten der Proteinsynthese. Eine Messenger-RNA übermittelt also die genetische Information für die Synthese eines spezifischen Proteins. Für die Proteinsynthese sind jedoch noch weitere RNA-Spezies erforderlich.
- ✔ Die Transfer-RNA (tRNA) transportiert einzelne Aminosäuren zum Ort der Proteinsynthese und sorgt für deren korrekten Einbau. Diese kleine, kleeblattförmige RNA besteht aus 73 bis 93 Nukleotiden.

- ✔ Die verhältnismäßig großen ribosomalen RNAs (rRNAs) sind Teil der Ribosomen und beeinflussen die Proteinsynthese daher direkt. Die Ribosomen der Eukaryoten sind aus vier rRNAs (28S, 18S, 5,8S und 5S) und etlichen ribosomalen Proteinen aufgebaut. In Bakterien ist es mal wieder etwas anders, denn prokaryotische Ribosomen besitzen nur drei, etwas kleinere rRNAs (23S, 16S und 5S).
- ✔ Der letzte wichtige Vertreter, die *small nuclear* RNA (snRNA, kleine Zellkern-RNA), erledigt viele Aufgaben und wirkt teilweise wie ein Enzym.

In diesem Kapitel konzentrieren wir uns auf den Vorgang der mRNA-Synthese (Transkription), die von der RNA-Polymerase katalysiert wird. Dieses Enzym wandert die DNA entlang und verbindet anhand der DNA-Vorlage komplementäre Nukleotide zu einer mRNA. Die Transkription beginnt am Initiationssignal auf der DNA und verläuft in 5′→3′-Richtung bis zu einem Stoppsignal, an dem sich die neu synthetisierte mRNA von der DNA löst.

Was RNA-Polymerasen brauchen

Damit eine RNA-Polymerase arbeiten kann, benötigt sie die aktivierten Vorläufermoleküle der vier Ribonukleosidtriphosphate (ATP, CTP, GTP und UTP – ATP ist in Abbildung 16.1 gezeigt). Zweitens braucht das Enzym ein zweiwertiges Metallion, Magnesium oder Mangan. Und schließlich muss natürlich eine Vorlage für die RNA-Synthese in Form einer doppelsträngigen DNA existieren, die für die Transkription allerdings entwunden werden muss.

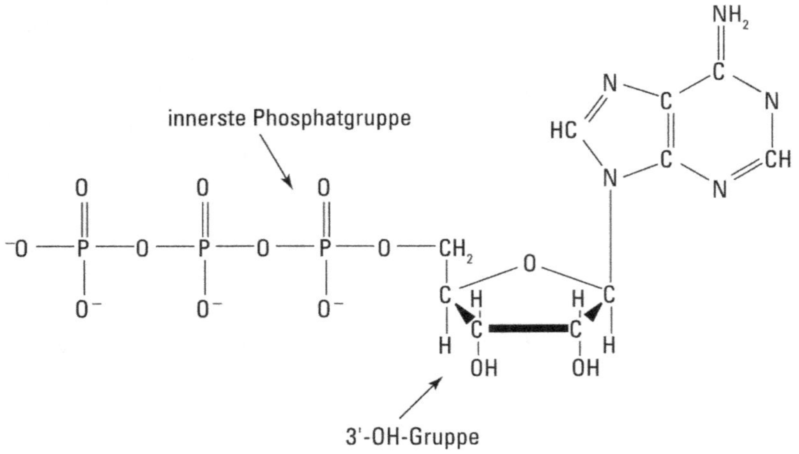

Abbildung 16.1: Struktur von ATP

DNA-Replikation und Transkription ähneln sich in vielen Punkten. Bei beiden Vorgängen verläuft die Synthese in 5′→3′-Richtung. Auch bei der Transkription wird die Ribonukleotidkette verlängert (Elongation), indem die 3′-OH-Gruppe der Kette das innere Phosphatatom des neu ankommenden Nukleosidtriphosphats angreift (*nukleophiler Angriff* auf die 3′-OH-Gruppe). Die Energie für den Prozess stammt aus der Hydrolyse der energiereichen Phosphatverbindung. Doch in manchen Punkten unterscheiden sich DNA- und

RNA-Polymerase auch deutlich: Anders als eine DNA-Polymerase ist eine RNA-Polymerase nicht in der Lage, ihr »Produkt« zu korrigieren und fehlgepaarte Nukleotide wieder auszubessern. RNA-Polymerasen besitzen weder eine echte Korrektur- noch eine Exonukleasefunktion. Was das Enzym allerdings schon kann, ist, mit der Polymerisation kurz etwas anzuhalten und zu warten, ob sich ein falsch eingebautes Nukleotid von allein wieder löst. Eine RNA-Polymerase benötigt auch keinen Primer, um mit ihrer Arbeit zu beginnen.

In Prokaryoten wie *Escherichia coli* synthetisiert nur eine einzige Art der RNA-Polymerase für alle RNA-Spezies. In Eukaryoten, also auch beim Menschen, teilen sich insgesamt drei RNA-Polymerasen diese Aufgabe.

Transkription stromauf, stromab

Der für RNA-Polymerasen wirklich interessante Bereich einer DNA, der für ein Protein codiert, wird als *Strukturgen* bezeichnet. Eine DNA besitzt jedoch auch noch andere Bereiche, die die Genaktivität insgesamt regulieren. Hier binden Regulatorproteine oder Transkriptionsfaktoren, die die Transkription eines Gens fördern oder verhindern können (dazu später mehr).

In der menschlichen DNA sind vermutlich lediglich fünf Prozent codierende Bereiche, der Rest der DNA wird nicht in ein Protein übersetzt. Welcher Prozentsatz dieser nicht codierenden DNA überhaupt in eine mRNA umgeschrieben wird, ist derzeit noch Gegenstand kontroverser Diskussionen.

Doch stellen wir hier eine wichtige Frage für die Praxis: Woher weiß eine RNA-Polymerase eigentlich, an welcher Stelle sie mit der Transkription anfangen muss? Wie erkennen RNA-Polymerasen Anfang und Endes eines Gens auf dem langen DNA-Strang? Dazu »sucht« sich die RNA-Polymerase einen Promotor. Ein wichtiger Begriff, dem Sie oft in der Molekularbiologie begegnen werden! Ein Promotor ist der Bereich der DNA, der quasi »blinkt« und der Polymerase signalisiert: »Komm hierher! Hier geht's los!«

Promotoren liegen vor dem Anfang eines Strukturgens. Nun ist das mit dem »Vor« und dem »Hinter« so eine Sache bei Genen (ähnlich wie Backbord und Steuerbord beim Segeln). Die DNA ist doppelsträngig, das gesuchte Gen kann also entweder von der DNA auf dem einen Strang oder vom Gegenstrang codiert werden. Wenn eine RNA-Polymerase das Gen in der falschen Richtung liest, wird das Ribosom später mit dieser mRNA nichts anfangen können – das ist Unfug, Nonsens! (Wobei das auch nur bedingt stimmt, denn auch eine »Nonsens-RNA« kann regulatorische Funktion haben, aber das führt hier zu weit.) Die ersten Molekularbiologen waren vermutlich allesamt Freizeitruderer … Sie bezeichneten per Konvention und unabhängig vom abgelesenen DNA-Strang den Bereich »vor« einem Gen als *stromaufwärts* (also am 5′-Ende). Entsprechend ist *stromabwärts* all das, was nach dem eigentlichen Gen am 3′-Ende folgt. Ein Promotor liegt stromaufwärts des zu transkribierenden Gens. Die RNA-Polymerase bindet fest an den Promotor und transkribiert »in Stromrichtung«, bevor sie von den stromabwärts liegenden Stoppsequenzen ausgebremst wird.

Eine Konsensussequenz ist eine für einen bestimmten Vorgang extrem wichtige Abfolge von Nukleotiden (oder auch Aminosäuren), die bei allen Vertretern innerhalb einer Gruppe von verwandten Lebewesen mehr oder weniger identisch aussieht. Mutationen in diesem Bereich sind praktisch immer fatal. Im Hinblick auf die Translation besitzen Pro- und Eukaryoten zwar ähnliche, aber doch unterschiedliche Konsensussequenzen – ein Hinweis darauf, dass diese beiden Reiche des Lebens zwar verwandt sind, sich in der Evolution aber sehr früh getrennt haben.

In prokaryotischen Zellen liegen die wichtigen Promotorbereiche 10 und 35 Nukleotide vor dem zu transkribierenden Gen, an den Stellen −10 (Pribnow-Box genannt) und −35. Die Pribnow-Box hat die Konsensussequenz TATAAT mit der Mitte bei −10. Der Promotor bei −35 hat die Konsensussequenz TTGACA.

Bei eukaryotischen Zellen ist der Promotor etwa 25 Nukleotide (−25, TATA-Box oder Hogness-Box) bis 75 Nukleotide (−75, CAAT-Box) vor dem zu transkribierenden Gen gelegen. Die Konsensussequenz der Hogness-Box lautet TATAAA. Die CAAT-Box trägt die Sequenz GGXCAATCT, wobei X ein beliebiges Nukleotid sein kann. Bei eukaryotischen Genen gibt es noch die sogenannten Verstärkersequenzen (Enhancer), die auf jeder Seite mehrere Tausend Basenpaare von der Startseite der Transkription entfernt sein können, aber durch die dreidimensionale Struktur der DNA in die räumliche Nähe der Promotorsequenz gelangen (siehe Abbildung 16.2).

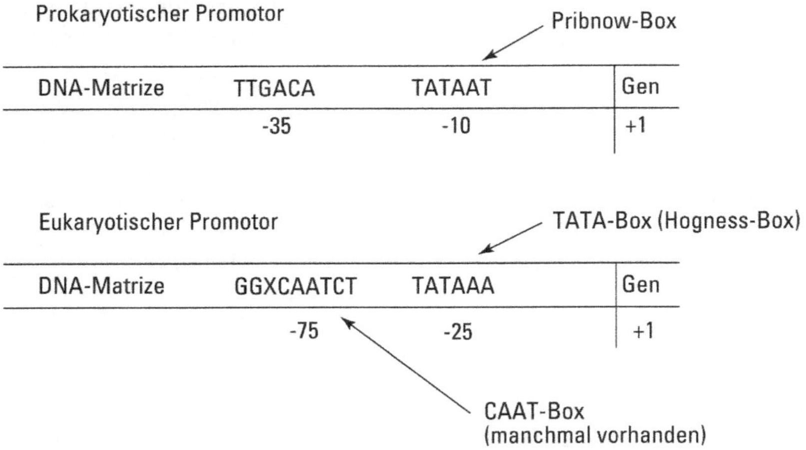

Abbildung 16.2: Prokaryotische und eukaryotische Promotoren

Der Anfang des codierenden Bereichs eines Gens wird per Definition mit »0« bezeichnet. Das erste Nukleotid eines Gens liegt an der Position +1 und markiert auch den Anfang der ersten Aminosäure, die am Ribosom eingebaut wird. Stromaufwärts (zum 5′-Ende hin) wird die Nummerierung negativ. Das bedeutet, zehn Nukleotide vor dem Anfang eines Gens entsprechen der Position −10.

Jedes Gen hat ein Ende, das von Terminations- oder Stoppsignalen auf der DNA markiert wird. Im Verlauf der Transkription bewegt sich die RNA-Polymerase am DNA-Strang entlang und stößt irgendwann auf diese Signale. Prokaryoten besitzen zwei Arten von Stoppsignalen. Das erste ist ein Stoppsignal, an dem das *Rho-Protein* beteiligt ist. Das Rho-Protein ist eine Helikase, die eine neu synthetisierte mRNA an einem Rho-abhängigen Stoppsignal von der DNA ablöst und so die Translation beendet. Das andere Stoppsignal ist eine *Haarnadelstruktur*. Eine kurze Abfolge von Basen auf der mRNA ist zu sich selbst komplementär und bildet einen haarnadelähnlichen Doppelstrang (englisch *hairpin loop*). An dieser Stelle kommt die Polymerase nicht mehr weiter und die gebildete mRNA löst sich von der DNA.

Die Termination der Transkription bei Eukaryoten ist weitaus komplizierter und noch nicht vollständig aufgeklärt. Und nicht nur das – eukaryotische mRNA-Moleküle werden bei der Transkription noch enzymatisch modifiziert (verändert). Am 5′-Ende wird mit einem modifizierten Guanin-Nukleotid eine Art »Kappe« platziert; an das 3′-Ende der mRNA wird ein Schwanz aus mehreren Adeninnukleotiden angehängt (poly-A-Schwanz). Diese mRNA-Modifikationen verlängern die Lebensdauer der mRNA und sorgen für den reibungslosen Transport aus dem Zellkern zum zytoplasmatischen Ribosom.

Einige Fachbegriffe möchten wir Ihnen an dieser Stelle aber mal wieder nicht vorenthalten: die Transkription oder mRNA-Synthese besteht aus der Initiation, der Elongation und der Termination (Beginn, Verlängerung und Ende).

- ✔ In der *Initiationsphase* der Transkription wandert die RNA-Polymerase am DNA-Strang entlang, bis das Enzym auf einen Promotorbereich trifft. Hier entwindet es die DNA und trennt die Doppelhelix in die beiden Einzelstränge auf. Die RNA-Polymerase beginnt mit der Arbeit und fügt komplementäre Ribonukleosidtriphosphate an, die kovalent miteinander verbunden werden. Die Energie für diese Reaktion stammt aus der Hydrolyse des Pyrophosphats.
- ✔ In der *Elongationsphase* werden dann entsprechend der DNA-Vorlage als Matrize komplementäre Ribonukleosidmonophosphate kovalent aneinandergeheftet, während die Polymerase den DNA-Strang entlangwandert. Die DNA entwindet sich an der Stelle, an der sich gerade die RNA-Polymerase befindet, und schließt sich hinter ihr wieder. Dies setzt sich so lange fort, bis die Polymerase auf ein Stoppsignal trifft.
- ✔ Das Stoppsignal markiert die Terminationsphase – hier endet die Transkription und die Polymerase verlässt die DNA.

Die RNA-Polymerase muss immer auch gleichzeitig mit den Transkriptionsfaktoren kommunizieren. Transkriptionsfaktoren sind Proteine, die als Aktivatoren oder Repressoren die Transkriptionsrate den zellulären Erfordernissen anpassen und die Genexpression beschleunigen oder stoppen können.

Die mittlerweile wohlverstandene Funktion der RNA-Polymerase wurde am Prokaryoten *E. coli* untersucht. Eukaryotische RNA-Polymerasen arbeiten zwar relativ ähnlich, doch hier ist alles etwas komplizierter. Der grundsätzliche Unterschied zwischen Pro- und Eukaryoten besteht darin, dass bei den Prokaryoten Transkription und Proteinsynthese im Zytoplasma ablaufen, während bei Eukaryoten beide Prozesse räumlich und zeitlich voneinander getrennt sind (die Transkription findet im Zellkern statt, die Proteinsynthese an den Ribosomen im Zytoplasma).

Ein zweiter großer Unterschied ist die Modifikation der eukaryotischen mRNA nach der Synthese. Prokaryotische mRNAs sind nach der Herstellung fertig – sofort einsatzbereit also –, während eukaryotische mRNAs in den meisten Fällen erst noch prozessiert, also weiter bearbeitet werden müssen. Sie bekommen eine 5′-Kappe und einen poly-A-Schwanz »verpasst«, der ihre Lebensdauer erhöht. Im Gegensatz zu den prokaryotischen Genen enthalten eukaryotische Gene auch oft nicht codierende Bereiche (Introns), die zwar noch in eine mRNA übersetzt, dann aber enzymatisch aus der mRNA wieder entfernt werden müssen (Spleißen), bevor die reife mRNA am Ribosom in ein Protein übersetzt werden kann. Im Abschnitt »RNA-Spleißen und RNA-Editing« weiter hinten in diesem Kapitel erfahren Sie dazu mehr.

Die RNA-Polymerase der Prokaryoten

Die RNA-Polymerase des Bakteriums *E. coli* besteht aus vier Untereinheiten, die sich zum voll funktionsfähigen Holoenzym mit der Bezeichnung $\alpha_2\beta\beta'\sigma$ zusammenfügen. Die σ-Untereinheit hilft beim Aufspüren der Promotorregion und leitet die RNA-Synthese ein. Obwohl DNA-Polymerase und RNA-Polymerase sehr unterschiedlich aufgebaut sind, besitzen beide relativ ähnlich strukturierte aktive Zentren und benötigen zweiwertige Metallionen für ihre Aktivität.

Ohne die σ-Untereinheit würde eine RNA-Polymerase unspezifisch (also wahllos irgendwo) binden. Allein diese Untereinheit sorgt dafür, dass das Enzym eine deutliche Präferenz für eine bestimmte Promotorregion entwickelt. Die Affinität einer Polymerase mit σ-Untereinheit ist für alle Nicht-Promotor-Sequenzen deutlich verringert; das Enzym rutscht gemütlich den DNA-Strang entlang, ohne sich festzulegen. In gewisser Weise ist eine Polymerase ohne σ-Untereinheit blind und lässt sich von der selektiv »sehenden« σ-Untereinheit wie von einem Blindenhund zur Promotorstelle führen. Auch dieser Trick ist eine Art der Transkriptionskontrolle! Es gibt viele verschiedene σ-Untereinheiten, von denen jede einzelne genau ihren spezifischen Promotor erkennt und alle anderen Promotoren links liegen lässt.

Sobald eine RNA-Polymerase eine Promotorbindungsstelle erreicht hat, sorgt sie dafür, dass ein Bereich von 17 Basenpaaren der Doppelhelix entwunden wird. Aus dem zuvor geschlossenen Promotorkomplex ist nun ein offener Promotorkomplex geworden – wir sind bereit! Die RNA-Polymerase beginnt ihre Arbeit fast immer mit einem pppG- oder pppA-Ribonukleosidtriphosphat, das bis zum Ende des Transkriptionsvorgangs erhalten bleibt. Diese Markierung (englisch auch »Tag« genannt) kennzeichnet das 5′-Ende des neuen mRNA-Moleküls, während sukzessive weitere Ribonukleosidtriphosphate an das 3′-Ende angeheftet werden (siehe Abbildung 16.3).

Sobald die ersten beiden Nukleotide kovalent miteinander verbunden sind, löst sich die σ-Untereinheit vom Holoenzym – sie wird nicht mehr benötigt. Der Rest vom Enzym bindet dann viel fester an die DNA als zuvor. Ähnlich wie bei der DNA-Replikation bildet sich eine Transkriptionsblase, die aus der entwundenen DNA, der RNA-Polymerase und der neu synthetisierten RNA besteht, deren Länge um etwa 50 Nukleotide pro Sekunde wächst (nein, das ist nicht besonders schnell im Vergleich zur DNA-Replikation, bei der etwa 800 Nukleotide pro Sekunde aneinandergefügt werden!). Damit ist nun die Elongationsphase erreicht.

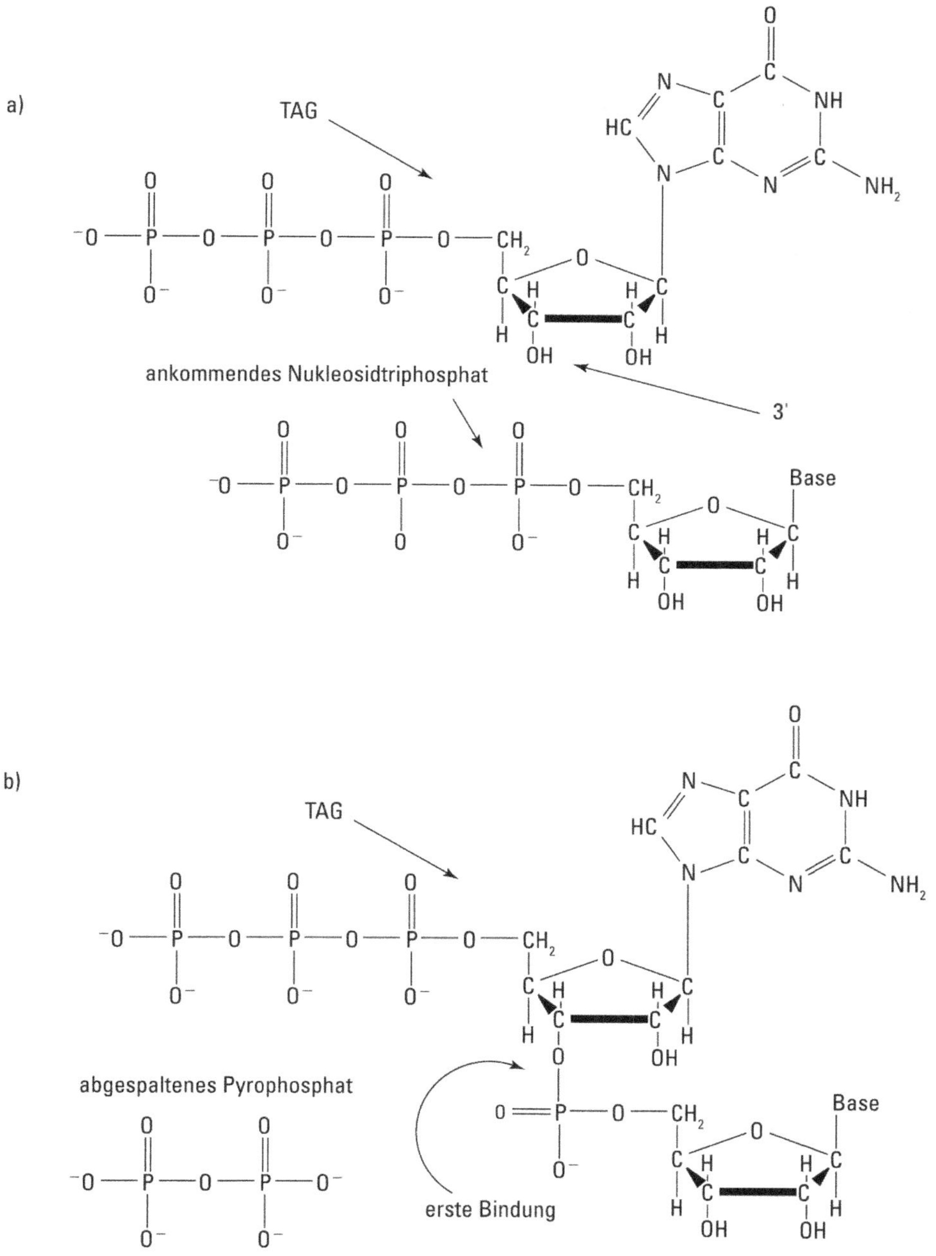

Abbildung 16.3: Anheftung des zweiten Nukleotids (hier im Beispiel GTP) an das erste Nukleotid (oben) sowie Darstellung der verknüpften Nukleotide am Kettenanfang (unten)

Bei der RNA-Polymerase gibt es keine Fehlerkorrektur. Rein statistisch betrachtet enthält jede mRNA mindestens einen Fehler. Kein großes Problem – im schlimmsten Fall ist das Protein, das aus dieser neu synthetisierten mRNA gebildet wird, ein Fall für den Mülleimer. Die Information wird nicht auf die nachfolgenden Generationen übertragen, und *das* ist der entscheidende Unterschied zur DNA-Replikation. Tausende anderer mRNAs mit (hoffentlich) korrekter Sequenz werden das kleine Missgeschick locker ausbügeln, und die Zelle wird es nicht merken …

Irgendwann erreicht die RNA-Polymerase eine Stoppsequenz und bricht die mRNA-Synthese ab (Termination). Das RNA-DNA-Hybrid trennt sich, der noch entwundene Abschnitt der DNA schließt sich und die RNA-Polymerase löst sich von der DNA. Stoppsignale (Terminationssequenzen) bestehen oft aus Palindromen, also zu sich selbst komplementären Sequenzen, die eine Haarnadelstruktur bilden (siehe Abbildung 16.4).

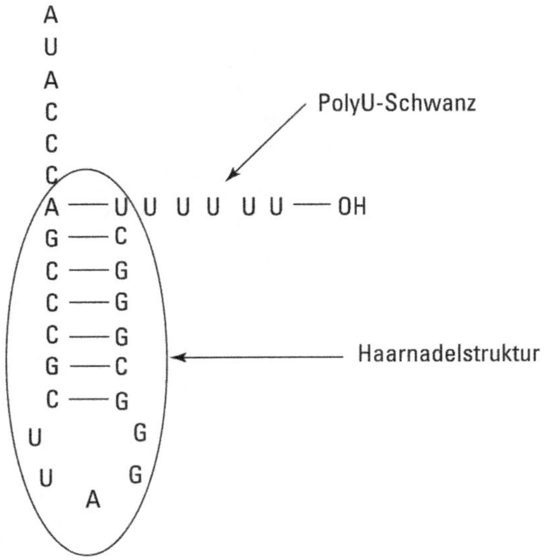

Abbildung 16.4: Die Haarnadelschleife und der sich daran anschließende Teil einer RNA

Kennen Sie *Palindrome*, die sich vorwärts wie rückwärts lesen lassen? Eine kleine Auswahl: »Und nu?« (das Palindrom für den Einsteiger), »Ein Neger mit Gazette zagt im Regen nie« (der Klassiker) – oder für Fortgeschrittene: »Geist ziert Leben, Mut hegt Siege, Beileid trägt belegbare Reue, Neid dient nie, nun eint Neid die Neuerer, abgelebt gärt die Liebe, Geist geht, umnebelt reizt Sieg« (der Verfasser dieses heldenhaften Palindroms ist dem Übersetzer dieses Buches leider nicht bekannt – trotzdem, Respekt!).

Jedenfalls bilden DNA- oder RNA-Palindrome oft Schleifen, an denen aufgrund der Wasserstoffbrückenbindungen eine Art Haarnadel gebildet und die Reaktion beendet wird. So auch hier – die RNA-Polymerase findet das Ganze zu anstrengend und macht sich vom Acker.

Nicht alle Stoppsignale bestehen aus einer Haarnadelschleife. In einigen Fällen braucht die RNA-Polymerase mehr Unterstützung wie den Rho-Faktor oder andere Terminationsproteine, die dafür sorgen, dass sich DNA und mRNA trennen.

Die Extras der Eukaryoten

Eukaryoten sind ja doch in allen Belangen etwas komplizierter gestrickt, und so ist es auch hier. Das hat seine Gründe: Bei Eukaryoten finden Transkription und Translation nicht im Zytoplasma, sondern in verschiedenen Zellkompartimenten statt. Einerseits erlaubt das eine viel präzisere Kontrolle der Genexpression, aber dafür besteht das leidige Thema des Transports ins Zytoplasma und das Problem der grundsätzlichen Kurzlebigkeit einer mRNA. Eukaryoten haben das auf ihre Weise gelöst – eine mRNA wird meistens modifiziert, um die RNA stabiler und transportfähig zu machen. Nach der Synthese erhält jede mRNA vorn eine Kappe (capping) (siehe Abbildung 16.5) und hinten einen poly(A)-Schwanz. Dann passt das Ganze schon!

Das andere Thema sind Introns – eukaryotische DNAs enthalten codierende (Exons) und nicht codierende Bereiche (Introns), die aus der mRNA entfernt werden müssen (Spleißen). Beim *Spleißen* werden Introns herausgeschnitten und die Exons kovalent zur reifen mRNA verknüpft. Nur damit Sie eine Idee von dieser zellulären »Verschwendung« bekommen: Eine RNA kann bis zu 90 Prozent aus Introns bestehen.

Eukaryoten besitzen auch drei verschiedene Polymerasen, nicht nur eine wie Bakterien. Die RNA-Polymerase I (im Nukleolus) ist für die Herstellung der meisten rRNAs verantwortlich. RNA-Polymerase II produziert mRNA und snRNA, und RNA-Polymerase III synthetisiert tRNAs und kleine rRNA-Moleküle. Jede dieser drei Polymerasen erkennt eine besondere Art von Promotor. Diese Promotoren können entweder wie bei Prokaryoten stromaufwärts vor dem Gen, stromabwärts hinter dem zu transkribierenden Gen oder auch mitten im Gen selbst liegen und sind obendrein oft mit Enhancern assoziiert (Enhancer sind so etwas wie Verstärker, sie erhöhen die Effektivität eines Promotors). Enhancer-Elemente befinden sich meistens auf demselben DNA-Strang wie das Gen, das sie regulieren (daher als *cis*-Elemente bezeichnet). Enhancer, die auf dem gegenüberliegenden DNA-Strang liegen, sind *trans*-Elemente, die eher unter die allgemeinen *Transkriptionsfaktoren* (TF) fallen. Alle zusammen sorgen dafür, dass die Transkription eines Gens effizient vonstattengeht. Es gibt wirklich sehr, sehr viele Transkriptionsfaktoren – aber so sind sie eben, die Eukaryoten.

Nun wird es leider etwas komplizierter! Der Transkriptionsfaktor TFIID (II bezieht sich auf die RNA-Polymerase II) bindet an die TATA-Box. Die Bindung zwischen beiden Elementen erfordert TFIID, auch als TBP (TATA-Box bindendes Protein) bekannt, das eine extrem hohe Affinität für die TATA-Box besitzt. Wenn TBP an die DNA andockt, finden substanzielle Veränderungen an der DNA statt, die zur Entwindung führen. Weitere, für die Transkription wichtige Komponenten binden im weiteren Verlauf an TBP. Zu diesen gehören TFIIA, TFIIB, TFIIF, RNA-Polymerase II und schließlich TFIIE. Die vollständige Gruppe wird *basaler Transkriptionskomplex* genannt. Das genannte Beispiel veranschaulicht jedoch nur eine der zahlreichen Möglichkeiten zur Einleitung der Transkription.

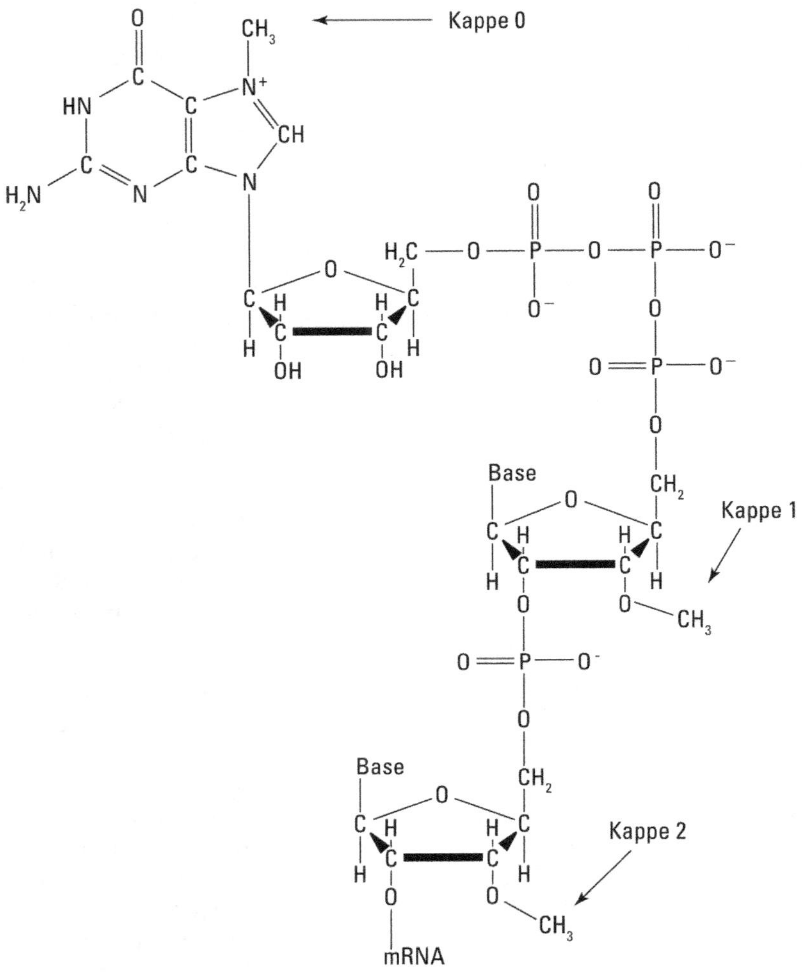

Abbildung 16.5: Allgemeine Struktur einer mRNA-Kappe

Bei eukaryotischen Zellen werden fast alle Produkte der Transkription weiteren Modifizierungen unterzogen, bevor sie schließlich ihre aktive Form annehmen. Das gilt auch für die tRNAs – im Allgemeinen wird bei einem tRNA-Vorläufer das erste 5′-Nukleotid entfernt, alle Introns werden herausgeschnitten, der Poly(U)-Schwanz wird durch eine CCA-Sequenz ersetzt und einige Basen werden nachträglich verändert. Jede dieser Modifikationen erfordert ein oder mehrere Enzyme.

Anders als mRNAs haben die tRNAs, snRNAs und rRNAs übrigens keine Kappen – diese RNAs werden ja auch nicht translatiert.

Der poly-A-Schwanz wird von der Poly(A)-Polymerase katalysiert, die eine Folge von etwa 250 Adenylatresten an das 3′-Ende der mRNA anheftet.

RNA-Spleißen und RNA-Editing

In der prokaryotischen DNA sind die Gene für alle Proteine *kontinuierlich*, das heißt, das Gen wird als Ganzes in eine fortlaufende mRNA und weiter in ein Protein übersetzt. Das ist bei vielen eukaryotischen Genen anders. Bei einigen Säugetieren und Vögeln sind die meisten Gene *diskontinuierlich*; sie enthalten Bereiche, die nicht für einen Teil des Proteins codieren (Introns). Das Plasmaprotein β-Globulin ist ein sehr anschauliches Beispiel für ein diskontinuierliches Gen. Das β-Globulin-Gen wird von etwa 1600 Basenpaaren codiert, etwa 250 an jedem Ende und einem weiteren Bereich von etwa 500 Basenpaaren in der Mitte. Diese codierenden Bereiche werden als *Exons* bezeichnet. Zwei Bereiche von etwa 120 Basenpaaren und etwa 550 Basenpaaren Länge hingegen codieren nicht für Proteinsequenzen – es sind *Introns*. Das gesamte Gen setzt sich abwechselnd aus Exonsequenzen von 240, 500 und 150 Basenpaaren sowie Intronsequenzen von 120 und 550 Basenpaaren Länge zusammen. Das gesamte Gen – Introns und Exons – wird zwar noch in eine mRNA übersetzt, aus der dann aber diejenigen Bereiche herausgeschnitten werden müssen, die für das Protein nicht notwendig sind. Biochemisch ausgedrückt: Die Vorläufer-mRNA wird gespleißt, bevor sie als reife RNA zum Ribosom gebracht und translatiert wird.

Beim *Spleißen* werden die nicht codierenden Introns aus der Vorläufer-mRNA ausgeschnitten und die codierenden Exons miteinander verbunden. Das Spleißen muss sehr präzise geschehen, da schon eine falsch herausgeschnittene Base gravierende Auswirkungen auf die gesamte Sequenz hat (weil sich damit der Dreiercode verschieben würde und am Ribosom ganz andere Aminosäure eingebaut werden würden!).

Woher wissen die Spleißenzyme, an welcher Stelle das Exon aufhört und das Intron beginnt? Wieder einmal sind es bestimmte konservierte Basensequenzen, die den Enzymen als Signal dienen. In den meisten Fällen beginnt ein Intron mit GU und endet mit einem pyrimidinreichen Abschnitt, der schließlich mit AG abschließt. Diese Kombination ist kennzeichnend für ein Intron.

Eine weitere wichtige Form der RNA-Modifizierung ist das *Editing* eines mRNA-Vorläufers, bevor die mRNA zum Ribosom gelangt. *Editieren* bedeutet, dass bestimmte Basen der mRNA nachträglich chemisch modifiziert, eingebaut oder herausgeschnitten werden (jedoch anders als beim Spleißen!). Durch diesen Vorgang können aus einem Gen und einer mRNA zum Beispiel in verschiedenen Geweben verschiedene Proteine entstehen.

Ein Beispiel hierfür ist die chemische Modifizierung einer Base in der mRNA für Apolipoprotein B(ApoB). Das ApoB-Protein besteht aus 4536 Aminosäuren, es existiert jedoch noch eine verwandte Form dieses Proteins mit nur 2152 Aminosäuren Länge. Das größere Protein wird in der Leber produziert und spielt dort eine Rolle beim Transport von Lipiden. Das kleinere Protein wird im Dünndarm synthetisiert und interagiert mit Nahrungsfetten. Beide Proteine werden von ein und derselben mRNA produziert. Im Dünndarm wandelt jedoch eine Desaminase ein Cytosin der mRNA in Uracil um. Durch diese Umwandlung wird ein CAA-Codon (codiert für Gln) zu einem UAA-Codon (ein Stoppcodon) und die Transkription bricht an dieser Stelle ab. Das Resultat ist die kleinere, gestutzte Dünndarmvariante des ApoB-Proteins.

Der genetische Code

So wie die DNA als Matrize für die Herstellung von RNA dient, dient eine mRNA als Vorlage für die Produktion eines Proteins. Um das entsprechende Protein zu synthetisieren, sind kleine Trägermoleküle notwendig, die mit der mRNA in Kontakt treten und jeweils die richtige Aminosäure einbauen. Diese Trägermoleküle sind die Transfer-RNAs (tRNAs). Eine tRNA besteht aus 73 bis 95 Nukleotiden und ist so ähnlich geformt wie ein Kleeblatt. Das Molekül besitzt zwei wichtige Domänen: eine mRNA-Erkennungsstelle und eine Stelle am 3′-Ende der tRNA, an die eine ganz bestimmte Aminosäure gebunden werden kann. Die mRNA-Erkennungsstelle wird von drei Nukleotiden gebildet (dem Anticodon), die zu einem Codon aus drei Nukleotiden auf der mRNA komplementär sind. Die jeweilige, zu diesem Anticodon passende Aminosäure wird mit einer Aminoacyl-tRNA-Synthetase auf der tRNA platziert. Jede der 20 natürlichen Aminosäuren hat mindestens eine spezifische Synthetase, die »ihre« Aminosäure an das 3′-Adenosin der tRNA anheftet (siehe Abbildung 16.6).

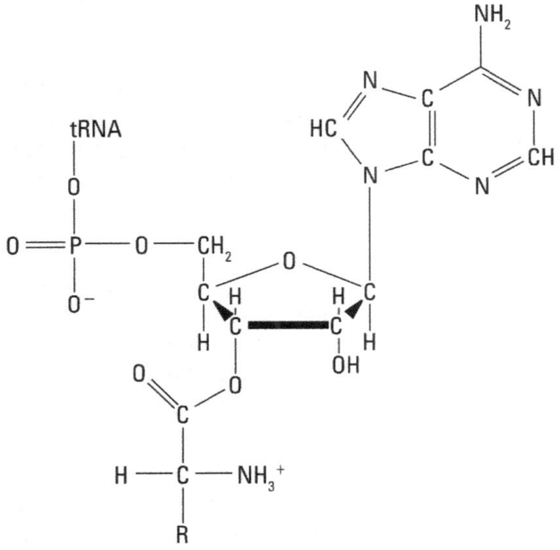

Abbildung 16.6: Die Anheftung einer Aminosäure an das Adenosin am 3′-Ende einer tRNA

Vom Codon zur Aminosäure

Der genetische Code stellt sämtliche Informationen zur Verfügung, die für die Synthese eines Proteins notwendig sind. Dieser genetische Code beruht auf Wörtern mit jeweils drei Buchstaben (Codons), die auf ein Alphabet mit vier Buchstaben zurückgehen. Daraus ergeben sich rein rechnerisch $4 \times 4 \times 4 = 64$ mögliche Kombination oder Wörter. Dieses Vokabular ist universell und wird von allen lebenden Organismen verwendet.

Die vier Buchstaben sind:

- A für Adenin
- C für Cytosin
- G für Guanin
- U für Uracil

Diese vier Buchstaben bilden einen Satz von 64 Kombinationen (Codons); 61 davon stehen für spezifische Aminosäuren, während die restlichen drei Wörter Stoppsignale (Stoppcodons) darstellen.

Da es nur 20 Aminosäuren gibt, bedeutet dies im Umkehrschluss, dass eine Aminosäure von mehreren Codons codiert werden kann.

In Tabelle 16.1 sind alle Wörter des genetischen Codes aufgeführt.

Codon	Aminosäure	Codon	Aminosäure	Codon	Aminosäure	Codon	Aminosäure
AUA	Ile	ACA	Thr	AAA	Lys	AGA	Arg
AUC	Ile	ACC	Thr	AAC	Asn	AGC	Ser
AUG	Met	ACG	Thr	AAG	Lys	AGG	Arg
AUU	Ile	ACU	Thr	AAU	Asn	AGU	Ser
CUA	Leu	CCA	Pro	CAA	Gln	CGA	Arg
CUC	Leu	CCC	Pro	CAC	His	CGC	Arg
CUG	Leu	CCG	Pro	CAG	Gln	CGG	Arg
CUU	Leu	CCU	Pro	CAU	His	CGU	Arg
GUA	Val	GCA	Ala	GAA	Glu	GGA	Gly
GUC	Val	GCC	Ala	GAC	Asp	GGC	Gly
GUG	Val	GCG	Ala	GAG	Glu	GGG	Gly
GUU	Val	GCU	Ala	GAU	Asp	GGU	Gly
UUA	Leu	UCA	Ser	UAA	**Stopp**	UGA	**Stopp**
UUC	Phe	UCC	Ser	UAC	Tyr	UGC	Cys
UUG	Leu	UCG	Ser	UAG	**Stopp**	UGG	Trp
UUU	Phe	UCU	Ser	UAU	Tyr	UGU	Cys

Tabelle 16.1: Der universelle genetische Code

Die Analyse des genetischen Codes hat gezeigt, dass zwei Aminosäuren – Methionin (siehe Abbildung 16.7) und Tryptophan – nur jeweils von einem Codon codiert werden. Auf der anderen Seite werden drei Aminosäuren – Arginin, Leucin und Serin – von gleich sechs verschiedenen Codons codiert. Die übrigen 15 Aminosäuren werden von mindestens zwei Codons codiert. In Proteinen kommen Aminosäuren, die von mehreren Codons repräsentiert werden, am häufigsten vor. Wenn Sie einmal Tabelle 16.1 durchgehen, werden Sie feststellen, dass die meisten *Synonyme* (also Codons, die die gleiche Aminosäure codieren) Gruppen bilden und nur bei einer einzigen Base, meist an der letzten Stelle im Codon, abweichen. Der genetische Code ist degeneriert – eine Aminosäure kann durch verschiedene Basentriplets codiert sein. Stellen Sie doch selber einmal fest, welche weiteren Zusammenhänge man aus der Tabelle ableiten kann. Die große Ähnlichkeit der Synonyme schränkt potenzielle Schäden durch Mutationen ein. Ein Basenaustausch der letzten Base des Codons bleibt so oft ohne Auswirkungen auf das Protein.

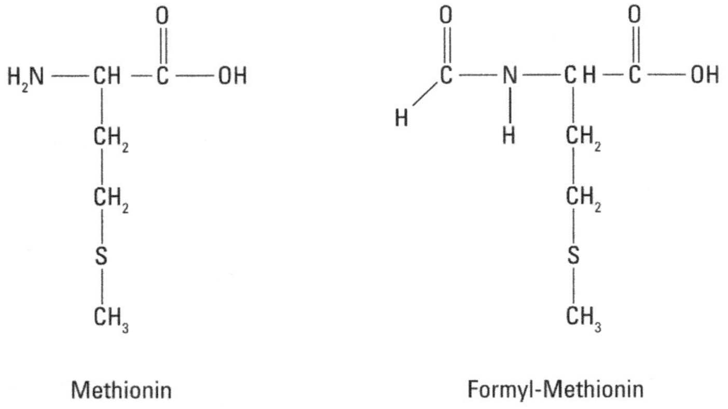

Abbildung 16.7: Strukturen von Methionin und Formyl-Methionin

Translation von A bis Z

Da tRNAs nicht in der Lage sind, die Stoppcodons UAA, UAG und UGA zu lesen, übernehmen Proteine, die als Freisetzungsfaktoren (*release factors*, englisch *to release* = freisetzen) bezeichnet werden, diese Aufgabe. Wenn ein Freisetzungsfaktor an ein Ribosom bindet, fördert er die Freisetzung des neu gebildeten Proteins, wodurch gleichzeitig das Signal gegeben wird, die Synthese eines weiteren Proteins einzuleiten.

Die Stoppcodons sind in Tabelle 16.1 leicht zu erkennen, aber was ist mit den Startcodons? Was signalisiert die Einleitung einer Proteinsynthese? Die Einleitungssequenz lautet für gewöhnlich AUG und entspricht dem Codon für Methionin (siehe Abbildung 16.8). Bei eukaryotischen Zellen kommen noch weitere Faktoren mit ins Spiel. Bei vielen Bakterien ist Formylmethionin (fMet) die Startaminosäure (siehe auch Abbildung 16.7); manchmal übernimmt auch das Codon GUG diese Aufgabe.

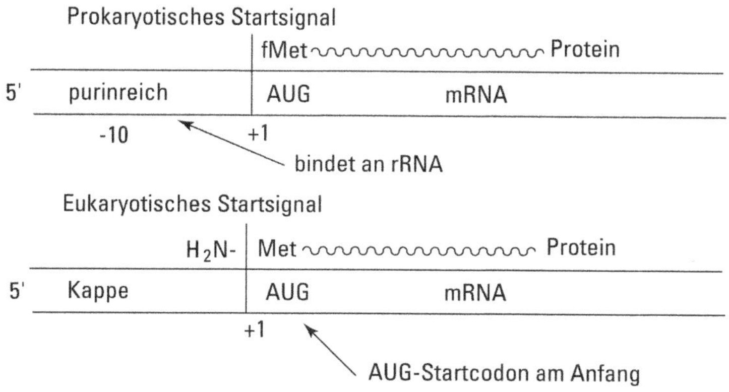

Abbildung 16.8: Die Startsignale

Der genetische Code ist universell – in fast allen Fällen codieren alle Codons bei allen Organismen für die gleichen Aminosäuren. Es gibt nur einige wenige Ausnahmen; der genetische Code der mitochondrialen DNA weist beispielsweise einige Unterschiede zur Zell-DNA auf. In den Mitochondrien dient das Codon UGA nicht als Stoppsignal, sondern codiert für die Aminosäure Tryptophan.

Modelle der Genregulation

Ein Organismus muss nicht ständig alle möglichen Proteine synthetisieren – das wäre weder möglich noch sinnvoll. Wozu sollte eine Darmzelle auch Hämoglobin produzieren oder eine Zelle des Auges die Verdauungsenzyme? Damit jede Zelle weiß, welches Protein sie an welchem Zeitpunkt synthetisieren muss, ist eine sehr feine Regulation der Genexpression (*Genregulation)* erforderlich.

Wenn ein spezifisches Protein vom Organismus gebraucht wird, muss das entsprechende Gen »angeschaltet« werden – und sobald eine genügende Menge des Proteins synthetisiert wurde, muss das Gen auch wieder »abgeschaltet« werden können. Eine Steuerung kann dabei entweder auf Transkriptionsebene (Genregulation) oder auf Translationsebene stattfinden.

In diesem Abschnitt untersuchen wir zunächst Prozesse in prokaryotischen Zellen und widmen uns dann den weit komplizierteren Vorgängen der Genregulation bei Eukaryoten. Die Untersuchung der einfacheren Mechanismen in prokaryotischen Zellen erlaubt Schlüsse auf die Vorgänge bei Eukaryoten – die grundlegenden Prozesse sind bei beiden sehr ähnlich.

Wie so oft wurden die ersten Untersuchungen zur Genregulation an *E. coli* durchgeführt. Wird die Ernährung dieses Bakteriums von Glukose auf Laktose umgestellt, muss *E. coli* das Enzym *β-Galaktosidase* produzieren, um die neue Energiequelle nutzen zu können. Unter normalen Bedingungen wird dieses Enzym nur in geringen Mengen synthetisiert – quasi vorsichtshalber, für den Fall, dass sich das Nahrungsangebot überraschend ändern könnte und das Bakterium sofort auf Laktose umsteigen muss. Interessant ist jedoch, dass parallel zu der Erhöhung der β-Galaktosidase-Produktion auch die Sekretion zweier weiterer Enzyme zunimmt: der β-Galaktosid-Permease (einem Enzym, das Laktose in die Zelle transportiert) und der Thiogalaktosid-Transacetylase (dieses Enzym macht andere Stoffe unschädlich, die auch mit der Galaktosid-Permease in die Zelle gelangen). Die Änderung einer Umweltbedingung hat zur Folge, dass gleich mehrere Enzyme reguliert wurden. Diese Funktionseinheit der Genexpression wird ein *Operon* genannt. François Jacob und Jacques Monod stellten das Operonmodell auf, um die Genregulation erklären zu können.

Das Jacob-Monod-Modell (Operonmodell)

Die gleichzeitige Änderung der Syntheseraten von drei verschiedenen Enzymen durch die Umstellung auf Laktose wies darauf hin, dass diese drei Proteine wohl gemeinsam reguliert werden müssen. Wie das aussehen kann, erläutert das Operonmodell. Dieses Modell erfordert ein Regulatorgen, das mehrere Strukturgene beeinflusst, sowie eine Stelle auf der DNA, die Operator genannt wird. Der Operator, der Promotor und die folgenden Strukturgene bilden das Operon. Das Regulatorgen ist für die Produktion eines *Repressorproteins* verantwortlich. Das Repressorprotein bindet an den Operator und verhindert dadurch die Expression der Strukturgene (siehe Abbildung 16.9).

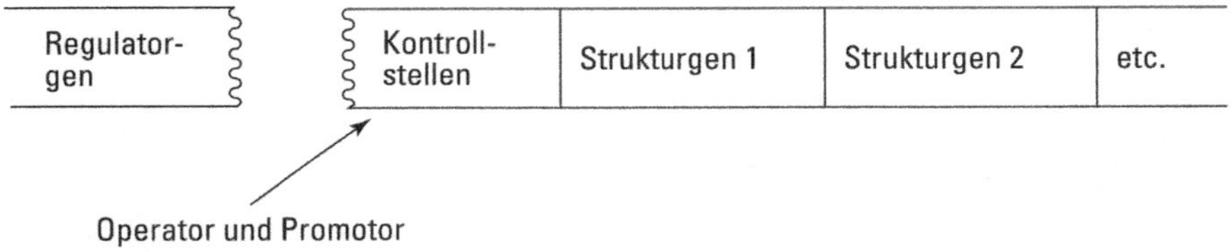

Abbildung 16.9: Schema eines Operons

Die Strukturgene liegen hintereinander auf der DNA und werden in eine lange mRNA übersetzt, die wiederum die Synthese gleich mehrerer Proteine bewirkt. Eine mRNA, die die Informationen für die Synthese mehrerer Proteine trägt, heißt *polygen* oder *polycistronisch*.

Das lac-Operon

Das *lac*-Operon wurde 1961 entdeckt und hat seitdem tiefe Einblicke in die Genregulation einer Zelle ermöglicht. Es ist das Modell eines Regulationssystems für mehrere Gene (siehe Abbildung 16.10).

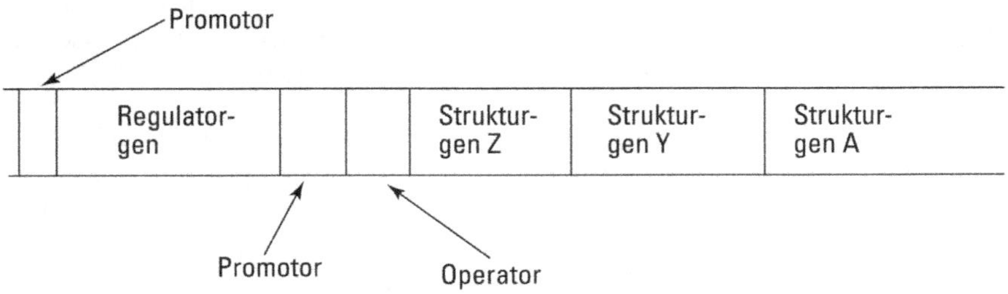

Abbildung 16.10: Das lac-Operon

Beim *lac-Operator* handelt es sich um eine palindrome DNA-Sequenz mit einer doppelten Symmetrieachse. Die Wiederholungssequenz entspricht nicht immer einem perfekten Palindrom. (Viele Protein-DNA-Wechselwirkungen erfordern eine passende Symmetrie.) Der lac-Operator sieht wie folgt aus, wobei die Base in der Mitte hervorgehoben ist:

TGTGTGGAATTGTGAGC**G**GATAACAATTTCACACA

ACACACCTTAACACTCG**C**CTATTGTTAAAGTGTGT

Der *Lac-Repressor* ist ein dimeres Protein, das sich auch zu einem Tetramer zusammenlagern kann. Ohne Laktose bindet der Repressor fest an den Operator. Dadurch wird verhindert, dass eine RNA-Polymerase den DNA-Strang entwinden kann, um eine Transkription einzuleiten. Ohne Laktose werden diese Proteine nicht benötigt, die Transkription ist abgestellt.

Sobald Laktose als Zuckerquelle verwertet werden muss, wird die Genexpression angestellt. Dabei ist nicht die Laktose selbst für die Stimulierung des lac-Operons verantwortlich, sondern die Allolaktose. Sowohl Laktose als auch Allolaktose sind Disaccharide, die aus Glukose und Galaktose zusammengesetzt sind (siehe Abbildung 16.11). In Laktose ist eine α-1,4-Bindung vorhanden, während Allolaktose eine α-1,6-Bindung trägt. Allolaktose entsteht immer dann, wenn zunächst die wenigen Moleküle β-Galaktosidase, die normalerweise in der Zelle vorhanden sind, auf Laktose treffen. Dieses Disaccharid gilt neben einigen ähnlichen Molekülen als induzierender Ligand des lac-Operons. Der Ligand bindet an den Repressor und drosselt dessen Affinität zum Operator. Dadurch löst sich der Repressor vom Operator und macht die Bühne frei für eine Genexpression.

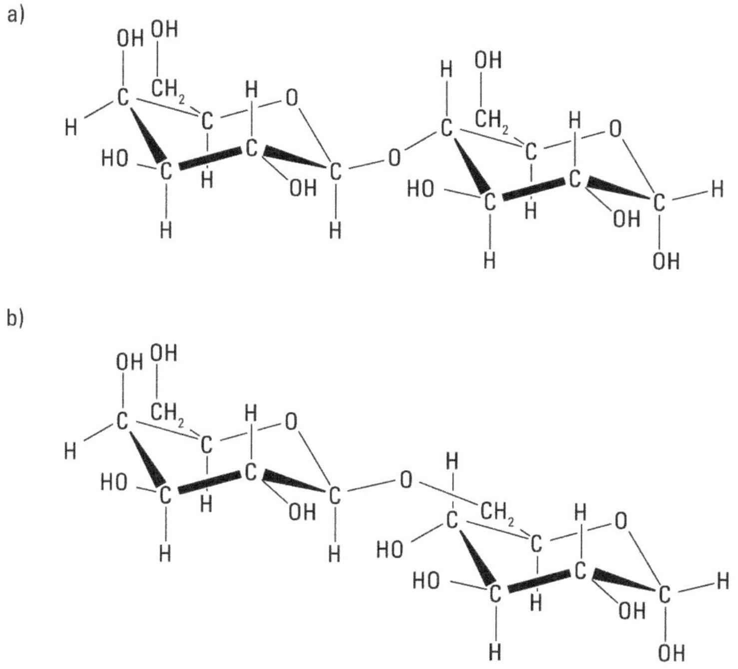

Abbildung 16.11: Strukturen von Laktose und Allolaktose

Wenn die Transkription startet, werden alle drei Strukturgene abgelesen und die Zelle beginnt mit der Produktion von β-Galaktosidase, Galaktosid-Permease und Thiogalaktosid-Transacetylase. Dies wird so lange fortgesetzt, bis die Laktose- und somit auch die Allolaktosekonzentrationen so weit abgesunken sind, dass das Repressorprotein wieder ungehindert an die DNA binden kann.

Andere prokaryotische Regulatoren

Der *Pur-Repressor* beeinflusst Gene, die für die Synthese von Purinen und in geringerem Maße auch von Pyrimidinen verantwortlich sind. Dieses Protein ähnelt strukturell dem Lac-Repressor; der Pur-Repressor bindet jedoch nur an den Operator, nachdem ein anderes Molekül zuvor an den Repressor gebunden hat. Während also durch die Bindung eines anderen Moleküls der Lac-Repressor frei wird, wird zur selben Zeit durch die Bindung eines weiteren Moleküls der Pur-Repressor dazu angeregt, eine Bindung einzugehen. Das andere Molekül hat den gegenteiligen Effekt. Im Falle des Pur-Repressors wird dieses andere Molekül Korepressor genannt.

Es gibt auch Regulatoren, die stimulierend auf die Transkription wirken, anstatt sie zu unterdrücken. Das katabole Aktivatorprotein CAP ist hierfür ein Beispiel. Dieses Protein interagiert mit dem Promotor und zusammen mit zwei cAMP-Molekülen auch mit der RNA-Polymerase. Dadurch wird die Einleitung der Transkription bestimmter Gene angeregt.

Regulation eukaryotischer Gene

Obwohl Ähnlichkeiten vorhanden sind, ist die Regulation von Genen in eukaryotischen Zellen ungleich komplizierter als in prokaryotischen. Ein Grund dafür besteht darin, dass das typisch eukaryotische Genom allein schon viel größer ist als das eines Prokaryoten. Eine andere Begründung ist darin zu sehen, dass eukaryotische Zellen meist Teil eines viel größeren Organismus sind und von Gewebe zu Gewebe unterschiedliche Aufgaben zu erfüllen haben. Eine Leberzelle produziert zum Beispiel ganz andere Proteine als eine Herzzelle.

Histone

Eukaryotische Gene sind mit Proteinen verbunden. Diese kleinen basischen Proteine werden *Histone* genannt. Sie sind basisch, da etwa 25 Prozent ihrer Aminosäuren entweder Arginin oder Lysin sind. Sie sind fest mit der DNA verbunden und stellen annähernd die Hälfte der Masse eines Chromosoms. Der Komplex aus DNA und Histonen in einer Zelle wird *Chromatin* genannt, wobei es fünf wichtige Histontypen gibt: H1 – und vier weitere, die miteinander verbunden sind: H2A, H2B, H3 und H4.

Chromatin besteht aus sich wiederholenden Einheiten von jeweils zwei Kopien H2A, H2B, H3 und H4 mit einem DNA-Strang von etwa 200 Basenpaaren Länge, der eng um dieses Histonoktamer gewickelt ist. Jede dieser sich wiederholenden Einheiten ist ein Nukleosom. Die Wicklung der DNA im Nukleosom bewirkt eine starke Komprimierung der DNA. Forschungen weisen darauf hin, dass etwa 145 der 200 Basenpaare tatsächlich mit einem Histonoktamer verbunden sind, während die restlichen Basenpaare eine Verbindung (sogenannte Linker-DNA) darstellen, die zwei Histonoktamere aneinanderkoppelt. Das Histon H1 bindet für gewöhnlich an diese Linker-DNA.

Die acht Histone in einem Histonoktamer bilden zusammen ein Tetramer mit der Zusammensetzung $(H3)_2(H4)_2$ und zwei Dimere der Zusammensetzung (H2A)(H2B). Alle Histonproteine besitzen lange Schwänze, die reich an Arginin und Lysin sind und aus dem Proteinkern herausragen. Eine Modifizierung dieser Schwänze ist wichtig für die Genregulation.

Die Struktur von Chromatin spielt eine Rolle bei der eukaryotischen Genregulation. Die eng gepackte Chromatinstruktur muss sich auflockern, wenn ein Gen transkribiert werden soll. Zudem hat die Struktur Einfluss auf den Zugang zu regulatorischen Bindungsstellen auf der DNA. Enhancer haben wegen der dreidimensionalen Struktur der DNA selbst dann einen Einfluss auf die Genexpression, wenn sie Tausende Basenpaare vom Gen entfernt liegen. Bestimmte Enhancer kommen nur in speziellen Zellarten vor. Daher wird zum Beispiel das Insulin produzierende Gen nur in Pankreaszellen exprimiert.

Eine Modifizierung der DNA kann ebenso die Genexpression hemmen. Bei schätzungsweise 70 Prozent der 5′-CpG-3′-Sequenzen in Säugetieren ist Cytosin methyliert. Das Muster der methylierten Cytosine (siehe Abbildung 16.12) ist je nach Zellart verschieden. Die für die Genexpression in dieser Zelle erforderlichen Chromatinbereiche sind im Vergleich zu entsprechenden Regionen in Zellen, in denen das Gen nicht exprimiert ist, hypomethyliert (das heißt, sie haben weniger methylierte Cytosine). Die vorhandenen Methylgruppen beeinträchtigen die Bindung von Enhancern und Promotoren.

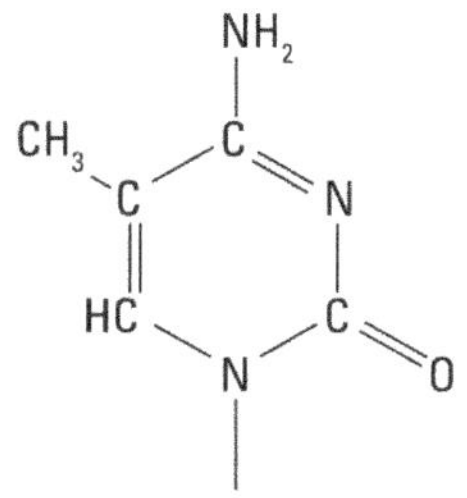

Abbildung 16.12: Struktur von methyliertem Cytosin

Eukaryotische Transkriptionsfaktoren

Eukaryotische Zellen nutzen eine Vielzahl von Transkriptionsfaktoren, um die Transkription einzuleiten – und kein einziger Faktor kann dabei den gesamten Prozess allein regeln. Dies wird als *kombinierte Kontrolle* bezeichnet und ist ein notwendiges System für Organismen mit mehreren Zellarten und auch bei anderen eukaryotischen Zellen hilfreich.

Viele unpolare Moleküle, wie Steroidhormone, können leicht durch eine hydrophobe Zellmembran hindurchtreten und an Rezeptorproteine binden. Sie sind hochspezifisch. Östrogen (siehe Abbildung 16.13) ist ein Beispiel für ein Steroidhormon. Solche Moleküle werden auch als *Liganden* bezeichnet.

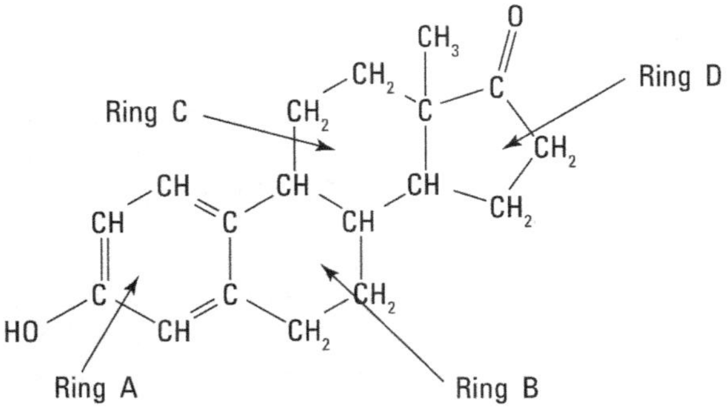

Abbildung 16.13: Struktur von Estron, einem natürlichen Östrogen

Ein Ligand bindet an eine spezifische Stelle – bezeichnenderweise *Ligandenbindungsstelle* genannt –, die sich nahe am Ende des Rezeptorproteins befindet. Dieser Abschnitt des Proteins trägt viele unpolare Reste mit Affinitäten für hydrophobe Moleküle. Rezeptorproteine, die Hormone binden, werden *nukleäre Hormonrezeptoren* genannt. Es existiert eine DNA-Bindestelle nahe dem Zentrum eines Proteins, das acht Cysteinreste enthält, um Zinkionen zu binden. Zinkionen stabilisieren die Struktur und standen Pate für den Namen *Zinkfingerdomäne.* Die Bindung eines Moleküls an die Ligandenbindungsstelle verursacht eine erhebliche Konformationsänderung des Proteins.

Das nächste Teil des Puzzles bilden einige kleine Proteine, die als *Koaktivatoren* bekannt sind. Es gibt drei Bereiche nahe dem Zentrum dieser Proteine mit dem Sequenzmuster Leu-X-X-Leu-Leu. Jeder dieser Bereiche bildet eine kurze hydrophobe α-Helix. Die drei Helices binden an die hydrophobe Region der *Ligandenbindungsstelle.* In der Gegenwart des Liganden wird die Bindung des Koaktivators verstärkt. (Ein Rezeptorprotein kann speziell in der Gegenwart eines Korepressors auch als Repressor fungieren.)

Welche Rollen spielen eigentlich Koaktivatoren und Korepressoren? Ihre Wirksamkeit scheint damit zu tun zu haben, dass sie an Histonschwänzen kovalente Verknüpfungen herstellen können. Histon-Acetyltransferasen (HATs) katalysieren diese Modifizierung der Histonschwänze (ein Prozess, der durch die Histon-Deacetylase wieder umkehrbar ist – siehe Abbildung 16.14). Dieser Vorgang wandelt ein sehr polares (positiv geladenes) Lysin zu einer weit weniger polaren (neutralen) Peptidbindung um, wodurch die Affinität des Schwanzes für die DNA erheblich abnimmt. In geringerem Maße sinkt dadurch auch die Affinität des gesamten Histons zur angegliederten DNA. Die Reduktion der Affinitäten eröffnet so einen Zugang zu einem Teil der DNA, an dem schließlich die Transkription stattfinden kann.

Die acetylierten Lysinreste beeinträchtigen ebenfalls die Acetyllysin bindende Domäne (Bromodomäne), die einen Teil vieler transkriptionsregulierender Proteine bei Eukaryoten darstellt.

Es gibt zwei wichtige Proteine mit Bromodomänen: Eines davon ist ein großer Komplex aus zehn Proteinen, der an das TATA-Box bindende Protein bindet, das für die Transkription vieler Gene verantwortlich ist. Das andere Protein mit einer Bromodomäne ist Teil eines

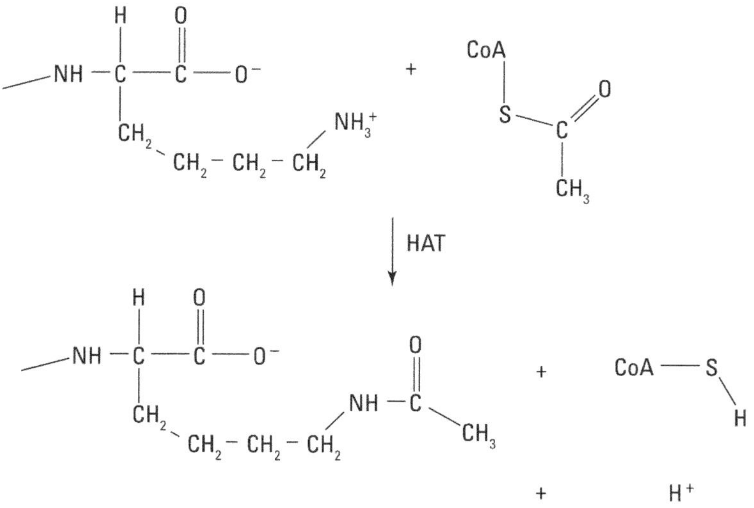

Abbildung 16.14: Reaktion, die von Histonacetyl-Transferasen (HATs) katalysiert wird

großen Komplexes, der als *Chromatin-Remodeling-Komplex* bekannt ist. Wie der Name bereits andeutet, verändert dieses Protein die Struktur des Chromatins, wodurch sich natürlich auch dessen chemisches Verhalten ändert.

All diese Faktoren beeinflussen, inwieweit DNA-Bereiche für die Transkription zugänglich sind. Sobald die DNA aber erst einmal an einer Stelle geöffnet wurde, kann die Transkription beginnen.

IN DIESEM KAPITEL

Die Translation vorstellen

Das Ribosom und seine Funktion

Proteinsynthese verstehen

Unterschiede zwischen Pro- und Eukaryoten

Kapitel 17
Korrekt übersetzen – Translation

Sie sind wahrscheinlich schon mindestens einmal in Ihrem Leben in die Verlegenheit geraten, einen Text oder einen Begriff übersetzen zu müssen. Mitunter ist das gar nicht so leicht und das Ergebnis ein Desaster … Machen Sie nur einmal den Versuch, einen Text von einer Übersetzungsmaschine ins Englische und wieder zurück ins Deutsche bringen zu lassen, Sie werden garantiert ziemlich schmunzeln. Auch in jeder Zelle Ihres Körpers sind pausenlos Übersetzer am Werk, die die Sprache der Nukleinsäuren in die Sprache der Proteine übertragen. Und genau um dieses Thema geht es nun – die Proteinsynthese.

Bitte keine Fehler!

Als *Translation* wird der Prozess bezeichnet, bei dem das Vier-Buchstaben-Alphabet einer Nukleinsäure in das 20-Aminosäuren-Alphabet eines Proteins übersetzt wird. Translation findet an den Ribosomen statt, kleinen Proteinsynthesefabriken im Zytoplasma einer Zelle. An der Translation sind neben zahlreichen Enzymen auch verschiedene RNA-Moleküle beteiligt. Die genetische Information reist in Form der Messenger-RNA (mRNA) vom Zellkern zu den Ribosomen, die Transfer-RNAs (tRNAs) schaffen die Aminosäuren herbei und sorgen für den korrekten Einbau, und die ribosomalen RNAs (rRNAs), nun … ohne diese wichtigen Bausteine der Ribosomen gäbe es gar keine Translation. Auch hier sind Übersetzungsfehler keine gute Idee, wenn das Protein anschließend wunschgemäß arbeiten soll.

Warum die Translation so wichtig ist

Bei der Translation werden Aminosäuren in einer vorgegebenen Reihenfolge zu einem funktionierenden Protein aneinandergefügt. Die mRNA dient dabei als Vorlage und ist eine Art

Blaupause der genetischen Information der DNA des Zellkerns. Um diese Vorlage bearbeiten zu können, müssen die einzelnen Aminosäuren in der richtigen Reihenfolge herbeitransportiert werden – eine Aufgabe der tRNA. Jede tRNA besitzt zwei wichtige Bereiche. Der eine Bereich dient der Bindung ihrer ganz spezifischen Aminosäure; so kann zum Beispiel nur ein Typ tRNA die Aminosäure Methionin transportieren. Der andere Bereich wird Erkennungsstelle genannt und entspricht einem Anticodon. Unter einem *Anticodon* versteht man die Abfolge von drei Basen, die komplementär zu einem Codon aus drei Basen auf der mRNA ist. Das mRNA-Codon AUG passt zum Beispiel zum tRNA-Anticodon UAC. All diese Prozesse finden an den Ribosomen statt.

Trautes Heim, Glück allein: Das Ribosom

Jede Zelle enthält Tausende von *Ribosomen*, kleine Fabriken, an denen Proteine hergestellt werden. Ribosomen sind Komplexe aus RNA-Molekülen und Proteinen, die sich zwischen Pro- und Eukaryoten in einigen Punkten unterscheiden. Betrachten wir daher zunächst ein bakterielles Ribosom, das relativ leicht in zwei Untereinheiten zerfällt: die größere 50S-Untereinheit und die kleinere 30S-Untereinheit. Diese Bezeichnung geht auf Theodor Svedberg zurück, der die *Sedimentationskoeffizienten* (S) von Partikeln während einer Ultrazentrifugation bestimmt hat. Die große Untereinheit besteht aus circa 34 verschiedenen Proteinen (mit L1 bis L34 bezeichnet) und zwei RNA-Molekülen (23S und 5S). Die kleine Untereinheit der bakteriellen Ribosomen besteht aus 21 Proteinen (S1 bis S21) und nur einem RNA-Molekül (16S).

Ein prokaryotisches Ribosom enthält insgesamt drei rRNA-Moleküle (23S, 16S und 5S), jeweils eine Kopie der S1- bis S21-Proteine, zwei Kopien von L7 und L12 und jeweils ein Exemplar der restlichen L1- bis L34-Proteine. L7 und L12 sind fast identisch und unterscheiden sich lediglich im acetylierten Aminoende; S20 und L26 sind ebenfalls identisch. Werden all diese Bestandteile *in vitro* miteinander vermischt, organisieren sich die Untereinheiten spontan zum funktionsfähigen Ribosom (self-assembly). Eine Variante der 16S-rRNA ist in Abbildung 17.1 dargestellt.

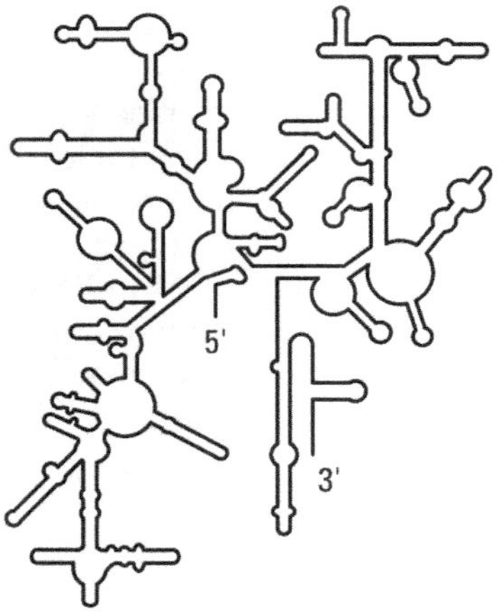

Abbildung 17.1: Vereinfachtes Schema der Struktur einer 16S-rRNA

Das Team

Viele Hände müssen helfen, damit ein Proteinmolekül am Ribosom entsteht – wie eigentlich bei allen komplexen Syntheseprozessen der Zelle. Bei Ribosomen ist das Besondere die enge Verflechtung von Proteinen und RNA-Molekülen, die diesen Vorgang so interessant für Molekularbiologen macht. Das Team hat viele Spieler, also freuen Sie sich auf einen relativ komplizierten Sachverhalt! Vielleicht lässt sich das Ganze etwas anschaulicher anhand einer Analogie aus dem Mannschaftssport erklären.

Der Mannschaftskapitän: rRNA

Etwa zwei Drittel der Masse eines Ribosoms besteht aus RNA. Die drei rRNA-Komponenten spielen eine wichtige Schlüsselrolle für Form und Funktion eines Ribosoms (Proteine sind hingegen eher für die Feinabstimmung von Form und Funktion verantwortlich). Ein bestimmter Teil dieser rRNA-Moleküle besitzt zahlreiche Duplexregionen, in denen die RNA Basenpaarungen ausbildet.

Die 30S- und 50S-Untereinheiten fügen sich zu einem 70S-Ribosom zusammen, das eine mRNA im Verlauf der Translation umklammert hält. Es existieren dabei drei Bindestellen für die tRNA-Moleküle: die E-, P- und A-Stelle. »E« steht für Exit. Eine tRNA besetzt diese Position, nachdem sie ihre Aminosäure abgeliefert hat und kurz bevor sie das Ribosom wieder verlässt. »P« steht für Peptidylbindung. An dieser Stelle befindet sich eine tRNA, wenn sie noch ihre Aminosäure huckepack trägt und kurz davor ist, diese an die wachsende Peptidkette anzuheften. »A« steht für Aminoacyl oder auch Anfang. An dieser Position wird geprüft, ob das Anticodon einer neu andockenden tRNA auch tatsächlich zum entsprechenden Codon der mRNA passt. Eine tRNA kommt also zuerst an der A-Stelle in das Ribosom, rutscht dann zur P-Stelle weiter, gibt dort ihre Aminosäure ab und wird dann in die E-Stelle geschoben, an der sie das Ribosom wieder verlässt. Wenn sich die 30S- und 50S-Untereinheiten spontan verbinden, liegen die A- und E-Positionen an der Berührungsfläche. Die P-Stelle befindet sich in der 50S-Untereinheit und stellt die Öffnung eines Tunnels dar, durch den die wachsende Polypeptidkette aus dem Ribosom geleitet wird.

Der Spielmacher: mRNA

Die Basensequenz der mRNA wird in 5′→3′-Richtung gelesen, ebenso wie bei der Transkription. Für prokaryotische Zellen ist das ein echter Zeitgewinn – so kann die Translation am Ribosom bereits starten, noch bevor die Transkription der DNA überhaupt beendet ist. Bei Eukaryoten funktioniert das leider nicht, denn hier sind Transkription (im Zellkern) und Translation (im Zytoplasma) räumlich getrennt.

Die Translation beginnt hingegen nicht sofort am 5′-Ende der mRNA. Ebenso wie die Stoppsignale für die Transkription existieren auch Startsignale, um die Translation am Ribosom zu steuern. Das 5′-Ende der mRNA paart sich hier mit dem 3′-Ende der 16S-rRNA. Dieser Abschnitt ist etwa 30 Nukleotide lang (ein Bereich davon, die sogenannte Shine-Dalgarno-Sequenz, ist sehr purinreich).

Kurz hinter dieser Sequenz liegt das Startsignal für die Translation. In den meisten Fällen lautet das Startsignal AUG (Codon für Methionin), manchmal auch GUG (Codon für Valin). Bei *E. coli* wird als erste Aminosäure Formylmethionin anstelle von Methionin eingebaut. Dieses Formylmethionin wird normalerweise kurz nach Beginn der weiteren Proteinsynthese wieder entfernt. Bei prokaryotischen Zellen kann es mehr als nur ein Start- oder Stoppcodon in einer mRNA geben, da prokaryotische mRNAs polycistronisch sind – das bedeutet, dass aus einer einzigen mRNA gleich mehrere Proteine hintereinander am Ribosom synthetisiert werden können. Die Strukturen einer mit Methionin und einer mit Formylmethionin beladenen tRNA ist in Abbildung 17.2 gezeigt.

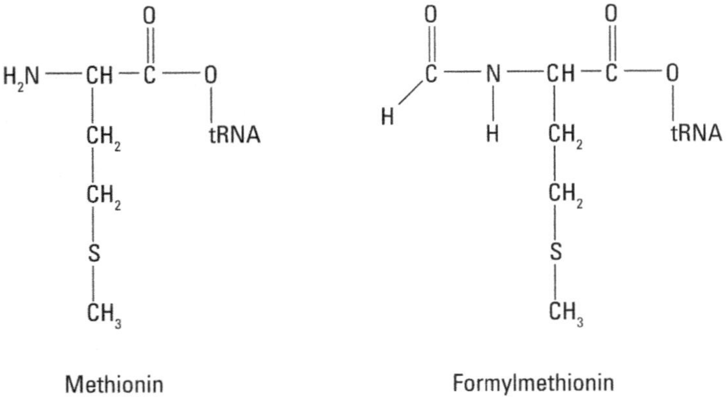

Abbildung 17.2: Strukturen von Methionin- und Formylmethionin-beladener tRNA

Passgenaues Zuspiel: tRNA

Alle tRNAs teilen bestimmte Eigenschaften. Jede tRNA ist ein RNA-Einzelstrang von 73 bis 93 Nukleotiden Länge, der 7 bis 15 ungewöhnliche Basen enthält (also Basen, bei denen es sich nicht um A, C, U oder G handelt). Etwa die Hälfte der Nukleotide ist basengepaart. Die aktivierte Aminosäure wird an die Hydroxygruppe des 3′-Endes einer tRNA angehängt, also an den Adenosinrest am CCA-Abschnitts. Das 5′-Ende der tRNA ist für gewöhnlich phosphoryliert und besteht aus Phosphoguanin. Das Anticodon befindet sich an einer Schleife nahe dem Zentrum der tRNA.

Viele der ungewöhnlichen Basen sind methylierte oder dimethylierte Varianten von A, C, G oder U, die normalerweise posttranskriptional durch eine Modifikation entstanden sind. Methylgruppen sind unpolar und beeinträchtigen die Bildung von Basenpaaren. Methylierte Basen stabilisieren daher einzelsträngige Schleifenbereiche in der tRNA und beeinflussen bestimmte Wechselwirkungen der Basen mit ribosomalen Proteinen während der Synthese. Zu den ungewöhnlichen Basen der tRNAs zählen Dihydrouridin, Dimethylguanosin, Inosin, Methylguanosin, Methylinosin, Pseudouridin und Ribothymidin. Inosin ist Teil des Anticodons. Eine Darstellung der Struktur sehen Sie in Abbildung 17.3. Viele dieser Basen befinden sich in oder in der Nähe der Strukturschleifen einer tRNA.

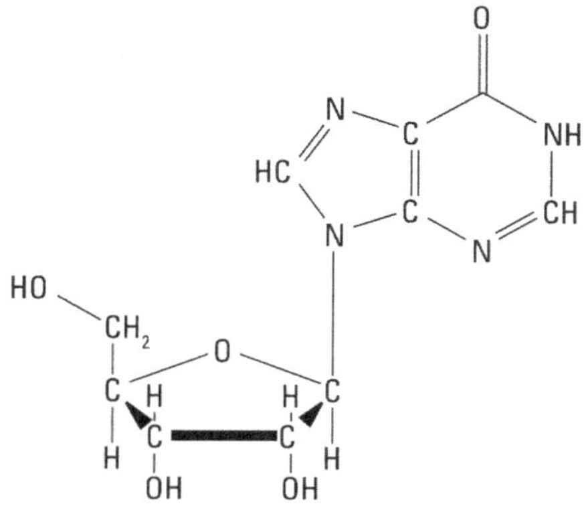

Abbildung 17.3: Struktur von Inosin

Wie aus Abbildung 17.4 ersichtlich gibt es fünf Bereiche, die nicht basengepaart sind. (Beachten Sie, dass die Struktur der tRNA aus Abbildung 17.4 nicht der tatsächlichen, dreidimensionalen Struktur entspricht.) Wenn man am 5′-Ende beginnt, lautet die Reihenfolge dieser ungepaarten Bereiche: DHU-Schleife, Anticodonschleife, Extraarm, TΨC-Schleife und 3-CCA-Terminus. Der Name der DHU-Schleife leitet sich von der Präsenz mehrerer

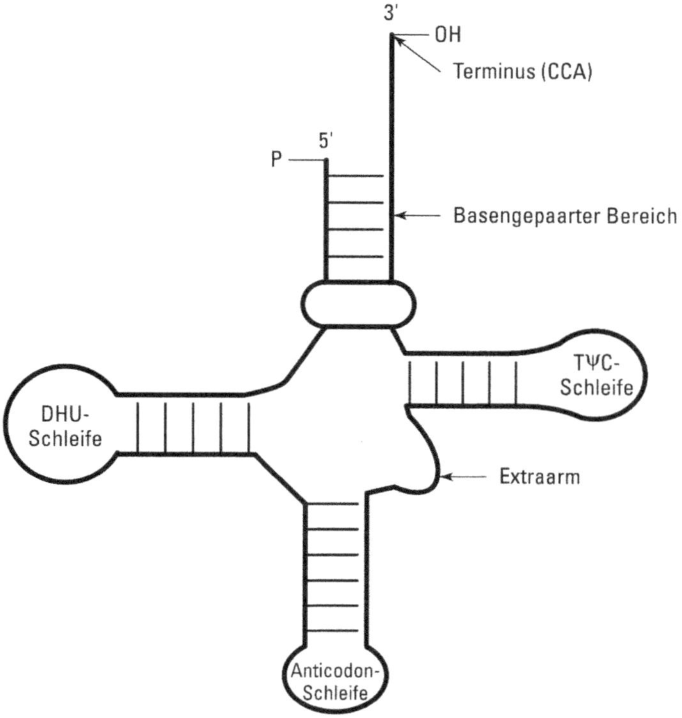

Abbildung 17.4: Wichtige Strukturelemente einer tRNA

Dihydrouracilreste her. Die Anticodonschleife enthält einen Bereich, der ein bestimmtes Codon auf einer mRNA erkennen kann, während der Extraarm aus einer variablen Anzahl von Nukleotidresten besteht. Die TΨC-Schleife erhielt ihren Namen von der Sequenz Thymin-Pseudouracil-Cytosin. Diese Schleifen machen jede tRNA einzigartig, obwohl sich alle im Hinblick auf die Gesamtstruktur ähneln.

Das Anticodon verläuft in 5′→3′-Richtung und ist mit seinem Codon auf der mRNA in 3′→5′-Richtung basengepaart. Dadurch tritt die erste Base des Anticodons mit der dritten Base des Codons in Kontakt. (Noch einmal zur Erinnerung: Basensequenzen werden stets in 5′→3′-Richtung angegeben.)

Das Aufwärmtraining: Aminosäuren aktivieren

Eine Aminosäure muss an »ihre« passende tRNA angeheftet werden, da eine tRNA mit einer falschen oder vielleicht sogar fehlenden Aminosäure ein funktionsunfähiges oder viel zur kurzes Protein bedeuten kann. Die Aminosäure wird durch diese Bindung an ein tRNA-Molekül aktiviert. Eine Bindung zwischen zwei Aminosäuren wie bei der Proteinsynthese ist keine freiwillig ablaufende, spontane Reaktion und erfordert eine gewisse Menge an Energieaufwand. Mit der Bindung der Aminosäure an eine tRNA (unter Hydrolyse von ATP zu AMP als Energie liefernde Reaktion) wird die freie Aminosäure zu einem reaktiveren Aminosäureester umgewandelt. Eine beladene tRNA wird als Aminoacyl-tRNA (siehe Abbildung 17.5) bezeichnet.

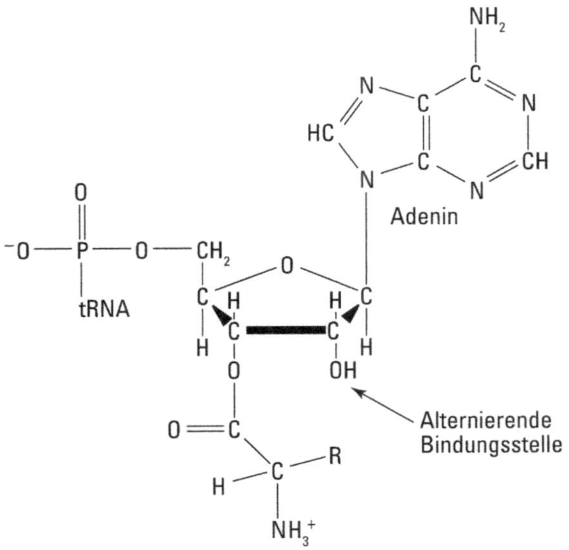

Abbildung 17.5: Beispiel einer Aminoacyl-tRNA

Diese Reaktion katalysieren die Aminoacyl-tRNA-Synthetasen. Der Vorgang beginnt, indem eine Aminosäure mit einem ATP-Molekül ein Aminoacyl-Adenylat bildet, wodurch ein Pyrophosphat freigesetzt wird. Abbildung 17.6 zeigt ein derartiges Aminoacyl-Adenylat.

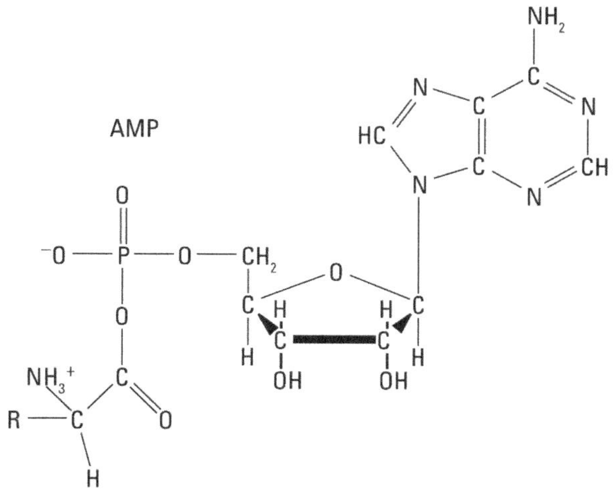

Abbildung 17.6: Struktur eines Aminoacyl-Adenylats

Jede Aminosäure besitzt ihre eigene Aminoacyl-tRNA-Synthetase.

Es gibt zwei Klassen von Aminoacyl-tRNA-Synthetasen: die monomere Klasse I und die (in den meisten Fällen jedenfalls) dimere Klasse II. Jede Klasse ist für zehn Aminosäuren verantwortlich. Das CCA-Ende der tRNA nimmt unterschiedliche Strukturen ein, wenn es mit den Mitgliedern der beiden Synthetaseklassen in Wechselwirkung tritt. Die meisten Klasse-II-Enzyme verknüpfen eine Aminosäure an die in Abbildung 17.5 dargestellte Stelle (3′-Hydroxygruppe), während Klasse-I-Synthetasen eine Aminosäure an die alternierende Bindungsstelle (2′-Hydroxygruppe) anhängen.

Ein Aminoacyl-Adenylat bleibt, sobald es einmal gebildet wurde, fest an die Synthetase gebunden, bis es zu einer Aminoacyl-tRNA umgeformt wird.

Damit die Aminoacyl-tRNA-Synthetase auch die korrekte Aminosäure an eine tRNA anhängt, muss dieses Enzym in der Lage sein, die spezifischen Eigenschaften der Aminosäuren zu unterscheiden. Wenn Sie sich beispielsweise die Aminosäuren Serin, Valin und Threonin näher anschauen und vergleichen, erkennen Sie, wie das funktionieren kann (siehe Abbildung 17.7). Vergessen Sie dabei nicht, dass die Threoninseitenkette chiral ist, die anderen Seitenketten jedoch nicht. Die Seitenketten unterscheiden sich einerseits in der Größe (–H gegenüber $-CH_3$) und in den möglichen Wasserstoffbrückenbindungen (–OH kann eine H-Brücke ausbilden, $-CH_3$ aber nicht). Die Erkennungsstelle hat die passende Größe und Zusammensetzung, um diese Eigenschaften nutzen zu können. Wichtig an dieser Stelle ist auch das Zinkion, das dafür sorgt, dass die Koordination zwischen Enzym und Aminosäure klappt.

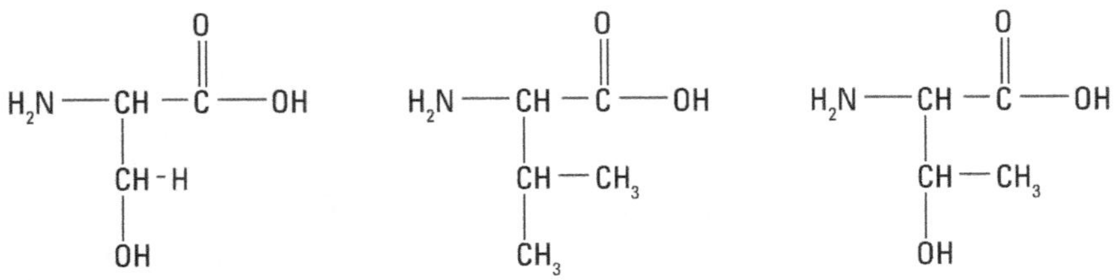

Serin Valin Threonin

Abbildung 17.7: Strukturen von Serin, Valin und Threonin

Trotz des Unterschieds zwischen beiden Aminosäuren wird Serin manchmal mit Threonin vertauscht. Zum Glück hat die Synthetase eine Korrekturfunktion – die *Editierstelle* befindet sich nahe der Reaktionsstelle, ist jedoch nicht mit ihr identisch. Ähnlich können auch andere Aminoacyl-tRNA-Synthetasen ihre Arbeit überprüfen. Aminosäuren wie Tryptophan haben keine engen Strukturverwandten, daher ist die Überprüfung in einem solchen Fall von geringerer Bedeutung.

Alle Aminoacyl-tRNA-Synthetasen müssen in der Lage sein, ein spezifisches Anticodon zu identifizieren, um sicherzugehen, dass sie die richtige tRNA vor sich haben und mit der entsprechenden Aminosäure beladen können. Die Enzyme können aber auch andere Merkmale der tRNAs erkennen, wie die Größe des Extraarms oder den hydrophoben Charakter, der durch die Methylierung einiger Ribonukleotide bedingt ist.

Und … Anpfiff: Proteinsynthese

Die Hauptphasen der Protein- (oder Polypeptid-) Synthese lauten wie folgt:

- ✔ Aktivierung
- ✔ Initiation
- ✔ Elongation
- ✔ Termination

Die grundlegenden Schritte der Proteinsynthese sind bei allen Organismen gleich – es gibt keinen Unterschied zwischen den Translationsvorgängen bei Mensch, Pilz oder Tulpe. Die Synthese setzt sich stets vom Aminoende in Richtung Carboxyende der wachsenden Polypeptidkette fort.

In diesem Abschnitt gehen wir auf die einzelnen Schritte der Translation näher ein. Dabei spielen natürlich wieder tRNA, mRNA und rRNA eine Rolle – zusammen mit einer Reihe von Proteinfaktoren.

Aktivierung

Wie zuvor in diesem Kapitel erwähnt, reagiert eine Aminosäure, wenn sie *aktiviert* wird, mit ATP und wird dadurch zu einem Aminoacyl-Adenylat. Das Aminoacyl-Adenylat bindet dann an seine spezifische tRNA, wodurch Aminoacyl-tRNA und AMP entstehen.

Initiation

Während der *Initiationsphase* bindet eine mRNA an die 30S-Untereinheit eines Ribosoms, indem sie die Shine-Dalgarno-Sequenz sucht. Danach bindet das Anticodon der ersten tRNA an das AUG- (oder GUG-) Startcodon auf der mRNA. Dadurch wird die A-Stelle der 30S-Untereinheit belegt. Die Aminosäure schiebt sich dann in die P-Stelle der 50S-Untereinheit. Dann verbinden sich die 30S- und 50S-Untereinheiten zum funktionsfähigen 70S-Ribosom. Durch die Verbindung beider Untereinheiten kann die tRNA nun auch mit beiden in Wechselwirkung treten.

Um die Translation einzuleiten, ist es nötig, dass eine mRNA und die entsprechende erste tRNA zum Ribosom kommen. Drei Proteine, die als *Initiationsfaktoren* bezeichnet werden, sind für diese Aufgabe zuständig: IF1, IF2 und IF3. Zuerst bilden die 30S-Untereinheit des Ribosoms sowie IF1 und IF3 einen Komplex. Die beiden IF-Proteine des Komplexes verhindern eine vorzeitige Verbindung der beiden Ribosomenuntereinheiten ohne mRNA. Der Initiationsfaktor IF2 bindet GTP und diese binden dann an die Initiator-tRNA. Die Verbindung aus IF2, GTP und Initiator-tRNA bindet dann an die mRNA. Die Wechselwirkung zwischen der Shine-Dalgarno-Sequenz und der 16S-rRNA-Untereinheit sorgt dabei dafür, dass die ankommende Gruppe in die richtige Position manövriert wird.

Die Kombination aller genannten Einheiten mit der 30S-Untereinheit bildet den 30S-Initiationskomplex. Sobald die 50S-Untereinheit dazukommt, wird GTP hydrolysiert, wodurch die Initiationsfaktoren verdrängt werden. Ohne die Initiationsfaktoren bilden die restlichen Komponenten den 70S-Initiationskomplex. Sobald dieser Komplex gebildet ist, kann die Elongationsphase beginnen.

Elongation

Bei der *Elongation* nimmt eine zweite aktivierte tRNA in der A-Stelle der 30S-Untereinheit Platz (die sich direkt neben der P-Stelle befindet) und bindet dort an das vorhandene Codon der mRNA. Ein Protein namens *Elongationsfaktor Tu (EF-Tu)* übernimmt den Transport der beladenen tRNA zur A-Stelle. EF-Tu bildet mit der tRNA einen Komplex, der die Esterbindung zwischen der Aminosäure und ihrer tRNA schützt. Gleichzeitig sorgt dieser Komplex dafür, dass die aktivierte tRNA nur dann die A-Stelle belegen darf, wenn dort auch tatsächlich das passende Codon »wartet«. EF-Tu bindet alle tRNAs bis auf die erste, die Initiator-tRNA. Die Energie für diesen Vorgang stammt aus der Hydrolyse des GTP-Moleküls, die durch ein Protein mit Namen *Elongationsfaktor Ts* eingeleitet wird.

Die beiden ersten Aminosäuren verbinden sich im Peptidyl-Transferase-Zentrum des Ribosoms. Die Aminogruppe der Aminoacyl-tRNA in der A-Stelle wird ausgerichtet, um die Esterbindung der Aminoacyl-tRNA in der P-Stelle anzugreifen. Die Trennung von Aminosäure und tRNA sowie die Bildung der Peptidbindung erfolgt danach in der P-Stelle.

Nach dem Verlust ihrer Aminosäure verhält sich die tRNA nun nicht mehr wie im beladenen Zustand. Die unbeladene tRNA wird zur E-Stelle der 50S-Untereinheit weitergeschoben, sobald die nächste RNA mit dem anhaftenden Polypeptid zur P-Stelle (Tunnel) wandert. Das Ribosom muss nun ein Codon »weiterrutschen« (es wird also *transloziert*). Dafür ist der Elongationsfaktor G (EF-G oder Translokase) verantwortlich. Die Hydrolyse von GTP zu GDP + P_i liefert Energie für diese Bewegung. Dabei wird die neue tRNA in der P-Stelle der 30S-Untereinheit platziert. Zur selben Zeit löst sich die »entladene« tRNA (ohne Aminosäure) von der mRNA und wird in die E-Stelle derselben Untereinheit verschoben. Während des gesamten Vorgangs bleibt die Polypeptidkette an der P-Stelle der 50S-Untereinheit.

Wenn die erste tRNA die E-Stelle verlässt, kann ein neuer Elongationszyklus beginnen, und die nächsten tRNAs können ihre Aminosäuren an die wachsende Polypeptidkette abgeben. Der Vorgang wird so lange fortgesetzt, bis das Ribosom auf ein Stoppcodon trifft.

Termination

Ein Stoppcodon signalisiert das Ende der Translation. Da keine tRNA mit Aminosäure für Stoppcodons verfügbar ist, löst sich der Komplex aus Ribosom, letzter tRNA und mRNA auf.

Erinnern Sie sich noch daran, dass die Stoppcodons UAA, UGA und UAG heißen?

Zellen besitzen normalerweise keine tRNAs, die zu einem der Stoppcodons passen. Es gibt jedoch Proteine (Freisetzungsfaktoren, *Release-Faktoren*, RF), die in der Lage sind, die drei Stoppcodons zu erkennen. Release-Faktor 1, RF1, erkennt UAA und UAG. Release-Faktor 2, RF2, erkennt UAA und UGA; Release-Faktor 3, RF3, ist ein Vermittler zwischen RF1, RF2 und dem Ribosom. Die Release-Faktoren tragen ein Wassermolekül anstelle einer Aminosäure in das Ribosom. Die Endreaktion, also die Reaktion, bei der die Polypeptidkette schließlich freigesetzt wird, ist die Hydrolyse der Esterbindung zur letzten tRNA. Das Wassermolekül, das durch die Release-Faktoren eingeschleust wurde, wird für diese Hydrolyse gebraucht.

Das 70S-Ribosom bleibt noch eine Zeit lang erhalten. Der Zerfall des Komplexes wird durch einen Release-Faktor und EF-G eingeleitet. GTP liefert dabei wieder die Energie für diesen Vorgang.

Die Wobble-Hypothese

Experimente haben gezeigt, dass tRNA-Moleküle in der Lage sind, mehr als ein Codon zu erkennen. Biochemiker entwickelten die *Wobble-Hypothese*, um dieses Verhalten zu erklären. Die ungewöhnliche Base Inosin (siehe Abbildung 17.3) in einer Anticodonschleife stellt den Schlüssel zum Verständnis der Wobble-Hypothese dar. Diese Base ist fähig, sich mit Adenin, Cytosin oder Uracil zu paaren, wodurch Variationen der ansonsten ziemlich strikten Basenpaarungsregeln ermöglicht werden. Das Vorhandensein von Inosin erhöht die Anzahl der Codons, die eine bestimmte tRNA erkennen kann. Die ersten beiden Basen des Codons paaren sich normal mit den entsprechenden Basen des Anticodons. Die dritte Base ist eine variable Base, auch *Wobble*-Base genannt.

Nehmen Sie sich noch einmal die Tabelle mit den Codons vor (Tabelle 16.1 in Kapitel 16) und bestimmen Sie die Aminosäuren, die eigentlich nur von den ersten beiden Basen ihrer Codons abhängig sind. Hinweis: Schauen Sie sich zum Beispiel einmal die Codons für Valin an.

Die Regeln für die Basenpaarungen gemäß Wobble-Hypothese sind in Tabelle 17.1 zusammengefasst. Steht entweder A oder C an erster Stelle eines Anticodons, wird dieser Base jeweils nur eine entsprechende Base auf dem Codon zugeordnet. G oder U an erster Stelle des Anticodons bewirken, dass gleich zwei verschiedene Codons erkannt werden können, während einem I an dieser Stelle insgesamt drei Codons zugeordnet werden. Tabelle 17.1 zeigt damit, dass nur dann, wenn A oder C die erste Base eines Anticodons sind, keine Wobble-Basen auf dem Codon vorhanden sind. Im Allgemeinen bildet die Base in der Wobble-Position wegen der Spannung in der Umgebung schwächere Wasserstoffbrückenbindungen aus als üblich. Diese schwächeren Wasserstoffbrücken erleichtern die Beseitigung einer tRNA, nachdem sie ihre Aminosäure abgeliefert hat.

(Erste) Anticodonbase	Entsprechende (dritte) Codonbase
A	U
C	G
G	U, C
U	A, G
I	U, C, A

Tabelle 17.1: Basenpaarungsregeln der Wobble-Hypothese

Vier Codons codieren für Valin und bilden eine Vier-Codon-Familie. Wenn Sie sich die Codons GUU, GUC und GUA für Valin anschauen, können Sie feststellen, dass alle, neben den regulären Anticodons CAA, CAG und CAU, auch dem Anticodon CAI entsprechen. Aus diesem Grund kann ein CAI-Anticodon gleich alle drei der normalen Anticodons ersetzen. Das letzte Valincodon ist GUG, das deshalb die Synthese von nur zwei und nicht vier tRNA-Typen erfordert. Andere Vier-Codon-Familien funktionieren ähnlich.

Die einzigen Fälle, bei denen die Codons für eine bestimmte Aminosäure in den ersten beiden Basen variieren, sind die Sechs-Codon-Familien von Arginin, Serin und Leucin. Diese Familien benötigen drei verschiedene tRNAs.

Die Anwesenheit einer Wobble-Base senkt die Anzahl der nötigen tRNAs in einer Zelle von 61 auf 31. Zellen besitzen jedoch normalerweise eine Anzahl tRNAs, die zwischen diesen beiden Extremen liegen. Alle tRNAs, die für eine spezifische Aminosäure codieren, brauchen nur eine Aminoacyl-tRNA-Synthetase.

Unterschiede bei eukaryotischen Zellen

Alle Zellen befolgen dieselben Regeln bei der Translation. Eukaryotische Zellen zeigen dabei jedoch einige Ausnahmen. So sind bei ihnen mehrere Proteine für die Translation notwendig und die einzelnen Schritte sind im Allgemeinen komplizierter als bei den Prokaryoten.

Ribosomen

In eukaryotischen Zellen bestehen die Ribosomen immer aus einer 60S- und einer 40S-Untereinheit, die sich zu einem 80S-Ribosom zusammenlagern. Die 40S-Untereinheit enthält eine zur 16S-rRNA der Prokaryoten analoge 18S-rRNA. Die 60S-Untereinheit umfasst eine 5S- und eine 28S-Untereinheit sowie die für Eukaryoten einzigartige 5,8S-rRNA.

Initiator-tRNA

Bei Eukaryoten wird als erste Aminosäure, die dem Startcodon entspricht, Methionin (und nicht Formylmethionin wie bei Prokaryoten) eingebaut. Wie bei Prokaryoten ist auch bei Eukaryoten die Initiator-tRNA modifiziert, die das Startcodon erkennt.

Initiationsphase

AUG ist das einzige Startcodon in eukaryotischen Zellen und liegt stets nahe dem 5'-Ende der mRNA. Davor existiert jedoch keine purinreiche Sequenz wie bei Prokaryoten. Die 40S-Ribosomen-Untereinheit erkennt die Kappe der mRNA und tastet sich dann Base für Base in Richtung 3'-Ende bis zum AUG-Startcodon vor. Die Hydrolyse von ATP durch Helikasen liefert die nötige Energie für diesen Vorgang. Eukaryotische Zellen besitzen zudem viel mehr Initiationsfaktoren als Prokaryoten. Ein eukaryotischer Initiationsfaktor wird eIF genannt.

Elongation und Termination

Die prokaryotischen Elongationsfaktoren EF-Tu und EF-Ts entsprechen den eukaryotischen Gegenstücken EF1α und EF1$\beta\gamma$. Die Translokation wird durch den eukaryotischen Elongationsfaktor EF2 mithilfe von GTP vorangetrieben. Eukaryotische Zellen haben nur einen einzigen *Release*-Faktor (eRF1), während Prokaryonten zwei besitzen. Eine spontane Zusammenlagerung der Ribosomenuntereinheiten ohne mRNA wird durch das Wirken des Initiationsfaktors eIF3 verhindert, analog zum prokaryotischen Faktor IF3.

Teil VI

Der Top-Ten-Teil

Besuchen Sie uns auf www.fuer-dummies.de oder unseren Social-Media-Kanälen:

Facebook

www.facebook.com/fuerdummies

Instagram

www.instagram.com/furdummies

YouTube

www.youtube.com/@dummies-mann

IN DIESEM TEIL …

Wir bereiten einige Dinge nach: Dazu treten wir ein paar Schritte zurück und verschaffen Ihnen so einen zusammenfassenden Überblick und werfen noch einen kurzen Blick auf Themen, die bisher nicht behandelt wurden. Wir bieten Ihnen in diesem Teil zwei Kapitel mit kurzen und knackigen Informationen über einige der weniger bekannten Anwendungsmöglichkeiten der Biochemie und stellen Ihnen einige Berufsfelder vor, die man in diesem Zusammenhang vielleicht nicht erwarten würde.

IN DIESEM KAPITEL

Testsysteme für viele Zwecke

Genetisch veränderte Nahrungsmittel

Klone und Gentherapien

Kapitel 18
Zehn beeindruckende Einsatzgebiete der Biochemie

In diesem Kapitel schauen wir uns kurz einige Anwendungsmöglichkeiten und Einsatzgebiete der Biochemie an, die unser Leben nachhaltig verändert haben. Obwohl wir nur wenige der Hunderte von Beispielen gewählt haben, die wir hätten vorstellen können, glauben wir, dass diese Auswahl den enormen Einfluss der Biochemie auf die Gesellschaft verdeutlicht. Einige der hier vorgestellten Anwendungen werden auch unter Wissenschaftlern sehr kontrovers diskutiert, da die Balance zwischen Nutzen und Risiken nicht klar ersichtlich ist. Wenn es Sie interessiert, lesen Sie mehr zu diesen Themen und bilden Sie sich Ihre eigene Meinung!

Ames-Test

Der Ames-Test bestimmt, ob eine chemische Verbindung wie zum Beispiel ein Farbstoff oder Nahrungsmittelzusatz die Struktur einer DNA verändern, also eine Mutation auslösen kann. In diesem Test werden in der Regel Salmonellen mit einer bestimmten Punktmutation (dem Austausch eines Nukleotids, das den Ausfall eines Proteins bewirkt) der Testsubstanz ausgesetzt. Aufgrund einer Punktmutation können dieser Bakterien auf dem Anzuchtmedium normalerweise nicht wachsen. Wenn aber die Testsubstanz Mutationen auslösen kann, wird mit einer gewissen Frequenz die Punktmutation des Teststamms durch eine zweite Mutation aufgehoben und das Protein wieder synthetisiert. Das Bakterium vermehrt sich nun.

Viele Substanzen, die Mutationen in Bakterien auslösen, können auch Krebs bei Menschen und Tieren verursachen, selbst wenn die Ergebnisse des Tests nicht immer direkt auf den Menschen übertragbar sind (oft macht erst die Enzymaktivität der Leber eine Verbindung für den Menschen gefährlich). Der einfache und billige Ames-Test wird dennoch sehr häufig als erster Test verwendet, um Chemikalien auf potenziell krebserregende Eigenschaften zu untersuchen.

Schwangerschaftstests

Es gibt zwei Arten von Schwangerschaftstests – für den einen wird eine Urinprobe und für den anderen eine Blutprobe benötigt. Beide Arten weisen die Anwesenheit des Hormons hCG (humanes Choriongonadotropin) über einen Antigen-Antikörper-Farbstoffkomplex nach. Dieses Hormon wird von der Plazenta kurz nach der Einnistung des Embryos in die Uterusschleimhaut gebildet und sammelt sich in den ersten paar Tagen nach der Einnistung rasch im Körper an. Heimschwangerschaftstests (Urintests) haben eine Zuverlässigkeit von etwa 97 Prozent, wenn sie zwei Wochen nach der Einnistung des Embryos angewendet werden. Bluttests, die vom Arzt durchgeführt werden, sind zwar teurer, können aber eine Schwangerschaft bereits in der ersten Woche nach der Einnistung des Embryos nachweisen.

HIV-Tests

In den letzten Jahren wurden etliche Tests entwickelt, um das menschliche Immunschwächevirus (HIV) nachzuweisen. Diese Tests funktionieren mit Urin, Blutserum oder Speichel und spüren HIV-Antigene, Antikörper oder virale Nukleinsäuren (RNA) auf. Der Nachteil der Antikörpertests liegt in der sogenannten diagnostischen Lücke – der Zeit, die der Körper nach einer HIV-Infektion benötigt, um überhaupt entsprechende HIV-Antikörper zu bilden. Mit dieser Art des Nachweises ist ein sicheres Ergebnis erst zwölf Wochen nach der Infektion zu erwarten. Andere Tests wie beispielsweise der direkte Nachweis viraler Nukleinsäuren sind zwar sehr viel teurer, liefern aber bereits 15 Tage nach einem Risikokontakt ein verlässliches Ergebnis. Die meisten Blutbanken setzen mehrere dieser Tests parallel ein, um Fehler in der HIV-Bestimmung so gering wie möglich zu halten.

Brustkrebsuntersuchungen

Brustkrebs wird in den meisten Fällen nicht vererbt, aber in fünf bis zehn Prozent aller Fälle gibt es *doch* eine genetische Ursache. Verantwortlich für dieses genetisch bedingt höhere Brustkrebsrisiko ist die Mutation zweier Gene: BRCA1 (Brustkrebsgen-1) und BRCA2 (Brustkrebsgen-2), die 1994 beziehungsweise 1995 entdeckt und früher landläufig als »Tumorsuppressorgene« bezeichnet wurden. Frauen, die eine Mutation in einem dieser Gene tragen, besitzen ein stark erhöhtes Risiko, bereits sehr jung an Brustkrebs zu erkranken. Bei einem positiven Testergebnis wird den betroffenen Frauen geraten, häufiger an Vorsorgeuntersuchungen teilzunehmen.

Pränatale Gentests

Pränatale Gentests sind dazu gedacht, einen Fetus bereits in der frühen Schwangerschaft auf potenzielle Gendefekte hin zu untersuchen. Bisher erforderten diese Tests Blut- oder Gewebeproben des Fetus, die zum Beispiel durch eine Amniozentese, einer Probennahme von Fruchtwasser, in dem Zellen des Fetus schwimmen, oder durch die Entnahme von Blut aus der Nabelschnur gewonnen wurden. Mit derartigen Tests lassen sich unter anderem Chromosomenanomalien wie das Downsyndrom (Trisomie 21) oder eine Trisomie 18 sicher nachweisen; sie sind aber auch mit einem erhöhten Fehlgeburtsrisiko verbunden. Mit den zunehmend sensitiveren Verfahren der PCR kann heute genetisches Material des Fetus aus dem Blut der Mutter isoliert, amplifiziert und untersucht werden – ein pränataler Gentest ohne Risiko für Mutter und Kind.

PKU-Screening

Die Phenylketonurie (PKU) ist eine Stoffwechselkrankheit, bei der den Betroffenen ein Enzym namens Phenylalanin-Hydroxylase fehlt. Ohne dieses Enzym häuft sich Phenylalanin im Körper an, was zu geistigen Beeinträchtigungen führen kann. In Deutschland ist ein PKU-Screening bei allen Neugeborenen vorgeschrieben. Babys mit einem positiven Testergebnis werden auf eine Diät gesetzt, die arm an Phenylalanin ist, um eine normale Entwicklung zu ermöglichen. Auf etlichen Nahrungsmitteln wird inzwischen auch eine Warnung aufgedruckt, wenn Phenylalanin enthalten ist.

Gentechnisch veränderte Nahrungsmittel (»Genfood«)

Biochemiker haben es geschafft, Gene von einem Organismus in einen anderen zu übertragen, und zwar nicht nur auf Bakterien, sondern auch auf Tiere und Pflanzen. Dadurch ist es zum Beispiel möglich, Getreidesorten zu erzeugen, die schädlings- und krankheitsresistenter sind, oder Nutztiere, die sich bestimmten Krankheiten gegenüber unempfindlicher erweisen. Eine Genveränderung kann auch genutzt werden, um die Fleisch-, Milch- und Eierleistung von Tieren zu erhöhen. 1993 gab die amerikanische *Food and Drug Administration* (Bundesbehörde für Arzneimittelsicherheit und Ernährung) erstmals gentechnisch veränderte Nahrungsmittel für den menschlichen Verzehr frei. Damals war es die Gentomate mit Namen »Flavr Savr«, die besonders fäulnisresistent war. Die Öffentlichkeit akzeptiert jedoch nur zögerlich genetisch veränderte Nahrungsmittel und befürchtet unvorhersehbare Auswirkungen auf Bevölkerung und Umwelt.

Gentechnik

Mit gentechnischen Methoden lässt sich ein Gen von einem Organismus in einen anderen verpflanzen. Der Genempfänger kann dabei ein Bakterium, eine Pflanze oder ein Tier sein. Eines der bekanntesten Beispiele ist die Herstellung von rekombinantem Insulin. Diabetes wird meist mit Insulin vom Schwein oder Rind behandelt. Obwohl diese Insuline dem menschlichen Insulin sehr ähneln, sind sie nicht völlig identisch und können unter Umständen bei manchen Diabetikern zu Problemen führen. Biochemiker lösten dieses Problem, indem sie das menschliche Gen für Insulin in das Genom von bestimmten Bakterien einbauten, die nun große Mengen menschlichen Insulins synthetisieren.

Klonen

Im Jahr 1996 gelang das Klonen des Schafes Dolly – das erste Säugetier, das je aus ausgereiften Tierzellen geklont wurde. Das geklonte Schaf war mit dem Originalschaf genetisch identisch. Dieser Klon wurde geschaffen, indem Zellen aus dem Euter eines sechs Jahre alten Mutterschafs entnommen und im Labor angezogen wurden. Als Nächstes wurden unbefruchtete Eizellen entkernt. Dann wurde das genetische Material der Euterzellen in eine solche kernlose Eizelle eingebracht und diese Zellen in die Gebärmutter eines anderen erwachsenen Mutterschafs eingesetzt. Nach Dolly wurden zahlreiche andere Tiere erfolgreich geklont. Vor allem bei teuren Zuchtpferden wird dieses Verfahren oft zur Reproduktion eingesetzt. Für die meisten Menschen finanziell unerschwinglich bleiben dürfte allerdings das »Haustier auf Bestellung«, bei dem aus dem Erbgut des verstorbenen Lieblingstiers eine neue, genetisch identische Kopie erzeugt wird.

Gentherapie

Bei der Gentherapie oder Genersatztherapie wird ein modifiziertes oder ein gesundes Gen in einen Organismus eingebracht, um die negativen Auswirkungen eines bestimmten krankheitsverursachenden Gens zu beseitigen. Meist wird ein Virus zur Übertragung des jeweiligen Gens verwendet, dem zuvor das menschliche Gen eingebaut wurde. Diese Therapieform wurde erstmals 1990 bei einem vierjährigen Mädchen angewandt, das an der seltenen Genkrankheit SCID (*Severe Combined Immunodeficiency Disorder*) litt und aus diesem Grund kein intaktes Immunsystem ausbilden konnte. Für an SCID leidende Menschen sind schon kleinste Infektionen lebensgefährlich. Sie müssen von der Umwelt isoliert werden, dürfen nicht direkt mit Menschen in Kontakt kommen und müssen meist enorme Mengen an Antibiotika einnehmen. Wissenschaftler entnahmen der Patientin weiße Blutkörperchen, züchteten sie im Labor an und führten das fehlende Gen in die Zellen ein. Dann spritzten sie die so modifizierten Zellen wieder zurück in den Körper des Mädchens. Die Therapie hat es dem Kind ermöglicht, sich normal zu entwickeln und sogar eine Schule zu besuchen, aber die Behandlung muss dazu alle paar Monate wiederholt werden.

IN DIESEM KAPITEL

Karrierewege und Optionen

Berufsfelder

Ein letzter Tipp

Kapitel 19
Zehn Karrierewege in der Biochemie

Aufgrund der enormen Fortschritte in dem Gebiet der Biochemie und der mit ihr verwandten Biotechnologie oder Molekularbiologie wurden zahlreiche neue Berufsfelder geschaffen. Studenten, die nach Absolvierung des Bachelors ihr Studium beenden, können beispielsweise als technische Assistenten in vielen Industriezweigen arbeiten. Für diejenigen aber, die es bis zum Masterabschluss schaffen oder sogar promovieren, eröffnen sich noch ganz andere Karrierechancen.

Hochschulabsolventen mit den genannten unterschiedlichen Abschlüssen finden in vielen Berufsfeldern interessante Stellen: in der Forensik, der Chemieindustrie, der Molekularbiologie und Pharmakologie, im technischen Vertrieb, in der Virologie, im Gartenbau, im Patentwesen und so weiter. In diesem Kapitel stellen wir einige typische Berufe vor, aber auch Berufe, die auf den ersten Blick vielleicht nicht unbedingt in den Bereich der Biochemie zu passen scheinen.

Wissenschaftlicher Mitarbeiter

Ein wissenschaftlicher Mitarbeiter arbeitet auf dem Gebiet der biochemischen Forschung und Entwicklung in einem Forscherteam. Er kann zum Beispiel neue Gentests entwickeln, an genetisch veränderten Organismen oder auf dem Gebiet der Proteomik forschen oder an der Entwicklung neuer Medikamente mitarbeiten. Neben typischen biochemischen Experimenten analysiert der wissenschaftliche Mitarbeiter Daten und schreibt Berichte und wissenschaftliche Publikationen (gute Englischkenntnisse sind daher gefragt). Wissenschaftliche Mitarbeiter arbeiten auch nicht selten an Erfindungen mit, die später zu Patenten führen. Sie können aber auch eine wissenschaftliche Karriere als Hochschulprofessor anstreben und eine eigene Forschungsgruppe aufbauen und leiten.

Pflanzenzüchter

Pflanzenzüchter planen und betreiben Pflanzenzuchtprojekte meist zusammen mit anderen Forschungsgruppen. Sie können an der Entwicklung krankheitsresistenter Getreidesorten arbeiten oder nach einem Weg suchen, die Ertragsleistung mit biochemischen und biotechnologischen Methoden zu erhöhen. Ebenso ist es denkbar, dass sie im Personalmanagement arbeiten oder in der Öffentlichkeitsarbeit (PR-Abteilung) tätig sind oder auch eine Firma bei geplanten Projekten beraten und Pflanzenzuchtziele ausarbeiten.

Qualitätskontrollanalytiker

Qualitätskontrollanalytiker führen Analysen zu Rohstoffen und Endprodukten durch, die in einer Fertigungsanlage verarbeitet werden. Sie sammeln Daten zu Qualitätskontrolltests und machen Fehlerquellen ausfindig. Zusammen mit Qualitätskontrollingenieuren sorgen die Analytiker dafür, dass die Qualität eines Produkts konstant auf einem hohen Niveau bleibt – sowohl was die Reinheit dieses Produkts als auch seine Sicherheit für den Nutzer betrifft. Das ist besonders wichtig, wenn Produkte von genetisch modifizierten Bakterien oder Viren und gentechnisch veränderte Nahrungsmittel betroffen sind.

Klinischer Forschungsassistent

Klinische Forschungsassistenten entwerfen und führen klinische Studien durch, die zum Beispiel ein neues Medikament oder den Einsatz eines neuen Virus für die Gentherapie betreffen. Sie reisen unter Umständen zu den verschiedenen Orten, an denen die klinischen Prüfungen durchgeführt werden, und koordinieren und überwachen den Verlauf der Studie. Klinische Forschungsassistenten analysieren Daten und werten sie aus, damit die klinischen Protokolle auch korrekt erstellt wurden. Ein medizinischer Hintergrund als Krankenschwester/-pfleger oder auf dem Gebiet der Pharmakologie ist für diesen Beruf von Vorteil.

Technischer Redakteur

Jeder, der schon einmal eine miserabel geschriebene Betriebsanleitung in Händen hatte, ist sich bewusst, wie viel ein guter technischer Redakteur wert ist. Ein technischer Redakteur, der im Bereich der Biochemie beschäftigt ist, bearbeitet und schreibt Betriebsabläufe, Laboranleitungen, klinische Protokolle und so weiter. Technische Redakteure sorgen dafür, dass diese Dokumente auf eine Art verfasst werden, die den Behördenvorschriften entsprechen. Sie können professionelle Entwicklungsprogramme für Angestellte erstellen und Pressemitteilungen aufsetzen. Ein Teil ihrer Arbeit besteht auch in der Darstellung komplizierter technischer Berichte in einer leicht verständlichen Sprache, damit auch ein »Otto Normalverbraucher« beim Lesen nicht nur »Bahnhof« versteht.

Biochemischer Entwicklungsingenieur

Der biochemische Entwicklungsingenieur überträgt ein im Labor entwickeltes biochemisches Verfahren zunächst auf die Firmenpilotphase und dann auf die Industrieanlage (großmaßstäbliche Vergrößerung). Diese Ingenieure helfen bei der Festsetzung der korrekten Geräteausstattung und suchen Lösungen für Produktionsprobleme, die bei der großmaßstäblichen Vergrößerung auftreten. Sie sind dafür da, effizientere Fertigungsprozesse zu entwickeln und gleichzeitig eine hohe Qualitätskontrolle zu gewährleisten. Sie können auch am technologischen Fortschritt eines ganz anderen Gebiets arbeiten und ihr Wissen aus diesem Gebiet auf die Herstellungsprozesse anwenden.

Marktforschungsanalytiker

Marktforscher analysieren und untersuchen den Markt einer Firma, den Produktmix und die Produkte der Konkurrenz. Sie führen Literaturrecherchen durch und erstellen Präsentationen zu technischen Neuerungen und potenziellen neuen Märkten für eine Firma. Sie sagen zukünftige Entwicklungen des Marktes anhand von Marktforschungen voraus und können auch an der Vorbereitung von Forschungsvorhaben beteiligt sein.

Patentanwalt

Ein Patentanwalt koordiniert und stellt Dokumente für Patentanmeldungen zusammen. Er verfolgt die Forschungen einer Firma und empfiehlt dann den besten Zeitpunkt zur Patentanmeldung. Er sammelt Belege und verhandelt über die Patentausnutzung und andere rechtliche Abmachungen. Patentanwälte können auch an Gerichtsverhandlungen teilnehmen. Für diesen Beruf ist eine Zusatzausbildung als Patentanwalt erforderlich.

Pharmareferent

Personen mit einem Abschluss in Biochemie können für eine Karriere im Pharmavertrieb wie geschaffen sein. Als Handelsvertreter im Außendienst verbringen sie viel Zeit im Auto, um zu Kunden zu fahren, reden mit Krankenhauspersonal, Ärzten, Apothekern und anderen. Pharmareferenten werden auch Handelsvertreter im Pharmavertrieb genannt. Sie sind mit den Produkten ihrer Firma gut vertraut und versuchen, so überzeugend wie möglich aufzutreten, um potenzielle Kunden über die Vorteile ihrer Produkte zu informieren und zum Kauf anzuregen. Sie müssen auch mit Statistiken vertraut sein und stets über die aktuellen Themen der Medizin Bescheid wissen, um kompetent mit ihren Kunden kommunizieren zu können.

Biostatistiker

Biostatistiker sind Statistiker, die in der Gesundheitsbranche arbeiten. Sie entwerfen Forschungsstudien und sammeln und analysieren Daten zu bestimmten Themen – zum Beispiel dem Verlauf einer Krankheit, darüber, wie sicher eine neue Therapie ist, oder auch zum Einfluss bestimmter Risikofaktoren im Zusammenhang mit der Einnahme von Medikamenten. Sie können zum Beispiel auch Studien entwerfen und analysieren, um Qualität und Kosten im Gesundheitswesen zu bewerten. Biostatistiker helfen aber auch über anfängliche und entstehende Probleme in einer Forschungsstudie hinweg, indem sie mit ihrer Expertise bei Fragen zum Experimentdesign, Stichprobenumfang oder anderen Dingen wertvolle Hilfe leisten können.

Ein letzter Tipp …

Wenn Sie sich für ein Biochemiestudium entscheiden sollten, werden Sie feststellen, dass es unendlich viele Möglichkeiten gibt, Ihre Neigungen und Stärken beruflich unterzubringen – wie ja in fast jedem Beruf. Wichtig ist, dass Sie sich darüber im Klaren sind, womit Sie Ihr Arbeitsleben füllen möchten. Sind Sie eher der Typ, der geduldig im Labor an einer Reaktion tüftelt, die nicht erwartungsgemäß abläuft, schreiben Sie gern über die Dinge, die Sie beschäftigen, oder sind Sie ein Verkaufstalent und möchten anderen Menschen gern ein bestimmtes Produkt nahebringen? Viele Wege führen zum Ziel! Letztendlich werden Sie Ihren beruflichen Werdegang bestimmt im Laufe Ihres Lebens immer wieder entsprechend den Marktanforderungen anpassen müssen – und dafür gibt es kein Rezept.

Biochemie ist eine Naturwissenschaft, und eines ist sicher: Gute, möglichst verhandlungssichere Englischkenntnisse werden Ihnen immer dabei helfen, Ihren Berufswunsch zu verwirklichen, egal ob Sie mit Publikationen, Patenten oder Statistiken jonglieren oder sich mit anderen Wissenschaftlern austauschen möchten. Ein Jahr im Ausland zu verbringen, um die Sprachkenntnisse auf Vordermann zu bringen, ist übrigens nicht nur in beruflicher Hinsicht eine wertvolle Erfahrung. Na dann – alles Gute für den Traumberuf!

Stichwortverzeichnis

A

K

L

M

Q

R

S

T